शेती नवीन चष्म्यातून

शेतकरी समृद्ध झाला तरच देश समृद्ध होईल

मुक्तक जोशी

अनुक्रमणिका

प्रस्तावना

शेतीमध्ये काम करताना एक गोष्ट सतत जाणवत गेली, की आपल्या आसपास माहिती खूप आहे, पण स्पष्ट बोलणारे फार कमी आहेत. अनेक गोष्टी परंपरेने चालत राहतात, अनेक गोष्टी भीतीपोटी स्वीकारल्या जातात, आणि अनेक गोष्टी “सगळे करतात म्हणून” केल्या जातात. पण जेव्हा प्रत्यक्ष जमिनीवर काम करायला सुरुवात केली, तेव्हा पुस्तकातली शेती आणि वास्तवातली शेती यामध्ये खूप मोठा फरक दिसू लागला.

त्यातूनच लिहायला सुरुवात झाली.

एखादा अनुभव आला, एखादा विषय डोक्यात अडकला, एखादी फसवणूक जवळून पाहिली किंवा एखादा गैरसमज वारंवार दिसला, की त्यावर फेसबुकवर लिहित गेलो. सुरुवातीला ते फक्त विचार मांडणे होते. पण हळूहळू त्या पोस्टखाली चर्चा वाढत गेली. लोक स्वतःचे अनुभव सांगू लागले, प्रश्न विचारू लागले, विरोध करू लागले, सहमत होऊ लागले. अनेकदा एका पोस्टखालच्या कमेंटमधून पुढचा लेख तयार झाला.

हे लिखाण एकतर्फी नव्हते. यात हजारो शेतकऱ्यांचे अनुभव, प्रश्न, संघर्ष, राग, आशा आणि वास्तव मिसळत गेले. त्यामुळे हे पुस्तक फक्त माझे राहिले नाही, तर शेतीकडे गंभीरपणे पाहणाऱ्या अनेक लोकांच्या संवादातून तयार झाले.

या पुस्तकात तुम्हाला शेतीचा फक्त एक भाग दिसणार नाही. इथे शेती म्हणजे व्यवसाय आहे, मानसिकता आहे, बाजार आहे, पशुपालन आहे, कुक्कुटपालन आहे, अंडी उत्पादन आहे, भाजीपाला उत्पादन आहे, थेट विक्री आहे, भेसळीचे वास्तव आहे, आणि सर्वात महत्त्वाचे म्हणजे शेतकऱ्याच्या विचारसरणीचा प्रश्न आहे.

काही गोष्टी या पुस्तकात कठोर वाटतील. काही मतं अस्वस्थ करतील. पण शेतीमध्ये वास्तव टाळून प्रगती होत नाही. चुकीच्या समजुतींवर, भावनिक

निर्णयांवर आणि दुसऱ्यांच्या आंधळ्या अनुकरणावर शेती उभी राहत नाही. शेवटी प्रत्येक शेतकऱ्याला स्वतः विचार करावाच लागतो.

हे पुस्तक कोणाला शिकवण्यासाठी लिहिलेले नाही. तर विचार सुरू व्हावा म्हणून लिहिलेले आहे.

जर हे पुस्तक वाचताना तुम्हाला स्वतःच्या शेतीबद्दल नवे प्रश्न पडले, काही गोष्टी नव्याने दिसल्या, किंवा स्वतःच्या निर्णयांकडे नव्या चष्म्यातून पाहावेसे वाटले, तर हे लिखाण सफल झाले असे मी मानेन.

दृष्टी बदलली की शेती बदलते. शेती बदलली की जीवन बदलते.

मुक्तक जोशी

अध्यात्म म्हणजे नेमकं काय?

मंदिरात जाणं, पूजा करणं, उपास करणं, मंत्र म्हणणं... की जीवनाकडे पाहण्याची एक पद्धत?

मला अनेकदा वाटतं की खऱ्या अध्यात्माचा संबंध धर्मापेक्षा निसर्गाशी जास्त आहे.

कारण निसर्गात कुठेही दिखावा नाही. तिथे संतुलन आहे, परस्परावलंबन आहे आणि एक शांत प्रामाणिकपणा आहे.

मी शेती करताना हे रोज पाहतो.

माझ्याकडे गाई आहेत. पण मी त्यांना दूध देणारी मशीन समजत नाही. मी त्यांची काळजी घेतो, त्यांना चांगलं अन्न देतो, त्यांना मोकळेपणाने जगू देतो. त्यांची वासरं माझ्यासमोर मोठी झाली आहेत. त्यांना माझी सवय आहे, विश्वास आहे.

मी त्यांची निगा राखतो आणि त्या माझी.

हे व्यवहाराचं नातं नाही. हे सहजीवन आहे.

माझ्याकडे कोंबड्याही आहेत. पण एकही पिंजऱ्यात नाही. त्या मोकळ्या फिरतात. त्यांच्या नैसर्गिक पद्धतीने जगतात. त्यातली एखादी जखमी झाली तर मी "उद्या कापणारच आहे मग औषध कशाला?" असं म्हणत नाही. कारण जीवनाचा उपयोग करायचा म्हणजे संवेदनशीलता सोडायची असा अर्थ होत नाही.

मला वाटतं आधुनिक जगात मोठी समस्या "मांसाहार" किंवा "शाकाहार" नाही. समस्या आहे नातं तुटण्याची.

आज माणूस दूध पितो पण गाय पाहत नाही. अंडी खातो पण पक्षी कसे जगतात हे पाहत नाही. भाज्या खातो पण माती मरत चालली आहे हे जाणवत नाही.

निसर्गापासून जितका माणूस दूर गेला, तितकं अध्यात्मही कृत्रिम होत गेलं.

खरं पाहिलं तर शेतीच सर्वात मोठा अध्यात्माचा धडा शिकवते.

शेतात प्रत्येकाचा वाटा असतो.

किडे आहेत म्हणून पक्षी आहेत. पक्षी आहेत म्हणून संतुलन आहे. गांडुळे आहेत म्हणून माती जिवंत आहे. मधमाश्या आहेत म्हणून परागीभवन आहे. गाई आहेत म्हणून शेण आहे. झाडं आहेत म्हणून सावली आहे.

निसर्गात काहीच वेगळं नाही. सगळं जोडलेलं आहे.

म्हणून मला "जीवो जीवस्य जीवनम्" हे वाक्य क्रूर वाटत नाही. ते वास्तव वाटतं.

जीवन हे जीवनावरच उभं आहे.

पण त्याचा अर्थ निर्दयता नाही.

निसर्गात भक्षण आहे, पण अनावश्यक क्रौर्य नाही. फक्त माणूसच असा जीव आहे जो गरजेपेक्षा जास्त शोषण करू शकतो.

म्हणून खरा प्रश्न "काय खातो?" हा नसून "कसं जगतो?" हा आहे.

आपण ज्या जीवांवर जगतो त्यांच्याबद्दल आदर आहे का? आपण निसर्गाला फक्त वापरतो की त्याची काळजीही घेतो? आपण जमिनीला जिवंत ठेवतो की फक्त उत्पादन काढतो?

माझ्यासाठी अध्यात्म म्हणजे हाच समतोल.

मी निसर्गाची निगा राखतो आणि निसर्ग माझी.

शेतीमध्ये मला मंदिरापेक्षा जास्त अध्यात्म दिसतं. कारण इथे प्रत्येक गोष्ट खरी आहे. माती खोटी नाही. भूक खोटी नाही. पाऊस खोटा नाही. जन्म आणि मृत्यूही खोटे नाहीत.

आणि कदाचित म्हणूनच निसर्गाच्या जवळ राहणारा माणूस देवावर कमी बोलतो, पण जीवनाला जास्त समजतो आणि कदाचित इथेच आधुनिक धर्म आणि खऱ्या अध्यात्मामधला फरक स्पष्ट दिसतो.

एका बाजूला निसर्ग आहे. शांत, प्रामाणिक, कोणताही दिखावा नसलेला.

दुसऱ्या बाजूला आजचा धार्मिक बाजार आहे.

आज अध्यात्मापेक्षा धर्म हा अनेक ठिकाणी मोठा उद्योग बनला आहे.

मंदिरं श्रद्धेपेक्षा अर्थव्यवस्थेची केंद्रं बनताना दिसतात. देव सर्वांसाठी समान आहे असं सांगितलं जातं, पण मंदिरात व्हीआयपी लाईन वेगळी असते. पैशाने "जलद दर्शन" मिळतं. गरीब भक्त रांगेत उभा राहतो आणि श्रीमंत थेट गाभाऱ्यात जातो.

जर देवासमोर सर्व समान असतील, तर देवापर्यंत पोहोचण्यासाठी पैशाची गरज का पडावी?

श्रद्धा हळूहळू व्यवहारात बदलते:

देणगी दिली तर काम होईल

नवस केला तर देव प्रसन्न होईल

अभिषेक केला तर संकट जाईल

मग देव हा विश्वचेतना न राहता एखाद्या अधिकाऱ्यासारखा बनतो ज्याला खुश ठेवावं लागतं.

काही ठिकाणी तर लोक स्वतःचे केस देवाला अर्पण करतात. पण नंतर त्याच केसांचा कोट्यवधींचा व्यापार होतो. श्रद्धा आणि व्यवसाय इतके एकत्र मिसळले जातात की लोक प्रश्न विचारणंही थांबवतात.

त्याचप्रमाणे आज अनेक तथाकथित बाबा आणि गुरु अध्यात्मापेक्षा ब्रँड जास्त वाटतात.

एकीकडे वैराग्य, साधेपणा आणि अध्यात्माच्या गोष्टी बोलल्या जातात, आणि दुसरीकडे:

साबण,

शाम्पू,

टूथपेस्ट,

अगरबत्ती,

औषधं,

खाद्यपदार्थ,

चॅनेल,

मोठमोठे उद्योग

उभे राहतात.

समस्या व्यवसाय करण्यात नाही. व्यवसाय चुकीचा नाही.

पण प्रश्न प्रामाणिकतेचा आहे.

जर एखादा उद्योगपती व्यवसाय करतो, तर तो स्पष्टपणे म्हणतो "मी व्यवसाय करतो."

पण जेव्हा अध्यात्म, मोक्ष, श्रद्धा आणि भीती यांच्या नावाखाली बाजार उभा राहतो, तेव्हा लोकांच्या भावनांचा वापर होऊ लागतो.

आणि सर्वात धोकादायक गोष्ट म्हणजे: लोक प्रश्न विचारणं बंद करतात.

कारण त्यांना शिकवलं जातं: "श्रद्धा ठेवा." "प्रश्न विचारू नका." "शंका म्हणजे पाप."

पण खरं अध्यात्म कधीच प्रश्नांना घाबरत नाही.

सत्याला संरक्षणाची गरज नसते.

जर एखादी श्रद्धा प्रश्न विचारताच कोसळत असेल, तर ती सत्य नसून मानसिक आधार असतो.

म्हणून आज सर्वात मोठी गरज धर्म वाढवण्याची नाही. गरज आहे जागरूकता वाढवण्याची.

कारण निसर्गात राहणारा शेतकरी अनेकदा पुस्तकं न वाचताही जीवन समजतो. आणि दुसरीकडे मोठमोठे धार्मिक कार्यक्रम करणारा माणूसही आतून भयभीत आणि अस्वस्थ असू शकतो.

खरं अध्यात्म कदाचित इतकंच आहे: जीवनाशी प्रामाणिक राहणं. निसर्गाशी जोडलेलं राहणं. आणि कोणत्याही भीतीशिवाय सत्याकडे पाहण्याची हिंमत ठेवणं.

शेतीने माणसाला “निवड” दिली.

धर्म आणि आहार हा विषय आज इतका भावनिक झाला आहे की लोक अनेकदा विचार करण्याऐवजी थेट प्रतिक्रिया देतात. कोण शाकाहारी, कोण मांसाहारी, कोण पवित्र, कोण अपवित्र... जणू माणसाचा स्वभाव नाही तर त्याच्या ताटावरून त्याची किंमत ठरवली जाते.

पण खरंच आहाराचा अध्यात्माशी इतका संबंध आहे का?

मानवाच्या सुरुवातीच्या इतिहासाकडे पाहिले तर एक गोष्ट स्पष्ट दिसते. त्या काळात “हे खावे की नाही?” हा नैतिक प्रश्न नव्हता. प्रश्न फक्त एवढाच होता की “आज खायला मिळणार काय?”

माणूस जे मिळेल ते खात होता. फळे, कंदमुळे, मध, मासे, प्राणी... जगण्यासाठी जे आवश्यक होते ते.

त्या वेळी शाकाहार-मांसाहार हा धर्माचा विषय नव्हता. कारण उपाशी माणूस आधी पोट भरतो, तत्त्वज्ञान नंतर शोधतो.

मग शेती आली.

आणि खरं पाहिलं तर शेतीने फक्त अन्न निर्माण केलं नाही. शेतीने माणसाला “निवड” दिली.

धान्यसाठे तयार झाले. माणूस एका जागी स्थिर झाला. गावं निर्माण झाली. उद्याचं अन्न साठवून ठेवणं शक्य झालं. पहिल्यांदाच माणूस रोज मृत्यूच्या भीतीतून थोडा बाहेर आला.

आणि तेव्हाच तो विचार करू लागला: “काय खावं?” “काय टाळावं?” “काय पवित्र?” “काय अपवित्र?”

निवड आली की नैतिकता जन्म घेते.

मग पुढे उपास आले, काही पदार्थ पवित्र झाले, काही अपवित्र झाले, काही दिवस खास झाले. हळूहळू आहाराला धर्माशी जोडले गेले.

पण इथे एक प्रश्न विचारायलाच हवा.

जर परब्रह्म निर्गुण, निराकार आणि सर्वव्यापी असेल, तर त्याला आपल्या ताटात काय आहे याने खरंच फरक पडतो का?

जर देवानेच निसर्ग निर्माण केला असेल, तर त्या निसर्गातील अन्नसाखळीही त्याचाच भाग नाही का?

निसर्गात प्रत्येक जीव दुसऱ्या जीवावर जगतो. सिंह हरण खातो म्हणून तो अधार्मिक होत नाही. पक्षी किडे खातात म्हणून ते अपवित्र होत नाहीत.

आणि शेती करणारा माणूस हे सर्वात चांगल्या प्रकारे समजू शकतो.

कारण शेती माणसाला पुस्तकातलं नाही, तर प्रत्यक्ष जीवन शिकवते.

शेतात प्रत्येक जीवाचा वाटा असतो.

गांडुळे आहेत म्हणून माती जिवंत आहे. मधमाश्या आहेत म्हणून परागीभवन आहे. पक्षी आहेत म्हणून संतुलन आहे. गाई आहेत म्हणून शेण आहे. सूक्ष्मजीव आहेत म्हणून अन्न उगवतं.

“जीवो जीवस्य जीवनम्” हे शेतकऱ्यासाठी तत्त्वज्ञान नसून रोजचं वास्तव असतं.

म्हणूनच शेतकरी अनेकदा जीवनाकडे “पाप-पुण्य” पेक्षा “संतुलन” म्हणून पाहतो.

आज अनेक लोक मांसाहार, कोंबडीपालन, शेळीपालन किंवा मत्स्यपालनाकडे फक्त हिंसा म्हणून पाहतात. पण निसर्ग इतका सरळ नाही.

शेती करतानाही:

नांगरताना जीव मरतात,

कीटकनियंत्रणात जीव मरतात,

जमीन तयार करताना परिसंस्थेत बदल होतात.

मग फक्त एका प्रकारच्या मृत्यूला “पाप” म्हणणं आणि बाकीचं दुर्लक्षित करणं हे वास्तवापासून दूर जाणं ठरतं.

लोक म्हणतातः “झाडांना संवेदना नसतात.” “किड्यांना वेदना नसतात.”

पण विज्ञान सांगतं की झाडंही प्रतिसाद देतात. संवाद करतात. वातावरणातील बदल ओळखतात. संपूर्ण निसर्ग जिवंत आहे.

म्हणून प्रश्न “कोणता जीव?” हा नसून “कसा दृष्टिकोन?” हा आहे.

आज मोठी समस्या मांसाहार किंवा शाकाहार नाही. समस्या आहे निसर्गापासून तुटण्याची.

शहरातला माणूस दूध पितो पण गाय कशी जगते हे पाहत नाही. अंडी खातो पण कोंबड्या कशा वाढवल्या जातात हे माहिती नसतं. भाज्या खातो पण माती जिवंत आहे की मृत हे समजत नाही.

शेतीत मात्र वास्तव लपवता येत नाही.

जन्म दिसतो. मृत्यू दिसतो. भूक दिसते. संतुलन दिसतं.

म्हणून एखादा शेतकरी जरः

गाईंची प्रेमाने काळजी घेत असेल,

कोंबड्यांना पिंजऱ्यात न ठेवता मोकळं जगू देत असेल,

शेती, पशुपालन आणि मत्स्यपालन यांना निसर्गचक्राचा भाग म्हणून पाहत असेल,

तर त्याला फक्त “पाप” म्हणून पाहणं योग्य ठरत नाही.

कारण निसर्ग स्वतः पूर्ण अहिंसक नाही. पण तो अनावश्यक क्रूरही नाही.

फरक इथेच आहे.

लोभ आणि संवेदनाशून्यता ही समस्या आहे. निसर्गचक्र नाही.

आज अनेक लोक शाकाहार निवडतात कारणः

प्राण्यांबद्दल संवेदनशीलता, पर्यावरण, आरोग्य, औद्योगिक पशुपालनातील क्रौर्य

हे सगळे वैध मुद्दे आहेत.

पण हे नैतिक आणि पर्यावरणीय मुद्दे आहेत. ते थेट अध्यात्माचे पुरावे नाहीत.

कारण आपण आजूबाजूला पाहतोच: काही शाकाहारी लोक अत्यंत क्रूर, भ्रष्ट आणि अहंकारी असतात. आणि काही मांसाहारी लोक अतिशय संवेदनशील, शांत आणि मदतीला धावून जाणारे असतात.

म्हणजे माणसाची किंमत त्याच्या ताटाने नाही, तर त्याच्या वर्तनाने ठरते.

खरी समस्या आहारात नसते. समस्या श्रेष्ठत्वाच्या भावनेत असते.

“मी हे खात नाही म्हणून मी जास्त पवित्र” हा विचार अनेकदा अध्यात्मापेक्षा अहंकाराच्या जवळ जातो.

खरे अध्यात्म माणसाला अधिक जागरूक, अधिक करुणामय आणि अधिक प्रामाणिक बनवत असेल तर त्याला अर्थ आहे.

बाकी आपण काय खातो यापेक्षा आपण कसे जगतो, निसर्गाशी कसे वागतो आणि इतर जीवांशी किती संवेदनशीलतेने वागतो हे जास्त महत्त्वाचे आहे

संवेदशीलता

आज अनेकदा लोक विचारतात:

“तू ब्राह्मण असून चिकन कसं खातोस?” “तू ब्राह्मण असून कोंबडी पालन कसं करतोस?”

पण मला नेहमी वाटतं की हा प्रश्न आहारापेक्षा जास्त ओळखीबद्दल असतो.

कारण जर प्रामाणिकपणे वास्तवाकडे पाहिलं, तर आजचा समाज हजारो वर्षांपूर्वीच्या वर्णव्यवस्थेनुसार जगत नाही. पूर्वी ब्राह्मण, क्षत्रिय, वैश्य, शूद्र या कल्पना कर्मांशी जोडल्या गेल्या असतील. पण आज वास्तव पूर्ण बदललं आहे.

आज स्वतःला ब्राह्मण म्हणवणाऱ्या बहुतेक लोकांना:

वेद माहिती नाहीत,

पूजा सांगता येत नाही,

त्यांचा व्यवसाय अध्यापन किंवा भिक्षुकी नाही.

ते इंजिनिअर आहेत, डॉक्टर आहेत, उद्योग करतात, आयटीमध्ये काम करतात. आणि त्यात काही चुकीचं नाही.

मग प्रश्न असा आहे: जर कर्म बदललं, जीवनपद्धती बदलली, व्यवसाय बदलले, तर फक्त खानपानाचे नियमच जुन्या चौकटीत का ठेवायचे?

खरं पाहिलं तर शेती करणाऱ्या माणसाला जीवन वेगळ्या पद्धतीने समजू लागतं. कारण तो निसर्गाच्या मध्यभागी जगत असतो.

मानवाच्या सुरुवातीच्या इतिहासात “शाकाहार की मांसाहार?” हा नैतिक प्रश्न नव्हता. प्रश्न फक्त एवढाच होता: “आज खायला मिळणार काय?”

मग शेती आली. शेतीने माणसाला स्थैर्य दिलं. आणि पहिल्यांदाच “निवड” दिली.

तेव्हाचः

काय खावं,

काय टाळावं,

काय पवित्र,

काय अपवित्र

या कल्पना निर्माण होऊ लागल्या.

पण निसर्ग अजूनही तसाच आहे.

निसर्गात प्रत्येक जीव दुसऱ्या जीवावर जगतो.

शेती करणारा माणूस हे रोज पाहतो.

गांडुळे आहेत म्हणून माती जिवंत आहे. मधमाश्या आहेत म्हणून परागीभवन आहे. किडे आहेत म्हणून पक्षी आहेत. सूक्ष्मजीव आहेत म्हणून अन्न उगवतं.

म्हणून "जीवो जीवस्य जीवनम्" हे शेतकऱ्यासाठी तत्त्वज्ञान नसून वास्तव असतं.

मी गाईंना निकृष्ट चारा घालून, वासरांचं दूध तोडून त्यांचं दूध ओरबाडून घेत नाही.

मी कोंबड्यांना एका स्क्वेअर फुटात घुसमटून पाळत नाही.

मी शेळ्यांकडे चालता बोलता मटणाचा गोळा म्हणून पाहत नाही.

माझ्यासाठी हे फक्त उत्पादन नाहीत. हे सजीव आहेत.

माझ्या शेतामध्ये किडा-मुंग्यांपासून पक्ष्यांपर्यंत आणि सूक्ष्मजीवांपासून प्राण्यांपर्यंत प्रत्येकाला स्वतःच्या हक्काचं अन्न आहे.

कारण निसर्ग फक्त माणसासाठी बनलेला नाही.

पण आधुनिक माणसाला असं वाटायला लागलं आहे की पृथ्वीवरील प्रत्येक गोष्ट त्याच्यासाठीच आहे.

मग तोः

विषारी फवारण्या करतो,

लाखो जीव मारून टाकतो,

मातीतील सूक्ष्मजीव नष्ट करतो,

पक्षी, किडे आणि परागीभवन करणारे जीव संपवतो,

आणि मग त्याच जमिनीवर उगवलेलं अन्न “शुद्ध” म्हणून खातो.

ही खरी विडंबना आहे.

स्वतःला शाकाहारी म्हणवणारे अनेक लोक मांसाहाराला हिंसा म्हणतात. पण पिकांवर फवारलेल्या विषामुळे कित्येक निष्पाप जीव मरतात तेव्हा ती हिंसा दिसत नाही.

कारण त्या जीवांना चेहरा नाही. आवाज नाही. भावना आपल्या डोळ्यांना दिसत नाहीत.

पण म्हणून त्यांचं जीवन कमी महत्त्वाचं होत नाही.

खरं पाहिलं तर आपल्या ताटातलं जवळपास कोणतंच अन्न पूर्णपणे हिंसामुक्त नसतं.

धान्य पिकवताना जीव मरतात. भाज्या उगवताना जीव मरतात. रस्ते बांधताना परिसंस्था नष्ट होतात. मोठ्या शहरांसाठी जंगलं संपतात.

म्हणून प्रश्न फक्त “कोण काय खातो?” हा नाही.

प्रश्न असा आहेः

आपण निसर्गाशी किती प्रामाणिक आहोत?

आपण गरजेपुरतं घेतो की लोभाने?

आपण सहजीवन मानतो की मालकी?

कारण निसर्गात पूर्ण अहिंसा कदाचित शक्यच नाही.

पण संवेदनशीलता शक्य आहे. संतुलन शक्य आहे. अनावश्यक क्रौर्य टाळणं शक्य आहे.

आज मोठी समस्या मांसाहार किंवा शाकाहार नाही.

समस्या आहे:

निसर्गापासून तुटण्याची,

लोभाची,

संवेदनाशून्यतेची,

आणि स्वतःला बाकी सगळ्यांपेक्षा श्रेष्ठ समजण्याची.

जात, धर्म, ताट आणि श्रेष्ठत्व यापेक्षा विचार बदलण्याची जास्त गरज आहे

मी फक्त कमावलं नाही, थोडं जगलोही

जग नश्वर आहे हे समजल्यावर...

“सगळं क्षणभंगुर आहे” हे वाक्य आपण खूप सहज बोलतो.

पण खरंच एक दिवस ते आतपर्यंत समजलं, तर माणूस बदलतो.

कारण मग आयुष्याकडे बघायची नजर बदलते.

भारतीय तत्त्वज्ञानात हजारो वर्षांपासून एक गोष्ट वारंवार सांगितली गेली आहे.

बौद्ध तत्त्वज्ञान त्याला “अनित्य” म्हणतं.

भगवद्गीतेमध्ये श्रीकृष्ण अर्जुनाला सांगतात की बदल हा जगाचा नियम आहे.

संत तुकाराम म्हणतात:

“येणेचि जन्मे मरण निश्चित”

म्हणजे जे जन्माला आलंय ते एक दिवस जाणारच.

शरीर, पैसा, सत्ता, प्रतिष्ठा, नाती... काहीही कायमचं नाही.

पण गंमत अशी आहे की हे माहिती असूनही माणूस असं जगतो जणू तो कायम इथेच राहणार आहे.

पूर्वी मला वाटायचं की अजून थोडं कमावलं, अजून थोडं मोठं झालो, अजून थोडं स्थिर झालो की मग मनासारखं जगता येईल.

पण हे “अजून थोडं” कधीच संपत नाही हे हळूहळू लक्षात आलं.

२१ व्या वर्षी काही गोष्टी करिअरसाठी सोडल्या.

२५ व्या वर्षी वाटलं आता कुटुंब महत्त्वाचं.

३० व्या वर्षी मुलांसाठी अनेक गोष्टी बाजूला ठेवल्या.

आणि अचानक जाणवलं, आपण थांबलो नाही तर ४० व्या वर्षीही कोणत्या ना कोणत्या कारणासाठी स्वतःलाच पुढे ढकलत राहणार.

माणूस जगत कमी आणि तयारीच जास्त करत राहतो.

विशेषतः पैसा.

पैसा आवश्यक आहे, यात वाद नाही.

पण एका टप्प्यानंतर पैसा गरज राहत नाही, तो सवय बनतो.

आणि नंतर खेळ.

मग प्रश्न "किती पुरे?" हा राहतच नाही.

जगातल्या सर्वात श्रीमंत माणसालाही थांबता येत नाही, कारण भूक पैशाची नसते, ती सतत मोठं होत राहण्याची असते.

पण शेवटी माणूस स्वतःलाच विचारतो: हे सगळं करून नेमकं मिळालं काय?

शेतीत काम करताना ही गोष्ट जास्त स्पष्ट दिसायला लागली.

कारण शेती माणसाला नश्वरता रोज दाखवत असते.

आज छान दिसणारं पीक उद्या रोगाने जाऊ शकतं.

एका पावसाने वर्षभराचं गणित बदलू शकतं.

कधी बाजार साथ देतो, कधी पूर्णपणे उलटा जातो.

शेतीत एक गोष्ट लवकर समजते: आपण फक्त प्रयत्न करू शकतो. सगळं आपल्या नियंत्रणात नसतं.

आणि कदाचित म्हणूनच निसर्गाच्या जवळ राहणारा माणूस थोडा शांत होत जातो.

झाडाला काही घाई नसते.

नदी स्वतःची जाहिरात करत नाही.

मातीला प्रतिष्ठेची गरज नसते.

फक्त माणूस सतत धावत राहतो.

मोठं घर, मोठी गाडी, जास्त पैसा, जास्त ओळख...

पण त्या धावण्यात तो स्वतःलाच मागे टाकतो.

ऑरगॅनिक शेती करताना एक गोष्ट प्रकर्षाने जाणवली.

जमिनीवर सतत रासायनिक ताण देऊन काही काळ जास्त उत्पादन घेता येतं.

पण त्याची किंमत माती चुकवत असते.

माणसाचंही तसंच आहे.

सतत काम, सतत ताण, सतत धावपळ करून पैसा वाढवता येईल.

पण आतली शांतता हरवत जाते.

म्हणून मी सदतीसाव्या वर्षी आयटी क्षेत्रातून बाहेर पडलो आणि शेतीत आलो.

बाहेरून पाहणाऱ्या अनेकांना तो निर्णय वेडेपणाचा वाटला.

कारण आजच्या जगात सगळे शहराकडे धावत आहेत, आणि मी उलट दिशेने निघालो होतो.

पण काही निर्णय हे गणिताने घेतले जात नाहीत.

ते आतून घ्यावे लागतात.

आता त्रेचाळीसाव्या वर्षी कधी मोटरसायकल घेऊन निवांत फिरतो, कधी शेतात तासन्तास बसतो, कधी माती हातात घेऊन पिकं बघत राहतो...

आणि गंमत म्हणजे, पूर्वीपेक्षा कमी धावपळ असूनही आयुष्य जास्त भरलेलं वाटतं.

उपनिषदांमध्ये एक ओळ आहे: “तेन त्यक्तेन भुञ्जीथा”

म्हणजे त्यागाची जाणीव ठेवून उपभोग घ्या.

वस्तू वापरा, पण त्यांच्यात हरवू नका.

कदाचित हाच खरा अध्यात्माचा अर्थ असावा.

सगळं सोडून जंगलात जाणं नाही.

तर हे समजणं की काहीही कायमचं नाही, म्हणून हव्यासाने स्वतःला जाळण्यात अर्थ नाही.

म्हणून आता वाटतं, आयुष्यात पैसा कमावणं एवढंच महत्त्वाचं नाही.

कुठे थांबायचं हे कळणं जास्त महत्त्वाचं आहे.

कारण शेवटी:

शरीर थांबणार

पैसा इथेच राहणार

नाव विसरलं जाणार

आणि आपण ज्यासाठी इतकं धावलो, त्यातलं बहुतांश काही कायमचं नसणार

मग निदान एवढं तरी व्हायला हवं की एक दिवस मागे वळून बघताना असं वाटावं: “हो… मी फक्त कमावलं नाही, थोडं जगलोही.”

गावरान : शब्द की वैज्ञानिक फसवणूक?

आज "गावरान" हा शब्द इतका फॅशनमध्ये आला आहे की लोकं आता वस्तूची गुणवत्ता बघत नाहीत, फक्त लेबल बघतात.

गावरान गूळ. गावरान चहा. गावरान अंडी. अस्सल गावरान तूप. गावरान टोमॅटो.

आणि "अस्सल गावरान" लिहिलं की किंमत दुप्पट.

पण प्रश्न असा आहे की गावरान म्हणजे नेमकं काय?

काही लोकांच्या मते रसायन न वापरता घेतलेलं म्हणजे गावरान. काहींना वाटतं जुन्या बिया म्हणजे गावरान. काहींना वाटतं कमी उत्पादन देणारी जात म्हणजे गावरान. तर काहींना फक्त गावातलं दिसलं की गावरान.

प्रत्यक्षात "गावरान" ही कोणती वैज्ञानिक व्याख्या नाही.

आणि हाच आपल्या शेतीचा मोठा गोंधळ झाला आहे.

आपल्या पूर्वजांनी गायींवर प्रचंड अभ्यासपूर्ण काम केलं. निवडक बैल वापरले जात होते. कळप जपले जात होते. इनब्रीडिंग टाळलं जात होतं. म्हणूनच भारताला "दुधाच्या नद्या वाहणारा देश" म्हटलं जायचं.

आजचा शेतकरी काय म्हणतो?

"डॉक्टर, गाय भरून द्या."

बस्स.

कुठला बैल? कुठलं सीमेन? कुठली जनुके? दूधक्षमता किती? पुढच्या पिढीत काय उतरणार?

काहीच विचार नाही.

स्वतःच्या चांगल्या कालवडी तयार करायच्या नाहीत. बैल उभे करायचे नाहीत. कळप सुधारायचा नाही. मग आपल्या गाई दीड-दोन लिटरवर येणार नाहीत तर काय होणार?

आणि गंमत म्हणजे आपल्याकडून गीरसारख्या गाई ब्राझीलमध्ये गेल्या की तिथे त्या रेकॉर्डब्रेक दूध देतात. कारण त्यांनी गाईंची पूजा नाही केली, संशोधन केलं. डेटा ठेवला. निवडक प्रजनन केलं. सतत सुधारणा केली.

कोंबड्यांमध्येही हेच.

जगभरात पोल्ट्री जेनेटिक्सवर प्रचंड संशोधन चालतं. कमी खाद्यात जास्त वजन, अधिक अंडी, जास्त रोगप्रतिकारक क्षमता, उष्णता सहनशक्ती, यासाठी नवीन ब्रीड तयार केल्या जातात.

आपल्याकडे मात्र “गावरान कोंबडी” म्हटलं की चर्चा संपते.

ती नेमकी कोणत्या ब्रीडची आहे? उत्पादन किती? खाद्य रूपांतरण किती? वैज्ञानिक निवड झाली आहे का?

काहीच प्रश्न नाहीत.

भाजीपाल्यात तर अजून विचित्र प्रकार आहे.

टोमॅटो, बटाटा, मिरची, फ्लॉवर, कोबी ही मूळ भारतीय पिकंच नाहीत. मग “गावरान टोमॅटो” म्हणजे नेमकं काय?

अनेकदा फक्त हायब्रिड नसलेलं काहीही “गावरान” म्हणून विकलं जातं.

सगळ्यात धोकादायक गोष्ट म्हणजे “गावरान” या शब्दाने संशोधनाविषयी संशय निर्माण केला. सुधारणा म्हणजे वाईट आणि जुनं म्हणजे पवित्र, अशी मानसिकता तयार झाली.

पण खरं वास्तव उलट आहे.

आजचा गहू, ऊस, फळं, भाजीपाला, कोंबड्या, गाई, काहीच मूळ स्वरूपात नाही. हजारो वर्षांच्या निवडक प्रजननाने आणि सुधारणांनी ते इथपर्यंत आले आहेत.

माणसाची संपूर्ण प्रगती ही सुधारित जातींवर उभी आहे.

गावरान जपण्यात काहीच गैर नाही. पण सुधारणा थांबवून गावरानाची पूजा करणे, ही प्रगतीची हत्या आहे.

जग विज्ञानावर भविष्य उभारत आहे. आणि आपण अजूनही "अस्सल गावरान"च्या फलकाखाली भावनांची विक्री करत बसलो आहोत.

शेतीचे खरे गणित

शेतीत अजूनही बहुतेक लोक "एका पिकातून किती पैसा आला" हे मोजतात. पण खरी गणितं तिथेच चुकतात.

आता मोजमाप बदलण्याची वेळ आली आहे.

"प्रति एकर उत्पन्न" पेक्षा "प्रति एकर प्रति महिना उत्पन्न" हे जास्त महत्त्वाचं आहे.

कारण जमीन मर्यादित असते, पण वेळ ही सुद्धा तितकीच महत्त्वाची संपत्ती आहे.

उदाहरणार्थ, एका एकर गव्हासाठी मशागत, पेरणी, बियाणं, खतं, फवारणी धरून साधारण २० हजार रुपये खर्च आला असे धरू.

उत्पन्न १२ ते १५ क्विंटल.

भाव २५०० रुपये.

म्हणजे एकूण उत्पन्न साधारण ३० ते ३७ हजार रुपये.

खर्च वजा केला तर हातात उरले १० ते १७ हजार रुपये.

पण इथे एक प्रश्न विचारला जात नाही.

ही जमीन किती महिने अडकून होती?

गहू साधारण ४ ते ५ महिने शेतात राहतो.

म्हणजे प्रत्यक्षात त्या जमिनीने तुम्हाला "प्रति महिना" फक्त २ ते ४ हजार रुपये दिले.

आता हेच गणित प्रत्येक पिकाला लावा.

ऊस एकरी लाख देतो म्हणतात. पण तो १२ ते १८ महिने जमीन अडवतो.

कापूस पैसे देतो, पण सहा-सात महिने शेत व्यापून बसतो.

मग खरी कमाई कोणत्या पिकात आहे?

माझ्या मते मूग हे अशा पिकांपैकी एक आहे जे "प्रति एकर प्रति महिना उत्पन्न" या गणितात खूप पुढे आहे.

मूगाचं उत्पादन कदाचित उसाइतकं मोठं दिसणार नाही.

पण मूग फक्त ६० ते ७० दिवसांत तयार होतं.

समजा ३ क्विंटल उत्पादन आलं आणि भाव ७००० रुपये मिळाला.

म्हणजे साधारण २१ हजार रुपये gross income.

खर्च कमी असल्यामुळे १५ ते १७ हजार रुपये हातात राहू शकतात.

आता हे दोन महिन्यांनी भागा.

म्हणजे मूग अनेक मोठ्या पिकांपेक्षा जास्त "प्रति एकर प्रति महिना उत्पन्न" देतं.

आणि म्हणूनच तुरीमध्ये मूग, बाजरीमध्ये मूग, किंवा पाच फुटी उसामध्ये सुरुवातीला मूग, उडीद, भाजीपाला घेणं हे फक्त intercropping नाही, तर intelligent cash flow management आहे.

ऊस अजून लहान असताना जमीन रिकामी पडत नाही.

तूर वाढायला वेळ घेत असताना मूग आधी पैसे देऊन जातं.

बाजरीसोबत मूग घेतल्यावर nitrogen cycle सुधारते, जोखीम कमी होते आणि सुरुवातीपासून cash flow चालू होतो.

अशा पद्धतीने विचार केला तर "ठोकमाल" पिकांचं गणित वेगळंच दिसायला लागतं.

एकदाच मोठे पैसे देणारे पीक आणि सतत cash flow देणारे पीक यात खूप फरक आहे.

कारण शेतीमध्ये फक्त अंतिम उत्पादन महत्त्वाचं नसतं.

Cash flow किती वेळा येतो हेही तितकंच महत्त्वाचं असतं.

आणि इथेच भाजीपाल्याची खरी ताकद सुरू होते.

माझ्या मते सध्या “प्रति एकर प्रति महिना उत्पन्न” या गणितात भाजीपाला सर्वात पुढे आहे.

कारण भाजीपाला फक्त उत्पादन देत नाही, तो “वेळ” विकतो.

मेथी २१ दिवसांत निघून जाते.

कोथिंबीर, पालक, मुळा ४० ते ४५ दिवसांत हातात येतात.

म्हणजे तीच जमीन वर्षभर अनेक वेळा कमाई करून देते.

आमच्या शेतात एका बेडवर सहा पिकं असतात.

दोन वांग्यांच्या मध्ये मुळा.

बेडच्या सेंटरला मका.

बाजूला चवळी.

दर सहा फुटावर हादग्याचं झाड.

आणि त्या हादग्यावर एक वेल.

हे फक्त “मिक्स क्रॉपिंग” नाही.

हे वेळ, सूर्यप्रकाश, मुळांची खोली आणि जागेचा पूर्ण वापर आहे.

२१ दिवसांत मेथी बाहेर.

४५ दिवसांत मुळा बाहेर.

५५ व्या दिवसापासून वेल आणि चवळी सुरू.

९० दिवसांत मका हातात.

१२० दिवसांनी वांगी चालू.

तोपर्यंत जवळजवळ वेल सोडून बाकी सगळी पिकं निघून गेलेली असतात.

आणि शेवटी काही महिन्यांनी वेलही काढून टाकायची.

मग पूर्ण बेडमध्ये फक्त वांगं राजासारखं उभं राहतं.

अशा अनेक मॉडेल्स आम्ही उभ्या केल्या आहेत.

फळबागेमध्ये सुरुवातीला पपई आणि डांगर घेऊन आधी उत्पन्न मिळवायचं.

जोपर्यंत मुख्य फळपीक तयार होत नाही तोपर्यंत जमीन रिकामी ठेवायची नाही.

डांगरातून biomass तयार होतं.

त्याचं मल्चिंग होतं.

माती थंड राहते.

तण कमी होतं.

पाणी धरून ठेवण्याची क्षमता वाढते.

म्हणजे एकाच मॉडेलमधून:

सुरुवातीचं उत्पन्न

माती सुधारणा

मल्चिंग

moisture retention

आणि future orchard support

हे सगळं एकाच वेळी घडतं.

ही फक्त शेती नाही.

हे ecological engineering आहे.

कारण निसर्गात रिकामी जागा नसते.

रिकामी जमीन, रिकामा सूर्यप्रकाश आणि रिकामा वेळ हा निसर्गाचा स्वभाव नाही.

जंगलात कधीच एकच पीक नसतं.

कोणी पटकन वाढतं.

कोणी उंच जातं.

कोणी nitrogen fix करतं.

कोणी सावली वापरतं.

कोणी सुरुवातीला cash flow देतं तर कोणी दीर्घकाळ उत्पादन देतं.

निसर्ग layered असतो.

शेतीनेही पुन्हा layered व्हायला हवं.

आजची सर्वात मोठी समस्या म्हणजे आपण “रिकामी जमीन” आणि “रिकामा वेळ” याची किंमत मोजत नाही.

शेतात सूर्यप्रकाश पडतो आहे, पाणी वापरलं जातंय, माती जिवंत आहे, पण जमीन महिनोनमहिने एका पिकासाठी hold करून ठेवली जाते. ही आर्थिक चूक आहे.

भविष्यात जिंकणारा शेतकरी तोच असेल जो:

फक्त क्विंटल मोजणार नाही

प्रति एकर प्रति महिना उत्पन्न मोजेल

cash flow frequency पाहील

sunlight capture वाढवेल

soil biology जिवंत ठेवेल

आणि एका पिकाऐवजी पूर्ण ecosystem उभं करेल

शेतकऱ्याची मुले उपाशी

शेतकऱ्याची सर्वात मोठी शोकांतिका कोणती माहिती आहे?

तो जगाला खाऊ घालतो... पण स्वतःच्या घरासाठी पिकवत नाही.

आजकाल बरेच लोक आमच्या फॉर्मवर येतात. डोळ्यांत मोठी स्वप्नं असतात.

कोणी म्हणतो, "शेवगा करायचा आहे. पानांच्या पावडरला खूप मार्केट आहे."

मी शांतपणे विचारतो, "मागच्या वर्षात तुम्ही स्वतः किती वेळा शेवग्याची पावडर खाल्ली?"

मग दुसरा प्रश्न.

"तुमच्या ५० नातेवाईकांमध्ये रोज शेवग्याची पावडर खाणारे पाच लोक सांगा."

माणूस थांबतो.

कारण उत्तर त्यालाही माहिती असते.

आपण आज अशी शेती करू पाहतोय ज्याचा ग्राहक आपण स्वतः नाही. ज्याची चव आपल्याला माहिती नाही. ज्याची गरज आपल्या घराला नाही.

शेती आता पोटासाठी राहिलेली नाही. ती फक्त बाजारासाठी उरली आहे.

पूर्वी शेतकरी गरीब असायचा. पण त्याच्या घरात अन्न श्रीमंत असायचं.

कोठारात ज्वारी असायची. बाजरी असायची. तुरीची डाळ असायची. मूग, मटकी, चवळी असायची. घरामागे भाजीपाला असायचा. दारी दोन गाई असायच्या. झाडावरून तोडून खाता येतील अशी पेरू, सीताफळ, आंबे असायचे.

आणि आज?

शेतकरी कापूस विकतो... आणि त्या पैशातून किराणा दुकानातून डाळ विकत घेतो.

सोयाबीन विकतो... आणि मुलासाठी दूध पिशवीत आणतो.

द्राक्षे export करतो... आणि घरातली मुलं सफरचंद फोटोमध्ये बघतात.

हे फक्त आर्थिक अपयश नाही. ही विचारांची गुलामी आहे.

आपण बाजारावर इतके अवलंबून झालो आहोत की आता स्वतःच्या जमिनीवर स्वतःचे अन्न पिकवण्याची कल्पनाच मागास वाटायला लागली आहे.

खरंतर प्रत्येक शेतकऱ्याने स्वतःला एक प्रश्न विचारायला हवा.

"जर उद्यापासून बाजार बंद झाला... तर माझ्या शेतात माझ्या घरासाठी काय उगवतं?"

उत्तर भीतीदायक आहे.

आज लाखो रुपयांची शेती करणाऱ्या अनेक शेतकऱ्यांच्या घरातः

शुद्ध दूध नाही

रासायनिक फवारणीशिवाय भाजी नाही

स्वतःची डाळ नाही

स्वतःची फळं नाहीत

आणि गंमत म्हणजे हे बोलताना मी कुठलं तत्त्वज्ञान सांगत नाही.

मी स्वतः शहरातून शेतीत आलो आहे.

माझ्याकडे खानदानी शेतीचा वारसा नव्हता.

पण आज माझ्या शेतात तूर, मूग, उडीद, चवळी, मटकी उगवते.

चोवीस प्रकारच्या भाज्या आणि अडतीस प्रकारची फळं आहेत.

दूध, तूप, लोणी, ताक, दही घरचं आहे.

वाटेल तेव्हा अंडी खाता येतात आणि वाटेल तेव्हा कोंबडी पकडून चिकन करता येतं.

हे मी श्रीमंती दाखवण्यासाठी सांगत नाही.

हे तर प्रत्येक शेतकऱ्याच्या घरात सर्वात आधी असायला हवं.

मग प्रश्न पडतो...

जर शहरातून आलेला माणूस हे करू शकतो,

तर खानदानी शेतकरी का नाही?

आणि मग आपण म्हणतो, “शेती परवडत नाही.”

शेती परवडत नाही की आपण जगणंच चुकीचं निवडलंय?

हिशोब अगदी साधा आहे.

आठवड्याला:

पाचशे रुपयांची भाजी

दोन-तीनशे रुपयांची फळं

रोजचं दूध

अंडी

किराणा

वर्षभरात लाखाच्या आसपास पैसा फक्त जगण्यासाठी खर्च होतो.

आणि गंमत म्हणजे हे सगळं उत्पादन शेतकरी स्वतः करू शकतो.

पाणी कमी असलं तरी घरापुरती भाजी होते. पाच झाडं जगवायला आकाश फाटत नाही. दोन गाईंसाठी चारा उगवतो. दहा कोंबड्या पाळायला उद्योग लागत नाही.

पण प्रश्न संसाधनांचा नाही. प्रश्न मनाचा आहे.

आपल्याला आता “उगवलेलं” अन्न खायची सवय राहिलेली नाही. आपल्याला “खरेदी केलेलं” अन्नच सुरक्षित वाटायला लागलंय.

समजा एखादा शेतकरी पाच एकर कापूस करतो. सगळा खर्च जाऊन तीस हजार रुपये एकरी उरतात. म्हणजे दीड लाख.

आता त्याने फक्त अर्धा एकर स्वतःसाठी बाजूला ठेवला तर?

पाच गुंठे फळबाग

तीन गुंठे भाजीपाला

दहा गुंठे चारा

दोन गाई

काही कोंबड्या

काही शेळ्या

वरवर पाहता तो वीस-पंचवीस हजारांचं उत्पन्न कमी करतोय.

पण प्रत्यक्षात?

तो:

मुलांचं पोषण विकत घेणं बंद करतोय

बाजाराची भीक मागणं बंद करतोय

औषधांवरचा खर्च कमी करतोय

जमिनीची ताकद परत वाढवतोय

आणि सर्वात महत्त्वाचं...

तो पुन्हा "शेतकरी" बनतोय.

कारण शेतकरी म्हणजे फक्त माल विकणारा माणूस नाही. शेतकरी म्हणजे स्वतःच्या जमिनीवर स्वतःच्या कुटुंबासाठी जीवन उगवणारा माणूस.

बाकी सगळं व्यापार आहे.

वार्षिक उत्पन्नाचे गणित

शेतीबद्दल चर्चा सुरू झाली की शेवटी विषय येऊन अडकतो तो बाजारभाव, हमीभाव आणि सरकारवर.

“कापसाला भाव नाही.” “सोयाबीन पडले.” “कांदा रस्त्यावर फेकावा लागला.”

पण खरं सांगायचं तर ही समस्या फक्त बाजाराची नाही. ही आपल्या शेतीच्या पद्धतीचीही आहे.

कारण आपण शेतीला शेती म्हणून कमी आणि जुगार म्हणून जास्त करायला लागलो आहोत.

संपूर्ण हंगाम... संपूर्ण जमीन... संपूर्ण पैसा... एका पिकावर.

मग त्या एका पिकाचा भाव पडला की संपूर्ण हंगाम कोसळतं.

व्यवसायात एक साधा नियम असतो — risk distribution.

शहाणा माणूस आयुष्यभराची सगळी कमाई एका शेअरमध्ये टाकत नाही. कारण त्याला माहिती असतं, जर तो शेअर पडला तर सगळंच संपेल.

म्हणून तो वेगवेगळ्या ठिकाणी गुंतवणूक करतो. थोडं सोनं, थोडी जमीन, काही शेअर्स, काही व्यवसाय.

पण शेतीमध्ये आपण नेमकं उलट करतो.

पूर्ण जमीन एका पिकाखाली टाकतो. पूर्ण वर्ष एका भावावर अवलंबून ठेवतो. आणि मग बाजारभावावर राग काढतो.

खरं म्हणजे ही शेतीची समस्या कमी आणि risk management ची समस्या जास्त आहे.

मागच्या लेखात सांगितल्याप्रमाणे जर शेतात विविध प्रकारची पिकं असतील, इंटरक्रॉपिंग असेल, भाजीपाला असेल, डाळी असतील, फळझाडं असतील, पशुपालन असेल, तर संपूर्ण चित्र बदलतं.

एखाद्या पिकाचा भाव पडेल. पण दुसऱ्याचा वाढेल.

एक पीक फसले तरी दुसरे उभे राहील. एका हंगामात तोटा झाला तरी दुसरा भरून काढेल.

म्हणजे शेती "एका भावावर" चालत नाही तर संपूर्ण सिस्टीमवर चालते.

आणि इथेच दुसरा महत्त्वाचा मुद्दा येतो — cash flow.

शेतकऱ्याची मोठी समस्या कमी उत्पन्न नसते. समस्या असते irregular income.

चार महिन्यात एकदाच पैसा येतो. तोही एकदम मोठा.

मग पुढचे वर्ष त्याच पैशावर जगायचं. बी-बियाणं, खतं, औषधं, घरखर्च, शिक्षण, दवाखाना... सगळं त्यातून.

म्हणजे शेती नफ्यात असली तरी cash flow तुटलेला असतो.

पण mixed farming मध्ये परिस्थिती बदलते.

दूध दररोज पैसा देतं. भाजीपाला आठवड्याला पैसा देतो. फळं, कडधान्यं, अंडी, प्रक्रिया केलेले पदार्थ वेगवेगळ्या काळात उत्पन्न देतात.

मग शेतकरी "एका दिवसाच्या पैशावर" जगत नाही. त्याच्या शेतातून सतत छोटे छोटे income streams चालू राहतात.

आणि खरं आर्थिक स्थैर्य तिथेच निर्माण होतं.

निसर्गाकडे बघितलं तरी तो कधी monocrop करत नाही. जंगलात हजारो प्रकारची झाडं एकत्र वाढतात. म्हणून जंगल स्थिर राहतं.

आपण मात्र शेकडो एकरात एकच पीक लावून स्थिरता शोधतो.

कदाचित म्हणूनच आज शेतीत उत्पादन वाढलं... पण शांतता कमी झाली.

पूर्वी कमी उत्पादन होतं. पण शेतकरी बाजारावर इतका अवलंबून नव्हता.

आज आपण स्वतः अन्न पिकवतो... पण डाळ, तेल, भाजी, फळं, दूध सगळं बाजारातून विकत घेतो.

म्हणजे अन्नदाता स्वतःच बाजाराचा सर्वात मोठा ग्राहक बनला. शेतीचा खरा विमा सरकारचा हमीभाव नाही. तर शेतातील विविधता आहे.

ज्या दिवशी शेतकरी "एका पिकातून श्रीमंत होण्याचं" स्वप्न सोडून "सतत पैसे देणारी सिस्टीम" उभी करेल, त्या दिवशी बाजारभावाचं महत्त्व आपोआप कमी होईल.

कारण मग प्रश्न असा राहणार नाही की, "या पिकाला भाव किती आहे?" प्रश्न असा असेल, "माझ्या शेतातून वर्षभर किती वेगवेगळे उत्पन्नाचे प्रवाह चालू आहेत?"

दुरून डोगर साजिरे

आजकाल बऱ्याच शहरी लोकांना शेतीकडे एक रोमँटिक कल्पना म्हणून पाहण्याची सवय झाली आहे.

कॉर्पोरेट नोकरीचा ताण, ट्रॅफिक, स्क्रीनसमोरचं आयुष्य, आणि सोशल मीडियावर दिसणारी हिरवीगार शेतं... ह्यामुळे शेती म्हणजे शांत, साधं आणि समाधानाचं जीवन अशी एक प्रतिमा तयार झाली आहे.

पण शेती ही “escape plan” नाही.

ती पूर्णवेळ जबाबदारी आहे.

हे समजून घेण्यासाठी मी काही वर्षांपूर्वी एक छोटासा प्रयोग केला होता.

त्याचं नाव होतं Tiny Farm Project.

माझ्याकडे असलेल्या अर्ध्या एकर शेताचे मी एक हजार स्क्वेअर फूटचे वीस तुकडे केले आणि ते शहरी लोकांना वापरायला दिले. कल्पना साधी होती. ज्यांना शेती करायची इच्छा आहे त्यांनी प्रत्यक्ष हात मातीला लावून बघावं.

यामध्ये दोन प्रकारच्या स्कीम होत्या.

पहिली होती Managed Farm.

यामध्ये संपूर्ण देखभाल आमची माणसं करणार. ग्राहकांनी फक्त येऊन भाज्या लावायच्या, पाणी द्यायचं, भाज्या तोडायच्या आणि अनुभव घ्यायचा.

दुसरी होती Self Managed Farm.

यामध्ये सर्व काम स्वतः करायचं. खुरपणी, मशागत, पाणी, निगा, सगळं.

सुरुवातीला चार-पाच फॅमिली खूप उत्साहाने आल्या.

फोटो काढले गेले. मुलांनी मातीमध्ये खेळलं. “Organic lifestyle” बद्दल चर्चा झाली.

पण दोन आठवड्यांत जवळपास सगळे गायब झाले.

शेवटी फक्त एकच फॅमिली टिकली. त्यांनी साधारण सहा महिने प्रयत्न केला. पण त्यातून फारसं काही निर्माण झालं नाही. हळूहळू मेंटेनन्स बंद पडलं आणि शेवटी त्यांनीही सोडून दिलं.

कारण शेती Instagram reel नाही.

ती रोजची पुनरावृत्ती आहे.

एक गुंठा खुरपणं सुद्धा वाटतं तेवढं सोपं नसतं.

दोन तास उन्हात काम केल्यानंतर शरीर काय असतं हे समजतं.

पाठीचा त्रास, हाताला फोड, अंगदुखी, जखमा... हे सगळं शेतीचा भाग आहे.

आज शेतकरी सतत "लेबर समस्या" बद्दल बोलतो.

पण खरी गोष्ट अशी आहे की शहरातून शेतीकडे वळणाऱ्या माणसाने स्वतःला एक प्रश्न विचारायला हवा.

"मी स्वतः किती काम करू शकतो?"

कारण शेतीमध्ये फक्त management करून चालत नाही.

किमान सुरुवातीला तरी तुम्हाला प्रत्येक काम हाताने करता आलं पाहिजे.

आम्ही स्वतः हेच केलं.

रोपं तयार करण्यापासून खुरपणीपर्यंत...

भाजी काढण्यापासून ट्रॅक्टर चालवण्यापर्यंत...

सगळं स्वतः करून पाहिलं.

आणि जेव्हा ठामपणे हे समजलं की "गरज पडली तर आपण काहीही करू शकतो", तेव्हाच मोठी उडी मारली.

सुरुवातीचे काही महिने खूप कठीण गेले.

अंगदुखी आणि जखमांनी अक्षरशः बेजार झालो होतो.

पण एक गोष्ट लक्षात आली.

शेतीमध्ये शरीर आधी बदलतं.

नंतर मन बदलतं.

आणखी एक महत्त्वाची गोष्ट म्हणजे आर्थिक वास्तव.

शेतीमध्ये stable income नसतं.

कधी भाव पडतो.

कधी पाऊस जातो.

कधी रोग येतो.

कधी उत्पादनच कमी येतं.

म्हणून मी शेतीमध्ये पूर्णवेळ उतरण्यापूर्वी एक corpus तयार केला आणि त्याची व्यवस्थित mutual funds मध्ये गुंतवणूक केली. आज त्यातून दरमहा नियमित cash flow येतो.

हे सांगण्याचं कारण एकच.

शेतीवर पूर्णपणे अवलंबून राहणं शहरी माणसासाठी खूप कठीण असतं.

कारण शहरात राहताना आपल्या गरजा नकळत खूप वाढलेल्या असतात.

मॉलमध्ये जाणं, बाहेर खाणं, वारंवार shopping.

मुलांचे lifestyle expectations.

हे सगळं शेतीच्या अनिश्चित उत्पन्नाशी जुळत नाही.

आणि जेव्हा तुम्ही livestock घेता, तेव्हा खेळ पूर्णपणे बदलतो.

गाय, म्हैस, शेळ्या ह्या फक्त “assets” नसतात.

त्या जिवंत जबाबदाऱ्या असतात.

त्यांना रोज खायला लागतं.

रोज पाणी लागतं.

रोज काळजी लागते.

त्यामुळे तुम्ही शेताशी बांधले जाता.

त्यानंतर अचानक दोन दिवस बाहेर जाणंही कठीण होतं.

जोपर्यंत तुम्हाला अत्यंत विश्वासू माणूस मिळत नाही, तोपर्यंत livestock म्हणजे 24 तासांची commitment असते.

मला असं वाटतं की शेतीमध्ये येण्यापूर्वी प्रत्येक शहरी माणसाने स्वतःला तीन प्रश्न विचारायला हवेत.

पहिला.

मी प्रत्यक्ष शारीरिक काम करू शकतो का?

दुसरा.

मी काही वर्ष unstable income सहन करू शकतो का?

आणि तिसरा.

मी माझ्या lifestyle expectations कमी करू शकतो का?

जर ह्या तीन प्रश्नांची प्रामाणिक उत्तरं “हो” असतील तर शेती खूप सुंदर प्रवास आहे.

नाहीतर शेती दूरूनच सुंदर दिसते

सेंद्रिय शेतीचा बाजार

सेंद्रिय/नैसर्गिक शेतीचा आज एक वेगळाच बाजार तयार झालाय.

आणि खरी समस्या अशी की "सेंद्रिय" हा शब्द आता शेतीपेक्षा मार्केटिंगमध्ये जास्त वापरला जातो.

आज प्रत्येक दुसरा माणूस म्हणतो,

"या पिकामध्ये आम्ही सेंद्रिय/नैसर्गिक पद्धत वापरली."

पण थोडं खोलात जाऊन विचारलं की चित्र वेगळंच दिसतं.

म्हणजे काय असतं?

यावर्षी युरिया आणि डीएपी टाकलेलं नसतं.

शेणखत असतं.

जीवामृत असतं.

नीमास्त्र, दशपर्णी अर्क असतो.

आणि मग अभिमानाने सांगितलं जातं,

"आम्ही पूर्ण नैसर्गिक आहोत."

पण शेत एकदम स्वच्छ कसं?

तर तणनाशक असतंच.

कीड आली की?

"एखादी वेळेला फवारणी घ्यावीच लागते" हे तयार उत्तर.

मग प्रश्न पडतो की यात नेमकं सेंद्रिय/नैसर्गिक काय राहिलं?

परवा तर एक शेतकरी म्हणला आम्ही आता 80% सेंद्रिय पद्धतीने करतो.

80 टक्के सेंद्रिय म्हणजे काय? तुमचा शेतमाल एक तर सेंद्रिय असतो किंवा नसतो. असे टक्केवारी मध्ये सेंद्रिय करता येत नाही.

आज अनेक लोकांचा असा समज झालाय की जीवामृत टाकलं की शेती सेंद्रिय झाली.

पण खरी सेंद्रिय/नैसर्गिक शेती म्हणजे फक्त रासायनिक खत कमी करणे नाही.

तर संपूर्ण विचार बदलणे आहे.

शेतीमध्ये वापरल्या जाणाऱ्या बहुतेक निविष्ठा आपल्या शेतावरच तयार व्हायला हव्यात.

जनावरांचे शेण, गोमूत्र, शेतीतील अवशेष, घरातील आणि बाजारातील सेंद्रिय कचरा यापासून खत तयार व्हायला हवे.

शेती शक्य तितकी स्वयंपूर्ण व्हायला हवी.

पण आज काय होतंय?

पूर्वी शेतकरी केमिकलची पोती उघडून टाकायचा.

आता "ऑर्गॅनिक", "बायो", "नॅचरल" लिहिलेल्या बाटल्या उघडून टाकतो.

पूर्वी युरिया कंपनीवर अवलंबून होता.

आता सेंद्रिय खतांच्या बाटल्यांवर अवलंबून झालाय.

सेंद्रिय/नैसर्गिक शेतीचा मूळ उद्देश खर्च कमी करणे, बाहेरच्या बाजारावर अवलंबित्व कमी करणे आणि जमिनीची ताकद वाढवणे हा होता.

पण आज अनेक ठिकाणी उलट होतंय.

रासायनिक शेतीपेक्षाही महाग "नैसर्गिक" शेती विकली जातेय.

PGS आणि इतर सेंद्रिय सर्टिफिकेटचाही आता वेगळाच बाजार झालाय.

लोकांना वाटतं शिक्का लागला म्हणजे माल शंभर टक्के शुद्धच असेल.

पण वास्तव एवढं सरळ नाही.

ज्या देशात आरटीओ मधून गाडी चालवायचा लायसन्स परीक्षा न देता घरपोच येतो, त्या देशात सेंद्रिय शेतीचे सर्टिफिकेट प्रत्येक ठिकाणी काटेकोर तपासणी करूनच मिळत असेल अशी अपेक्षा ठेवणं थोडं अवघड आहे.

म्हणून जोपर्यंत तुम्ही स्वतः कोणाचं शेत पाहत नाही, तोपर्यंत फक्त सर्टिफिकेटवर विश्वास ठेवणं धोक्याचं आहे.

मी पाहिलेल्या बहुतेक लोकांना अस्सल सेंद्रिय/नैसर्गिक शेती म्हणजे काय हेच स्पष्ट माहिती नसतं.

त्यांच्या मते केमिकल कमी वापरणे म्हणजे नैसर्गिक शेती.

आता ऑनलाइन सेंद्रिय लेबल लावून विकणाऱ्यांचा बाजार बघा. ऑनलाइन आठशे कोटीचा व्यवहार करणारे आपल्या शेतातील गाई दाखवतात आणि म्हणतात

"आमच्या मुक्त फिरणाऱ्या गीर गाईंचं बिलोना तूप."

"देशी पद्धतीने बनवलेलं."

"शंभर टक्के नैसर्गिक."

पण थोडं साधं गणित लावा.

एक किलो बिलोना तुपासाठी साधारण २५ लिटर दूध लागतं.

व्हिडिओमध्ये दाखवलेल्या दहा-पंधरा गाईंपासून तुम्ही देशभर हजारो ऑर्डर्स कशा पूर्ण करू शकता?

नंतर लक्षात येतं की मोठ्या प्रमाणात बाहेरून माल उचलला जातो.

ब्रँड तयार केला जातो.

भावनिक शब्द वापरले जातात.

"देशी गाय", "वैदिक", "आजीची पद्धत", "पंचगव्य", "बिलोना", "खपली गहू"...

आणि लोकांच्या भावनांमध्ये हात घालून माल विकला जातो.

खरी समस्या फक्त फसवणूक नाही.

खरी समस्या अशी आहे की ग्राहक आणि शेतकरी दोघांनाही वास्तवापासून दूर नेलं जातंय.

कारण अस्सल सेंद्रिय/नैसर्गिक शेती ही खूप कठीण गोष्ट आहे.

ती रीलमध्ये दाखवतात तितकी सोपी नाही.

मला स्वतःला दोन एकराचा गहू आमच्या ऑफलाइन ग्रुपमध्ये विकायलासुद्धा कमी पडला.

सुरुवातीला उत्पादन कमी येऊ शकतं.

तण वाढू शकतं.

कीड येऊ शकते.

काम जास्त असतं.

आणि सर्वात महत्त्वाचं म्हणजे त्यासाठी संयम लागतो.

एकदा मातीचा कस आणि जिवंतपणा परत आला की मात्र सेंद्रिय/नैसर्गिक शेती खूप सोपी होऊ लागते. फक्त जमिनीच्या कर्बावर लक्ष केंद्रित केले आणि कर्ब एक ते दीड टक्क्याच्या वर आणला की सेंद्रिय शेती अगदी विनासायास होते.

पण तोपर्यंत बाजार तुमच्या भावना, भीती आणि अज्ञान विकत असतो.

म्हणून कुठलाही “नैसर्गिक” शिक्का पाहून भावनेत जाऊ नका.

प्रश्न विचारायला शिका.

शेत बघायला शिका.

आणि सर्वात महत्त्वाचं म्हणजे मार्केटिंग आणि वास्तव यामधला फरक ओळखायला शिका.

ट्रेनिंग, शिबीर आणि सापळे

माझे असे स्पष्ट मत आहे की जे लोक कायम ट्रेनिंग, कोर्सेस, शिबिरं घेत फिरतात त्यांचा मूळ व्यवसाय बहुतेक वेळा फार मजबूत नसतो. त्यामुळे ट्रेनिंग हा त्यांचा साईड बिजनेस नसून मुख्य उत्पन्नाचा स्रोत बनलेला असतो.

शेअर बाजाराचे क्लासेस घेणाऱ्या कितीतरी लोकांचे उदाहरण आपण अलीकडे पाहिले. स्वतः शेअर बाजारातून पैसा कमवता आला नाही म्हणून लोकांना "सीक्रेट फॉर्म्युला" विकले गेले. कारण ज्याला खरोखर शेअर बाजारातून सातत्याने कोट्यवधी रुपये मिळत असतील, त्याला दिवसभर जाहिराती करून क्लासेस विकायची गरजच काय?

लोक म्हणतात, "ते समाजसेवा म्हणून शिकवतात."

ठीक आहे. मग फी लाखोंमध्ये कशाला?

खरा व्यवसाय ग्राहकाच्या समस्येवर उभा असतो. पण अनेक ट्रेनिंग इंडस्ट्री लोकांच्या स्वप्नांवर उभ्या असतात.

"कमी गुंतवणूक, जास्त नफा, घरबसल्या व्यवसाय" अशी वाक्ये वारंवार वापरली जातात. कारण उत्पादन विकणे कठीण असते, पण स्वप्न विकणे खूप सोपे असते.

मशरूम शेती, मोती शेती, सेंद्रिय शेती, हायड्रोपोनिक्स... अशा अनेक क्षेत्रात हे दिसते. मार्केटपेक्षा ट्रेनिंग इंडस्ट्री मोठी झालेली आहे.

थोडा साधा विचार करा.

मार्केटमध्ये प्रत्यक्षात मशरूम किती लोक खातात? त्यात ऑईस्टर मशरूम किती लोक खातात?

मोती शेती शिकवणारे खूप भेटतील. पण आपल्या आसपासच्या ज्वेलर्सना विचारून बघा, त्यांनी आयुष्यात किती लोकांकडून थेट मोती खरेदी केले आहेत?

उत्तर मिळेल.

लोक उत्पादन शिकतात, पण मार्केटचा अभ्यास करत नाहीत.

१०० लोक मशरूम उगवत आहेत, पण खरेदी करणारे किती?

५०० लोक मधमाशी पालन शिकत आहेत, पण process केलेला मध premium rate ला घेणारे किती?

अनेक शिबिरांमध्ये फक्त यशस्वी उदाहरणे दाखवली जातात. स्टेजवर नेहमी यशस्वी झालेला एक माणूस उभा असतो. पण अपयशी झालेले ९५ लोक कुठे असतात, हे कोणी दाखवत नाही.

आणखी एक महत्त्वाची गोष्ट म्हणजे ट्रेनिंग हा स्वतःमध्ये खूप scalable व्यवसाय आहे.

एका एकरातून मर्यादित उत्पन्न मिळते.

पण "प्रत्येकी ५००० रुपये फी × २०० लोक" हा पूर्ण वेगळाच व्यवसाय मॉडेल आहे.

म्हणून अनेकांना मूळ व्यवसायापेक्षा ट्रेनिंग जास्त profitable वाटू लागते.

लोक मला विचारतात, "तुम्ही शिबिर का घेत नाही?"

कारण मला वेळ नाही.

आणि एक गोष्ट लक्षात घ्या. जर एखाद्या व्यवसायात तुम्ही प्रशिक्षण घ्यायला गेलात आणि तिथे दिवस-रात्र फक्त ट्रेनिंगच चालू असेल, तर सावध व्हा. कारण पुढे जाऊन तुम्हालाही त्या व्यवसायातून नव्हे तर ट्रेनिंग देऊनच पैसे कमवावे लागणार आहेत.

खरा मजबूत व्यवसाय माणसाचा पूर्ण वेळ खातो. तिथे ग्राहक, उत्पादन, क्वालिटी, कर्मचारी, मार्केट, जोखीम, स्पर्धा यातच दिवस जातो. सतत दुसऱ्यांना प्रशिक्षण द्यायला वेळ उरत नाही.

मी स्वतः आता शेतीतून थोडा passive व्हायला लागलो आहे. SOP लावले, जबाबदाऱ्या लोकांवर सोपवल्या, त्यामुळे पाच-सहा वर्षांनी पहिल्यांदा मी मोटरसायकल घेऊन फिरू शकतो आहे. नाहीतर एक काळ असा होता की लोकांशी बोलायलासुद्धा वेळ नव्हता. मी व्हिडिओ करून विनंती करत होतो, "कृपया फोन करू नका, भेटायला येऊ नका."

आणखी एक साधा नियम लक्षात ठेवा.

जर एखादा व्यवसाय इतका सोपा आणि profitable असेल की तो हजारोंना शिकवला जातोय, तर काही वर्षांनी त्यात margin उरणारच नाही. कारण हजारो लोक एकाच दिशेने धावत असतात.

म्हणून जर तुम्हाला एखादे क्षेत्र करिअर म्हणून निवडायचे असेल, तर एक गोष्ट नक्की पाहा.

त्या उत्पादनाचा खरा ग्राहक कोण आहे?

कारण आजकाल अनेक क्षेत्रात उत्पादनापेक्षा "उत्पादन शिकवणे" हाच मोठा उद्योग झालेला आहे.

आणि तुमच्यासारखे हजारो लोक तेच प्रशिक्षण घेऊन उद्या पुन्हा ट्रेनिंगच विकणार असतात.

कॉम्पिटिशन आधीच सुरू आहे.

लोक मला विचारतात, "तुम्ही एवढं ज्ञान देता, मग दिवसभर रील करायला तुम्हाला एवढा वेळ कसा मिळतो?"

त्यावर माझं एकच उत्तर असतं.

म्हणूनच माझे व्हिडिओ एडिटेड नसतात.

मी रॉ शूटिंग करून पोस्ट करतो. बहुतेक वेळा शूटिंग झाल्या झाल्या थेट अपलोड करतो. कारण माझा उद्देश cinematic content बनवणे नाही. जे आहे ते जसंच्या तसं तुमच्यापर्यंत पोहोचवायचं हा प्रयत्न असतो.

मी ज्या “फार्म रायडर” सदराखाली फिरून व्हिडिओ बनवतो, त्या शेतकऱ्यांनाच विचारा. अनेक वेळा आम्ही तिथून परत येईपर्यंत व्हिडिओ लाईव्ह सुद्धा झालेला असतो.

कारण मला “सगळं परफेक्ट” दाखवायचं नाही. शेतीत सगळं perfect नसतंच.

माझ्या व्हिडिओमध्ये editing पेक्षा reality जास्त असते. म्हणून काही वेळा आवाज कमी-जास्त असतो, कॅमेरा हलतो, मध्ये चुका होतात, एखादी गोष्ट repeat होते. पण ते खरं असतं. आजकाल content मध्ये polish खूप वाढलंय, पण reality कमी झाली आहे. मला लोकांना प्रभावित करण्यापेक्षा वास्तव दाखवणं महत्त्वाचं वाटतं

करिअर

आजकाल बरेच पालक त्यांच्या मुलांना घेऊन माझ्याकडे येतात. मी आयुष्यात आठ स्टार्टअप्स केले, वेगवेगळ्या क्षेत्रात काम केलं, त्यामुळे करिअरबद्दल प्रश्न विचारणारे लोक सतत भेटतात. जवळपास प्रत्येकाचा प्रश्न सारखाच असतो.

"सध्या कोणत्या क्षेत्राला स्कोप आहे?"

"कोणत्या करिअरला पैसे आहेत?"

"मुलाला कुठल्या फील्डमध्ये टाकावं?"

माझं उत्तर मात्र अनेकांना अनपेक्षित वाटतं.

सध्या जे ट्रेंडमध्ये आहे त्यात करिअर करू नका. पुढील पाच ते दहा वर्षांत काय महत्त्वाचं होईल त्याचा विचार करा. कारण आजचं मूल मार्केटमध्ये उतरायला चार-पाच वर्षे जाणार आहेत. तोपर्यंत संपूर्ण जग बदललेलं असेल.

पण खरं सांगायचं तर, करिअरचा मूळ प्रश्न "स्कोप" नसतो. प्रश्न असतो "रस".

तुमच्या मुलाला खरंच काय आवडतं?

आज बहुतेक पालक मुलांना फक्त मार्क्स, कॉलेज आणि नोकरी एवढंच जग दाखवतात. पण तुम्ही त्यांना उद्योग दाखवता का? वेगवेगळे व्यवसाय दाखवता का? एखादं गॅरेज, मेडिकल, इलेक्ट्रिकचं दुकान, रेस्टॉरंट, फॅक्टरी, वर्कशॉप, शेत, डेअरी, स्टुडिओ... हे सगळं दाखवून "तुला हे काम आवडेल का?" असा प्रश्न विचारता का?

१६-१७ वर्षांच्या मुलाला त्याचा रस अचानक समजत नाही. तो एक्सपोजरमधून तयार होतो. दहा-बारा वर्षांपासून मुलांनी वेगवेगळ्या प्रकारचं काम, वेगवेगळे उद्योग, वेगवेगळ्या जीवनशैली पाहिल्या पाहिजेत. तेव्हाच त्याला समजतं की त्याला आयुष्यभर काय करायचं आहे.

आज एखाद्या मुलाला स्पोर्ट्समध्ये जायचं असेल, कुकिंगमध्ये करिअर करायचं असेल, एखादी कला शिकायची असेल तर आपण त्याला प्रोत्साहन देतो का? की लगेच "यात स्कोप नाही" म्हणून थांबवतो?

माझ्या मते माणूस आयुष्यभर फक्त त्याच क्षेत्रात टिकू शकतो ज्यात त्याला मनापासून रस असतो. बाकी सर्व गोष्टी काही वर्षांनी ओझं बनतात.

पण करिअरच्या पलीकडे जर मला विचाराल की पुढच्या काळात सर्वात महत्त्वाची कला कोणती असेल, तर माझं उत्तर स्पष्ट आहे.

स्वतःचं अन्न उगवण्याची कला.

आज आपण अन्न खातो, पण अन्न तयार कसं होतं याच्याशी पूर्णपणे तुटलो आहोत. एखाद्या सर्वसाधारण माणसाला विचारलं की मेथी किती दिवसांत उगवते, तर त्याला उत्तर देता येत नाही. काहीजण सहज "दोन महिने" असं म्हणतील.

एक गृहस्थ माझ्याकडे आले होते. कुठून तरी लाकडोंग हळदीचा तुकडा घेऊन आले होते. म्हणाले, "ही हळद लावून द्याल का?" मी हो म्हटलं. मग ते अगदी सहज विचारतात, "पुढच्या महिन्यात येऊ का?"

त्यांना कल्पनाच नव्हती की आलं आणि हळद यांसारख्या पिकांना साधारण नऊ महिने लागतात.

खरं सांगायचं तर, मी स्वतः शेतीत येण्यापूर्वी मलाही हे माहीत नव्हतं. माझ्या आसपासच्या बहुतांश लोकांनाही माहीत नव्हतं. कारण शहरात राहणारा माणूस अन्नाला फक्त "प्रॉडक्ट" म्हणून पाहतो. त्यामागचा काळ, श्रम, संयम, जोखीम आणि निसर्ग त्याला दिसत नाही.

मेथीची जुडी बाजारात दिसते. पण ती जुडी म्हणून उगवत नाही. एक एक रोप उगवतं. मग ती कापली जातात, निवडली जातात, बांधली जातात आणि जुडी

बनते. ही साधी गोष्टसुद्धा अनेक वयस्कर पुरुषांना माहिती नसते. घरातल्या स्त्रियांना थोडीफार माहिती असते कारण त्यांचा अन्नाशी प्रत्यक्ष संबंध असतो.

आपण रोज खातो त्या प्रत्येक गोष्टीमागे किती वेळ, किती श्रम आणि किती अनिश्चितता असते याची पुसटशी जाणीवही नसणं ही खरं तर लाजेची गोष्ट आहे.

आणि त्याहून वाईट गोष्ट म्हणजे जो माणूस हे अन्न उगवतो त्यालाच “गरीब”, “मागासलेला”, “दरिद्री” म्हणून पाहणं.

आज काही हाय-फॅशन लोकांच्या नजरेत शेतकरी म्हणजे कमी दर्जाचा माणूस. पण वास्तव उलट आहे. ज्याला माती समजते, पाणी समजतं, ऋतू समजतात, बीज समजतं आणि अन्न उगवता येतं तो माणूस मूर्ख असूच शकत नाही.

कारण जगातली सर्वात मूलभूत आणि सर्वात कठीण गोष्ट म्हणजे अन्न निर्माण करणं.

आज मराठवाड्यातील अनेक जमिनींचा ऑर्गॅनिक कार्बन ०.२ ते ०.४ टक्क्यांवर आलेला आहे. जमिनीची सुपीकता वेगाने कमी होत चालली आहे. पुढील ३०-३५ वर्षांत अन्न उत्पादन हीच सर्वात मोठी समस्या बनू शकते.

लोकांना आज हे अतिशयोक्ती वाटेल. पण माती संपत चालली आहे, पाणी खाली जात आहे आणि अन्नाची गुणवत्ता आधीच घसरत आहे.

मला प्रामाणिकपणे वाटतं की भविष्यात सेंद्रिय अन्न ही लक्झरी नसेल, ती गरज असेल. आणि कदाचित अशी वेळही येऊ शकते की सुपीक जमिनीवर आणि चांगल्या अन्नावर संघर्ष होतील.

त्या काळात ज्याच्याकडे सुपीक जमीन असेल, ज्याने वर्षानुवर्षे माती तयार केलेली असेल, ज्याला स्वतःच्या भाज्या, पालेभाज्या आणि मूलभूत अन्न उगवता येत असेल, तोच खरा श्रीमंत असेल.

कारण त्याचं परावलंबन कमी असेल.

आज जर कोणाकडे अतिरिक्त पैसे असतील तर मी त्याला एकच गोष्ट सांगेन. जास्त परताव्याच्या चमकदार गोष्टींच्या मागे पळू नका. शेतीमध्ये गुंतवणूक करा. पण फक्त जमीन घेण्यात नाही. माती तयार करण्यात गुंतवणूक करा. पाणी अडवण्यात करा. सेंद्रिय पदार्थ वाढवण्यात करा. अन्न उगवण्याची कौशल्यं शिकण्यात करा.

NEET पेपरफुटीच्या प्रकरणाने एक गोष्ट अगदी स्पष्ट केली.

करिअरच्या नावाखाली समाज किती वेडा झाला आहे.

एक परीक्षा, एक सीट, एक कॉलेज आणि एक पदवी यासाठी लोक लाखो रुपये मोजतात, पेपर विकत घेतात, सिस्टम भ्रष्ट करतात आणि मुलांवर प्रचंड मानसिक दबाव टाकतात.

यामध्ये मला सर्वात धोकादायक गोष्ट कोणती वाटते माहिती आहे?

आपण मुलांना करिअर शिकवतोय, पण जगणं शिकवत नाही.

आज एखाद्या मुलाला NEET, JEE, UPSC, MBA याबद्दल माहिती असते. पण मेथी किती दिवसात उगवते, हळदीला किती महिने लागतात, दूध तयार होण्यासाठी किती श्रम लागतात, माती जिवंत कशी राहते याबद्दल काहीच माहिती नसतं.

हे शिक्षणाचं अपयश नाही का?

आज जर संपूर्ण सिस्टम एका पेपरफुटीने हादरू शकत असेल, तर आपण समजून घेतलं पाहिजे की फक्त करिअरवर उभं असलेलं आयुष्य खूप कमकुवत असतं.

म्हणूनच मला वाटतं की भविष्यात शेती हे "फुल टाइम करिअर" नसले तरी "साइड करिअर" प्रत्येकासाठी आवश्यक होणार आहे.

तुम्ही डॉक्टर असा, इंजिनिअर असा, उद्योजक असा, आयटीमध्ये असा किंवा कुठल्याही क्षेत्रात असा. पण स्वतःसाठी थोडं अन्न उगवता येणं ही बेसिक लाईफ स्किल असली पाहिजे.

कारण पुढच्या काळात पैसा असूनही शुद्ध अन्न मिळेल याची खात्री राहणार नाही.

आज आपण पाहतो आहोत की जमिनीचा ऑर्गॅनिक कार्बन घसरतो आहे, पाण्याचे प्रश्न वाढत आहेत, अन्नाची गुणवत्ता कमी होत आहे. आणि दुसऱ्या बाजूला लोकांना अजूनही वाटतं की अन्न म्हणजे मॉलमध्ये मिळणारी वस्तू.

ही तुटलेली मानसिकता आहे.

म्हणूनच आता मुलांना पुन्हा शेतीकडे घेऊन जाण्याची वेळ आलेली आहे.

शाळांनी फार्म टूर काढल्या पाहिजेत. मुलांना प्रत्यक्ष शेतावर नेलं पाहिजे. भाजी जमिनीतून कशी येते, दूध कोण देतं, बियाणं कसं पेरलं जातं, रोप कसं वाढतं, पावसाचा पिकावर काय परिणाम होतो, माती म्हणजे नेमकं काय... हे सगळं त्यांनी पुस्तकात नाही तर प्रत्यक्ष पाहिलं पाहिजे.

पालकांनी प्रत्येक वीकेंडला रिसॉर्ट, मॉल आणि वॉटर पार्कमध्ये फिरवण्याऐवजी कधी तरी मुलांना शेतावर घेऊन गेलं पाहिजे. त्यांना मातीला हात लावू द्या. झाड लावू द्या. भाजी तोडू द्या. जनावरांच्या जवळ जाऊ द्या.

कारण आज काही मुलांना विचारलं की दूध कुठून येतं, फळं कुठून येतात, तर उत्तर येतं “मॉलमधून.”

ही गंमत नाही. ही धोक्याची घंटा आहे.

आपण अशी पिढी तयार करतो आहोत जिला अन्नाचा स्रोत माहिती नाही. ज्यांचा निसर्गाशी, मातीशी आणि उत्पादन प्रक्रियेशी काहीच संबंध उरलेला नाही.

मला वाटतं भविष्यात अभ्यासक्रमात शेती कम्पल्सरी करावी लागेल. प्रत्येक मुलाने आयुष्यात किमान एकदा तरी बी पेरलं पाहिजे, झाड वाढवलं पाहिजे आणि स्वतः अन्न उगवून पाहिलं पाहिजे.

कारण शेवटी माणूस दिवसातून तीन वेळा डेटा खात नाही.

अन्न खातो.

आणि अन्न उगवता येणारा माणूसच पुढच्या काळात खरा महत्त्वाचा असणार आहे.

गोसेवा कि गोपालन

देशी गाईंचे पालन करून “गोसेवा” करायची इच्छा घेऊन आजकाल खूप तरुण शेतीकडे येत आहेत. सोशल मीडियावर गोठे, देशी गाई, A2 दूध, शेण, गोमूत्र, सेंद्रिय शेती हे सगळं खूप आकर्षक दाखवलं जातं. पण वास्तव खूप वेगळं आहे.

गाय पाळणे म्हणजे फक्त प्रेम, श्रद्धा आणि भावना नाहीत.

तो अत्यंत कठीण, सतत लक्ष मागणारा आणि मानसिकदृष्ट्या थकवणारा व्यवसाय आहे.

आणि सर्वात महत्त्वाची गोष्ट म्हणजे हा व्यवसाय “दिसतो” तितका फायदेशीर नसतो.

आजकाल अनेक लोक गोसेवा, भारतीय संस्कृती, देशी गाय, पंचगव्य, A2 अशा शब्दांनी भावनिक होऊन गोठे सुरू करतात. पण दोन-तीन वर्षांनी त्यांच्यापैकी अनेक जण शांतपणे गोठे बंद करतात. कारण सुरुवातीला कुणीच खरी बाजू सांगत नाही.

सर्वात आधी समजून घ्या की गोठा भावना पाहून चालत नाही.

तो गणितावर चालतो.

तुमच्याकडे 10 गाई आहेत म्हणजे 10 गाई दूध देतात असे नसते. काही ड्राय असतात, काही गाभण असतात, काही नुकत्याच व्यालेल्या असतात, काही आजारी असतात. पण खायला मात्र सगळ्याच बसलेल्या असतात.

दिवसाला हिरवा चारा, सुका चारा, पेंड, मिनरल मिक्स्चर, औषधे, पाणी, वीज, कामगार, ट्रान्सपोर्ट... हे खर्च थांबत नाहीत.

लोकांना वाटते एक एकर मका केला की वर्षभर चारा झाला. प्रत्यक्षात एक एकर मका किती दिवस पुरतो हे गोठा चालवल्याशिवाय समजत नाही. विशेषतः दुष्काळी भागात तर हिरवा चारा हा सर्वात मोठा ताण असतो.

पाऊस कमी झाला की चाऱ्याचे दर वाढतात आणि दूध व्यवसायाचे संपूर्ण गणित कोसळते.

गोठा बांधणे ही स्वतःमध्ये मोठी गुंतवणूक आहे.

शेड, पाइपलाइन, सिमेंट, फीडर, पाण्याची व्यवस्था, शेण व्यवस्थापन, दूध काढायची मशीन, चारा कटर, वीज… लाखो रुपये जातात.

आणि गंमत म्हणजे गोठा उभा राहिल्यावर खर्च संपत नाही. तिथून तो सुरू होतो.

गाई खरेदी करणे ही वेगळीच परीक्षा आहे.

नवीन माणूस बाजारात सहज फसतो.

काही गाई स्वतःचे दूध पितात.

काही वासराला दूध पिऊच देत नाहीत.

काही लाथा मारतात.

काहींचे चारपैकी तीनच सड चालू असतात.

काही कायम आजारी पडतात.

काही अंगावर धावून येतात.

काहींना अचानक फिट येते.

काही मिश्र जात असतात पण देशी म्हणून विकल्या जातात.

कुठलेही सीमेन वापरून breeding केलेली असते.

Male वासरं म्हणजे गोऱ्हे ही तर अजून मोठी समस्या आहे. त्यांचं पुढे काय करायचं यावर फार कमी लोक बोलतात.

Mastitis सारखे आजार आले की पूर्ण गणित बिघडते.

दूध फेकावे लागते. औषधांचा खर्च वाढतो. उत्पादन कमी होते. डॉक्टरांच्या फेऱ्या सुरू होतात. सोशल मीडियावर गोठे दाखवणारे लोक हे वास्तव सहसा दाखवत नाहीत.

पण या व्यवसायातील सर्वात मोठी आणि सर्वात कमी बोलली जाणारी समस्या म्हणजे “लेबर”.

खरं सांगायचं तर भारतात आज गाईंपेक्षा चांगला कामगार मिळवणे कठीण झाले आहे.

गाई 20 असोत किंवा 200... शेवटी गोठा लेबरवरच चालतो.

दूध काढणारा माणूस जर अचानक निघून गेला तर संपूर्ण सिस्टम कोसळते.

एका रात्रीमध्ये लेबर पळून गेल्याने बंद पडलेले मोठमोठे गोठे मी स्वतः पाहिले आहेत.

कारण गाय तुमच्या परिस्थितीची वाट पाहत नाही.

सकाळी 4.30 ला दूध काढायचंच असतं.

चारा टाकायचाच असतो.

शेण उचलायचंच असतं.

वासरं सांभाळायचीच असतात.

आजकाल स्थिर कामगार मिळत नाहीत.

कामगारांना मोबाईलची सवय, दारू, गावाकडची भांडणं, अचानक सुट्ट्या, पगार वाढीचे प्रश्न, “गावी लग्न आहे”, “घरी मृत्यू झाला”, “उद्या येतो” आणि मग कायम गायब... हे सतत चालू असते.

आणि सर्वात मोठी अडचण म्हणजे skilled labour.

गाय हाताळणे हे सामान्य काम नाही. चुकीची औषध, वेळ चुकवली, स्वच्छता पाळली नाही तर हजारो रुपयांचे नुकसान होते.

अनेक वेळा मालक स्वतः गोठ्यात उतरला नाही तर गोठा चालतच नाही.

म्हणूनच गाईंचा व्यवसाय म्हणजे freedom नाही.

तो full-time commitment आहे.

लग्न असो, सण असो, तब्येत खराब असो, घरात मृत्यू असो... दूध काढावेच लागते.

दोन दिवस बाहेर फिरायला जाणे कठीण होते.

लोकांच्या लग्नाला जाणे बंद होते.

रात्रभर बाहेर राहणे बंद होते.

सुट्टी हा शब्द जवळजवळ संपतो.

दूध व्यवसायातील आणखी एक मोठी गोष्ट म्हणजे continuity.

गाय ही मशीन नाही.

व्याल्यानंतर काही दिवस दूध वाढते, नंतर स्थिर राहते आणि मग हळूहळू कमी होत जाते. त्यामुळे ग्राहक टिकवायचे असतील तर breeding cycle, dry period, calving pattern आणि production याचे अत्यंत अचूक management लागते.

एक गाय आटली तर दुसरी व्यायला हवी. नाहीतर ग्राहक तुटतात.

आणखी एक गोष्ट स्पष्ट बोलली पाहिजे.

स्वतःला “गोसेवक” म्हणवणारे बहुतेक लोक गाईची शुद्धी, udder size, A2, दूध किती देते यावरच चर्चा करताना दिसतात. जर गाय खरोखर “माता” असेल तर मग "कितना बढ़िया udder है" असे म्हणून हात लावणे आणि तिच्या उत्पादन क्षमतेवरच इतका भर का?

प्रत्यक्षात या क्षेत्रात “गोसेवा” पेक्षा “भावनिक मार्केटिंग” जास्त आहे. खूप कमी गोशाळा आहेत ज्या खरंच गोसेवा म्हणून गाईंचे काम करतात. तेव्हा ते दूधही काढत नाहीत.

मी स्वतः माझ्या व्यवसायाला गोसेवा म्हणत नाही.

मी एक professional गोपालक आहे जो दुधाचा व्यवसाय करतो.

कमीत कमी हे प्रामाणिक तरी आहे.

लोक तुम्हाला शेणापासून धूप, अगरबत्ती, कुंड्या, गोमूत्राचे प्रॉडक्ट, पंचगव्य, गोमूत्र डेअरी असे अनेक व्यवसाय दाखवतील. पण त्यापैकी किती व्यवसाय प्रत्यक्षात sustainable आहेत यावर फार कमी लोक बोलतात.

गोमूत्राचा अर्क औषधांमध्ये वापरतात हे ठीक आहे. पण रोज गोमूत्र पकडणे, process करणे, साठवणे, विकणे हे प्रत्यक्षात किती अवघड आहे हे फक्त गोठ्यात काम करणाऱ्यालाच माहिती असते.

म्हणूनच माझा फोकस purely दुधावर आहे.

“गोसेवा” हा शब्द अनेकदा भावनिक विक्रीसाठी वापरला जातो.

खरे शब्द दोनच आहेतः

व्यावसायिक गोपालन.

बाकी भावना वेगळ्या आणि व्यवसाय वेगळा.

लोकांना भावनिक करून गाई विकल्या जातात, गोठे विकले जातात, कोर्स विकले जातात, स्वप्नं विकली जातात. पण गोठा शेवटी व्यवस्थापन, हिशोब, मानसिक ताकद आणि सातत्य यावर चालतो.

तुम्ही गाईवर प्रेम करू शकता.

पण फक्त प्रेमावर गोठा चालत नाही.

शेती सुरु करण्यापूर्वी

आजकाल बरेच लोक मला एक प्रश्न विचारतात.

"शेतीमध्ये यायचं आहे. काय करू?"

विशेषतः IT, corporate किंवा शहरामध्ये चांगल्या पगारावर काम करणारे तरुण आता मोठ्या प्रमाणात शेतीकडे वळताना दिसत आहेत. सोशल मीडियावर सुंदर फार्महाउस, organic farming, natural farming, village lifestyle यांचे व्हिडिओ पाहून अनेकांना वाटते की आता शहर सोडून शेतीमध्ये उतरावे.

पण इथे एक गोष्ट स्पष्ट सांगतो.

शेती ही Instagram reel नाही. ती 365 दिवस चालणारी वास्तविकता आहे.

अनिश्चित पाऊस, मजूर समस्या, बाजारभाव, रोगराई, कॅश फ्लो, मानसिक ताण, सततचे निर्णय आणि त्यात होणाऱ्या चुका... हे सगळे एकत्र म्हणजे शेती.

म्हणूनच मी नेहमी सांगतो: शेतीमध्ये उतरण्यापूर्वी "पोटाचा प्रश्न" सोडवा.

माझ्या आधीच्या लेखात मी "म्युच्युअल फंडमधून नियमित उत्पन्न" हा मुद्दा लिहिला होता. त्यानंतर अनेक लोकांचे फोन आणि मेसेज आले.

त्यात एका गृहस्थांची केस खूप महत्त्वाची होती.

त्यांची MIDC जवळची जमीन गेली आणि त्यांना जवळपास दोन कोटी रुपये मिळाले. अजूनही त्यांच्याकडे भरपूर शेती आहे. पण प्रश्न होता की आता या पैशांचे काय करायचे?

बहुतेक लोक इथेच चूक करतात.

जमीन विकून पैसे आले की: कोणी गाड्या घेतो. कोणी प्लॉट घेतो. कोणी नातेवाईकांच्या सांगण्यावरून व्यवसाय सुरू करतो. कोणी मित्रांच्या मागे लागून पार्टनरशिप करतो. कोणी चार फ्लॅट घेतो.

आणि काही वर्षांनी मूळ भांडवलच संपते.

कारण जमीन विकून आलेले पैसे हे income नसतात. ते तुमच्या पिढ्यानपिढ्यांच्या संपत्तीचे conversion असते.

त्यामुळे त्या पैशांकडे "लॉटरी" म्हणून नाही तर "permanent capital" म्हणून पाहिले पाहिजे.

मी त्या गृहस्थांना एक वेगळा विचार सांगितला.

जर हे दोन कोटी रुपये व्यवस्थित Asset Allocation करून म्युच्युअल फंडमध्ये गुंतवले तर?

उदाहरणार्थ:

Balanced Advantage Funds – 50%

Multi Asset Funds – 30%

Value / Contra Funds – 10%

Mid Cap – 7%

Small Cap – 3%

अशा प्रकारे संतुलित गुंतवणूक केली तर दीर्घकालीन सरासरी परतावा 12 ते 14 टक्के सहज मिळू शकतो. Conservative विचार केला तरी 8 टक्क्यांच्या आसपास मिळतोच.

आता खरी गोष्ट समजून घ्या.

जर या दोन कोटींपैकी वर्षाला फक्त 6% रक्कम SWP म्हणजे Systematic Withdrawal Plan मधून काढली तर वर्षाला 12 लाख रुपये मिळतात.

म्हणजे महिन्याला 1 लाख रुपये.

हा तुमचा “पगार” झाला.

आणि महत्त्वाचा मुद्दा म्हणजे तुम्ही जेवढे पैसे काढत आहात त्यापेक्षा जास्त वेगाने तुमचे भांडवल वाढत राहण्याची शक्यता असते. त्यामुळे योग्य नियोजन असेल तर मूळ रक्कम दीर्घकाळ टिकू शकते आणि अनेक वेळा वाढतही राहते.

हे लोक FD सारखे समजतात. पण ही वेगळी गोष्ट आहे.

तुम्ही तुमच्या आयुष्याचा आर्थिक पाया तयार करत आहात.

आज पुणे, बंगळुरू, हैदराबादमध्ये काम करणाऱ्या अनेक IT प्रोफेशनल्सकडे दोन-तीन फ्लॅट असतात. EMI, maintenance, tenant चे प्रश्न आणि सततची धावपळ यामध्ये फारसा free cash flow राहत नाही.

अशावेळी एखादा फ्लॅट विकून अशी “गंगाजळी” तयार केली तर?

महिन्याला ठरलेले उत्पन्न सुरू झाले की शेतीकडे पाहण्याचा दृष्टिकोनच बदलतो.

मग तुम्हाला पहिल्याच वर्षी शेतीतून करोडपती व्हायचा ताण राहत नाही.

तुम्ही शांतपणे प्रयोग करू शकता.

मिश्र शेती करू शकता. देशी गाई ठेवू शकता. नो टिल पद्धती वापरू शकता. ऑर्गॅनिकमध्ये चुका करून शिकू शकता. फळबाग लावू शकता. नवीन पिकांवर प्रयोग करू शकता.

कारण घर चालवण्यासाठी शेतीवर 100% अवलंबून राहायची गरज उरत नाही.

भारतातील बहुतेक शेतकऱ्यांची सर्वात मोठी समस्या म्हणजे “cash flow pressure”.

महिन्याचा खर्च थांबत नाही. पण शेतीचे उत्पन्न हंगामावर येते.

मग शेतकरी घाईघाईने निर्णय घेतो. रासायनिक इनपुट वाढवतो. जमिनीचा अति वापर करतो. जास्त उत्पादनासाठी जमिनीची वाट लावतो. कर्ज घेतो. किंवा शेवटी जमीन विकतो.

पण ज्याच्याकडे stable monthly income आहे तो शेतकरी वेगळे निर्णय घेऊ शकतो.

तो दीर्घकालीन विचार करू शकतो.

आज मी स्पष्टपणे एक गोष्ट सांगतो:

तुमची जमीन जर हायवेमध्ये, MIDC मध्ये किंवा शहराच्या विस्तारात गेली असेल आणि अचानक मोठी रक्कम हातात आली असेल, तर ती फक्त “पैसे आले” एवढ्यावर थांबवू नका.

योग्य planning केले तर त्या पैशांमधून तुम्ही आयुष्यभरासाठी आर्थिक सुरक्षितता तयार करू शकता.

तुम्ही पुन्हा शांतपणे शेती करू शकता. कर्जमुक्त राहू शकता. मुलांना चांगले शिक्षण देऊ शकता. आणि सर्वात महत्त्वाचे म्हणजे चुकीचे निर्णय घेण्याची घाई राहत नाही.

आज भारतात अनेक लोकांकडे जमीन आहे. पण फार कमी लोकांकडे financial intelligence आहे.

पुढच्या काळात फक्त जमीन असणारे लोक टिकणार नाहीत.

जमीन + ज्ञान + स्वतंत्र cash flow असणारे लोक टिकतील.

फक्त passion पुरेसा नाही. फक्त YouTube reels पुरेशा नाहीत. आणि फक्त "शेतीत खूप पैसा आहे" या कल्पनेवर शेतीमध्ये उतरणे तर अजूनच धोकादायक आहे.

शेती खूप सुंदर क्षेत्र आहे. पण ती सुंदर दिसते तेव्हा, जेव्हा तुमच्यावर जगण्याचा आर्थिक दबाव नसतो.

शेतकऱ्याला नेमकं अजून काय पाहिजे?

भारतामध्ये कदाचित असा दुसरा कोणताही व्यवसाय नाही ज्याला शेतीइतक्या मोठ्या प्रमाणावर सरकारी मदत मिळते.

खतावर सबसिडी आहे.

बियाण्यावर सबसिडी आहे.

ठिबक, पाईपलाईन, विहीर, पंप, ट्रॅक्टर, गोठा, कांदा चाळ, फळबाग, सौर ऊर्जा, कंपाउंड, अगदी संडासापर्यंत योजना आहेत.

वीज जवळजवळ मोफत आहे.

पाणी अनेक ठिकाणी मोफत आहे.

कमी दरात पीकविमा उपलब्ध आहे.

एफपीओसाठी योजना आहेत.

प्रोसेसिंगसाठी अनुदान आहे.

इतकं सगळं मिळूनही शेवटी एकच वाक्य ऐकायला मिळतं

"सरकारने भाव द्यावा."

इथेच मूळ प्रश्न सुरू होतो.

जगात कुठलाही उद्योगपती सरकारला सांगत नाही की माझ्या उत्पादनाची किंमत तुम्ही ठरवा.

कुठलीही फॅक्टरी MSP मागत नाही.

कारखानदार स्वतःची मार्केटिंग टीम तयार करतो.

ब्रँड तयार करतो.

पॅकेजिंग करतो.

ग्राहक शोधतो.

स्पर्धेमध्ये स्वस्त माल असला तरी स्वतःचा माल प्रीमियम म्हणून विकतो.

पण शेतकरी अनेकदा फक्त उत्पादनापर्यंत मर्यादित राहतो.

विक्री, ब्रँडिंग, प्रोसेसिंग, ग्राहक नेटवर्क, डायरेक्ट मार्केटिंग या गोष्टींकडे अजूनही मोठ्या प्रमाणावर दुर्लक्ष होते.

आज Amazon वर जाऊन गहू, तांदूळ, ज्वारी, बाजरी किंवा डाळी सर्च करा.

तुम्हाला लगेच समजेल की डायरेक्ट शेतकऱ्यांकडून विकला जाणारा माल किती महाग विकला जातो.

कारण त्यांनी फक्त शेती केली नाही.

त्यांनी विश्वास विकला.

गुणवत्ता विकली.

ब्रँड तयार केला.

ज्या शेतकऱ्यांनी योग्य गट तयार केले, लोकांचा माल एकत्र करून विकायला सुरुवात केली, प्रोसेसिंगमध्ये उतरले, ऑनलाइन विक्री सुरू केली, ते आज करोडोंचा व्यवहार करत आहेत.

नाशिकमध्ये असे अनेक शेतकरी गट आहेत.

पुण्याजवळ काही भावंडांनी मिळून हेच मॉडेल उभं केलं आहे.

ते लोकांचा माल एकत्र करतात, प्रोसेस करतात, पॅकिंग करतात आणि प्रीमियम ग्राहकांना विकतात.

सत्य एकच आहे.

सगळं फुकट मिळणार नाही.

स्वतः मेहनत घ्यावी लागेल.

एक अगदी सोपं उदाहरण बघा.

एका एकरामध्ये आजकाल साधारण 15 क्विंटल गहू सहज होतो.

एका सरासरी कुटुंबाला महिन्याला साधारण 12 किलो गहू लागतो.

म्हणजे वर्षाला साधारण दीड क्विंटल.

याचा सरळ अर्थ काय?

एका एकराचा गहू फक्त 10 कुटुंबांमध्ये सहज विकला जाऊ शकतो.

तुमच्या शेतापासून जवळच्या शहराकडे निघा.

पहिली 15 ते 20 फ्लॅटची अपार्टमेंट स्कीम मिळेल.

तुम्ही जर गहू व्यवस्थित क्लिनिंग, ग्रेडिंग करून, प्रामाणिकपणे, न फसवता विकला तर त्या एका अपार्टमेंटमध्येच एक एकराचा माल खपवता येतो. तेही बाजारभावापेक्षा चांगल्या दरात.

मी स्वतः 30 क्विंटल गहू शेतातच विकलेला आहे.

गव्हाची कापणी होण्यापूर्वीच संपूर्ण माल बुक झाला होता.

आणि यासाठी शहरालगत जमीन असणे आवश्यक नाही.

आवश्यक आहे ते नेटवर्क, सातत्य आणि विश्वास.

मला पाच शेतकऱ्यांचा एक गट माहिती आहे.

ते एकमेकांची खुरपणी, सोंगणी आणि शेतीची कामे एकत्र करतात.

त्यांच्यातला एक जण सर्वांचा माल शहरात घेऊन जाऊन विकतो.

ही जबाबदारी ते पाळीने घेतात.

त्यामुळे मजुरी खर्च कमी होतो.

वाहतूक खर्च कमी होतो.

ग्राहक टिकतात.

नफा वाढतो.

मला स्त्रियांचा एक गटही माहिती आहे ज्यांनी हेच मॉडेल वापरून “Farmer Cup” जिंकले आहे.

म्हणजे मार्ग आहेत.

यशस्वी उदाहरणे आहेत.

पण त्यासाठी मानसिकता बदलावी लागते.

सगळ्यात मोठा विरोधाभास म्हणजे विमा.

अत्यंत कमी प्रीमियममध्ये पीकविमा उपलब्ध असतो.

पण अनेक लोक विमा घेत नाहीत.

आणि नंतर नैसर्गिक आपत्ती आली की सरकारने मदत करावी अशी अपेक्षा ठेवतात.

एखादी फॅक्टरी जळाली तर सरकार नुकसानभरपाई देते का?

नाही.

तिथे इन्शुरन्स क्लेम होतो.

व्यवसाय म्हणजे रिस्क व्यवस्थापन.

शेतीलाही हेच लागू होते.

एफपीओ ही तर अत्यंत चांगली कल्पना होती.

शेतकरी एकत्र येऊन प्रोसेसिंग, स्टोरेज, ब्रँडिंग आणि मार्केटिंग करू शकले असते.

पण प्रत्यक्षात अनेक ठिकाणी काय झाले?

दाखवायला गट.

प्रत्यक्षात एका माणसाचा ताबा.

योजनेचे पैसे, मशीनरी, अनुदान आणि फायदे एका व्यक्तीकडेच.

हीच अवस्था अनेक योजनांची झाली आहे.

कांदा चाळीत कांद्यापेक्षा जनावरे जास्त दिसतात.

शेळीपालन शेडचे घर बनते.

रेशीम शेती शेडचे बंगले होतात.

सोलार पंप आणि पॅनल काळ्या बाजारात विकले जातात.

अनुदानातील ट्रॅक्टर जास्त भावाने रीसेल होतात.

जवळजवळ प्रत्येक योजनेभोवती काळाबाजार तयार झालेला दिसतो.

मग प्रश्न सरकारचा कमी आणि मानसिकतेचा जास्त उरतो.

कारण सत्य हे आहे की कायम सबसिडीवर कोणताही व्यवसाय उभा राहत नाही.

व्यवसाय टिकतो तो गुणवत्ता, व्यवस्थापन, मार्केटिंग, ग्राहकांचा विश्वास आणि आर्थिक शिस्त यावर.

पण अनेक शेतकऱ्यांना आता "उत्पादन" करायची सवय आहे, "व्यवसाय" करायची नाही.

वर्षानुवर्षे सरकारने अशी मानसिकता तयार केली की प्रत्येक समस्येचे उत्तर म्हणजे योजना, अनुदान, कर्जमाफी किंवा मदत.

महिन्याला थेट खात्यात पैसे.

शेतकरी म्हणून वेगळे पैसे.

वीज मोफत.

पाणी मोफत.

अनुदान वेगळे.

हे सर्व तात्पुरता दिलासा देऊ शकते.

पण यामुळे उद्योजकीय मानसिकता तयार होत नाही.

खरी गरज आहे ती शेतकऱ्याने स्वतःकडे “गरीब मदतीचा हक्कदार” म्हणून नाही तर “ब्रँड तयार करणारा उत्पादक” म्हणून पाहण्याची.

शेती ही फक्त उपजीविका नाही.

ती एक पूर्ण व्यवसाय व्यवस्था आहे.

आणि जो शेतकरी हे समजेल, तोच पुढच्या काळात टिकेल.

आधी विक्रीची सोय...

शेतकऱ्यांची सर्वात मोठी चूक कोणती माहिती आहे का?

ते उत्पादनापासून सुरुवात करतात...

विक्रीपासून नाही.

“माझ्याकडे किती जमीन आहे?”

“मी किती पिकवू शकतो?”

“यंदा भाव येतील का?”

बहुतेक चर्चा इथून सुरू होते.

पण खरा प्रश्न वेगळाच असतो.

“मी किती विकू शकतो?”

“कोणाला विकू शकतो?”

“रोज विकू शकतो का?”

“ग्राहक परत परत माझ्याकडून घेईल का?”

हे प्रश्न विचारणारे शेतकरी फार कमी आहेत.

आम्ही जेव्हा 2021-22 मध्ये पहिल्यांदा भाजीपाला सुरू केला तेव्हा आमच्याकडेही कुठलं मोठं ज्ञान नव्हतं. किती जागेत किती भाजी होते, किती लोक घेतात, एका घराला किती लागतं, आठवड्यात किती खपतं काहीच माहिती नव्हतं.

पहिल्याच वेळी 200 करडईच्या जोड्या, 200 मेथी, 200 पालक तयार झाला.

आणि मग खरी भीती सुरू झाली.

“आता हे विकायचं कुठे?”

हातगाडीवाला दिवसाला 20-20 जोड्या विकतो.

पण 200 जोड्या एकदम कोण विकणार?

नातेवाईकांना विचारलं.

शेजाऱ्यांना विचारलं.

दहा-वीस जोड्या गेल्या.

पण उरलेलं?

आमच्या जवळ एक मारुती मंदिर आहे. तिथे जाऊन आम्ही भाजी घेऊन उभे राहिलो. येणाऱ्या-जाणाऱ्या लोकांना विचारायला सुरुवात केली.

लोक भाजी हातात घेऊन बघत होते.

कोणी भाव करत होतं.

कोणी "ताजी आहे का?" विचारत होतं.

कोणी जुडी सोडून परत ठेवत होतं.

त्या दिवशी दोन-तीन तास उभं राहून 70-80 जोड्या विकल्या.

भाव कमी होता.

थकवा खूप झाला.

पण त्या दिवशी आम्हाला आयुष्यभर पुरेल असा धडा मिळाला.

"उत्पादन करणं सोपं आहे.

विकणं कठीण आहे."

आणि त्यानंतर आम्ही नियम बदलला.

उत्पादन तेवढंच करायचं जे सहज विकता येईल.

लोकांना वाटतं शेती म्हणजे फक्त पिकवणं.

पण प्रत्यक्षात शेती म्हणजे उत्पादन + विक्री + ग्राहक + वेळ + साठवण + खराब होणारा माल + रोख फिरती + मानसिक ताण यांचं गणित असतं.

भाजीपाला पाच गुंठ्यांपासून सुरू केला.

मग दहा.

मग वीस.

असं करत करत 2025 मध्ये अडीच एकरांपर्यंत गेलो.

पण क्षेत्र वाढवताना ग्राहकही वाढवत गेलो.

हे फार महत्त्वाचं आहे.

उत्पादन आधी आणि बाजार नंतर असं केलं तर माल अडकतो.

बाजार आधी आणि उत्पादन नंतर केलं तर व्यवसाय वाढतो.

आज आम्ही 2026 मध्ये परत अर्ध्या एकरावर आलो.

कारण आता वेळ कमी आहे.

म्हणजेच शेतीत “मोठं” असणं महत्त्वाचं नसतं.

“संतुलित” असणं महत्त्वाचं असतं.

हेच गणित आम्ही दुधात केलं.

2022 मध्ये दोन गाईंनी सुरुवात.

नंतर 2025 मध्ये 40 गाईंवर गेलो.

आणि आज परत 17-18 गाईंवर आलो.

कारण फक्त दूध काढणं म्हणजे डेअरी नाही.

ग्राहक टिकवणं,

सकाळ-संध्याकाळ वेळेवर पोहोचवणं,

कामगार सांभाळणं,

जनावरांची तब्येत,

औषधं,

चारा,

वीज,

दूध कमी-जास्त होणं,

उन्हाळ्यात उत्पादन घटणं,

पावसात रोग वाढणं...

हे सगळं डेअरीचा भाग आहे.

खूप लोकांना फक्त "दिवसाला किती लिटर?" एवढंच दिसतं.

पण "ते किती लिटर रोज विकले जातात?" हे दिसत नाही.

अंड्यांमध्येही तेच झालं.

पहिल्यांदा कोंबड्या घेतल्या तेव्हा माहितीच नव्हतं की गणपती, नवरात्र, श्रावण, उपास, आणि अख्खा उन्हाळा अंड्यांची विक्री कमी होते.

लोक उत्पादनावर लक्ष देतात.

पण मागणी ऋतूनुसार बदलते हे लक्षात घेत नाहीत.

नंतर आम्ही दोन बॅचेस सुरू केल्या.

एक बॅच उन्हाळ्यासाठी.

एक पावसाळा आणि हिवाळ्यासाठी.

ज्या काळात मागणी जास्त त्या काळात उत्पादन जास्त.

ज्या काळात मागणी कमी त्या काळात उत्पादन कमी.

यालाच व्यवसाय म्हणतात.

आज बहुतेक शेतकरी "जास्त उत्पादन" यालाच यश समजतात.

पण प्रत्यक्षात जास्त उत्पादन म्हणजे जास्त नफा असतोच असं नाही.

कधी कधी कमी उत्पादन आणि खात्रीची विक्री जास्त फायदेशीर असते.

फळांमध्येही आम्ही हेच केलं.

38 प्रकारची फळं आहेत.

पण प्रत्येक गोष्ट टनांनी नाही.

48 नारळ.

30 चिकू.

45 पेरू.

100 केळी.

100 करवंद.

100 अननस.

काही स्वतःसाठी.

काही ग्राहकांसाठी.

काही सीझनल विक्रीसाठी.

यामुळे दोन फायदे झाले.

एक म्हणजे घरच्या गरजा पूर्ण झाल्या.

दुसरं म्हणजे कुठलीच गोष्ट टाकून द्यावी लागली नाही.

आज अनेक शेतकरी “एकाच पिकात श्रीमंत होण्याचं” स्वप्न पाहतात.

कधी कांदा.

कधी टोमॅटो.

कधी हळद.

कधी सोयाबीन.

पण एकाच पिकावर अवलंबून राहणं म्हणजे स्वतःच स्वतःला जोखमीवर टाकणं.

कारण बाजार तुमच्या भावना बघून चालत नाही.

तो मागणी आणि पुरवठ्यावर चालतो.

सगळे एकाच वेळी एकच पीक लावतात.

मग भाव पडतात.

आणि नंतर सरकारला शिव्या सुरू होतात.

सरकारची धोरणं चुकीची असू शकतात.

निर्यात बंद होऊ शकते.

दलाल असू शकतात.

पण त्याहीपेक्षा मोठा प्रश्न म्हणजे...

आपण उत्पादन करण्यापूर्वी विक्रीचं गणित केलं होतं का?

बहुतेक वेळा उत्तर “नाही” असतं.

मंडईत माल नेणं म्हणजे मार्केटिंग नाही.

ग्राहक समजून घेणं,

त्याचा विश्वास जिंकणं,

सातत्य ठेवणं,

क्वालिटी टिकवणं,

वेळेवर माल देणं,

लहान प्रमाणात सुरुवात करणं,

उत्पादन आणि मागणी जुळवणं...

हे मार्केटिंग आहे.

आज सोशल मीडियामुळे शेतकऱ्यांना थेट ग्राहकांपर्यंत पोहोचणं खूप सोपं झालं आहे.

पण तरीही बहुतेक लोक सुरुवातीलाच खूप मोठं उत्पादन करतात.

कारण त्यांना वाटतं,

“माल तयार झाला की विकला जाईल.”

प्रत्यक्षात उलट असतं.

पहिले ग्राहक तयार होतात.

मग उत्पादन वाढतं.

शेतीतला सर्वात मोठा खर्च कोणता माहिती आहे का?

खत नाही.

औषध नाही.

बियाणं नाही.

न विकला गेलेला माल.

कारण त्यात पैसा जातो,

वेळ जातो,

मेहनत जाते,

आणि सर्वात महत्त्वाचं म्हणजे आत्मविश्वास तुटतो.

म्हणून छोट्या प्रमाणात सुरू करा.

स्वतः विकायला शिका.

ग्राहक काय विचारतो ते ऐका.

काय जास्त खपतं ते समजा.

लोक कोणत्या गोष्टीसाठी जास्त पैसे द्यायला तयार आहेत ते बघा.

आणि त्यानंतर हळूहळू उत्पादन वाढवा.

आम्ही आजही अनेक गोष्टी कमी प्रमाणातच करतो.

कारण आम्हाला “जास्त उत्पादन” नको आहे.

आम्हाला “स्थिर विक्री” हवी आहे.

आणि शेवटी शेतीत टिकतो तो सर्वात मोठा शेतकरी नाही...

तर तो शेतकरी टिकतो,

जो उत्पादन, विक्री, ग्राहक, ऋतू, वेळ आणि स्वतःची क्षमता यांच्यात संतुलन ठेवायला शिकतो.

सोयाबीन आणि कापूस खरंच नगदी पिके आहेत का?

मागच्या लेखामध्ये मी आपला शेतमाल स्वतः विकण्याचे नेटवर्क करायचे हा मुद्दा मांडला आणि माझ्यावर जणू लोकांनी हल्लाच केला. सरकारवर शेतकरी अवलंबून राहिला नाही पाहिजे हे मला मनापासून वाटते आणि मी स्वतः माझ्या शेतमालाचे विक्री स्वतः करतो 2022 पासून आणि सरकारवर यत्किंचितही अवलंबून नाही.

त्यामध्ये एक मुद्दा होता की सोयाबीन आणि कापूस विकून दाखवा. पण मूळ मुद्दा आहे की ही खरंच नगदी पीक आहेत का? (मी स्वतः ही पिके घेत नसल्याने, आणि कधीच घेणार नसल्याने, खालील डेटा इंटरनेटवरून घेतलेला आहे)

महाराष्ट्रात “नगदी पीक” म्हटलं की सर्वात आधी दोनच नावे घेतली जातात.

सोयाबीन आणि कापूस.

पण एक साधा प्रश्न आहे.

जर ही पिके इतकी फायदेशीर असतील, तर या पिकांवर अवलंबून असलेला शेतकरी आजही कर्जात का आहे?

कारण वास्तव वेगळंच आहे.

ही पिके वर्षातून एकदाच पैसा देतात.

तोही खात्रीशीर नाही.

आणि शेवटी हिशोब फोडून पाहिला तर महिन्याला मिळणारे उत्पन्न अनेकदा शहरातील सामान्य नोकरीपेक्षाही कमी निघते.

सोयाबीनचा खरा हिशोब

आज महाराष्ट्रात सोयाबीनचा MSP साधारण 5328 रुपये प्रति क्विंटल आहे. पण अनेक वेळा बाजारभाव MSP पेक्षा खालीच असतो.

प्रत्यक्ष शेतकऱ्यांचे उत्पादन पाहिले तर:

- कोरडवाहू भागात 6 ते 10 क्विंटल

- चांगल्या व्यवस्थापनात 10 ते 14 क्विंटल

हे वास्तव उत्पादन आहे.

म्हणजे सरासरी 8 ते 10 क्विंटल धरले तरी:

- एकूण उत्पन्न = 45 ते 53 हजार रुपये

आता त्यातून:

- बियाणे
- पेरणी
- तणनाशके
- फवारण्या
- खते
- हार्वेस्टर
- वाहतूक
- व्याज
- स्वतःची मेहनत

हे सगळे वजा केल्यावर अनेक वेळा हातात उरतात फक्त:

15 ते 25 हजार रुपये.

आणि हे पीक शेतात अडकून असते:

4 ते 5 महिने.

म्हणजे प्रति एकर प्रति महिना उत्पन्न:

फक्त 4 ते 5 हजार रुपये.

कापसाचा खरा हिशोब

कापसाचे MSP:

- 7710 ते 8110 रुपये प्रति क्विंटल.

पण बाजारात अनेकदा:

7000 ते 7500 दरम्यान व्यवहार होतात.

उत्पादन:

- सामान्य परिस्थितीत 6 ते 10 क्विंटल प्रति एकर
- अत्यंत चांगल्या व्यवस्थापनात जास्त

पण वास्तवात बहुतेक शेतकरी:

7 ते 8 क्विंटलवरच अडकतात.

म्हणजे:

- एकूण उत्पन्न = 55 ते 65 हजार रुपये

पण खर्च?

कापूस हा महाराष्ट्रातील सर्वात खर्चिक पिकांपैकी एक आहे.

- महाग Bt बियाणे
- सतत फवारण्या
- गुलाबी बोंडअळी
- खतांचा मोठा खर्च
- वेचणीसाठी मजूर
- मजुरांची टंचाई
- पावसामुळे दर्जा खराब होण्याचा धोका

अनेक वेळा प्रति एकर खर्च:

25 ते 36 हजार रुपयांपर्यंत जातो.

म्हणजे शेवटी उरतात:

20 ते 30 हजार रुपये.

आणि पीक शेतात अडकते:

6 ते 8 महिने.

म्हणजे प्रति एकर प्रति महिना उत्पन्न:

परत तेच 4 ते 5 हजार रुपये.

या दोन पिकांमधील सर्वात मोठ्या समस्या

1. वर्षातून एकदाच पैसा

दर महिन्याला कॅश फ्लो नाही.

एकदा पैसा आला की त्यातून:

- घर
- शिक्षण
- औषधे
- लग्नकार्य
- कर्ज
- व्याज

सगळं चालवायचं.

2. बाजारभावावर पूर्ण अवलंबित्व

तुम्ही कितीही मेहनत करा.

भाव पडला की सगळा हिशोब कोसळतो.

3. पावसावर पूर्ण अवलंबित्व

विशेषतः:

- सोयाबीनमध्ये पाऊस चुकीच्या वेळी आला की दर्जा जातो
- कापसात पाऊस आला की वेचणी आणि गुणवत्ता दोन्ही बिघडतात

4. खर्च सतत वाढत आहेत

- बियाणे महाग
- खत महाग
- औषधे महाग
- मजुरी महाग

पण उत्पादनाचे दर त्या प्रमाणात वाढत नाहीत.

5. शेतकरी फक्त कच्चा माल विकतो

- सोयाबीन विकतो पण तेल कंपनी कमावते
- कापूस विकतो पण टेक्स्टाईल उद्योग कमावतो

मोठा नफा प्रोसेसिंगमध्ये जातो.

6. कापूस म्हणजे मानसिक त्रास

कापूस घेतलेला शेतकरी सतत भीतीत असतो:

- बोंडअळी येईल का?
- मजूर मिळतील का?
- पाऊस येईल का?
- भाव पडेल का?

7. जमिनीचा ऱ्हास

एकाच प्रकारच्या शेतीमुळे:

- सेंद्रिय कर्ब कमी होतो

- सूक्ष्मजीव मरतात

- जमीन कठीण होते

- पाणी धारण क्षमता कमी होते

8. गावोगावी एकच पीक

सगळ्यांनी एकाच वेळी:

- सोयाबीन

- किंवा कापूस

घेतल्यामुळे:

- भाव पडतात

- रोग वाढतात

- बाजार व्यापाऱ्यांच्या हातात जातो

मग लोक ही पिके घेतातच का?

कारण:

- मार्केट तयार आहे

- विक्री सोपी आहे

- यंत्रसामग्री उपलब्ध आहे

- वर्षानुवर्षांची सवय आहे

- पर्यायांची माहिती कमी आहे

आणि काही भागात पर्यायही मर्यादित आहेत.

चांगल्या गोष्टी पण आहेत

सोयाबीन

- कमी कालावधीचे पीक

- यांत्रिकीकरण शक्य

- तेल उद्योगामुळे कायम मागणी

- डाळवर्गीय असल्याने काही प्रमाणात नत्र स्थिरीकरण

कापूस

- टेक्स्टाईल उद्योगामुळे मोठी बाजारपेठ

- चांगल्या वर्षात एकरकमी मोठी रक्कम मिळू शकते

- योग्य व्यवस्थापन असेल तर उत्पादन वाढवता येते

पण एक गोष्ट स्पष्ट आहे.

फक्त "नगदी पीक" हा शब्द ऐकून कोणतेही पीक फायदेशीर होत नाही.

शेतीमध्ये खरी कमाई:

- कॅश फ्लो

- विविधता

- मूल्यवर्धन

- थेट विक्री

- कमी खर्च

- आणि रिस्क व्यवस्थापन

यातून होते.

नुसत्या सोयाबीन आणि कापसावर आयुष्य उभे करणे आजच्या काळात खूप धोकादायक मॉडेल आहे.

कोरडवाहू शेतीतून शाश्वत उत्पन्न

कोरडवाहू शेतकरी आजही सोयाबीन, कापूस, मूग, उडीद, बाजरी, रब्बी ज्वारी आणि चणा या पिकांच्या चक्रात अडकलेला आहे. पण आता मूलभूत प्रश्न विचारण्याची वेळ आली आहे.

ही पिके खरंच शेतकऱ्याला आर्थिक स्थैर्य देतात का?

की फक्त वर्ष काढायला मदत करतात?

कारण वास्तव खूप कठोर आहे.

समजा एका कोरडवाहू शेतकऱ्याकडे 5 एकर जमीन आहे. त्याने सोयाबीन किंवा कापूस घेतला. पाऊस योग्य झाला, रोग कमी आले, बाजारभाव ठीक मिळाला तर काही प्रमाणात नफा राहतो. पण यातील एक जरी गोष्ट चुकली तरी संपूर्ण वर्षाचे गणित कोलमडते.

आज कोरडवाहू शेतीत:

बियाणे महाग

खत महाग

फवारणी महाग

मजुरी महाग

आणि बाजारभाव पूर्णपणे अनिश्चित

यामुळे अनेक वेळा शेतकरी वर्षभर राबूनही हातात स्थिर पैसा उरत नाही. विशेषतः 3 ते 7 एकर धारक शेतकऱ्यांसाठी ही परिस्थिती अधिक गंभीर आहे.

समस्या उत्पादनाची नाही. समस्या अशी आहे की वर्षातून फक्त 1 किंवा 2 वेळाच पैसे मिळतात. बाकी संपूर्ण वर्ष खर्च चालू असतो.

म्हणूनच कोरडवाहू भागात आता “हंगामी पिके” नव्हे तर “बहुवर्षीय उत्पन्न देणारी परिसंस्था” उभी करावी लागेल.

यासाठी पूर्णपणे कोरडवाहू बहुपिकीय फळबाग हा अत्यंत मजबूत पर्याय ठरू शकतो.

मराठवाडा, विदर्भ आणि तत्सम भागांमध्ये कमी पावसावर सहज टिकणारी फळझाडे:

जांभूळ

सिताफळ

बोर

करवंद

आवळा

बेल

रामफळ

चिंच

मोह

फालसा

गावठी आंबा

कमी पाण्यावर टिकणारे काही देशी डाळिंब प्रकार

जास्त पावसात फणस

ही झाडे निसर्गाने आधीच निवडलेली आहेत. कारण ती आजही डोंगर, माळरान आणि जंगलात कोणत्याही सिंचनाशिवाय जिवंत आहेत.

सर्वात महत्त्वाचा मुद्दा म्हणजे प्रत्येक फळाचा हंगाम वेगळा आहे:

करवंद : मार्च ते मे

मोहफूल : मार्च ते एप्रिल

फणस : मार्च ते मे

बेल : एप्रिल ते जून

फालसा : एप्रिल ते जून

गावठी आंबा : एप्रिल ते जून

जांभूळ : मे ते जुलै

सिताफळ : ऑगस्ट ते नोव्हेंबर

रामफळ : सप्टेंबर ते नोव्हेंबर

आवळा : ऑक्टोबर ते फेब्रुवारी

बोर : नोव्हेंबर ते जानेवारी

चिंच : जानेवारी ते एप्रिल

म्हणजे वर्षभर काही ना काही विक्रीसाठी उपलब्ध राहते.

आज शेतकरी एका पिकावर अवलंबून असतो. त्या पिकाचा भाव पडला तर संपूर्ण वर्ष बुडते. पण या मॉडेलमध्ये जोखीम विभागली जाते. एक फळ कमी आले तरी बाकीची झाडे उत्पन्न देत राहतात.

यामध्ये 45 बाय 45 डायगोनल मॉडेल अत्यंत प्रभावी ठरू शकते.

मोठी झाडे: जांभूळ, चिंच, गावठी आंबा

मध्यम झाडे: आवळा, बेल, सिताफळ

लहान झुडपे: करवंद, फालसा, बोर

यामुळे:

कमी जागेत जास्त झाडे बसतात

अनेक स्तर तयार होतात

सूर्यप्रकाशाचा पूर्ण वापर होतो

मातीचे तापमान कमी राहते

आर्द्रता टिकते

जैवविविधता वाढते

पहिली 4 ते 5 वर्षे झाडे वाढत असताना:

मूग

उडीद

तूर

चवळी

हरभरा

बाजरी

तीळ

यांसारखी आंतरपिके सहज घेता येतात. म्हणजे सध्याचे उत्पन्न पूर्ण बंद होत नाही.

आता आर्थिक गणित बघा.

समजा 5 एकर कोरडवाहू शेती आहे.

पारंपरिक पिकांमध्ये चांगले वर्ष असेल तर कदाचित 2 ते 4 लाखांचे एकूण उलाढाल होईल. त्यातून खर्च, लेबर, फवारणी, बियाणे, वाहतूक, नुकसान वजा केले की निव्वळ हातात किती उरते हा खरा प्रश्न आहे.

त्याउलट बहुपिकीय फळबागेमध्ये सुरुवातीची काही वर्षे संयम लागतो. पण एकदा झाडे स्थिर झाली की:

उत्पादन खर्च मोठ्या प्रमाणावर कमी होतो

रासायनिक अवलंबित्व कमी होते

पाण्याची गरज कमी राहते

आणि सर्वात महत्त्वाचे म्हणजे दरवर्षी झाडांची उत्पादन क्षमता वाढत जाते

हंगामी पिकात प्रत्येक वर्षी पुन्हा शून्यापासून सुरुवात करावी लागते.

फळबागेमध्ये मात्र प्रत्येक वर्ष मागच्या वर्षापेक्षा मजबूत होत जाते.

ही फक्त शेती नाही, तर जिवंत मालमत्ता निर्माण करणे आहे.

आजोबांनी लावलेले चिंचेचे, जांभळाचे किंवा आंब्याचे झाड आजही तीन पिढ्यांना उत्पन्न देत आहे. हीच खरी संपत्ती आहे.

शेतीत सर्वात मोठी चूक म्हणजे आपण फक्त "या वर्षाचा नफा" बघतो.

पण झाडे लावणारा शेतकरी पुढच्या 30 ते 50 वर्षांचा विचार करतो.

यामध्ये पुढे:

प्रोसेसिंग

ड्रायिंग

पावडर

सरबत

लोणची

सीड ऑइल

जंगल फूड ब्रँडिंग

रेसिड्यू फ्री मार्केट

अशा अनेक व्हॅल्यू ॲडिशनच्या संधी तयार होतात.

भविष्यात कोरडवाहू भागात टिकणारी शेती तीच असेल जी:

कमी पाण्यावर टिकेल

अनेक उत्पन्न स्रोत देईल

बाजारातील चढउतार सहन करेल

आणि पुढच्या पिढीसाठी जिवंत संपत्ती निर्माण करेल

माझ्या मते मराठवाडा आणि विदर्भासाठी बहुपिकीय कोरडवाहू फळबाग हेच भविष्यातील सर्वात मजबूत मॉडेल ठरू शकते.

याच संकल्पनेवर मी "मराठवाडा गोल्ड" नावाचा व्हिडिओ बनवलेला आहे. कोरडवाहू शेतीचे भवितव्य समजून घ्यायचे असेल तर तो नक्की पाहावा.

कोंबडी पालन

देशी कोंबडी पालनाचा सध्या अक्षरशः सुळसुळाट झालेला आहे. सोशल मीडियावर दोन व्हिडिओ पाहिले, दोन-चार युट्युब चॅनेल बघितले आणि हजारो लोक थेट व्यवसायात उतरतात. कारण एकच. लोकांना वाटते शेतीमधला सर्वात कमी कष्टाचा व्यवसाय म्हणजे कोंबडी पालन.

सकाळी आणि संध्याकाळी खाद्य टाकायचे, दोन वेळा अंडी गोळा करायची आणि काम संपले. हिरवा चारा कापण्याचा त्रास नाही, दूध काढण्याचा प्रश्न नाही, मोठ्या प्रमाणात मजूर लागत नाहीत. त्यामुळे अनेक तरुणांना हा व्यवसाय “सोपे पैसे” देणारा वाटतो.

पण वास्तव पूर्णपणे वेगळे आहे.

आम्ही स्वतः गेली अनेक वर्षे कुठलेही व्हॅक्सिनेशन, अँटिबायोटिक्स किंवा औषधे न वापरता कोंबडी पालन करत आहोत. सुरुवात फक्त 25 कोंबड्यांपासून केली होती आणि आज संख्या हजाराच्या आसपास आहे. जागा असेल तर पाच हजार, दहा हजार, वीस हजार कोंबड्या सहज वाढवता येतील. पण मुद्दा जागेचा नाही. मुद्दा विक्रीचा आहे.

कोंबडी पालनात सर्वात मोठा प्रश्न उत्पादन नसतो, विक्री असते.

हजार कोंबड्यांमधून साधारण 40% अंडी उत्पादन सहज अपेक्षित असते म्हणजे रोज 400 अंडी. आता गणित करा. एका चार जणांच्या कुटुंबाने रोज दोन-दोन अंडी खाल्ली तरी आठवड्याला साधारण पाच डझन अंडी लागतात. पण प्रत्यक्षात बहुतांश कुटुंबे आठवड्याला डझनभर अंडीही खात नाहीत. म्हणजे रोजची 400 अंडी विकण्यासाठी प्रचंड मोठा आणि कायम टिकणारा ग्राहकवर्ग लागतो.

हा ग्राहकवर्ग आधी तयार आहे का?

हा प्रश्न बहुतेक लोक स्वतःला विचारत नाहीत.

अंडी उत्पादन सुरू होण्यापूर्वीच विक्रीचे नेटवर्क तयार करावे लागते. व्हॉट्सअॅप ग्रुप, सोसायटी ग्राहक, जिम करणारे लोक, थेट घरपोच ग्राहक, छोटे हॉटेल, बेकरी, केक शॉप, हेल्थ कॉन्शस लोक, डॉक्टर, ट्रेनर अशा अनेक स्तरावर ग्राहक तयार करावे लागतात. फक्त "देशी अंडी आहेत" एवढ्यावर व्यवसाय चालत नाही.

आज देशी अंडी विकणारे इतके वाढले आहेत की अनेक गावांमध्येच स्पर्धा तयार झाली आहे. प्रत्येक जण स्वतःची अंडी "शुद्ध गावरान" म्हणून विकतो. पण ग्राहकांची संख्या त्याच वेगाने वाढलेली नाही.

उन्हाळ्यात परिस्थिती अजून कठीण होते. फर्टिलाइज्ड अंड्यांचे 35 डिग्रीच्या वर आयुष्य फार कमी असते. फ्रिजमध्ये ठेवले तरी मोठ्या प्रमाणात साठवणूक करणे सोपे नसते. त्यात उन्हाळ्यात अंड्यांची विक्री कमी होते. श्रावण, गणपती, नवरात्र, उपास यामध्ये तर विक्री आणखी घसरते. म्हणजे उत्पादन चालूच असते पण बाजार थांबतो.

व्यवसाय सुरू करताना लोक हा सिझनल डिमांडचा अभ्यासच करत नाहीत.

कोंबडी पालनामध्ये सर्वात धोकादायक गोष्ट म्हणजे "सतत चालणारा खर्च".

गाय म्हैस काही काळ दूध कमी देतील पण जिवंत राहण्यासाठी फार मोठा खाद्य खर्च लागत नाही. कोंबड्यांमध्ये तसे नाही. हजार कोंबड्या म्हणजे रोज हजार तोंडे. खाद्य एक दिवस बंद केले तरी उत्पादन खाली येते, वजन घटते आणि आरोग्य बिघडते.

लोकांना वाटते की कोंबडी अंडी द्यायला लागली म्हणजे पैसा सुरू झाला. पण पिल्लापासून अंडी देणारी कोंबडी तयार होण्यासाठी साधारण सहा महिने फक्त खर्च असतो. त्या काळात खाद्य, पाणी, वीज, बेडिंग, मृत्यूदर, व्यवस्थापन, जागा हे सगळे खर्च सुरू असतात.

आणि अंडी सुरू झाली तरी साधारण दीड वर्षच चांगले उत्पादन मिळते. त्यानंतर अंडी कमी व्हायला लागतात. त्यामुळे रोटेशन हा या व्यवसायातील सर्वात महत्त्वाचा भाग आहे.

दोन शेड असणे अत्यंत आवश्यक आहे. एक बॅच पीक उत्पादनात असताना दुसरी बॅच वाढत असावी लागते. अन्यथा एकाच वेळी संपूर्ण उत्पादन कोसळते आणि सहा महिने उत्पन्न बंद होऊ शकते.

अनेक लोक कोंबड्या म्हाताऱ्या होईपर्यंत ठेवतात आणि मग खाद्य खर्च वाढतो पण उत्पादन कमी होत जाते. व्यवसायात भावना ठेवून चालत नाही. आर्थिक गणित ठेवावे लागते.

मासासाठी कोंबडी विक्री करायची असेल तरी थेट ग्राहक असणे अत्यंत महत्त्वाचे आहे. व्यापारी आणि खाटीक कायम भाव पाडतात. खाद्य खर्च वाढला, मृत्यूदर वाढला, औषध खर्च वाढला तरी बाजारभाव लगेच वाढत नाही.

त्यामुळे ज्यांच्याकडे स्वतःचा ग्राहकवर्ग नाही ते मोठ्या प्रमाणावर टिकत नाहीत.

कोंबडी पालनात मृत्यूदर हा कायम लक्षात घ्यावा लागतो. “माझ्या कोंबड्यांना काही होत नाही” हा आत्मविश्वास धोकादायक असतो. उष्णता, थंडी, पाऊस, पाण्याची गुणवत्ता, ओलसर बेडिंग, उंदरांचा त्रास, कुत्री, घार, साप, कोल्हे, मांजरे, जंगली प्राणी, परजीवी, रक्तशोषक किडे, अचानक हवामान बदल, पाण्यातील बॅक्टेरिया, खाद्य बुरशी अशा अनेक गोष्टी एकाच रात्री नुकसान करू शकतात.

विशेषतः उन्हाळा हा देशी कोंबडी पालनातील सर्वात कठीण काळ असतो. तापमान वाढले की खाद्य कमी खाल्ले जाते, अंडी कमी होतात, पाण्याचा वापर वाढतो आणि अचानक मृत्यू होऊ शकतात.

लोक शेड बांधताना सर्वात मोठी चूक करतात. फक्त टीन टाकला म्हणजे शेड तयार होत नाही. हवा खेळती राहणे, उष्णता बाहेर जाणे, पाण्याचा निचरा, कोरडे बेडिंग, प्रकाश नियंत्रण, भक्षकांपासून सुरक्षा, पावसाळ्यात चिखल टाळणे हे सगळे महत्त्वाचे आहे.

अनेक लोकांनी लाखो रुपये खर्च करून सुंदर शेड बांधलेले असतात पण व्यवस्थापन शून्य असते.

कोंबडी पालनात खाद्य हा सर्वात मोठा खर्च आहे. आणि इथेच सर्वात जास्त अज्ञान आहे.

लोकांना वाटते बाजरी, ज्वारी, तांदूळ टाकला की देशी कोंबडी वाढते. पण अंडी उत्पादनासाठी प्रथिने, मिनरल्स, कॅल्शियम, अमिनो ॲसिड, ऊर्जा संतुलन अत्यंत महत्त्वाचे असते. फक्त धान्यावर चांगले उत्पादन मिळत नाही.

आम्ही स्वतः रोज साधारण 300 ते 400 किलो हॉटेलचा ओला कचरा गोळा करतो आणि त्यातून बीएसएफएल म्हणजे ब्लॅक सोल्जर फ्लायच्या अळ्या तयार करतो. त्या प्रक्रियेतून जवळपास 50 किलो अळ्या आणि उरलेले उत्कृष्ट सेंद्रिय खत तयार होते.

या ड्राय बीएसएफ अळ्यांमध्ये साधारण 40% प्रोटीन आणि 30% फॅट असते. त्याहून महत्त्वाचे म्हणजे अळ्यांना तुम्ही जसा दर्जेदार फीड द्याल त्यानुसार त्यांच्यामध्ये जीवनसत्वे, मायक्रोन्यूट्रियंट्स आणि पोषणमूल्ये वाढतात.

म्हणजेच कोंबडीच्या पोषणाचा पाया हा फक्त धान्य नसून पूर्ण न्यूट्रियंट मॅनेजमेंट आहे.

आज बहुतेक ठिकाणी देशी कोंबड्या फक्त रेशनचा तांदूळ, बाजरी किंवा निकृष्ट दर्जाच्या चाऱ्यावर वाढवल्या जातात. मग त्याच कोंबड्यांना "प्युअर गावरान" म्हणून विकले जाते. पण प्रत्यक्षात शरीराची वाढ, स्नायू,

रोगप्रतिकारक शक्ती, अंड्यांचा दर्जा, पिवळ बलकाची गुणवत्ता, चव, अंड्याचा आकार हे सगळे थेट पोषणावर अवलंबून असते.

म्हणूनच आम्ही आत्मविश्वासाने सांगतो की आम्ही तयार केलेल्या कोंबड्या महाराष्ट्रातील सर्वोत्तम कोंबड्यांपैकी आहेत. कारण आम्ही फक्त कोंबडी पाळत नाही, आम्ही न्यूट्रियंट इंजिनिअरिंग करतो.

पण दुर्दैवाने अशा प्रकारचे पोषण व्यवस्थापन फार कमी फार्मवर पाहायला मिळते.

आज "प्युअर गावरान" या शब्दाचा तर अक्षरशः बाजार झाला आहे.

35-40 ग्रॅमची छोटी अंडी देणाऱ्या, कोणतेही सिलेक्टिव्ह ब्रीडिंग न केलेल्या, मिक्स डीएनए असलेल्या, उकिरड्यावर फिरणाऱ्या कोंबड्यांना "शुद्ध गावरान" म्हणून प्रीमियम दर मिळतो. पण उत्तम दर्जाचा संतुलित चारा देऊन 55-60 ग्रॅमची अंडी उत्पादन करणाऱ्या सुधारित जाती जसे कावेरी किंवा सोनाली यांना "डुप्लिकेट" किंवा "क्रॉस" म्हणून हिणवले जाते.

प्रत्यक्षात जगातील जवळपास प्रत्येक घरगुती कोंबडी ही काही ना काही प्रमाणात हायब्रीडच आहे. मूळ रेड जंगल फाउल वर्षाला फक्त 10 ते 15 अंडी देतो. माणसाने शेकडो वर्षे सिलेक्टिव्ह ब्रीडिंग करून आजच्या उच्च उत्पादन देणाऱ्या जाती तयार केल्या आहेत.

थोडा विचार करा. निसर्ग असा पक्षी तयार करेल का जो जवळपास रोज एक अंडे देतो? जर तसे असते तर जंगलात कोंबड्यांचीच साम्राज्ये तयार झाली असती.

"देशी" हा शब्द म्हणजे उत्पादन कमी आणि भाव जास्त असा व्यवसाय मॉडेल अनेकांनी तयार केला आहे. पण ग्राहक आता हळूहळू प्रश्न विचारायला लागला आहे. कोंबडी काय खाते? औषधे वापरतात का? अंड्याचा आकार काय? टेस्ट काय? नियमित पुरवठा आहे का? स्वच्छता कशी आहे?

भविष्यात फक्त "देशी" लिहून व्यवसाय चालणार नाही. ट्रान्सपरन्सी, गुणवत्ता, सातत्य आणि ग्राहकांचा विश्वास हेच टिकणार आहे.

कोंबडी पालनामध्ये खरा पैसा उत्पादनात नसतो, ब्रँडिंग आणि ग्राहक नेटवर्कमध्ये असतो. ज्याच्याकडे थेट ग्राहक आहेत तो टिकतो. बाकी लोक उत्पादन करून व्यापाऱ्यांच्या दयेवर जगतात.

आज सोशल मीडियामुळे प्रत्येकाला व्यवसाय सोपा वाटतो. पण प्रत्यक्षात कोंबडी पालन म्हणजे जीवशास्त्र, पोषणशास्त्र, हवामान, व्यवस्थापन, मार्केटिंग आणि आर्थिक गणित यांचा एकत्रित व्यवसाय आहे.

फक्त "देशी कोंबडीला भाव आहे" म्हणून व्यवसायात उतरू नये. आधी बाजार तयार करा. मग उत्पादन करा. नाहीतर शेवटी कोंबड्या वाढतात, खाद्य वाढते, खर्च वाढतो आणि ग्राहक मात्र सापडत नाहीत.

डाळी, तेल आणि भाजीपाला

“कल्पना करा की सर्वच शेतकरी धान्य, डाळी, तेलबिया, भाजीपाला, दूध, अंडी पिकवायला लागले तर काय होईल? सर्वांचेच भाव पडतील.”

माझ्या diversified farming मॉडेलवर ही कमेंट वारंवार येते. काही लोक तर इतक्या आत्मविश्वासाने बोलतात जणू भारतामध्ये उत्पादनाचा पूर आला आहे आणि शेतकरी माल विकायला जागा शोधत फिरतो आहे. पण वास्तव अगदी उलटे आहे.

भारत आजही डाळी आयात करतो. भारत आजही खाद्यतेल आयात करतो. भारत आजही सामान्य माणसाला रोज चांगली फळे आणि दर्जेदार भाजीपाला सातत्याने देऊ शकत नाही. भारत आजही protein deficiency आणि nutrition deficiency शी झगडतो आहे.

पण तरीही काही लोकांना diversified farming ची भीती वाटते.

कारण समस्या शेतीमध्ये नाही. समस्या मानसिकतेमध्ये आहे.

आज शेतकऱ्याला स्वतः काही नवीन करून पाहायचे नाही. स्वतः बाजार उभा करायचा नाही. स्वतः ग्राहक शोधायचा नाही. स्वतः processing करायची नाही. स्वतः risk घ्यायचा नाही. पण भाव मात्र कायम जास्त पाहिजे. सरकारने MSP द्यावी, कर्जमाफी द्यावी, subsidy द्यावी, नुकसान भरपाई द्यावी, आणि माल घरातून उचलून न्यावा अशी मानसिकता तयार झाली आहे.

कोणी जर म्हणाले की “मी धान्याबरोबर डाळी, तेलबिया, फळे, भाज्या, दूध, अंडी, processing आणि direct selling करतो,” तर लगेच प्रश्न येतो,

“सगळेच असे करायला लागले तर काय होईल?”

माझा एकच प्रश्न आहे,

सगळेच कुठे करत आहेत?

आधी महाराष्ट्रातल्या फक्त पाच टक्के शेतकऱ्यांनी तरी करून दाखवावे.

फक्त पाच टक्के शेतकरी:

- स्वतः direct selling करू देत,

- residue free उत्पादन करू देत,

- विविध पिके घेऊ देत,

- value addition करू देत,

- स्वतःचा ग्राहक तयार करू देत,

- branding करू देत,

- social media वापरू देत,

- processing करू देत,

- cold storage उभे करू देत,

- poultry, dairy, vegetables, fruits, pulses, oilseeds एकत्र करू देत,

मग आपण oversupply ची चर्चा करू.

आज वास्तव काय आहे?

भारत हा जगातील सर्वात मोठा डाळ उत्पादक आणि ग्राहक असूनही दरवर्षी 50 ते 70 लाख टन डाळी आयात करतो. (Reuters 2025, RIS Report 2025)

म्हणजे देशातील उत्पादन अजूनही अपुरे आहे.

भारतामध्ये pulses productivity अजूनही जगाच्या खूप मागे आहे. भारतात pulses चे सरासरी उत्पादन सुमारे 660 किलो प्रति हेक्टर आहे, तर जगाची सरासरी 909 किलो प्रति हेक्टर आहे. (Down To Earth 2021)

मूग, उडीद, तूर, हरभरा यामध्ये अजूनही प्रचंड yield gap आहे.

गव्हामध्येही भारत चीनपेक्षा खूप मागे आहे. भारताचे wheat yield साधारण 3.5 ते 3.8 टन प्रति हेक्टर आहे, तर चीन 5.5 ते 6 टन प्रति हेक्टरपर्यंत जातो. म्हणजे चीन भारतापेक्षा जवळपास 50% जास्त उत्पादन घेतो. (FAOSTAT, NationMaster)

तांदळामध्येही चीन भारताच्या पुढे आहे. चीनचे rice yield अनेक भागात 7 टन प्रति हेक्टरपर्यंत जाते, तर भारत अजूनही 4 टन प्रति हेक्टरच्या आसपास फिरतो. (FAO Rice Reports)

म्हणजे अजूनही भारतामध्ये productivity वाढवण्याची प्रचंड संधी आहे.

खाद्यतेलामध्ये तर परिस्थिती आणखी धक्कादायक आहे.

भारत आपल्या edible oil गरजेपैकी 55% ते 65% तेल आयात करतो. दरवर्षी 150 ते 170 लाख टन खाद्यतेल आयात केले जाते आणि त्यासाठी 15 अब्ज डॉलरपर्यंत खर्च होतो. (USDA Report 2024, Reuters 2024)

म्हणजे आपण आपल्या लोकांना खायला तेलसुद्धा पूर्णपणे तयार करू शकत नाही.

आणि काही लोक म्हणतात,

“सगळे तेलबिया पिकवायला लागले तर काय होईल?”

काहीच होणार नाही.

उलट देश वाचेल.

डॉलर वाचेल.

रुपया मजबूत होईल.

शेतकरी मजबूत होईल.

आज रुपया का घसरतो?

कारण आपण डॉलरमध्ये प्रचंड आयात करतो:

- crude oil,

- edible oil,

- pulses,

- electronics,

- सोने.

जर भारताने:

- edible oil आयात कमी केली,

- pulses आयात कमी केली,

- processed food export वाढवला,

- fruits, vegetables, spices, dairy आणि residue free food export वाढवले,

तर डॉलर कमाई वाढेल आणि आयात कमी होईल.

पण त्यासाठी diversified farming लागेल.

त्यासाठी processing लागेल.

त्यासाठी direct marketing लागेल.

त्यासाठी शेतकऱ्याने comfort zone सोडावा लागेल.

आजही सामान्य माणसाला रोज चांगली फळे आणि भाजी मिळत नाहीत. कारण supply chain कमकुवत आहे. उत्पादन विखुरलेले नाही. cold chain नाही. storage नाही. स्थानिक market network नाही.

एका बाजूला शहरातील लोक chemical free, residue free, fresh food शोधत आहेत.

दुसऱ्या बाजूला शेतकरी अजूनही फक्त व्यापाऱ्याकडे ट्रॉली लावून बसला आहे.

हीच खरी शोकांतिका आहे.

Diversified farming म्हणजे फक्त "अनेक पिके" नाहीत.

तो पूर्ण आर्थिक विचार आहे.

- एका पिकावर अवलंबून न राहणे.
- वर्षभर cash flow तयार करणे.
- स्वतःचा ग्राहक तयार करणे.
- processing करून value वाढवणे.
- waste चे wealth मध्ये रूपांतर करणे.
- dairy, poultry, vegetables, fruits, pulses, oilseeds यांना एकमेकांशी जोडणे.

पण हे करण्यासाठी मेहनत लागते.

अभ्यास लागतो.

Risk घ्यावा लागतो.

Camera समोर बोलावे लागते.

ग्राहकांसमोर उभे राहावे लागते.

आणि सर्वात महत्त्वाचे म्हणजे जबाबदारी घ्यावी लागते.

म्हणून अनेक लोकांना हा मार्ग कठीण वाटतो.

त्यापेक्षा एकाच पिकामागे धावणे सोपे वाटते.

नुकसान झाले की सरकारला शिव्या देणे सोपे वाटते.

कर्जमाफीची वाट पाहणे सोपे वाटते.

पण हा मार्ग पुढच्या पिढीला वाचवणार नाही.

भारतीय शेतीची समस्या "उत्पादन जास्त" नाही.

भारतीय शेतीची समस्या आहे:

- कमी productivity,
- एकाच पिकावर अवलंबित्व,
- processing चा अभाव,
- branding चा अभाव,
- direct marketing चा अभाव,
- आणि शेतकरी value chain च्या बाहेर असणे.

म्हणून diversified farming हा फक्त एक farming model नाही.

तो भारताच्या:

- food security साठी,
- nutrition security साठी,
- import reduction साठी,
- रुपया मजबूत करण्यासाठी,
- आणि ग्रामीण अर्थव्यवस्था वाचवण्यासाठी आवश्यक model आहे.

References:

1. Reuters February 2025 – India pulses imports

2. Reuters October 2024 – India edible oil imports

3. USDA Oilseed Report 2024

4. RIS Report 2025 – India Pulses and Oilseed Outlook

5. FAOSTAT Agricultural Productivity Data

6. Down To Earth September 2021 – India pulse productivity gap

7. FAO Rice and Wheat Reports

8. NationMaster Agriculture Comparison Data

9. Economic Times 2026 – India dietary imbalance report

10. ScienceDirect Food Policy Journal – Fruit and vegetable consumption in India

केमिकल ते सेंद्रिय

केमिकल शेतीतून सेंद्रिय शेतीकडे वळायचं म्हटलं की बहुतेक शेतकऱ्यांच्या मनात पहिला प्रश्न येतो तो म्हणजे,

“जर पीक खराब झालं तर?”

“उत्पादन कमी आलं तर?”

“कीड आली तर?”

“घर कसं चालवायचं?”

ही भीती खोटी नाही. कारण गेली अनेक वर्षे आपल्याला अशी सवय लावली गेली की बाटलीशिवाय शेती होऊच शकत नाही. खताची गोणी, फवारणीची बाटली आणि कर्ज याशिवाय शेतीची कल्पनाच उरली नाही.

पण एक गोष्ट लक्षात घ्या.

सेंद्रिय शेती म्हणजे एका दिवसात संपूर्ण शेती बदलणे नाही.

सेंद्रिय शेती म्हणजे निसर्गाशी परत मैत्री करणे.

आणि मैत्री नेहमी हळूहळूच होते.

जेव्हा आपण एखादा नवीन खेळ सुरू करतो तेव्हा आपण थेट नॅशनल खेळायला जात नाही. आधी गाव पातळी, मग जिल्हा, मग राज्य, मग राष्ट्रीय स्तर.

सेंद्रिय शेतीमध्येही हेच लागू होतं.

आज तुम्ही दहा एकर केमिकल शेती करत असाल तर उद्या सकाळी उठून दहा एकर सेंद्रिय करायची गरज नाही. तिथेच लोक घाबरतात आणि तिथेच ते अपयशी होतात.

सगळ्यात पहिली पायरी म्हणजे आपल्या घरासाठी अन्न उगवणे.

बाजारासाठी नाही.

स्वतःच्या मुलांसाठी.

स्वतःच्या आईवडिलांसाठी.

स्वतःच्या ताटासाठी.

स्वतःला एक प्रश्न विचारा.

तुम्ही तुमच्या मुलांना विषारी भाज्या खाऊ घालताय का?

फवारणी केलेले अन्न देताय का?

जर उत्तर "हो" असेल तर बदलाची सुरुवात इथूनच झाली पाहिजे.

शेतीतील काही गुंठे जागा वेगळी काढा.

आणि स्वतःशी शपथ घ्या की या जागेत आता कोणतेही केमिकल पडणार नाही.

त्या छोट्या भागात भाजीपाला करा.

भेंडी करा.

वांगी करा.

मिरची करा.

टोमॅटो करा.

जे घरात रोज लागतं ते करा.

सुरुवातीला कदाचित उत्पादन कमी येईल. काही झाडे मरतील. काही किडी येतील. शेजारी हसतील. "हे काही चालत नाही" असे बोलतील.

पण एक दिवस जेव्हा तुमच्या घरातल्या मुलाने स्वतःच्या शेतातील केमिकल फ्री भेंडी खाल्ली, तेव्हा तुम्हाला पहिल्यांदा समजेल की तुम्ही फक्त शेती करत नाही आहात, तुम्ही पिढी वाचवत आहात.

एकदा घरच्या गरजा पूर्ण व्हायला लागल्या की आत्मविश्वास तयार होतो.

मग पाच गुंठ्याचे दहा गुंठे.

दहा गुंठ्याचे वीस.

वीसचे चाळीस.

आणि मग एकर.

एक एकर सेंद्रिय शेती व्यवस्थित जमली की पुढे दहा एकर करणे कठीण राहत नाही.

पण सुरुवातीला काही गोष्टी शिकाव्या लागतात. कारण निसर्गशेती म्हणजे काहीच न करणे नाही. उलट सुरुवातीला जास्त निरीक्षण करावे लागते.

तुम्हाला सोलार ट्रॅप वापरावे लागतील.

विविध प्रकारचे चिकट सापळे वापरावे लागतील.

निम ऑइल वापरावे लागेल.

उग्र वासाच्या तणांपासून बनवलेली फवारणी करावी लागेल.

JADAM तंत्रातील काही औषधे शिकावी लागतील.

अग्निअस्त्र, दशपर्णी अर्क यांसारखे उपाय वापरावे लागतील.

हे सर्व टप्प्याटप्प्याने शिकावे लागते.

त्याचबरोबर कंपनियन प्लांटिंग आणि ट्रॅप क्रॉप यांचा अभ्यास करावा लागतो.

निसर्गात प्रत्येक वनस्पतीचा उपयोग असतो. काही पिके किडीला आकर्षित करतात. ती मुख्य पिकाच्या बाजूला लावली की मुख्य पीक वाचते.

तुम्ही फक्त एकच पीक घेत बसलात तर किडीला मेजवानी मिळते.

पण विविधता आणली की निसर्गाचे संतुलन तयार व्हायला लागते.

सुरुवातीच्या काळात सर्वात मोठी परीक्षा कोणती असते माहिती आहे का?

तर फवारणी करण्याचा मोह.

थोडी कीड दिसली की हात आपोआप बाटलीकडे जातो. कारण आपल्याला वर्षानुवर्षे तसेच शिकवले गेले आहे.

पण त्या वेळी स्वतःला थांबवायचे.

थोडे नुकसान सहन करायचे.

आणि फक्त जमिनीवर काम करायचे.

कारण खरी सेंद्रिय शेती वरच्या पिकात नसते.

ती जमिनीखाली असते.

मला जर कोणी विचारलं की सेंद्रिय शेती म्हणजे काय?

तर माझं उत्तर एकच आहे.

सेंद्रिय शेती म्हणजे “जमिनीच्या कार्बनची शेती”.

जमिनीतील सेंद्रिय कर्ब वाढला की सगळं बदलायला लागतं.

माती मऊ होते.

पाणी धरून ठेवण्याची क्षमता वाढते.

जिवाणू वाढतात.

गांडुळे वाढतात.

मुळांना श्वास मिळतो.

झाडे मजबूत होतात.

आणि एक दिवस अशी वेळ येते की तुम्हाला किडीसाठी फारसे काही करावेच लागत नाही.

कारण तुमच्या शेतात इकोसिस्टीम तयार झालेली असते.

किडीला खाणारी कीड आलेली असते.

त्यांना खाणारे पक्षी आलेले असतात.

जमिनीतील सूक्ष्मजीव काम करत असतात.

निसर्ग तुमच्यासाठी काम करायला लागतो.

2024 पासून आम्ही बिना फवारणी भेंडी करू शकतो.

आम्ही कोरडवाहू भाजीपाला करू शकतो.

जून ते सप्टेंबर फक्त पावसाच्या पाण्यावर भाज्या घेतो.

हे एका रात्रीत घडले नाही.

वर्षानुवर्षे काडीकचरा जमिनीत जिरवला.

मल्चिंग केले.

जमिनीची पाणी धरून ठेवण्याची क्षमता वाढवली.

जमिनीचा कार्बन वाढवला.

जिवाणूंना अन्न दिलं.

मग जमीन जिवंत झाली.

जर तुम्हाला सेंद्रिय शेतीकडे खरोखर जायचं असेल तर regenerative farming ची सहा तत्वे आयुष्यभर लक्षात ठेवा.

१. जमीन कायम झाकलेली असणे

२. जमिनीत कायम जिवंत किंवा मृत मुळे असणे

३. जमिनीची हलवाहलव कमी किंवा बंद करणे

४. जैवविविधता वाढवणे

५. प्राणीजन्य आणि कचराजन्य खतांचा वापर करणे

६. केमिकलचा वापर पूर्णपणे बंद करणे

आता जंगलाचा विचार करा.

जंगलात कोणी ट्रॅक्टर चालवत नाही.

कोणी युरिया टाकत नाही.

कोणी फवारणी करत नाही.

तरीसुद्धा जंगल हिरवेगार असते.

कारण जंगलाची सिस्टीम पूर्ण आहे.

जमीन कायम पालापाचोळ्याने झाकलेली असते.

कायम जिवंत आणि मृत मुळे जमिनीत असतात.

प्रचंड जैवविविधता असते.

प्राणी गवत खातात, त्यांची विष्ठा तिथेच पडते.

प्राणी मरतात, त्यांचे शरीर पुन्हा जमिनीत मिसळते.

म्हणजे निसर्गात काहीही वाया जात नाही.

सगळं पुन्हा जमिनीकडे परत जातं.

ही जंगल सिस्टीम तुम्ही शेतात आणलीत की आयुष्य बदलायला लागतं.

मग शेती फक्त उत्पादन देत नाही.

ती शांतता देते.

आरोग्य देते.

स्वाभिमान देते.

आणि सगळ्यात महत्त्वाचं म्हणजे पुढच्या पिढीला विषमुक्त अन्न देते.

सेंद्रिय शेती म्हणजे फक्त “केमिकल बंद” नाही.

सेंद्रिय शेती म्हणजे पुन्हा जिवंत जमीन तयार करणे.

आणि ज्या दिवशी जमीन जिवंत होते, त्या दिवशी शेतकरीही पुन्हा जिवंत होतो.

शेतमाल फक्त मंडीमध्येच विकावा लागतो का?

अनेक शेतकऱ्यांमध्ये अजूनही एक मोठा गैरसमज आहे की शेतमाल फक्त एपीएमसी मंडीमध्येच विकावा लागतो. परंतु महाराष्ट्रातील विद्यमान कायद्यांनुसार शेतकऱ्याला आपल्या मालाची विक्री कुठे करायची याबाबत विविध पर्याय उपलब्ध आहेत.

महाराष्ट्र कृषी उत्पन्न खरेदी विक्री (विकास व विनियमन) अधिनियम 1963 मध्ये "Direct Marketing", "Private Market" आणि "Farmer-Consumer Market" यांसारख्या संकल्पनांना मान्यता देण्यात आली आहे.

महाराष्ट्र शासनाच्या पणन संचालनालयाच्या अधिकृत संकेतस्थळावर स्पष्ट नमूद करण्यात आले आहे की Direct Market, Private Market, Farmer Consumer Market आणि Single Trade License यांसाठी परवाने दिले जातात. याचा अर्थ एपीएमसी बाजार आवाराबाहेरही कृषी मालाची खरेदी-विक्री करण्यासाठी कायदेशीर व्यवस्था उपलब्ध आहे.

पणन संचालनालयाच्या अधिकृत FAQ मध्ये प्रश्न क्रमांक 36 ला दिलेल्या उत्तरात स्पष्ट नमूद आहे की परवानाधारक Private Market आणि Direct Marketing License धारक बाजार समितीच्या आवाराबाहेरही कृषी मालाची खरेदी-विक्री करू शकतात.

महाराष्ट्र कृषी उत्पन्न खरेदी विक्री (विकास व विनियमन) अधिनियमामध्ये Direct Marketing ची व्याख्या देखील दिली आहे. त्यानुसार Direct Marketing म्हणजे कृषी उत्पादनाची थेट शेतकऱ्याकडून खरेदी.

या कायद्यातील कलम 5D मध्ये Direct Marketing, Private Market आणि Farmer-Consumer Market यांच्याबाबत स्वतंत्र तरतुदी करण्यात आलेल्या आहेत.

महाराष्ट्र कृषी उत्पन्न खरेदी विक्री (विकास व विनियमन) अधिनियमाच्या अद्ययावत आवृत्तीमध्ये देखील Direct Marketing, Private Market आणि Farmer-Consumer Market यांचा स्पष्ट उल्लेख करण्यात आला आहे.

केंद्र सरकारच्या e-NAM (National Agriculture Market) उपक्रमाचा उद्देश देखील शेतकऱ्यांना अधिक बाजारपेठा आणि अधिक खरेदीदार उपलब्ध करून देणे हा आहे. e-NAM च्या अधिकृत संकेतस्थळानुसार शेतकऱ्यांना अधिक बाजारपेठांमध्ये प्रवेश, अधिक खरेदीदार आणि पारदर्शक व्यापाराची सुविधा उपलब्ध होते.

केंद्रीय माहिती आणि प्रसारण मंत्रालयाच्या प्रसिद्धीपत्रकात देखील नमूद करण्यात आले आहे की e-NAM शेतकऱ्यांना व्यापक खरेदीदारांपर्यंत पोहोचण्याची संधी उपलब्ध करून देते आणि चांगल्या किंमत प्राप्तीस मदत करते.

एपीएमसी व्यवस्थेचे अस्तित्व महत्त्वाचे आहे आणि ती शेतकऱ्यांसाठी उपलब्ध असलेल्या बाजारपेठांपैकी एक महत्त्वाची बाजारव्यवस्था आहे. महाराष्ट्र कृषी उत्पन्न खरेदी विक्री अधिनियम 1963 चा मूळ उद्देश कृषी मालाच्या विपणनाचे नियमन करणे हा आहे.

मात्र कायद्यामध्ये कुठेही असा नियम नाही की प्रत्येक शेतकऱ्याने आपला माल फक्त मंडीमध्येच विकला पाहिजे आणि दुसरीकडे विकू नये. उलट विविध प्रकारच्या परवानाधारक विपणन व्यवस्थांना कायदेशीर मान्यता देण्यात आलेली आहे.

शेतकरी अनेकदा असे म्हणतो की त्याला त्याच्या मालाची किंमत ठरवता येत नाही. हे काही प्रमाणात बाजारपेठेच्या मागणी-पुरवठ्यावर अवलंबून असते. परंतु शेतकऱ्याने आपला माल कुठे विकावा, कोणत्या बाजारात विकावा, कोणत्या खरेदीदाराला विकावा किंवा कोणत्या माध्यमातून

विकावा हा निर्णय कायद्याने मोठ्या प्रमाणात शेतकऱ्याच्या हातात दिलेला आहे, सरकारच्या नाही.

म्हणून "शेतमाल फक्त मंडीमध्येच विकावा लागतो" हा समज आणि "शेतकऱ्याला विक्रीसाठी कोणताही पर्याय नाही" हा समज दोन्हीही कायद्याच्या दृष्टीने पूर्णपणे अचूक नाहीत. महाराष्ट्रातील विद्यमान कृषी विपणन कायदे शेतकऱ्यांना विविध विक्री पर्याय उपलब्ध करून देतात.

शेतकरी कधी शिकणार?

सरकारने शेतकऱ्याला खूप काही शिकवले... आता शेतकऱ्यानेही काही शिकले पाहिजे

भारतामध्ये शेतकरी हा कदाचित एकमेव माणूस आहे जो वर्षभर जीव तोडून मेहनत करतो... आणि तरीही शेवटी भाव कोण ठरवणार हे दुसरेच लोक ठरवतात.

पाऊस शेतकरी सहन करतो.

दुष्काळ शेतकरी सहन करतो.

रोग शेतकरी सहन करतो.

कर्ज शेतकरी सहन करतो.

पण बाजार?

तो दुसऱ्याच्या हातात.

कांद्याचा भाव वाढला की निर्यात बंदी.

डाळी महाग झाल्या की आयात खुली.

सोयाबीनचे भाव वाढले की पाम तेल आयात.

साखरेला कोटा.

कापसावर निर्बंध.

कधी स्टॉक लिमिट.

कधी एक्सपोर्ट ड्युटी.

कधी आयात शुल्क कमी.

कधी अचानक निर्णय.

मग शेतकरी विचारतो:

“मी शेती करतोय की जुगार खेळतोय?”

सर्वात मोठा विनोद कोणता माहिती आहे?

देशातील प्रत्येक गोष्ट महाग होऊ शकते.

मोबाईल महाग.

कार महाग.

घर महाग.

औषधे महाग.

शिक्षण महाग.

हॉस्पिटल महाग.

पण भाजी महाग झाली की देश हादरतो.

म्हणजे या देशाला शेतकरी स्वस्तच पाहिजे.

शेतकरी जेव्हा तोट्यात जातो तेव्हा त्याला “बाजार” समजावला जातो.

पण ग्राहकाला महागाई लागली की सरकार बाजारात उडी मारते.

मग प्रश्न पडतो:

मुक्त बाजार फक्त तोट्याच्या वेळीच का आठवतो?

आज परिस्थिती अशी झाली आहे की शेतकरी पेरणी करताना देखील घाबरतो.

कारण त्याला पावसाची भीती कमी आणि सरकारच्या पुढच्या निर्णयाची भीती जास्त असते.

आज निर्यात चालू.

उद्या बंद.

आज प्रोत्साहन.

उद्या निर्बंध.

आज “उत्पादन वाढवा.”

उद्या “भाव कमी करा.”

अशा परिस्थितीत कोणता शेतकरी दीर्घकालीन प्लॅनिंग करणार?

पण...

आता थोडं कठोर बोलूया.

कारण सरकारवर टीका करणे सोपे आहे.

पण आरशात स्वतःकडे पाहणे कठीण असते.

सरकारने शेतकऱ्याला फसवले असेल.

पण शेतकऱ्याने स्वतःलाही खूप वेळा फसवले आहे.

एकाच पिकामागे संपूर्ण गाव धावते.

एका वर्षी टोमॅटोला भाव मिळाला की पुढच्या वर्षी संपूर्ण तालुका टोमॅटो लावतो.

एका वर्षी कांदा चालला की सगळे कांदा.

मग भाव कोसळतात.

आणि पुन्हा सरकारला शिव्या.

हे किती वर्ष चालणार?

एका एकरात फक्त एकच पीक.

एकच बाजार.

एकच व्यापारी.

एकच हंगाम.

आणि मग म्हणायचे “जोखीम खूप आहे.”

जोखीम असणारच.

कारण तुम्ही स्वतःला पूर्णपणे एका दोरीवर टांगले आहे.

मोठे उद्योगपती कधी एकाच उत्पन्नावर जगतात का?

एका कंपनीचे दहा व्यवसाय असतात.

एक बंद पडला तरी दुसरा चालतो.

पण शेतकरी?

संपूर्ण घर एका पिकावर.

मग संकट आले की सगळेच संपते.

लहान शेतकऱ्याने तर आता एक गोष्ट डोक्यात ठोकून घ्यायला पाहिजे.

1, 2, 5 एकर शेतकरी जर अजूनही फक्त एकाच पिकावर जगण्याचा प्रयत्न करत असेल, तर तो स्वतःची जोखीम स्वतः वाढवत आहे.

त्याने:

मिश्र शेती केली पाहिजे.

फळझाडे लावली पाहिजेत.

भाज्या घेतल्या पाहिजेत.

थेट ग्राहक जोडले पाहिजेत.

प्रक्रिया केली पाहिजे.

स्वतः विक्री केली पाहिजे.

वर्षभर पैसे येतील अशी रचना केली पाहिजे.

कारण सत्य खूप कठोर आहे.

सरकार तुमच्या घराचा EMI भरायला येणार नाही.

आज अनेक शेतकरी म्हणतात:

“बंधावर झाडे लावली तर सावली पडते.”

पण रिकाम्या बांधाने आयुष्यात किती पैसे दिले?

शेतीमध्ये प्रत्येक फूट कमावला पाहिजे.

आणखी एक सत्य.

शेतकऱ्याने उत्पादन शिकले.

पण मार्केटिंग शिकले नाही.

तो अजूनही वाट पाहतो:

कोणी तरी येईल.

माल घेऊन जाईल.

चांगला भाव देईल.

आपले आयुष्य बदलेल.

हे आता होणार नाही.

भविष्यात टिकणारा शेतकरी तोच असेल:

जो उत्पादन करेल.

प्रोसेसिंग करेल.

ब्रँड तयार करेल.

ग्राहक तयार करेल.

आणि बाजार स्वतःच्या हातात घेईल.

आणि शेवटी एक कानमंत्र.

“धंदा गोमसारखा करावा. दहा पाय असावेत. एक पाय तुटला तरी गोम चालत राहते.”

शेती सुद्धा तशीच झाली पाहिजे.

एक पीक पडले तरी दुसरे उभे.

एक बाजार बंद झाला तरी दुसरा चालू.

एक व्यापारी गेला तरी ग्राहक थेट तयार.

एक हंगाम खराब गेला तरी घर चालू.

ज्या दिवशी शेतकरी हे समजेल...

त्या दिवशी तो फक्त उत्पादक राहणार नाही.

तो खरा व्यावसायिक बनेल.

मानसिकता कधी बदलणार?

“शेतकरी २४ तास शेतात राबतो” ही प्रतिमा आजही लोकांच्या डोक्यात आहे. पण वास्तव बदलले आहे. विशेषतः महाराष्ट्रातील कोरडवाहू भागात आणि मेकॅनायझेशन झालेल्या शेतीत.

एका सरासरी कोरडवाहू शेतकऱ्याचा विचार करा.

ट्रॅक्टरवाला नांगरणी करतो.

तोच रोटाव्हेटर मारतो.

तोच पेरणी करतो.

इंटरकल्चर मशीन किंवा ट्रॅक्टरने कोळपणी होते.

हार्वेस्टर कापणी करतो.

मळणी मशीन करते.

शेतकऱ्याने स्वतः किती वेळ दिला?

खरे काम बहुतेक “मॅनेजमेंट” असते:

ट्रॅक्टर बोलावणे

बियाणे आणि खत आणणे

फवारणीच्या तारखा पाहणे

पाऊस पाहणे

मजूर लावणे

माल विकणे

जर आपण प्रत्यक्ष हाताने राबण्याचा वेळ मोजला तर अनेक पिकांमध्ये संपूर्ण सीझनचा थेट शारीरिक कामाचा वेळ फार मोठा नसतो. काही अंदाज घ्या:

नांगरणी/रोटा: स्वतःचा वेळ कमी, मशीनचे काम

पेरणी: १ दिवस

खत व्यवस्थापन: काही तास

२ ते ३ फवारण्या: काही तास

कोळपणी: मशीन असेल तर कमी वेळ

कापणी: हार्वेस्टर

मळणी: मशीन

कोरडवाहू शेतीत तर पाण्याचा वेळही जात नाही. ड्रिप किंवा स्प्रिंकलर असेल तर सिंचनातही कमी वेळ जातो.

म्हणजे प्रश्न सरळ आहे: उरलेल्या वेळेत काय?

इथेच महाराष्ट्रातील शेती अडकली आहे.

कारण अनेक शेतकरी "फुल-टाइम शेतकरी" नसतात. ते प्रत्यक्षात "सीजनल शेतकरी" असतात. पेरणी आणि कापणीच्या काही दिवसांमध्ये धावपळ होते. बाकी वेळेत मोठी पोकळी असते. पण त्या वेळेचा उद्योगात बदल होत नाही.

त्याच गावात:

इलेक्ट्रिशियन गँग चालवणारे लोक आहेत

वेल्डिंग करणारे आहेत

जेसीबी कॉन्ट्रॅक्टर आहेत

दूध व्यवसाय करणारे आहेत

पोल्ट्री करणारे आहेत

क्लिनिंग-ग्रेडिंग मशीन चालवणारे आहेत

ट्रॅक्टर आणि हार्वेस्टर भाड्याने देणारे आहेत

हे लोक शेतीही करतात आणि उद्योगही करतात.

मग बाकीचे का करत नाहीत?

कारणे अनेक सांगितली जातात:

भांडवल नाही

रिस्क आहे

मार्केट नाही

वेळ नाही

माणसं नाहीत

पण वास्तवात सर्वात मोठे कारण अनेक वेळा "आळस + सवयीची मानसिकता" असते.

कडक वाटेल पण सत्य आहे.

कारण: मोबाईलवर ४ तास आहेत.

राजकारणावर चर्चा करायला वेळ आहे.

सरकारला शिव्या द्यायला वेळ आहे.

भाव पडले म्हणून वर्षभर रडायला वेळ आहे.

पण:

५० कोंबड्यांपासून सुरुवात करायला वेळ नाही

गावात मिनी दळण यंत्र लावायला वेळ नाही

मसाला ग्राइंडिंग युनिट नाही

क्लिनिंग-ग्रेडिंग मशीन नाही

स्वतः पॅकिंग नाही

डायरेक्ट विक्री नाही

हे फक्त पैशाचे कारण नाही. हा "कामाच्या संस्कृतीचा" प्रश्न आहे.

भारतामध्ये अनेक शेतकरी शेतीला “व्यवसाय” म्हणून बघतच नाहीत. ते तिला “नशिबावर चालणारी परंपरा” समजतात.

म्हणूनः

नवीन कौशल्य शिकायचे नाही

ग्राहकांशी बोलायचे नाही

मार्केटिंग करायचे नाही

व्हिडिओ बनवायचे नाहीत

ब्रँड तयार करायचा नाही

प्रोसेसिंग करायचे नाही

पण दुसरीकडे काही शेतकरी:

दिवसा शेती करतात

रात्री डेअरी सांभाळतात

रविवारला मार्केट करतात

यूट्यूबवर विक्री करतात

स्वतःचा ब्रँड उभा करतात

तेच पुढे जातात.

शेती एकटीवर जगणे दिवसेंदिवस कठीण होणार आहे. विशेषतः

२ ते ५ एकर

कोरडवाहू जमीन

कमोडिटी पिके

फक्त कच्चा माल विकणे

या मॉडेलमध्ये भविष्य मर्यादित आहे.

म्हणून पुढचा काळ “मल्टी-इन्कम फार्मर” चा आहे.

ज्याच्याकडे:

शेती

पशुपालन

प्रोसेसिंग

सर्व्हिस व्यवसाय

डायरेक्ट विक्री

ऑनलाइन उपस्थिती

गावातील एखादी मशीन सेवा

हे सर्व असेल तो टिकेल.

बाकी फक्त “भाव नाही” म्हणत राहतील.

शेतीत सर्वात मोठी कमतरता पावसाची नाही.

अनेक वेळा ती मानसिकतेची आहे.

रुबाब

गावात संध्याकाळ झाली की काही ठरलेली दृश्यं रोज दिसतात...

चौकात चार-पाच मुलं उभी... कोणाच्या बुलेटचा कडक आवाज... कोणीतरी स्कॉर्पिओसमोर हात खिशात घालून रील शूट करतंय... पांढरा शर्ट... डोळ्यावर काळा गॉगल... बॅकग्राऊंडला ॲटिट्यूड गाणं...

आणि कॅप्शन तयार...

"शेतकरीचा नाद नाही करायचा..."

हे पाहताना एक प्रश्न मात्र मनात कायम येतो...

खरंच एवढा भारी झालाय का शेतकरी तरुण... की आतली पोकळी झाकण्यासाठी बाहेरचा आवाज वाढवलाय?

कारण खरी परिस्थिती काही वेगळीच असते.

दिवसभर बाप उन्हात राबतोय... आई अजूनही खर्च मोजून भाजी घेते... घरावर पीककर्ज आहे... खत उधारीवर आहे... वीज बिल बाकी आहे... पण गावात टशन कमी पडता कामा नये.

हे कुणाला टोचण्यासाठी नाही... पण हे वास्तव आहे.

आज अनेक शेतकरी तरुण मेहनतीपेक्षा इमेज सांभाळण्यात जास्त अडकले आहेत.

पूर्वी गावात माणसाची ओळख त्याच्या कामावरून व्हायची.

"हा भारी कांदा काढतो..." "याचा टोमॅटो पुण्याला जातो..." "याने नवीन प्रयोग केला..."

आज ओळख बदलली.

"याच्याकडे स्कॉर्पिओ आहे..." "याची इंस्टाग्राम रील व्हायरल झाली..." "याने नवीन बुलेट घेतली..."

आणि नकळत सगळे त्या स्पर्धेत उतरले.

त्याने बुलेट घेतली... मग मला स्कॉर्पिओ पाहिजे.

त्याने स्कॉर्पिओ घेतली... मग मला फॉर्च्युनरसमोर फोटो पाहिजे.

त्याने ड्रोन व्हिडिओ टाकला... मग मला DJ लावून एंट्री पाहिजे.

पण या सगळ्या धावपळीत कुणीतरी स्वतःलाच हरवून बसलं.

कारण रात्री रील अपलोड केल्यानंतरही मनातला प्रश्न संपत नाही...

"आपण खरंच पुढे चाललोय का?"

स्कॉर्पिओमुळे एकराचं उत्पन्न वाढत नाही. बुलेटमुळे ग्राहक मिळत नाहीत. गॉगल लावून मार्केटिंग शिकता येत नाही. रीलमुळे मालाला भाव मिळत नाही.

हे सत्य आहे.

आणखी एक गोष्ट...

आज गावात अनेक शेतकरी मुलांची लग्नं जमत नाहीत. आणि प्रत्येकवेळी कारण शेतीच असते असं नाही.

लोकं आता बघतात: मुलगा स्थिर आहे का? जबाबदार आहे का? उद्याचा काही विचार आहे का? की फक्त मित्रांमध्ये रुबाब दाखवण्यात आयुष्य जातंय?

कारण बाहेरून कितीही टशन असली... तरी घरात रोज ताण असेल तर ते दिसतंच.

काही मुलं आतून खूप तुटलेली आहेत.

शहरातला मुलगा इंग्लिश बोलतो... ऑफिसमध्ये बसतो... पगार महिन्याला खात्यात येतो...

आणि इथे हा... ऊन, पाऊस, बाजार, कर्ज, अनिश्चितता यात जगतो.

मग तो स्वतःला सिद्ध करण्यासाठी बाहेरून एक व्यक्तिमत्त्व तयार करतो.

मोठी गाडी... मोठा आवाज... मोठी रील...

कारण आतून त्याला कुणीतरी सांगावं असं वाटतंः "तू कमी नाहीस."

ही वेदना खरी आहे.

पण प्रश्न असा आहे... ही लढाई चुकीच्या दिशेने तर चालली नाही ना?

कारण खरा रुबाब गाडीमध्ये नसतो.

खरा रुबाब तेव्हा असतो... जेव्हा स्वतःच्या मालाला स्वतः बाजार मिळतो.

खरा रुबाब तेव्हा असतो... जेव्हा ग्राहक म्हणतो, "त्या शेतकऱ्याचा माल डोळे बंद करून घ्या."

खरा रुबाब तेव्हा असतो... जेव्हा बँकेचा मेसेज पाहून घाबरावं लागत नाही.

आज गरज आहे: रीलपेक्षा रिअल कामाची.

मार्केटिंग शिकण्याची

स्वतःचा ब्रँड तयार करण्याची

प्रोसेसिंग करण्याची

थेट ग्राहक जोडण्याची

खर्च कमी करण्याची

नवीन तंत्रज्ञान शिकण्याची

कारण पुढच्या काळात फक्त मेहनती शेतकरी टिकणार नाही... हुशार शेतकरी टिकणार आहे.

वडिलांनी आयुष्यभर बैल विकले नाहीत... कारण त्यांना माहिती होतं, "दिसण्यापेक्षा टिकणं महत्त्वाचं असतं."

आणि आज मुलगा कधी कधी लोक काय म्हणतील म्हणून EMI काढतो.

हीच खरी शोकांतिका आहे, गरीबी एवढी भयंकर नाही... दिखाव्याची सवय जास्त भयंकर आहे.

गावात धूर उडवत स्कॉर्पिओ फिरवणं सोपं आहे...

पण स्वतःच्या मालाला स्वतः भाव मिळवून देणं कठीण आहे.

आणि शेवटी लोक गाडी लक्षात ठेवत नाहीत...

लोक लक्षात ठेवतात, “हा माणूस खरंच काहीतरी करून गेला.”

बांधावरची झाडे

“बांधावर झाडे लावू नका... सावली पडते... पीक कमी होते...”

हे ऐकून कित्येक शेतकऱ्यांनी वर्षानुवर्षे बांध रिकामे ठेवले. पण एक साधा प्रश्न कोणी स्वतःला विचारत नाही.

झाडामुळे जेवढं नुकसान होतं... त्यापेक्षा झाडातून किती मिळू शकतं?

समजा एका एकरात मका घेतला.

२० क्विंटल उत्पादन.

भाव ₹२२००.

एकूण ₹४४ हजार.

झाडांच्या सावलीमुळे १०% उत्पादन कमी झालं तर साधारण ₹४४०० नुकसान.

गव्हात धरलं तर ₹४ हजार आसपास.

तुरीत ₹६ हजार.

कापसात ₹७-८ हजार.

पण त्याच बांधावर २५ आंब्याची झाडे असतील आणि प्रत्येक झाडाने फक्त ६० किलो आंबा दिला तरी जवळपास ₹४५ हजार उत्पन्न तयार होतं.

सीताफळातही तेच.

२५ झाडे.

प्रति झाड ४० किलो.

एकूण १००० किलो.

भाव ₹४० धरला तरी ₹४० हजार.

म्हणजे नुकसान कमी... पण अतिरिक्त उत्पन्न मोठं.

आणि खरं सांगायचं तर झाडाचा फायदा फक्त पैशात मोजता येत नाही.

मे महिन्यात उन्हात चालताना माणूस काय शोधतो?

झाडाची सावली.

जनावरं कुठे उभी राहतात?

झाडाखाली.

पक्षी कुठे बसतात? झाडावर.

शेतात तापमान कमी ठेवायचं असेल, वाऱ्याचा वेग कमी करायचा असेल, माती धूप थांबवायची असेल, थोडा ओलावा टिकवायचा असेल... तर झाडे मदत करतात.

पूर्वीच्या लोकांनी बांधावर झाडे काही उगाच लावली नव्हती.

त्यांना विज्ञानाची भाषा कदाचित माहित नव्हती...

पण अनुभव होता.

आज आपण बांध पूर्ण रिकामे केले.

सावली टाळली.

पण त्याचबरोबर:

पक्षी गेले.

गारवा गेला.

लाकूड गेलं.

फळं गेली.

आणि पुढच्या पिढीसाठी उभं राहणारं काहीतरीही गेलं.

खरं म्हणजे आता शेती फक्त एका पिकावर टिकणार नाही.

ठोकमाल + फळझाडे + प्रक्रिया + थेट विक्री...

हेच पुढचं मॉडेल आहे.

योग्य अंतर, योग्य दिशा आणि योग्य छाटणी ठेवली तर झाडे ओझं बनत नाहीत.उलट शेताची ताकद बनतात.

शेतीचा खर्च कमी करा

शेतीमध्ये सर्वात महत्त्वाची गोष्ट कोणती असेल तर ती म्हणजे खर्च कमी ठेवणे. कारण उत्पादन वाढवणे नेहमी आपल्या हातात नसते. पाऊस, बाजारभाव, रोग, हवामान हे सगळं बदलत असतं. पण खर्च किती करायचा हे मात्र शेतकरी ठरवू शकतो.

आज भारतामध्ये अजूनही अनेक लोक “गाय शिवाय नैसर्गिक शेती होऊ शकत नाही” या मानसिकतेत अडकलेले आहेत. पण वास्तव वेगळं आहे. अख्ख जग कचरा व्यवस्थापन, कंपोस्टिंग, फर्मेंटेड लिक्विड खत, सूक्ष्मजीव आधारित शेती यावर पुढे जात आहे.

आम्ही स्वतः कचरा आधारित शेती करतो.

तीन महिन्यातून एकदा एखाद्या हॉटेलचा किंवा लग्नातील उरलेला अन्नकचरा गोळा करतो. आमच्या भागात डॅमवर मासेमारी होते. त्यामध्ये बारीक मासे, तुटलेले मासे किंवा विक्रीला न जाणारा “झिरो मासा” 10 ते 20 रुपये किलोने मिळतो. काही वेळा तो मुंबईला कोंबड्यांच्या खाद्यासाठी जातो.

आम्ही असे साधारण 200 किलो मासे घेतो आणि त्यापासून जवळपास 2000 लिटर लिक्विड खत तयार होते.

प्रक्रिया अगदी सोपी आहे.

अडीचशे लिटरच्या ड्रममध्ये:

• 50 किलो मासे टाकायचे

• उरलेले पाणी भरायचे

• दोन मुठ उंबरा खालची, वडाखालची जिवाणू असलेली माती किंवा कंपोस्ट टाकायचे

बस.

45 दिवसांनी वरचे द्रव तयार होते. ते काढून घ्यायचे. खाली अजून घन पदार्थ उरले तर पुन्हा पाणी टाकायचे. म्हणजे त्याच वस्तूपासून पुन्हा खत तयार होते.

हे फक्त माशांपुरते मर्यादित नाही.

जगातला कुठलाही खराब झालेला खाद्यपदार्थ, फेकलेली भाजी, हॉटेलचा अन्नकचरा, चिकन सेंटरमधील आतडी, फिश मार्केटमधील अवशेष, हे सगळं खतामध्ये बदलू शकतं.

एका मोठ्या लग्नात वाया गेलेल्या जेवणातून एखाद्या शेतकऱ्याचा पूर्ण सीझनचा खत खर्च निघू शकतो.

एकदा काही वारकरी लोक माझ्याकडे आले होते. ते म्हणाले,

"आम्ही शाकाहारी आहोत. तुम्ही मासे वापरून भाजी पिकवता, हे चुकीचं आहे."

मी त्यांना एक साधा प्रश्न विचारला.

"तुमच्याकडे गाय वारली तर काय करता?"

ते म्हणाले,

"पुरतो आणि त्यावर झाड लावतो."

मी विचारलं,

"आंब्याची झाडं लावली आहेत का?"

ते म्हणाले,

"हो. आमच्या आजोबांनी पण लावली होती."

मग मी त्यांना विचारलं,

"गोमांसावर उगवलेला आंबा चालतो, मग पूर्णपणे कुजून माती झालेल्या माशांवर उगवलेली भाजी का चालत नाही?"

कारण शेवटी खत हे जमिनीला दिलं जातं. थेट माणसाला नाही. आणि तेही पूर्ण कुजून, सूक्ष्मजीवांनी विघटन झाल्यावर.

आज खरी गरज आहे ती विचार बदलण्याची.

शेतकरी अजूनही 45 रुपये किलो गूळ, 180 रुपये किलो डाळीचे पीठ, गोमूत्र, शेण यामध्ये अडकून बसला आहे. अनेक लहान शेतकऱ्यांकडे गाय पाळण्याची क्षमता नाही. अर्धा एकर जमीन असलेला शेतकरी गाय कशी पाळणार?

मग त्याने नैसर्गिक शेती करूच नये का?

जदाम पद्धतीमध्ये अतिशय सोप्या गोष्टी सांगितल्या आहेत. हिरवे पडलेले किंवा मोड आलेले फेकून दिलेले बटाटे, थोडे मीठ, स्थानिक जिवाणू वापरून JMS तयार करता येते. जे जीवामृतसारखेच काम करते.

म्हणजे नैसर्गिक शेती ही "गाय असणाऱ्यांची मक्तेदारी" राहत नाही.

खरी झिरो बजेट शेती म्हणजे बाजारातून वस्तू विकत आणून खत बनवणे नाही.

खरी झिरो बजेट शेती म्हणजे गावात फुकट फेकला जाणारा कचरा संसाधनामध्ये बदलणे.

ज्या दिवशी शेतकरी कचऱ्याकडे खत म्हणून पाहायला लागेल, त्या दिवशी त्याचा खर्च अर्धा कमी होईल.

सॉईल टेस्टिंग

नैसर्गिक शेतीमध्ये सॉइल टेस्टची मर्यादा समजून घेतली पाहिजे. आज अनेक शेतकरी सॉइल टेस्ट रिपोर्ट हातात घेऊन शेती करतात. पण प्रश्न असा आहे की त्या रिपोर्टमध्ये खरंच जमिनीची संपूर्ण सत्यस्थिती दिसते का?

सॉइल टेस्ट पूर्णपणे निरुपयोगी आहे असे म्हणणे चुकीचे ठरेल. pH, EC, ऑर्गॅनिक कार्बन, क्षारांचे प्रमाण, काही गंभीर कमतरता समजण्यासाठी ती उपयोगी ठरू शकते. पण शेतीचा संपूर्ण निर्णय फक्त रिपोर्टवर घेणे हीसुद्धा मोठी चूक आहे. कारण जमीन ही फक्त केमिकल्सचा ढीग नसते. ती एक जिवंत व्यवस्था असते.

बहुतेक सॉइल टेस्टमध्ये फक्त "एक्स्ट्रॅक्टंट सोल्युबल" एलिमेंट्स मोजले जातात. म्हणजे विशिष्ट केमिकलने बाहेर काढता येतील ते घटक. उदाहरणार्थ रिपोर्टमध्ये P_2O_5 म्हणजे फॉस्फरस पेंटॉक्साईड मोजला जातो. पण प्रत्यक्षात फॉस्फरस हा जमिनीत मोकळ्या स्वरूपात फार कमी असतो. तो कॅल्शियम, आयर्न, मॅग्नेशियम यांच्याशी संयोग करून कॅल्शियम फॉस्फेट, आयर्न फॉस्फेटसारखी कंपाऊंड्स बनवतो.

म्हणजे जमिनीत फॉस्फरस असतो, पण तो रिपोर्टमध्ये कमी दिसू शकतो. म्हणूनच "जमिनीत एकूण फॉस्फरस किती आहे" आणि "झाडाला उपलब्ध होणारा फॉस्फरस किती आहे" यात मोठा फरक असतो.

हीच गोष्ट इतर अनेक अन्नद्रव्यांबाबत लागू होते. जमीन जिवंत असेल, सूक्ष्मजीव सक्रिय असतील, फंगस आणि रूट एक्स्युडेट्स चांगले काम करत असतील तर बंद स्वरूपातील अनेक खनिजे हळूहळू झाडासाठी उपलब्ध होत जातात.

वनस्पती थेट माती खात नाहीत. सूक्ष्मजीव, फंगस, एन्झाइम्स आणि रूट एक्स्युडेट्स यांच्या मदतीने खनिजे उपलब्ध होतात. त्यामुळे शेतीमध्ये फक्त soil chemistry नव्हे तर soil biology सुद्धा तितकीच महत्त्वाची असते.

सगळ्यात महत्त्वाची गोष्ट म्हणजे तुम्ही एकाच प्रकारच्या मातीचे सॅम्पल दोन-तीन वेगवेगळ्या लॅबमध्ये दिलेत तर अनेकदा वेगवेगळे रिपोर्ट मिळतात. कारण extraction methods वेगळे असतात, moisture वेगळा असतो, sample handling वेगळी असते, calibration वेगळी असते. त्यामुळे सॉइल टेस्ट ही जमिनीचे एक मर्यादित snapshot असते, अंतिम सत्य नाही.

म्हणूनच रीजनरेटिव्ह फार्मिंगमध्ये फक्त रिपोर्टपेक्षा जमिनीची जिवंत शक्ती वाढवण्यावर भर दिला जातो. मागे मी रीजनरेटिव्ह फार्मिंगची सहा तत्त्वे लिहिली होती. ती सातत्याने पाळली आणि कचऱ्यावर आधारित शेतीमध्ये सांगितल्याप्रमाणे जैविक कचऱ्यापासून लिक्विड खत तयार करून वापरले, तर जमिनीची सुपीकता नैसर्गिकरित्या वाढत जाते.

जंगलात कुणी NPK टाकत नाही. तरी शेकडो वर्षे मोठमोठी झाडे वाढतात. कारण निसर्गामध्ये सतत nutrient cycling चालू असते. पाने गळतात, फांद्या कुजतात, प्राण्यांचे मलमूत्र मिसळते, सूक्ष्मजीव त्याचे विघटन करतात आणि पुन्हा तीच अन्नद्रव्ये जमिनीत परत जातात. निसर्गाचा पाया recycling वर आहे, बाहेरून सतत input टाकण्यावर नाही.

हॉटेल वेस्ट पासून लिक्विड फर्टीलायझर बनवायचे माझे आर्टिकल वाचून लोकांचा एक प्रश्न होता की हॉटेलच्या अन्नामध्ये तेल, मसाले आणि मीठ असते. ते जमिनीसाठी घातक ठरणार नाही का?

जोपर्यंत तुम्ही थेट मोठ्या प्रमाणात तेल किंवा रिफाइंड ऑइल ओतत नाही, तोपर्यंत सामान्य जैविक कचऱ्यामुळे फारसा प्रश्न निर्माण होत नाही. मसाले

हे नैसर्गिक वनस्पतीजन्य पदार्थ आहेत. ते विघटित होतात. तेलसुद्धा सूक्ष्मजीवांच्या मदतीने विघटित होते.

मीठाबाबत लोकांची भीती जास्त असते. पण प्रत्येक गोष्ट प्रमाणावर अवलंबून असते.

जर पाण्यात १०% मीठ टाकले तर ब्राईन वॉटर तयार होते आणि ते झाडांसाठी घातक ठरू शकते. पण अत्यल्प प्रमाणात समुद्री मिठामध्ये अनेक trace minerals असतात. काही परिस्थितींमध्ये त्याचा मर्यादित वापर उपयुक्त ठरू शकतो.

आपण हॉस्पिटलमध्ये सलाईन घेतो तेव्हा त्यामध्येही sodium chloride असते. म्हणजेच प्रत्येक sodium वाईटच असतो असे नाही. पण अति प्रमाणात sodium मातीची रचना बिघडवू शकतो, विशेषतः drainage खराब असेल किंवा hard water भाग असेल तर.

म्हणून कोणतीही गोष्ट अंदाजाने आणि अति प्रमाणात वापरणे चुकीचे आहे. नैसर्गिक शेती म्हणजे काहीही टाकत राहणे नाही. निरीक्षण, संतुलन, जैविक सक्रियता आणि सातत्य हेच तिचे खरे तत्त्व आहे.

जमीन फक्त NPK वर चालत नाही. जिवंत माती तयार केली तर निसर्ग स्वतः अन्न तयार करायला सुरुवात करतो.

कोकणात भाताशिवाय काय?

कोकणात आणि अति पावसाच्या भागात भाताशिवाय शेती शक्य आहे का?

हा प्रश्न मला अनेक वेळा विचारला गेला. मी स्वतः कोकणातील अति पावसाच्या भागात शेती करत नाही. त्यामुळे मी स्वतःला तज्ज्ञ म्हणणार नाही. पण थोडा कॉमन सेन्स, भूभागाचे निरीक्षण, पाण्याचा प्रवाह आणि जगभरातील terrace farming चे काही अभ्यास पाहिल्यावर काही गोष्टी लक्षात येतात.

कोकणातील भाताची खाचरे नीट पाहिली तर एक गोष्ट लगेच लक्षात येते. ती सरळ सपाट नसतात. उतारावर एकावर एक पायऱ्यांसारखी बनवलेली असतात. हजारो वर्षांपासून माणूस डोंगराळ भागात शेती करत आहे. कारण त्याला पाण्याचा स्वभाव समजला होता.

आज अनेक ठिकाणी असा समज आहे की अति पाऊस म्हणजे फक्त भात. बाकी काही शक्य नाही.

पण खरा प्रश्न पावसाचा नसतो. प्रश्न असतो पाण्याच्या व्यवस्थापनाचा.

जर वरच्या खाचरातील अतिरिक्त पाणी योग्य साईड ड्रेनेजने बाहेर काढले, overflow channels तयार केले, contour नुसार निचऱ्याची व्यवस्था केली तर खालचा भाग पूर्ण दलदल होण्यापासून वाचू शकतो. जगभरात terrace farming, drainage channels, raised beds आणि water diversion systems वापरून डोंगराळ भागात विविध पिके घेतली जातात.

आपण एक साधा प्रयोग डोळ्यासमोर आणू.

समजा उतारावर सलग खाचरे आहेत.

वरच्या भागातील अतिरिक्त पाणी थेट खालच्या खाचरात कोसळण्याऐवजी साईडच्या सुरक्षित नाल्यात वळवले.

खाचराच्या मध्यभागी किंवा निवडक भागात उंच बेड तयार केले.

बेडच्या दोन्ही बाजूला खोल निचरा ठेवला.

सेंद्रिय पदार्थ मोठ्या प्रमाणात वाढवले.

तर मुळांच्या भागात हवा राहू शकते आणि अतिरिक्त पाणी बाजूने निघून जाऊ शकते.

याचा अर्थ प्रत्येक ठिकाणी टोमॅटो, कोबी किंवा फुलशेती लगेच यशस्वी होईल असा नाही. कारण अति पावसाच्या भागात फक्त पाणीच समस्या नसते. अनेक वेळा सलग ढगाळ वातावरण, कमी सूर्यप्रकाश, बुरशीजन्य रोग आणि सततची आर्द्रता ही मोठी आव्हाने असतात.

पण त्यामुळे प्रयोगच करू नये असेही नाही.

खरंतर कोकणात आधीपासून अनेक पिके यशस्वी आहेत.

हळद, आले, सुरण, अळू, केळी, मिरी, काजू, सुपारी, जायफळ, दालचिनी, बांबू, रताळे यांसारखी पिके अति पावसात चांगली वाढतात.

माझ्या मते भविष्यात कोकणातील शेतीचा मोठा विषय "कुठले पीक घ्यावे?" हा नसून "पाण्याचा प्रवाह कसा नियंत्रित करावा?" हा असेल.

कारण निसर्गात पाऊस ही समस्या नसते. अनियोजित पाणी ही समस्या असते.

शेतकरी जर भूभागाचा नकाशा समजून घेतला, पाण्याचा नैसर्गिक मार्ग पाहिला, overflow routes ठेवले, drainage channels तयार केले, contour आधारित डिझाइन केले तर अनेक नवीन शक्यता निर्माण होऊ शकतात.

मी पुन्हा सांगतो, हा अंतिम निष्कर्ष नाही. हा विचार आहे. निरीक्षण आहे. चर्चा सुरू करण्याचा प्रयत्न आहे.

कोकणातील किंवा पुण्याजवळच्या अति पावसाच्या भागात प्रत्यक्ष काम करणाऱ्या शेतकऱ्यांनी यावर अनुभव सांगितले तर आपल्याला अजून चांगले शिकता येईल.

कदाचित भविष्यात त्या भागात भाताबरोबरच अनेक प्रकारच्या मिश्र, बहुपिकीय आणि raised-bed आधारित प्रणाली विकसित होतील.

कारण शेतीमध्ये अनेक वेळा उत्तर पुस्तकात नसते. उत्तर जमिनीवर प्रयोग करणाऱ्या माणसाकडे असते.

जमीन निवडताना...

बरीच लोक मला विचारतात की, "परदेशातून येऊन शेती करायची आहे... महाराष्ट्रात जमीन कुठे घ्यावी?"

बहुतेक लोकांच्या डोक्यात एक ठरलेले चित्र असते. कोकणात डोंगरावर जमीन, नारळाची वाडी, आंब्याची बाग, धुकं, मुसळधार पाऊस आणि शांत जीवन.

पण शेती Instagram रीलसारखी नसते.

शेती म्हणजे रोज समस्या सोडवण्याचा व्यवसाय आहे.

म्हणून "कोणता जिल्हा बेस्ट?" हा प्रश्न चुकीचा आहे. योग्य प्रश्न असा आहे की, "जमीन घेताना काय काय बघावं?"

कारण महाराष्ट्रात वाईट प्रदेश नसतो. चुकीची निवड असते.

कोकण सुंदर आहे. हे कोणी नाकारणार नाही. रत्नागिरी, सिंधुदुर्ग, रायगड भागात प्रचंड पाऊस, हिरवळ, फळबागांसाठी उत्तम वातावरण आहे. आंबा, काजू, नारळ, सुपारी, भात यासाठी कोकण भारी आहे.

पण सर्व प्रकारची शेती करण्यासाठी कोकण हा सर्वात सोपा प्रदेश नाही.

अनेक ठिकाणी इतका पाऊस असतो की माती वाहून जाते. जमीन चिखलमय होते. मोठी मशिनरी वापरणे कठीण जाते. सपाट जमीन कमी असते. काही भागात वर्षभर आर्द्रता आणि बुरशीचे प्रॉब्लेम असतात.

लोक स्वप्न बघतात कोकणाचे... पण तिथे चार महिने सूर्य दिसत नाही हे विसरतात.

मराठवाड्याकडे लोक दुष्काळी भाग म्हणून बघतात.

हो, पाणीटंचाई मोठी समस्या आहे. पण महाराष्ट्रात सर्वात जास्त जिद्दी शेतकरी कुठे असतील तर ते मराठवाड्यात आहेत.

मी स्वतः बाजरी, ज्वारी, तूर, सोयाबीन, कापूस, मका, भाजीपाला, मोसंबी, डाळिंब, द्राक्षे, अगदी काही भागात केळी आणि भातसुद्धा पाहिला आहे.

मराठवाड्याने कमी पाण्यात जगायचं शिकलं आहे.

इथे पाणी असेल तर जवळजवळ कोणतंही पीक घेतलं जातं.

विदर्भ वेगळाच आहे.

काही भागात खूप पाऊस. काही भागात भीषण उष्णता. ४५-४७ अंश तापमान सामान्य गोष्ट आहे. गारपीट, अतिवृष्टी, उष्णतेच्या लाटा या गोष्टी इथे जास्त जाणवतात.

पण विदर्भाची ताकद म्हणजे मोठी जमीन आणि उत्पादन क्षमता.

मोठ्या प्रमाणावर शेती, यांत्रिकीकरण, पशुपालन, फॉडर, सिलेज, नैसर्गिक शेती किंवा भविष्यात मोठे प्रयोग करायचे असतील तर विदर्भ अजूनही मजबूत पर्याय आहे.

नाशिक अनेकांना महाराष्ट्रातील सर्वात संतुलित प्रदेश वाटतो.

द्राक्षे, कांदा, टोमॅटो, फुलशेती, दुग्धव्यवसाय, बाजारपेठ, प्रक्रिया उद्योग... सगळं आहे.

पण नाशिक म्हणजे सर्वत्र पाणी असा गैरसमज आहे.

एका भागात हिरवळ असते तर २० किलोमीटरवर टँकर चालू असतात.

अहिल्यानगरची पण तीच गोष्ट.

काही भाग अतिशय समृद्ध, काही पूर्ण कोरडे. पण शहरांशी कनेक्टिव्हिटी आणि बाजारपेठेमुळे हा भाग व्यावसायिक शेतीसाठी चांगला मानला जातो.

पश्चिम महाराष्ट्र म्हटलं की लोकांच्या डोक्यात ऊस येतो.

आणि ते काही चुकीचं नाही.

पण पश्चिम महाराष्ट्र म्हणजे फक्त ऊस नाही. दूध, पोल्ट्री, भाजीपाला, फळबागा, प्रक्रिया उद्योग, शेतीपूरक व्यवसाय यासाठी हा भाग खूप पुढे आहे. कोल्हापूर-साताऱ्यात काही भागात पाणी प्रचंड आहे. तर सोलापूरमध्ये अनेक भाग पाण्यासाठी झगडतात.

खानदेश वेगळाच.

जळगावने केळीमध्ये भारतात नाव कमावलं. धुळे-नंदुरबार भागातही मोठी क्षमता आहे. उन्हाळा कठीण असतो पण उत्पादन क्षमता भारी आहे.

पण जिल्हे समजून घेण्यापेक्षा महत्त्वाचं आहे जमीन समजून घेणं.

आणि इथेच बहुतेक लोक चुकतात.

लोक हिरवळ बघून जमीन घेतात. पण शेतीमध्ये खरी किंमत असते पाण्याची, रस्त्याची, शेजाऱ्याची आणि गावाच्या मानसिकतेची.

सर्वात आधी पाणी बघा.

फक्त पावसाळ्यात नाही. मे महिन्यात पाणी असतं का ते बघा.

विहीर किती खोल आहे?

शेजारच्या विहिरींची पातळी काय आहे?

बोअर किती फुटांवर लागतात?

टँकर येतात का?

बऱ्याच लोकांनी पावसाळ्यात जमीन घेतली आणि उन्हाळ्यात सत्य समजलं.

दुसरा महत्त्वाचा मुद्दा म्हणजे रस्ता.

जमिनीपर्यंत कायदेशीर रस्ता आहे का?

की फक्त शेजाऱ्याच्या बांधावरून गाडी जाते?

आज संबंध चांगले असतात. उद्या भांडण झालं की ट्रॅक्टर आत जाऊ शकत नाही.

शेती रस्त्यांवरून महाराष्ट्रात हजारो वाद चालतात.

तिसरा मुद्दा म्हणजे शेजारी.

शेजारी रोज भांडण करणारे असतील, गुरं सोडणारे असतील, बांध सरकवणारे असतील तर तुमची अर्धी ऊर्जा तिथेच संपते.

गावात चहाच्या टपरीवर बसून दोन दिवस गप्पा मारा. खरी माहिती तिथे मिळते.

चौथा मुद्दा म्हणजे गावाची मानसिकता.

काही गावं बाहेरच्या माणसाला स्वीकारतात.

काही गावं आयुष्यभर “परका” म्हणूनच बघतात.

तुम्ही करोडपती असलात तरी गावाशी जुळवून घेतलं नाही तर शेती कठीण होते.

पाचवा मुद्दा म्हणजे हागणदारी.

हे ऐकायला विनोदी वाटेल पण अत्यंत गंभीर मुद्दा आहे.

अनेक गावांमध्ये लोक अजूनही शेतात जातात. तुम्ही लाखो रुपये देऊन जमीन घेतली आणि रोज सकाळी तीच परिस्थिती असेल तर काही वर्षांनी स्वतःच वैताग येतो.

सहावा मुद्दा म्हणजे चोऱ्या.

मोटर चोरी, केबल चोरी, डिझेल चोरी, सोलर चोरी, जनावरं चोरी याचा इतिहास आहे का?

काही भागात रात्री पंप सुरू ठेवणंही धोक्याचं असतं.

सातवा मुद्दा म्हणजे गुंडगिरी आणि दबावगट.

हा मुद्दा लोक टाळतात.

पण काही भागात जमीन व्यवहार, पाण्याचे प्रश्न, वाळू, राजकारण या गोष्टींमध्ये स्थानिक दादागिरी असते.

शेती फक्त जमिनीवर चालत नाही. ती सामाजिक वातावरणावरही चालते.

आठवा मुद्दा म्हणजे ओढा, नदी आणि नाले.

लोकांना वाटतं शेजारी ओढा म्हणजे बोनस.

नेहमीच नाही.

पावसाळ्यात पूर येतो का?

माती वाहून जाते का?

रस्ता तुटतो का?

पाणी शेतात घुसतं का?

हे पाहिलं पाहिजे.

नववा मुद्दा म्हणजे पाणथळपणा.

गुसळधार पावसानंतर तीन दिवसांनी जमीन बघा.

कारण काही जमिनी वरून सुंदर दिसतात पण पाणी धरून ठेवतात.

दहावा मुद्दा म्हणजे स्मशानभूमी, कचरा डेपो, कारखाने.

आज शांत वाटणाऱ्या भागात उद्या ग्रामपंचायत कचरा टाकायला सुरुवात करू शकते.

अकरावा मुद्दा म्हणजे नेटवर्क.

आज शेती म्हणजे फक्त नांगर नाही.

सीसीटीव्ही, सोलर मॉनिटरिंग, हवामान अंदाज, ऑनलाइन व्यवहार, बाजारभाव, यूट्यूब सगळं इंटरनेटवर चालतं.

बारावा मुद्दा म्हणजे मजूर.

त्या भागात कामगार मिळतात का?

की प्रत्येक कामासाठी बाहेरून लोक आणावे लागतात?

तेरावा मुद्दा म्हणजे बाजारपेठ.

उत्पादन करणे सोपे असते.

विकणे अवघड असते.

रस्ता खराब असेल तर चांगलं उत्पादन सुद्धा अडकतं.

चौदावा मुद्दा म्हणजे जमीन वादमुक्त आहे का?

७/१२, फेरफार, वारस, कर्ज, कोर्ट केस, ताबा वाद सगळं तपासा.

सुंदर दिसणारी जमीन अनेकदा कोर्टात अडकलेली असते.

आणि शेवटचा मुद्दा...

स्वतःची मानसिक तयारी.

कारण शेती म्हणजे “निसर्गात शांत जीवन” नाही.

वीज जाईल.

मोटर जळेल.

मजूर येणार नाही.

भाव पडेल.

पाऊस फसवेल.

जनावरं शेतात घुसतील.

आणि दुसऱ्या दिवशी पुन्हा उठून काम करावं लागेल.

म्हणून जमीन घेताना फक्त हिरवळ बघू नका.

पाणी बघा.

रस्ता बघा.

शेजारी बघा.

गाव बघा.

भविष्य बघा.

कारण चुकीची जमीन विकत घेणे ही शेतीतील पहिली आणि सर्वात महाग चूक असते.

पहिले पीक कोणते घ्यावे?

नवीन शेती सुरू करत असाल तर पहिले पीक कोणते घ्यावे? माझ्या मते उत्तर एकच आहे... तूर.

आजकाल बरेच लोक शहरातून शेतीकडे वळत आहेत. कोणाला नोकरीचा कंटाळा आलेला असतो, कोणाला नैसर्गिक शेती करायची असते, कोणाला गावाकडे परत जायचे असते. मग पहिला प्रश्न असतो...

"पहिल्या वर्षी कोणते पीक घ्यावे?"

माझे उत्तर सरळ असते:

पहिले वर्ष तुरीला द्या.

कारण पहिल्या वर्षी तुमचे उद्दिष्ट करोडपती होणे नसते. पहिले उद्दिष्ट असते शेती शिकणे... आणि शेतीत टिकणे.

आता काही लोक म्हणतील कापूस करा.

पण मी कापूस पहिल्या वर्षी करणार नाही.

कारण कापूस म्हणजे फक्त बी टाकणे नाही. त्यामध्ये वेचणीसाठी मजूर लागतात. आणि नवीन माणसाला पहिल्याच वर्षी मजूर व्यवस्थापन करणे खूप अवघड जाते. वरून सतत फवारण्या, निरीक्षण, गुलाबी बोंडअळीचा ताण वेगळाच.

दुसरा मोठा मुद्दा म्हणजे विक्री. कापूस घरासमोर विकला जात नाही. त्यासाठी मार्केट, जिनिंग, व्यापारी, ओलावा, वजन, वाहतूक हे सगळे समजावे लागते.

मग मूग किंवा उडीद?

हे पीक दिसायला सोपे वाटते. पण हे short duration पीक आहे. त्यामध्ये timing खूप महत्त्वाची असते. एक चुकीचा पाऊस आणि खेळ संपतो. मूग काढणीला आलेला असताना पाऊस पडला तर quality जाते.

नवीन माणूस अजून हवामान समजून घेत असतो. त्यामुळे पहिल्याच वर्षी एवढी sensitivity हाताळणे कठीण जाते.

मग चवळी?

चवळी मला स्वतःला चांगले पीक वाटते. कमी पाण्यात टिकते. जमिनीला मदत करते. पण त्याची demand प्रत्येक भागात नसते. काही भागात भारी बाजार असतो, काही भागात कोणी विचारतही नाही.

पहिल्या वर्षी market experiment करण्यापेक्षा safe खेळलेले बरे.

मग मका?

मक्यामध्ये उत्पादन चांगले येऊ शकते. पण मी जे ऐकले आणि पाहिले त्यानुसार मका थोडा “हौशी” crop आहे. खत, पाणी, management चुकले की yield पटकन खाली येते. पहिल्याच वर्षी एवढे intensive management मला करायचे नाही.

बाजरी?

बाजरी टिकाऊ आहे. पण rate मर्यादित असतो. वरून पाखरांचा त्रास मोठा. शेवटी माणूस मेहनत करतो ते थोडे पैसे आणि घरचे अन्न दोन्हीसाठी.

मग सोयाबीन?

सोयाबीन महाराष्ट्रात खूप घेतले जाते. पण मी पहिल्या वर्षी तेही घेणार नाही.

कारण एक साधा प्रश्न आहे...

मी पहिल्यांदाच शेती करतो आहे, तर माझ्या घरात खायला काहीतरी यायला नको का?

सोयाबीन आपण थेट घरात खात नाही. तूर मात्र थेट आपल्या स्वयंपाकघरात जाते. डाळ बनते. घर चालते.

हे खूप मोठे psychological support असते.

हो, काही लोक म्हणतील की तूरमध्येही कामे कमी नाहीत.

तूर तयार झाली आहे की नाही हे नवीन माणसाला सुरुवातीला समजत नाही. काढणी, मळणी, दाणे वेगळे करणे, डाळ बनवणे हे सगळेही शिकावे लागते. तोही एक उद्योगच आहे.

पण फरक एकच आहे...

तूर तुम्हाला शिकायला वेळ देते.

भाजीपाला तसं करत नाही.

मी बऱ्याच लोकांना सांगतो, जर तुम्ही महिनाभर शेतात पडून राहायला तयार असाल, रोज निरीक्षण करणार असाल, वेळेवर मजूर उभे करू शकत असाल, तर भाजीपाला करा. त्यात पैसा आहे.

पण एक गोष्ट लक्षात ठेवा...

भाजीपाला चुका माफ करत नाही.

खत थोडे कमी पडले...

पाणी एक दिवस उशिरा आले...

रोपांची लागवड थोडी मागे पुढे झाली...

काढणीला उशीर झाला...

तर भाजीपाला लगेच response देतो.

तूर तसं नाही.

तूर म्हणजे गावाकडचा शांत माणूस आहे. तुम्ही नवीन असाल, चुका करत असाल, management perfect नसेल, तरी तूर काहीतरी हातात देतेच.

तूरमध्येही रोग येतात, नुकसान होते, उत्पादन कमी जास्त होते. पण पूर्णपणे हात रिकामे राहण्याची शक्यता comparatively कमी असते.

आणि नवीन शेतकऱ्याला सुरुवातीला हाच आत्मविश्वास लागतो.

भारतीय शेतीमध्ये पहिले वर्ष नफा कमावण्यासाठी नसते. पहिले वर्ष चुका करण्यासाठी असते. आणि त्या चुका परवडणाऱ्या पिकात करणे महत्त्वाचे असते.

म्हणून माझ्या मते, मराठवाडा, विदर्भ, खानदेश, नाशिक किंवा मध्यम पावसाच्या भागात नवीन माणसाने पहिले पीक घ्यायचे असेल तर तूर हा अजूनही सगळ्यात मजबूत पर्याय आहे.

हायब्रीड वाईट आहे का?

आजकाल कुठेही जा. युट्युब उघडा, फेसबुक उघडा, गावातल्या शेतीच्या गप्पांमध्ये बसा. एक विषय हमखास चालू असतो. देशी विरुद्ध हायब्रीड.

आणि गंमत म्हणजे ज्याने आयुष्यात दोन रोपे सुद्धा लावलेली नसतात तो सुद्धा आत्मविश्वासाने सांगत असतो की "हायब्रीड म्हणजे विष."

पण खरंच इतकं सोपं असतं का?

सर्वात आधी "देशी" हा शब्दच चुकीचा आहे. त्यापेक्षा पारंपारिक वाण किंवा heirloom हा शब्द योग्य आहे. कारण आज आपण देशी म्हणून ज्या गोष्टी विकतो त्यातल्या अर्ध्या गोष्टी भारतातल्या नाहीतच.

टोमॅटो भारतातला नाही.

मिरची भारतातली नाही.

बटाटा भारतातला नाही.

पेरू भारतातला नाही.

पपई, काजू, सीताफळ, अननस हे सुद्धा बाहेरून आलेले.

पोर्तुगीज आणि इतर व्यापाऱ्यांनी ही पिकं भारतात आणली. आज "देशी टोमॅटो" म्हणून लोक विकतात ते ऐकलं की हसू येतं. टोमॅटोच मुळात भारतातला नाही मग तो देशी कसा?

शिवाजी महाराजांनी टोमॅटो खाल्ला असेल असं तुम्हाला खरंच वाटतं का? लाल मिरचीचं ठेचलेलं थाळीपीठ खाल्लं असेल? त्यांच्या काळात मिरचीच भारतात नव्हती. लोक काळी मिरी, पिंपळी असे मसाले वापरायचे.

पण आज सोशल मीडियावर असा माहोल तयार केला आहे की "देशी" हा शब्द लावला की वस्तू पवित्र झाली.

आणि सगळ्यात मोठी गंमत सांगू?

देशी देशी उड्या मारणारे कित्येक लोक स्वतः बाजारात जाऊन कोबी, फ्लॉवर, बटाटा, सिमला मिरची विकत घेतात.

खरंच भारतीय हवामानात हजारो वर्षे वाढलेल्या भाज्या कोणत्या?

कारले

दोडका

घोसाळे

दुधी

शेवगा

चवळी

माठ

राजगिरा

पण लोकांना काय हवं? फ्लॉवर, ब्रोकली, लेट्यूस, बेल पेपर.

मग प्रश्न असा आहे की खरंच आपण पारंपारिक वाण जपतोय का फक्त फॅशन करतोय?

हायब्रीड म्हणजे काय हे सुद्धा लोकांना माहीत नसतं.

दोन चांगल्या गुणांचे आई-वडील निवडून त्यांचा संकर करणे म्हणजे हायब्रीड. एका झाडाला रोग कमी येतात, दुसऱ्याला फळ जास्त लागतात. एखाद्याची वाढ जोरदार असते, एखाद्याची चव चांगली असते. मग दोघांचा नियंत्रित संकर करून नवीन वाण तयार करतात. यात काही डीएनएमध्ये इंजेक्शन मारत नाहीत. हा GMO नाही.

पण इथे लोक अजून एक मोठा गोंधळ करतात.

कलम आणि हायब्रीड या दोन वेगळ्या गोष्टी आहेत.

हायब्रीडमध्ये दोन झाडांचे नर आणि मादी गुण एकत्र येतात. त्यामुळे नवीन बियाणे तयार होते.

पण कलमामध्ये नवीन जनुक तयार होत नाहीत. तिथे आपण एका झाडाची फांदी दुसऱ्या झाडावर जोडतो. म्हणजे मूळ झाडाची हुबेहुब कॉपी तयार होते.

सरळ भाषेत सांगायचं तर तुम्ही आज बाजारात जे हापूस आंबे, सफेदा पेरू, सीडलेस द्राक्ष, संत्री खात आहात त्यातली बहुतेक झाडं ही क्लोन आहेत.

हो. क्लोन.

एकाच मूळ झाडाच्या फांद्या कापून हजारो झाडं तयार केली जातात. त्यामुळे चव, आकार, गुणधर्म तेच राहतात.

हापूस आंब्याची कोय लावली तर पुन्हा तसाच हापूस येईल याची खात्री नसते. कारण बियाणं म्हणजे आई-वडिलांचे नवीन DNA combination. पण कलम केलं तर तोच हापूस पुन्हा मिळतो. म्हणून आंबा, पेरू, चिकू, डाळिंब, द्राक्ष यामध्ये कलम पद्धत वापरली जाते.

म्हणजे गंमत बघा.

एकीकडे लोक “हायब्रीड म्हणजे नकली” म्हणतात आणि दुसरीकडे आयुष्यभर क्लोन केलेली फळं खातात.

आता दुसरा मोठा गैरसमज.

काही अडाणी लोक असा समज पसरवतात की हायब्रीड बियांना केमिकलच लागतं आणि पारंपारिक वाण फक्त नैसर्गिक किंवा सेंद्रिय शेतीमध्येच येतात.

हे पूर्ण चुकीचं आहे.

बियाण्याला माहित नसतं की तू यूरिया टाकतोयस की जीवामृत. झाडाला फक्त पोषणद्रव्य दिसतात. नायट्रोजन हा नायट्रोजनच असतो. तो शेणखतातून आला की फॅक्टरीतून हे झाड तपासत बसत नाही.

हायब्रीड बियाणे सेंद्रिय शेतीमध्ये उत्तम येऊ शकतात. जगभरात अनेक सेंद्रिय शेतकरी हायब्रीड भाज्या वापरतात कारण त्यांना रोगप्रतिकारशक्ती, एकसारखा माल आणि जास्त उत्पादन मिळतं.

मी स्वतः आजपर्यंत खूप हायब्रीड बियाणे वापरली. नैसर्गिक पद्धतीत वापरली. उत्पादन घेतलं. काही पारंपारिक वाण सुद्धा विकत घेतले. पण अनेक वेळा क्वालिटी इतकी खराब निघाली की फळं फेकून द्यावी लागली.

ना एकसारखी वाढ.

ना चव स्थिर.

ना उत्पादन.

ना रोगप्रतिकारशक्ती.

फक्त नाव "देशी."

आजकाल भावना विकणं खूप सोपं झालंय. तपकिरी पाकीट, वर एखादा बैलाचा फोटो, खाली "पूर्वजांचे बियाणे" लिहिलं की लोक लगेच भावनिक होतात.

पण शेती भावना बघून चालत नाही.

शेतकऱ्याला शेवटी उत्पादन पाहिजे असतं.

घर चाललं पाहिजे.

माल विकला गेला पाहिजे.

ग्राहकाला चांगली भाजी मिळाली पाहिजे.

आपण खातो त्या फ्लॉवर, कोबी, ब्रोकली या सुद्धा मानवनिर्मित निवडीचे परिणाम आहेत. निसर्गात जंगलात फ्लॉवर उगवत नाही. हजारो वर्षे निवड करून माणसाने त्या भाज्या तयार केल्या.

सफेदा पेरू, सरदार पेरू, हापूस आंबा हे सुद्धा निवडीचेच परिणाम आहेत.

हे माणसांमध्ये सुद्धा दिसतं. एका आई-वडिलांची दोन मुलं सारखी नसतात. एखादा मुलगा आईसारखा दिसतो, दुसरा आजोबांसारखा. काही पिढ्या मागे गेलो तर हजारो DNA combinations तयार होतात. म्हणूनच बियाण्यापासून येणारी प्रत्येक पिढी थोडी वेगळी असते.

हायब्रीड बियाणे का लोकप्रिय झाली?

कारण शेतकऱ्याला उत्पादन हवं असतं.

उगवण चांगली हवी असते.

रोग कमी हवेत.

माल बाजारात टिकला पाहिजे.

आकार एकसारखा हवा असतो.

हायब्रीड बियाण्यावर रिसर्च होतो. हजारो रोपांतून निवड होते. उगवण क्षमता तपासली जाते. त्यामुळे 90-95% उगवण असलेली बियाणे शेतकऱ्यापर्यंत पोहोचतात.

आणि दुसरीकडे काय चाललंय?

कुठल्यातरी फळाच्या बिया गोळा करायच्या. तपकिरी पाकिटात भरायच्या. त्यावर "100% देशी" लिहायचं. मग लोक भावना बघून विकत घेतात.

उगवण किती? माहिती नाही.

वाण शुद्ध आहे का? माहिती नाही.

रोग येतील का? माहिती नाही.

फक्त देशी.

याचा अर्थ पारंपारिक वाण वाईट आहेत का? अजिबात नाही. अनेक पारंपारिक वाणांची चव जबरदस्त असते. कमी खतांमध्ये टिकतात. स्थानिक हवामानाशी जुळलेले असतात. पण त्यासाठी selection करावी लागते.

आणि हीच गोष्ट आज लोक विसरले आहेत.

समजा तुम्हाला भारतासाठी क्रिकेट खेळाडू निवडायचा आहे. तुम्ही गल्लीतला कुठलाही मुलगा उचलून इंटरनॅशनलला पाठवत नाही. आधी गाव, मग तालुका, मग जिल्हा, मग राज्य आणि शेवटी देशातला सर्वोत्तम खेळाडू निवडला जातो.

तसंच बियाण्यांमध्ये असतं.

शेतात फिरून सर्वात चांगली वाढ झालेली झाडं निवडायची.

जास्त फुलं आलेली झाडं निवडायची.

रोग कमी लागलेली झाडं निवडायची.

सर्वात चांगली फळं देणारी झाडं निवडायची.

उष्णता सहन करणारी झाडं निवडायची.

मग त्या झाडांवरची पूर्ण पिकलेली फळं ठेवून त्यापासून बियाणं घ्यायचं. अनेक पिढ्या अशी निवड केली तर मजबूत स्थानिक वाण तयार होतो.

खरंतर आपल्या आजोबांची शेती खूप वैज्ञानिक होती. त्यांना इंग्रजी शब्द माहित नव्हते एवढंच.

सगळ्यात चांगलं रोप ठेवायचं.

वाईट रोप काढून टाकायचं.

सगळ्यात चांगल्या झाडाचं बियाणं ठेवायचं.

यालाच आज science मध्ये selection breeding म्हणतात.

आज लोकांना दोन रील बघून वाटतं की पूर्वीचे लोक काहीही केलं तरी भारीच होतं. पण पूर्वी लोक रोज निरीक्षण करायचे. बियाणं राखणं हा एक वेगळा अभ्यास होता.

आज आपण ते काम बंद केलं आणि फक्त भावना ठेवली.

शेतीमध्ये एक गोष्ट लक्षात ठेवायला पाहिजे. झाडाला पारंपारिक की हायब्रीड हे माहित नसतं. त्याला फक्त एवढंच माहित असतं की पाणी मिळालं का, अन्न मिळालं का, सूर्यप्रकाश मिळाला का आणि माणसाने योग्य निवड केली का.

ऑनलाईन विकत घेत आहात?

जेव्हा एखादा माणूस ऑनलाइन जाहिरात करून तुम्हाला दोन देशी गाई दाखवत असेल आणि त्याच वेळी त्याच्या वेबसाईटवरून "बिलोना तूप" अख्ख्या महाराष्ट्रात विकत असेल, तेव्हा थोडं थांबून हिशोब करा.

कारण शेतीमध्ये आणि पशुपालनामध्ये भावना नाही, गणित चालतं.

खरं बिलोना तूप बनवणे हा अत्यंत खर्चिक आणि वेळखाऊ प्रकार आहे. दुधापासून थेट तूप बनत नाही. आधी पूर्ण दुधाचं दही करावं लागतं. नंतर दही घुसळून लोणी काढावं लागतं. आणि त्या लोण्यातून तूप तयार होतं.

म्हणजे संपूर्ण प्रक्रियेत दूध, वेळ, मेहनत आणि प्रचंड प्रमाण लागते.

आता साधा हिशोब बघू.

जर गीर गाईच्या दुधात सरासरी साडेचार टक्के फॅट धरले, तर साधारण २५ ते २७ लिटर दूध लागते एक किलो खरं बिलोना तूप बनवायला.

कारण:

२७ लिटर दुधातून साधारण १२५० ग्रॅम लोणी निघेल.

आणि त्या १२५० ग्रॅम लोण्यातून जवळपास १ किलो तूप तयार होईल.

आता पुढचा हिशोब बघा.

समजा एखाद्या ब्रँडला रोज फक्त ५० ऑर्डर आल्या आणि प्रत्येक ऑर्डर एक किलो तुपाची असेल.

म्हणजे रोज ५० किलो तूप तयार करावं लागेल.

५० किलो तूप बनवायला साधारण १३५० लिटर दूध लागेल.

आता गीर गाईचं सरासरी ६ लिटर दूध धरलं तरी:

१३५० लिटर दूधासाठी रोज २२५ गाई दुधावर पाहिजेत.

आणि २२५ गाई दुधावर असतील तर एकूण जनावरं किती असतील?

भाकड जनावरं, गाभण गाई, कालवडी, बैल, लहान वासरं सगळं धरलं तर सहज ४५० ते ५०० जनावरं लागतील.

आता स्वतःला प्रश्न विचारा.

जे लोक सोशल मीडियावर पाच गाई दाखवतात, त्यांच्याकडे खरंच एवढा मोठा गोठा आहे का?

एवढा चारा आहे का?

एवढं दूध आहे का?

एवढे कामगार आहेत का?

की फक्त कॅमेऱ्यासमोर कथा विकल्या जात आहेत?

हेच खपली गव्हात चालू आहे.

आजकाल प्रत्येक जण खपली गहू विकतोय. पण एकरमागे उत्पादन मर्यादित असतं. दोन-चार एकर शेती आणि लाखो किलो विक्री हे गणित जुळत नाही.

मधाचंही तेच.

"रानमध", "जंगलातील मध", "आदिवासी मध" हे शब्द ऐकले की लोक भावनेत जातात. पण निसर्गालाही मर्यादा आहे. हजारो बाटल्या विकणारा प्रत्येकजण खरा जंगलातील मध विकत असेल, हे शक्यच नाही.

यापेक्षा मोठी समस्या म्हणजे तथाकथित "ऑरगॅनिक" ब्रँड्स.

आज मार्केटमध्ये असंख्य ब्रँड आले आहेत. त्यांच्याकडे स्वतःचं उत्पादन नसतं. कुठल्याही शेतकऱ्याकडून माल विकत घ्यायचा आणि त्यावर "ऑरगॅनिक", "नैसर्गिक", "केमिकल फ्री" असा स्टिकर लावून विकायचा.

पण ग्राहकाने काही साधे प्रश्न विचारायला हवेत.

तो माल नेमका कुठल्या शेतकऱ्याचा आहे?

त्या शेतकऱ्याकडे खरंच सेंद्रिय सर्टिफिकेट आहे का?

तो किती वर्ष सेंद्रिय शेती करत आहे?

जमिनीला रासायनिक शेतीतून पूर्ण बाहेर यायला लागणारा काळ झाला आहे का?

प्रत्येक बॅचचे रेसिड्यू टेस्टिंग होते का?

त्या टेस्टिंगचे रिपोर्ट सार्वजनिक आहेत का?

की फक्त पॅकेटवर हिरवा रंग आणि "ऑरगॅनिक" शब्द छापला आहे?

आजकाल ट्रेसिबिलिटी जवळपास नाहीच.

खरं उत्पादन कुठे झालं, कधी झालं, कोणत्या शेतात झालं, कोणत्या बॅचमध्ये पॅक झालं हे ग्राहकाला माहितच नसतं.

आणि ग्राहकही फक्त भावनिक व्हिडिओ बघून विश्वास ठेवतो.

दोन गाई, एक ड्रोन शॉट, पांढरे कपडे आणि मागे भक्ती संगीत लावलं की लोक लगेच विश्वास ठेवतात.

पण खरा शेतकरी माहित असतो की उत्पादन काढणं किती अवघड असतं.

आमच्याकडे चाळीस गाई होत्या तेव्हाही आमच्या छोट्याशा व्हॉट्सअॅप ग्रुपमधल्या तुपाच्या ऑर्डर पूर्ण करणे कठीण जायचं.

कारण सोशल मीडियावर रील बनवणं सोपं आहे.

पण रोज ५०० गाईंना चारा घालणं, पाणी देणं, गोठा सांभाळणं आणि खरं उत्पादन काढणं ही वेगळीच दुनिया आहे.

ग्राहकांनी आता जाहिरातीपेक्षा आकडे बघायला सुरुवात केली पाहिजे.

कारण शेतीमध्ये शेवटी एकच गोष्ट खरी असते.

गणित.

मध

मध हा विषय वरून खूप साधा वाटतो. पण एकदा मधमाश्यांच्या जवळ काम केले की लक्षात येते की हे पूर्ण विज्ञान आहे. आजकाल मार्केटमध्ये इतका गोंधळ झालेला आहे की सामान्य माणूस पूर्ण confuse झालेला आहे. कुणी forest honey विकतो, कुणी raw honey, कुणी organic honey, कुणी black honey. सोशल मीडियावर तर रोज नवीन दावे येत असतात. पण प्रत्यक्षात मध हा निसर्गाने तयार केलेला जिवंत पदार्थ आहे. त्यामुळे प्रत्येक मध सारखा असणारच नाही.

माझ्याकडे सुद्धा मधमाश्यांच्या पेट्या आहेत. माझ्याकडे Apis mellifera म्हणजे मोठी पेटीत पाळली जाणारी मधमाशी आहे आणि Stingless Bee म्हणजे बिनडंखाची छोटी मधमाशी सुद्धा आहे. आधी सातेरी मधमाशी होती पण ती पळून गेली. Stingless bee मध्ये मध फार कमी मिळतो पण pollen जबरदस्त मिळते. खरं सांगायचं तर stingless bee जवळून पाहिली की मधमाश्यांबद्दलचा आदरच वाढतो. इतकी छोटी माशी पण काम अफाट.

माझ्या चॅनलवर मी माझ्या पेट्यांचे, मधमाश्यांचे आणि bee keeping चे काही व्हिडिओ सुद्धा केले आहेत. कारण bee keeping हा फक्त मध काढण्याचा विषय नाही. त्यामागे pollination, शेती, biodiversity आणि पूर्ण ecosystem जोडलेले आहे.

भारतात मुख्यतः Apis cerana indica, Apis mellifera, Apis dorsata आणि Apis florea या मधमाश्या आढळतात. Apis cerana indica ही आपली देशी मधमाशी. लहान पण खूप टिकाऊ. गावाकडे पूर्वी लोक लाकडी पेटीत किंवा भिंतीत याच पाळायचे. Apis mellifera ही परदेशी मधमाशी आज कमर्शियल मध उत्पादनात सर्वाधिक वापरली जाते कारण या माश्या जास्त मध देतात. Apis dorsata ही मोठी रानमाशी. ही

जंगलात मोठमोठी पोळी करते आणि लोक ज्याला जंगलातील मध म्हणतात तो बहुतेक वेळा याच माश्यांचा असतो. पण या माश्या पाळता येत नाहीत. Apis florea ही छोटी मधमाशी. लहान पोळी आणि कमी मध.

लोकांना वाटते मध म्हणजे फक्त गोड पदार्थ. पण प्रत्यक्षात मधमाश्या एक natural processing factory आहेत. फुलांमधला nectar साधारण 70 ते 80 टक्के पाण्याचा असतो. मधमाश्या तो गोळा करतात, पोळ्यात आणतात आणि पंखांनी हवा घालून त्यातील पाणी कमी करतात. म्हणजे त्या 80 टक्के पाण्याचे जवळपास 20 टक्के पाण्यात रूपांतर करतात. त्यामुळे मध टिकतो. म्हणूनच योग्यरीत्या तयार झालेला मध सहज खराब होत नाही. हजारो वर्ष जुना मध सुद्धा इजिप्तच्या थडग्यांमध्ये सापडल्याचे पुरावे आहेत.

मध काढताना एक फार महत्त्वाची गोष्ट असते जी बरेच लोक करत नाहीत. पोळ्यात ज्या सेलवर मधमाश्या मेणाचे झाकण लावतात त्याला capped honey म्हणतात. म्हणजे तो मध पूर्ण तयार झाला आहे. तोच मध काढावा. जर कच्चा मध काढला तर त्यात moisture जास्त राहते आणि fermentation होऊ शकते. तसेच brood area मधून मध काढला तर larvae बाहेर येऊ शकतात. त्यामुळे व्यवस्थित bee keeping मध्ये capped honey वेगळा काढतात. हे खूप महत्त्वाचे आहे.

लोक विचारतात लिची मध, सूर्यफूल मध, मोहरी मध म्हणजे काय? तर ते खूप सोपे आहे. ज्या भागात जी फुले जास्त असतात त्या भागाचा प्रभाव मधावर पडतो. जर हजारो एकर सूर्यफूल असेल तर sunflower honey. लिची बागांमधून असेल तर litchi honey. मोहरी भागात mustard honey. त्यामुळे प्रत्येक मधाचा रंग, चव, वास आणि घट्ट होण्याची पद्धत वेगळी असते.

आता सर्वात मोठा गैरसमज म्हणजे मध घट्ट होणे. बरेच लोक म्हणतात मधात दाणे आले म्हणजे साखर आहे. पण हे पूर्ण चुकीचे असू शकते. काही

मध नैसर्गिकरित्या crystallize होतात. विशेषतः mustard honey आणि sunflower honey पटकन दाणेदार होतात. थंडीत तर अजून पटकन होतात. अनेक वेळा हे शुद्धतेचे लक्षण असते.

उलट मार्केटमध्ये जो वर्षभर एकदम smooth आणि पातळ राहतो तो मध बऱ्याच वेळा heat केलेला असतो. कंपन्या मध गरम करतात म्हणजे crystals वितळतात आणि मध छान चमकदार दिसतो. काही वेळा ultra filtration करून त्यातील pollen सुद्धा काढून टाकतात. पण माझ्या मते मध जास्त गरम करणे चुकीचे आहे. कारण मध हा जिवंत पदार्थ आहे. त्यात enzymes, नैसर्गिक सुगंध आणि अनेक bioactive compounds असतात. जास्त heat केल्यावर ते कमी होतात. आपण दूध जास्त उकळले तर चव बदलते तसेच मधाचे सुद्धा आहे.

आता जंगलातील मध आणि पेटीतील मध यावर खूप debate चालते. जंगलातील मधाची चव अनेक वेळा जास्त strong असते कारण तो वेगवेगळ्या झाडाफुलांमधून आलेला असतो. पण प्रत्येक जंगलातील मध शुद्धच असतो असे नाही. काही वेळा immature मध काढला जातो. काही वेळा स्वच्छता नसते. तसेच प्रत्येक पेटीतील मध खोटाच असतो असेही नाही. व्यवस्थित bee keeper खूप चांगला मध देऊ शकतो. शेवटी प्रश्न माणसाच्या प्रामाणिकपणाचा असतो.

आता "organic honey" हा विषय तर अजून मजेशीर आहे. मधमाशी एका जागेवर बसून राहत नाही. Apis mellifera साधारण 3 ते 5 किलोमीटर सहज उडते. काही वेळा अजून जास्त दूर जाते. म्हणजे एका पेटीभोवती प्रचंड मोठा परिसर ती cover करते. आता विचार करा, जर कोणी तुम्हाला organic honey विकत असेल तर त्या परिसरातील प्रत्येक शेत organic असायला पाहिजे. कुठे pesticide नसावे, कुठे chemical शेती नसावी,

industrial pollution नसावे. प्रत्यक्षात भारतात इतक्या मोठ्या क्षेत्रात पूर्ण organic ecosystem मिळणे खूप कठीण आहे.

म्हणूनच माझ्या मते आजकाल सर्रास विकला जाणारा “organic honey” हा अनेक वेळा marketing जास्त आणि reality कमी असतो. एखाद्या remote forest मध्ये काही प्रमाणात शक्य असेल पण सर्वसामान्य market मध्ये मिळणाऱ्या organic honey कडे डोळे बंद करून विश्वासाने पाहू नये. सरळ भाषेत सांगायचे तर अनेक वेळा लोकांना emotional marketing करून मूर्ख बनवले जाते.

सोशल मीडियावर मध ओळखायच्या खूप फालतू टेस्ट फिरतात. पाण्यात टाका, आग लावा, अंगठ्यावर ठेवा. पण या टेस्टवर पूर्ण विश्वास ठेवू नये. खरा मुद्दा आहे transparency चा. मध कुठून आला, कोण काढतो, कशी प्रक्रिया झाली, heating झाले का, sugar feeding झाले का हे महत्त्वाचे.

खरा मध फक्त गोड नसतो. त्याला depth असते. हलका floral सुगंध असतो. प्रत्येक भागाचा मध वेगळा लागतो. जसा प्रत्येक गावचे पाणी वेगळे लागते तसा.

माझे मित्र श्री अनंत कुलकर्णी यांचा मधमाश्यांच्या पेट्यांचा व्यवसाय आहे. ते देशभरात मधमाश्यांच्या पेट्या भाड्याने देतात. मोहरी, सूर्यफूल, लिची, सफरचंद अशा वेगवेगळ्या flowering भागात त्यांच्या पेट्या फिरतात. खरं सांगायचं तर bee keeping हा फक्त मध विकण्याचा व्यवसाय नाही. शेतीमध्ये pollination वाढवणे हे त्यामागचे सर्वात मोठे काम आहे. अनेक पिकांचे उत्पादन मधमाश्यांमुळे वाढते. त्यांच्या कामावर मी लवकरच एक सविस्तर व्हिडिओ बनवणार आहे.

शेवटी एक गोष्ट लक्षात ठेवायला पाहिजे. मध हा factory मध्ये बनणारा पदार्थ नाही. तो निसर्ग बनवतो. त्यामुळे प्रत्येक वेळचा मध सारखा दिसणार नाही, सारखा लागणार नाही, कधी घट्ट होईल, कधी पातळ राहील, कधी रंग

बदलेल. आणि म्हणूनच खरा मध हा थोडा unpredictable असतो. तोच त्याचा खरा स्वभाव आहे.

हायब्रीड फळझाड कसे तयार करतात?

आजकाल बरेच लोक “हायब्रीड” हा शब्द ऐकला की घाबरतात. पण त्याच लोकांच्या घरात हापूस, केशर, रत्ना, अल्फोन्सो, सफेदा पेरू, थाई पेरू, सीडलेस द्राक्ष अशी फळं मोठ्या आवडीने खाल्ली जातात.

मग प्रश्न असा आहे की ही नवीन फळझाडं तयार तरी कशी होतात?

समजा कृषी विद्यापीठाला नवीन आंब्याचा वाण तयार करायचा आहे. त्यांना असा आंबा हवा आहे की ज्याची चव हापूससारखी भारी असावी पण उत्पादन जास्त असावं. किंवा रोग कमी यावेत. किंवा फळ जास्त दिवस टिकावं.

तेव्हा सुरुवात होते “पालक निवडी” पासून.

उदाहरणार्थ एक आंबा खूप गोड आहे पण उत्पादन कमी आहे. दुसरा आंबा टिकाऊ आहे पण चव साधारण आहे. संशोधक अनेक वर्षे झाडांचे निरीक्षण करतात. हजारो झाडांमधून काही निवडक झाडं निवडली जातात.

मग सुरू होतो खरा खेळ.

आंब्यामध्ये नर आणि मादी भाग फुलामध्येच असतात. पण जर नैसर्गिकरित्या परागीकरण होऊ दिलं तर कोणत्या झाडाचा परागकण कुठे गेला हे कळत नाही. त्यामुळे संशोधक नियंत्रित परागीकरण करतात.

समजा A नावाच्या झाडाची मादी फुलं निवडली. मग त्यामधले नर भाग काढून टाकले जातात जेणेकरून ते स्वतःच स्वतःला fertilize करणार नाहीत. याला emasculation म्हणतात.

नंतर B नावाच्या दुसऱ्या झाडाचा परागकण गोळा केला जातो आणि ब्रशने किंवा हाताने A झाडाच्या मादी फुलावर लावला जातो. मग ते फूल कागदाच्या पिशवीने झाकून ठेवतात जेणेकरून दुसऱ्या झाडाचा परागकण आत जाऊ नये.

आता त्या फळामध्ये तयार झालेली कोय म्हणजे एक नवीन genetic combination असते. म्हणजे त्या दोन्ही झाडांचे गुण मिसळलेले असतात.

पण इथून पुढे खरी कठीण प्रक्रिया सुरू होते.

कारण त्या हजारो बियांमधून उगवलेली सगळी झाडं चांगली निघतातच असं नाही.

काही झाडांना चव नसते.

काहींना रोग जास्त येतात.

काहींचं उत्पादन कमी असतं.

काहींची फळं लहान असतात.

म्हणून संशोधक 10-15 वर्षे त्या झाडांचे निरीक्षण करतात.

हो.

एक नवीन फळझाडाचा वाण तयार करायला अनेक वेळा 15 ते 25 वर्षे जातात.

ज्या झाडामध्ये सर्व गुण चांगले दिसतात त्याची पुढे निवड केली जाते. मग वेगवेगळ्या हवामानात चाचण्या घेतल्या जातात.

शेवटी एखादं झाड सर्व चाचण्यांमध्ये टिकले तर त्याला नाव दिलं जातं. जसं दापोली कृषी विद्यापीठाने तयार केलेला "रत्ना" आंबा.

पण इथे अजून एक महत्त्वाची गोष्ट आहे.

एकदा नवीन वाण निवडला की त्याचं बियाणं शेतकऱ्यांना देत नाहीत. कारण बियाण्यापासून पुन्हा वेगवेगळी झाडं तयार होऊ शकतात.

मग काय करतात?

कलम.

त्या मूळ निवडलेल्या झाडाची फांदी घेऊन हजारो कलमे तयार केली जातात. म्हणजे सगळी झाडं त्या मूळ झाडाची क्लोन कॉपी असतात.

म्हणजे तुम्ही आज जे रत्ना आंब्याचे झाड विकत घेता ते प्रत्यक्षात त्या मूळ निवडलेल्या झाडाची clone copy असते.

हे ऐकून काही लोक घाबरतात कारण "क्लोन" हा शब्द चित्रपटात वेगळ्या अर्थाने वापरला जातो. पण शेतीमध्ये आपण हजारो वर्षांपासून cloning करतोय.

ऊस काय आहे? क्लोन.

बटाटा? केळी? द्राक्ष? हापूस आंबा? क्लोन.

फक्त आपल्याला हा शब्द माहित नव्हता.

म्हणून हायब्रीड म्हणजे काही राक्षसी विज्ञान नाही.

ही हजारो वर्षांची निवड प्रक्रिया आहे जी आज अधिक वैज्ञानिक पद्धतीने केली जाते. पूर्वी गावातला शेतकरी करत होता. आज कृषी विद्यापीठे करतात. एवढाच फरक आहे.

हायब्रीड फळझाडं, निवड पद्धत आणि संशोधन याबद्दल अजून खोलात जाऊन बघायचं असेल तर मी तुम्हाला एक जागा नक्की सुचवेन.

बार्शी येथील नवनाथ कस्पटे यांचं सीताफळ संशोधन केंद्र.

मी आयुष्यात पहिल्यांदाच इतक्या मोठ्या प्रमाणावर सीताफळामध्ये केलेलं selection work तिथे पाहिलं. आपण साधारणपणे दोन-चार वाण पाहतो आणि आपल्याला वाटतं एवढंच जग आहे. पण तिथे गेल्यावर लक्षात येतं की एका फळामध्ये किती genetic variation असू शकते.

नवनाथ कस्पटे यांनी अनेक वर्षे सीताफळावर काम करून विविध वाणांचा मोठा संग्रह तयार केला आहे. त्यांच्या संशोधनामध्ये हजारो seedlings मधून selection, वेगवेगळे गुणधर्म, फळांचा आकार, गराचे प्रमाण,

बियांची संख्या, उत्पादन, टिकाऊपणा अशा गोष्टींच्या नोंदी व्यवस्थित ठेवलेल्या दिसतात.

आजकाल सोशल मीडियावर बरेच लोक दोन रील बघून "देशी" आणि "हायब्रीड" वर तासभर भाषण देतात. पण प्रत्यक्ष संशोधन म्हणजे काय हे पाहायचं असेल तर अशा लोकांच्या शेतात फिरायला पाहिजे.

एका झाडाला चांगली चव असते.

दुसऱ्याला जास्त गर असतो.

तिसऱ्याला कमी बिया असतात.

चौथ्याला रोग कमी येतात.

मग हजारो झाडांमधून निवड चालते. वर्षानुवर्षे निरीक्षण चालतं. काही वेळा एक वाण तयार व्हायला 10-15 वर्षे जातात.

नवनाथ कस्पटे यांच्या NMK-1 (Golden) या सीताफळ वाणाला पीक वाण संरक्षण आणि शेतकरी हक्क कायद्यानुसार स्वामित्व हक्क सुद्धा मिळाला आहे. हा वाण त्यांनी selection breeding पद्धतीने विकसित केला होता.

माझ्या मते शेतीमध्ये खरे विद्यापीठ फक्त मोठी कॉलेजेस नसतात. काही वेळा एखादा शेतकरी स्वतःच्या शेतात 20-25 वर्षे जे काम करतो ते पुस्तकात सुद्धा मिळत नाही.

कारण पुस्तक तुम्हाला सिद्धांत शिकवतं. पण शेत तुम्हाला वास्तव शिकवतं.

म्हणून हायब्रीड, selection, genetics, कलम, नवीन वाण निर्मिती याबद्दल खरंच उत्सुकता असेल तर अशा ठिकाणी एक दिवस फिरून या.

तुम्हाला "बियाणं" म्हणजे फक्त पाकिटातली वस्तू नाही हे समजेल.

त्यामागे अनेक वर्षांचं निरीक्षण असतं.

अनेक अपयश असतात. हजारो झाडं बाद केलेली असतात.

आणि मग कुठेतरी एक वाण उभा राहतो.

लोकांना शेवटी बाजारात फक्त एक फळ दिसतं.

पण त्या एका फळामागे कधी कधी एखाद्या माणसाचं अर्ध आयुष्य गेलेलं असतं.

हायब्रीड/देशातील चवीचा फरक

एक महत्त्वाचा प्रश्न लोकांना कायम पडतो. जर हायब्रिड आणि देशी बियाण्यामध्ये पोषणमूल्यांचा फार मोठा फरक नसतो, तर मग सेंद्रिय पद्धतीने पिकवलेल्या अन्नामध्ये आणि जास्त रासायनिक खतांवर वाढवलेल्या अन्नामध्ये चव, गोडी, रंग, सुगंध आणि समाधान यामध्ये एवढा फरक का जाणवतो?

हा प्रश्न समजून घेण्यासाठी “बियाणे” आणि “वाढीची पद्धत” यामधला फरक समजून घ्यावा लागतो.

माझ्याकडे हायब्रिड बियाणे आहेत. काही टिश्यू कल्चरच्या लाईन्स आहेत. पण त्याच वाणाचे पीक माझ्या शेतात वाढले की त्याची चव बाजारातील त्याच वाणापेक्षा पूर्ण वेगळी लागते. केळ्यांमध्ये जास्त गोडी, जास्त सुगंध जाणवतो. काही वेळा लोकांना ते वेलची केळ्यासारखे वाटतात.

बीटामध्ये तर हा फरक आणखी स्पष्ट दिसतो. “काशी लालिमा” हेच बी मी लावतो. माझ्याकडचं बीट कापलं की हाताला रंग लागतो, ओठ लाल होतात, गोडी जबरदस्त असते. पण बाजारात त्याच वाणाचं बीट खाल्लं की आकार मोठा असतो, वजन जास्त असतं, पण आतून तेवढी घनता जाणवत नाही. रंग दिसतो पण ती खोली नसते. गोडी कमी असते.

यामागचं कारण शोधताना एक गोष्ट स्पष्ट दिसते.

झाड किती वेगाने वाढतं आणि त्याला पोषण कोणत्या स्वरूपात मिळतं याचा त्याच्या गुणवत्तेवर मोठा परिणाम होतो.

युरियासारखा पटकन उपलब्ध होणारा नायट्रोजन मोठ्या प्रमाणावर दिला की झाडाची वाढ अत्यंत वेगाने होते. पेशी झपाट्याने फुगतात. पाणी जास्त धरलं जातं. वजन वाढतं. आकार वाढतो. त्यामुळे उत्पादन जास्त दिसतं. पण अनेक संशोधनांमध्ये असे दिसून आले आहे की अतिप्रमाणात नायट्रोजन

दिल्यावर फळे व भाज्यांमध्ये "डायल्यूशन इफेक्ट" दिसू शकतो. म्हणजे जैवभार आणि पाण्याचे प्रमाण वाढते पण खनिजे, साखर, काही अँटिऑक्सिडंट्स आणि फ्लेव्हर कंपाऊंड्स यांची घनता तुलनेने कमी होऊ शकते. (Jarrell & Beverly, 1981; Davis et al., 2004)

शास्त्रीय भाषेत सांगायचे तर झाडाची वाढ आणि पोषण यामध्ये संतुलन बिघडले की "मास" वाढतो पण "न्यूट्रियंट डेन्सिटी" त्याच प्रमाणात वाढत नाही.

वनस्पतींमध्ये साखर, सुगंधी संयुगे, रंगद्रव्ये आणि अँटिऑक्सिडंट्स तयार होण्यासाठी केवळ नायट्रोजन पुरेसा नसतो. त्यासाठी प्रकाशसंश्लेषण, सूक्ष्म अन्नद्रव्ये, पोटॅशियम, मातीतील सूक्ष्मजीव आणि वनस्पतीची चयापचय प्रक्रिया संतुलित असणे आवश्यक असते. जास्त नायट्रोजनमुळे झाडाची वाढ वेगाने होत असली तरी काही वेळा साखरेची साठवण आणि सेकंडरी मेटाबोलाइट्सचे उत्पादन कमी होऊ शकते. (Marschner, Mineral Nutrition of Higher Plants)

अनेक अभ्यासांमध्ये असे आढळले आहे की सेंद्रिय पदार्थांनी समृद्ध आणि जैविक दृष्ट्या सक्रिय जमिनीत वाढलेल्या पिकांमध्ये काही अँटिऑक्सिडंट्स, पॉलीफेनॉल्स आणि फ्लेव्हरशी संबंधित संयुगांचे प्रमाण जास्त असू शकते. (Baranski et al., 2014; Worthington, 2001)

याचा अर्थ असा नाही की सर्व रासायनिक शेती वाईट आणि सर्व सेंद्रिय शेती श्रेष्ठ असते. विज्ञान तसं सांगत नाही.

खरं विज्ञान असं सांगतं की झाडाला आवश्यक तेवढंच आणि संतुलित पोषण मिळालं पाहिजे. खत कमी दिलं तरी समस्या निर्माण होतात आणि जास्त दिलं तरी. विशेषतः नायट्रोजन जास्त झाला की झाडाची वाढ वेगाने होते, पण त्याच वेळी इतर अन्नद्रव्यांच्या संतुलनावर परिणाम होऊ शकतो.

यासाठी मला कायम एक उदाहरण योग्य वाटतं.

जिममध्ये स्टेरॉइड्स, सप्लिमेंट्स आणि अत्यंत आक्रमक प्रोटीन डायटवर तयार झालेला बॉडीबिल्डर आणि पारंपरिक तालीम करणारा पहिलवान यांच्यात जो फरक असतो, तसाच काहीसा फरक इथे दिसतो.

दोघेही मोठे दिसू शकतात. पण शरीराची घनता, सहनशक्ती, नैसर्गिक ताकद आणि आतली गुणवत्ता वेगळी असते.

शेतीतही तेच घडतं.

फक्त वजन वाढवणे आणि उत्पादन वाढवणे हे शेतीचे अंतिम उद्दिष्ट नसावे. अन्नामध्ये गोडी, सुगंध, रंग, खनिजे, अँटिऑक्सिडंट्स आणि समाधान देणारी गुणवत्ता असणे हेही तितकेच महत्त्वाचे आहे.

आजच्या काळात खरी चर्चा “देशी विरुद्ध हायब्रिड” यावर कमी आणि “न्यूट्रियंट डेन्सिटी विरुद्ध फक्त वजन” यावर जास्त व्हायला हवी.

कारण ग्राहक शेवटी किलो विकत घेत नाही.

तो चव, आरोग्य आणि समाधान विकत घेत असतो.

संदर्भ (References):

1. Jarrell, W.M. & Beverly, R.B. (1981). The Dilution Effect in Plant Nutrition Studies. Advances in Agronomy.

2. Davis, D.R., Epp, M.D. & Riordan, H.D. (2004). Changes in USDA Food Composition Data for 43 Garden Crops. Journal of the American College of Nutrition.

3. Marschner, P. (2012). Marschner's Mineral Nutrition of Higher Plants.

4. Baranski, M. et al. (2014). Higher antioxidant concentrations and lower cadmium concentrations in organically-grown crops. British Journal of Nutrition.

5. Worthington, V. (2001). Nutritional Quality of Organic Versus Conventional Fruits, Vegetables, and Grains. Journal of Alternative and Complementary Medicine.

6. FAO. Plant Nutrition for Food Security: A Guide for Integrated Nutrient Management.

7. USDA Agricultural Research Service. Food Composition and Crop Nutrition Research Publications.

माझी गोपालनाची सुरुवात

2020 मध्ये शेती करण्याचा निर्णय घेतला तेव्हा माझी अवस्था अशी होती की मी शेळीला सुद्धा घाबरायचो. एखाद्याच्या शेतावर गेलो की शेळीपासून चार हात दूर उभा राहायचो. कारण आयुष्यातला प्राण्यांचा अनुभव फक्त कुत्र्यांपर्यंत मर्यादित होता. मला खरंच वाटायचं की शेळी चावेल. त्यामुळे गाय, म्हैस, बैल यांच्याजवळ जाण्याची तर हिम्मतच नव्हती.

एकदा एका शेतकऱ्याकडे गेलो होतो. बोलता बोलता अचानक मागून एक गाय आली आणि तिने मला चाटायला सुरुवात केली. तिची जीभ इतकी रखरखीत होती की त्या दिवशी मला समजलं की वाघाची जीभ कशी असेल. कारण जंगलात त्यांना हाडापासून मास वेगळं करायचं असतं. पण त्या क्षणी एक गोष्ट लक्षात आली. हा प्राणी माया करतो. शांतपणे, न बोलता, कोणताही स्वार्थ नसताना.

मला कुठलाच प्राणी पाळायचा नव्हता. पण माझी पत्नी आणि सासूबाई यांनी व्यवस्थित कटकारस्थान रचलं आणि मला गोपालनात आणलं. अधिक मासात मला गोदान करण्यात आलं आणि तिथून खरी गोष्ट सुरू झाली.

म्हशीचे गुणधर्म जवळून पाहिल्यानंतर मी एक गोष्ट पक्की ठरवली होती. आयुष्यात कधीच म्हैस पाळायची नाही.

कारण म्हैस हा प्राणी खूप वेगळ्या स्वभावाचा असतो. तिची हालचाल मंद, प्रतिक्रिया मंद आणि नासधूस मात्र प्रचंड. कुठे शिरून काय तोडेल याचा नेम नसतो. माझ्याकडे एक पाडी आहे आणि तिने जेवढ्या गोष्टी मोडल्या आहेत त्याची यादी लिहायला बसलो तर लोकांना अतिशयोक्ती वाटेल.

गाय त्यामानाने खूप शांत, सौम्य आणि माणसाशी जोडून घेणारा प्राणी वाटतो.

दुसरी गोष्ट म्हणजे म्हशीच्या दुधाबद्दल मला कधीच विशेष आकर्षण वाटलं नाही. भारतात लोक फॅटच्या मागे एवढे वेडे आहेत की जास्त साय म्हणजे जास्त चांगलं दूध असा समज करून घेतला आहे. पण वास्तवात खूप जास्त फॅट असलेलं दूध प्रत्येकाला पचतंच असं नाही. अनेक लोक वजन वाढवण्यासाठी, गोड पदार्थांसाठी किंवा चहा घट्ट दिसण्यासाठी म्हशीच्या दुधाकडे बघतात.

माझा कल नेहमी गाईच्या दुधाकडे राहिला. तुलनेने हलकं, सौम्य आणि रोजच्या वापरासाठी अधिक संतुलित वाटणारं.

पण गोपालनात शिरल्यावर एक वेगळीच दुनिया दिसली.

लोक बाहेरून गाईला "माता" म्हणतात. फोटो काढतात. कपाळाला हात लावतात. पण प्रत्यक्ष गोठ्यात राहून बघितलं की समजतं हा किती अजस्त्र आणि धोकादायक प्राणी आहे.

मला स्वतःला गाईने उचलून फेकलं आहे. एका सेकंदात. तिच्या मनात काही वाईट नसतं, पण 400-500 किलो वजनाचा प्राणी जर घाबरला, चिडला किंवा अचानक हलला तर माणूस खेळण्यासारखा बाजूला फेकला जातो.

आजारी गाईला सलाई लावायची असेल, इंजेक्शन द्यायचं असेल तर अक्षरशः युद्ध करावं लागतं. लोकांना वाटतं डॉक्टर येतो आणि इंजेक्शन देऊन जातो. प्रत्यक्षात त्या प्राण्याला कंट्रोलमध्ये आणणं हेच अर्ध काम असतं.

एवढ्या मोठ्या जबड्याचा प्राणी तोंड उघडून औषध पिऊन घेईल अशी अपेक्षा ठेवणं मूर्खपणा आहे. कधी दोन्ही नाकपुड्यांमध्ये हात घालून डोकं कंट्रोलमध्ये आणावं लागतं. कधी शिंग पकडावं लागतं. कधी चार माणसं धरून ठेवतात आणि पाचवा माणूस औषध टाकतो.

गोपालन करताना माणूस नकळत अर्धा डॉक्टर बनतो.

मी आयुष्यात कधी कोणाची डिलिव्हरी करीन असा विचारही केला नव्हता. पण आज कित्येक गाईंच्या डिलिव्हरी मी स्वतः केलेल्या आहेत.

रात्री दोन वाजता फोन येतो. गाय अडकली आहे. वासरू उलटं झालं आहे. मग हात आत घालून पाय शोधायचे. पूर्ण अंगावर चिकट स्त्राव, रक्त, घाण. त्या परिस्थितीत वासराचे पाय पकडून खेचायचे. कधी दोरी बांधून ओढावं लागतं. कधी दोन तास प्रयत्न करावे लागतात.

टीव्हीवर दिसणारे "गौमाता"चे फोटो आणि प्रत्यक्ष गोठ्यातली परिस्थिती यात जमीन-अस्मानाचा फरक आहे.

गोपालन म्हणजे फक्त सकाळी दूध काढून फोटो टाकणे नाही. ते 24 तासांचं शारीरिक आणि मानसिक commitment आहे.

आणि गोपालनात सगळ्यात मोठा सापळा कुठे असतो माहिती आहे का?

लोक एक गाय घेतात. ती 10-12 लिटर दूध द्यायला लागते. घरी लागतं दीड-दोन लिटर. मग उरलेल्या दुधाचे ग्राहक घेतले जातात. गाय व्यायल्यानंतर साधारण 21 दिवसांनी पूर्ण दुधावर येते. पण अडीच-तीन महिन्यांनी ती पुन्हा गाभण राहते आणि हळूहळू दूध कमी व्हायला सुरुवात होते.

आता समस्या अशी होते की ज्या ग्राहकांना 8 लिटर दूध दिलं जात होतं त्यांना रोज तेवढंच दूध हवं असतं. मग काय? अजून एक गाय घेतली जाते.

नवीन गाईचं आणि जुन्या गाईचं मिळून पुन्हा दूध जास्त होतं. मग नवीन ग्राहक घेतले जातात. पुन्हा काही महिन्यांनी हीच सायकल. आणि एक दिवस अचानक लक्षात येतं की आपल्या गोठ्यात 40 गाई उभ्या आहेत.

शहरातले अनेक दूधवाले काय करतात? दूध कमी पडलं की बाजारातून पिशव्यांचं दूध आणतात, फोडतात आणि ग्राहकांना देतात. त्यांचा व्यवसाय टिकतो. पण आपल्याला ते जमत नाही. कारण आपण ethics मध्ये अडकलेले असतो. लोकांना आपण जे सांगतो तेच द्यायचं असतं.

मग माणूस गोपालनात गुरफटत जातो.

झालेल्या कालवडी सोडवत नाही. चांगल्या गाई विकवत नाहीत. "ही ठेवू, ती ठेवू" करत करत गोठा वाढत जातो. खर्च वाढतो. मजूर वाढतात. वैरण वाढते. आणि शेवटी लक्षात येतं की आपण दूध व्यवसाय करत नाही आहोत, आपण 24 तासांची जबाबदारी उचलली आहे.

यातून बाहेर पडण्यासाठी आम्ही आता वेगळा मार्ग वापरतो.

समजा माझ्याकडे 100 लिटर दूध आहे. तर मी फक्त 50 लिटरच रतीब घेतो. बाकीच्या 50 लिटरचं पनीर, तूप, ताक, दही, चक्का असे पदार्थ बनवून विकतो.

याचा मोठा फायदा असा होतो की एखादी गाय आटली, नवीन गाई वेळेवर व्यायल्या नाहीत, दूध कमी झालं तर आम्ही आधी पनीर किंवा चक्का बनवणं कमी करतो. पण नियमित ग्राहकांचं दूध बंद पडू देत नाही.

म्हणजे बाजारातली चालूगिरी करावी लागत नाही आणि ग्राहकांचाही विश्वास तुटत नाही.

गोपालनात खरा पैसा फक्त दूध विकण्यात नसतो. तो व्यवस्थापनात असतो. आणि त्याहून महत्त्वाचं म्हणजे स्वतःला गोठ्याचा गुलाम होण्यापासून वाचवण्यात असतो.

बकरीचे दूध औषधीय असते का?

माझ्या मते याचे सर्वात प्रामाणिक उत्तर एकच आहे. जगात कुठल्याही प्राण्याचे दूध जन्मतः औषधीय नसते. ना गाईचे, ना बकरीचे, ना उंटाचे. दुधाला जे काही गुणधर्म येतात ते त्या प्राण्याच्या आहारावर, वातावरणावर, हालचालीवर आणि जीवनपद्धतीवर अवलंबून असतात.

हे समजून घेण्यासाठी आधी दूध कसे बनते हे समजून घ्यावे लागेल. दूध हे थेट रक्तापासून बनते. मॅमरी ग्लँड्स या रक्ताशी जोडलेल्या असतात आणि त्या रक्तातील घटकांपासून दूध तयार होते. त्यामुळे प्राण्याच्या रक्तात जे आहे त्याचाच परिणाम दुधावर होणार. रक्त जितके स्वच्छ, पोषक आणि विविध घटकांनी समृद्ध असेल तितके दूधही वेगळे असेल.

म्हणूनच आहार बदलला की दुधाची चव, वास, फॅट, गुणधर्म सगळे बदलतात. गाईला शेपू खायला दिले तर दुधाला वेगळा वास येतो. काही विशिष्ट चारा दिला तर चव बदलते. म्हणजेच दूध हे पूर्णपणे त्या प्राण्याच्या खाण्यावर आधारित प्रॉडक्ट आहे.

बकरीबद्दल लोकांना औषधीय समज निर्माण होण्यामागे एक कारण आहे. बकरी ही नैसर्गिकरित्या अत्यंत वैविध्यपूर्ण आहार घेणारी प्राणी आहे. ती एका जागी तासन्तास बसून एकच गवत खात नाही. दोन घास इकडे, दोन घास तिकडे अशा पद्धतीने ती अनेक प्रकारच्या वनस्पती खाते. बोरी, बाभूळ, पाला, वेल, झुडपे, द्विदल वनस्पती, काही वेळा एकदल वनस्पती, झाडांची कोवळी पाने, काटेरी झुडपे अशा अनेक प्रकारच्या गोष्टी ती खात असते. त्यामुळे तिच्या शरीरात विविध वनस्पतींचे घटक पोहोचतात आणि त्याचा परिणाम दुधावर दिसतो.

पूर्वी मुक्तपणे जंगलात, गायरानात, डोंगरात फिरणाऱ्या शेळ्या आणि गाई यांचा आहार प्रचंड विविधतेचा असायचा. त्यामुळे त्यांच्या दुधामध्येही वेगळेपणा असायचा. पण आज परिस्थिती पूर्ण बदललेली आहे.

आज बहुतेक शेळ्या स्टॉल फेड आहेत. एकाच जागी बांधलेल्या. त्यांना ठराविक आणि अनेकदा निकृष्ट दर्जाचा चारा दिला जातो. गाईंचीही तीच अवस्था आहे. मुक्तपणे चरणाऱ्या गाई आता फार कमी दिसतात. बहुतेक डेअरीमध्ये मका सायलेज, कडबा, कंपाउंड फीड, एवढ्यावरच जनावरे चालतात.

आमच्या स्वतःच्या फार्मचे उदाहरण घ्या. आमच्या दुधाचा फॅट चांगला असतो कारण आम्ही विविध तेलबिया, हाय प्रोटीन फीड, वेगवेगळे पूरक पदार्थ देतो. कधी तुती, कधी चवळी, कधी इतर हिरवा चारा देतो. पण तरीही बेस हा मका मुरघासच असतो. म्हणजे त्यांच्या पोषणाची मर्यादा त्या आहारापुरतीच राहते. पूर्वीसारखी जंगलात फिरून शेकडो प्रकारच्या वनस्पती खाण्याची परिस्थिती आता राहिलेली नाही.

म्हणून आज तुम्ही जे दूध पिता आहात त्यामागचा खरा प्रश्न असा आहे की ते जनावर कोणत्या वातावरणात जगते? काय खाते? किती विविधता आहे? किती हालचाल करते? किती नैसर्गिक जीवन जगते?

आमच्या भागात तर आता गायरानच उरलेली नाहीत. शहरांच्या आसपास सगळ्या जमिनी सपाट करून शेती, प्लॉटिंग किंवा इतर वापरासाठी बदलल्या गेल्या आहेत. त्यामुळे गाई चरायला नेण्याचा प्रश्नच संपला. जिथे अजून गायरान वाचलेली आहेत, जिथे राजकारण्यांनी कब्जे केलेले नाहीत, तिथे अजूनही काही प्रमाणात जनावरे बाहेर चरताना दिसतात. पण तिथेही पूर्वीसारखी जैवविविधता उरली आहे का हा मोठा प्रश्न आहे.

पूर्वी गुराखी हजारो जनावरे घेऊन फिरायचे. राजस्थान, गुजरात, कोकण अशा भागात अजूनही थोड्याफार प्रमाणात हे दिसते. काही ठिकाणी शेळ्यांचे

राफे आहेत जिथे सामूहिक चराई केली जाते. पण एकूणच नैसर्गिक चराई संस्कृती झपाट्याने कमी झाली आहे.

माणसाने त्याच्या सोयीसाठी निसर्ग सपाट केला. झुडपे कापली. विविध वनस्पती नष्ट केल्या. आणि मग आपण अपेक्षा ठेवतो की आजचे दूध पूर्वीसारखेच असेल. हे वास्तव स्वीकारावे लागेल.

म्हणून कुठल्याही एका प्राण्याच्या दुधाला सरसकट "औषधीय" म्हणणे हे वैज्ञानिकदृष्ट्या अर्धसत्य आहे. खरा विषय प्राणी कोणता हा नसून तो कसा जगतो, काय खातो आणि कोणत्या पर्यावरणात वाढतो हा आहे.

नियंत्रणाचा भ्रम

गेली हजारो वर्षे माणूस सभोवतालच्या प्रत्येक गोष्टीवर नियंत्रण मिळवायचा प्रयत्न करत आला आहे. माणसाला कायम असे वाटत राहते की तो लोकांना, परिस्थितींना, निसर्गाला किंवा भविष्यातील परिणामांना आपल्या इच्छेनुसार वाकवू शकतो. पण हा एक मूलभूत भ्रम आहे. लहानपणापासून आई-वडील मुलांवर नियंत्रण आणायचा प्रयत्न करतात. नवरा बायकोवर आणि बायको नवऱ्यावर नियंत्रण मिळवण्याचा प्रयत्न करते. उद्योगपती बाजारावर नियंत्रण मिळवू पाहतो, राजकारणी समाजावर, आणि वैज्ञानिक निसर्गावर. पण वास्तव वेगळे असते. प्रत्यक्षात कोणाचाच कोणावर पूर्ण नियंत्रण नसते. ह्यालाच मानसशास्त्रात Illusion of Control म्हणतात.

साधारण 1998 पासून, म्हणजे वयाच्या सोळाव्या वर्षापासून मी IT क्षेत्रात काम करत होतो. आमच्या कामात एखाद्या प्रोजेक्टची डिलिव्हरी डेट जवळ आली की आम्ही अधिक माणसे लावायचो, रात्री जागायचो, प्लॅन बदलायचो आणि कसाही करून प्रोजेक्ट वेळेत पूर्ण करायचो. 23 वर्षे सतत अशा वातावरणात काम केल्यामुळे माझा असा ठाम समज झाला होता की कोणताही प्रोजेक्ट असो, कितीही मोठे काम असो, ते पूर्णपणे माझ्या नियंत्रणात आहे.

मी आयुष्यभर जवळपास नास्तिकासारखाच वागत होतो. मंदिरात जायचे नाही. बाहेर चपला सांभाळत बसणे पसंत. घरी पूजा-अर्चा नाही. साधी सत्यनारायणाची पूजा सुद्धा कधी केली नाही. 2020 च्या आधी जर कोणी मला म्हणाले असते, “चिंता करू नकोस, देव सगळं नीट करेल,” तर मी सरळ म्हणायचो, “देव-बिव काही नसतो. मनगटात जोर असेल तर सर्व काही करता येतं.”

आयुष्यात मी पहिलं झाड बहुधा 2020 मध्ये लावलं असेल.

पहिल्यांदा बी लावल्यावर रोज ट्रे उघडून बघायचो. काही वर आले का? काहीच हालचाल दिसत नव्हती. पाच-सहा दिवसांनी पन्नास बियांपैकी फक्त आठ-दहा रोपे उगवली. त्यातील काही रोपे बागेत लावली आणि पुढच्या काही दिवसांत एकही जिवंत राहिले नाही. वाटलं नवीन आहे म्हणून होत असेल. पुन्हा प्रयत्न केला. यावेळी थोडं वाचन केलं, व्हिडिओ पाहिले, अधिक काळजी घेतली. भरपूर खत घातले, रोज पाणी दिले. मनात हट्ट होता की आता तरी रोपे उगवलीच पाहिजेत.

पण तरीही निकाल फार वेगळा नव्हता.

एक दिवस प्रो ट्रे भरून उरलेला कचरा झाडून बागेच्या कोपऱ्यात टाकला होता. सहज तिकडे नजर गेली तर काही छोटी छोटी रोपे अगदी डौलाने उभी होती. ज्या बिया नकळत खाली सांडल्या होत्या त्या कोकोपीटबरोबर तिथे रुजल्या होत्या.

तेव्हा पहिल्यांदा जोरात जाणवलं की आपण स्वतःला कितीही मोठं समजत असलो तरी जीवनावर आपलं नियंत्रण अत्यंत मर्यादित आहे. परमात्म्याच्या मनात असेल तर उकिरड्यावरही रोप उगवू शकते, आणि नसेल तर नियंत्रित वातावरणात, उत्तम बियाणे, खत, पाणी, काळजी असूनही काहीही जगत नाही.

शेतात पीक उगवायला त्रास होतो पण तण मात्र स्वतः झपाट्याने वाढतं. पुढे हेही लक्षात आलं की कितीही प्रयत्न करा, काहीही खत किंवा औषध वापरा, पण पालकाला 35-40 दिवस आणि मेथीला 20-21 दिवस लागतातच. वेळेवर आपले नियंत्रण नाही. कुठली बी रुजेल, कुठले रोप जोमाने वाढेल, कुठल्या झाडाला फळे लागतील, किती लागतील, आकार काय येईल, चव कशी असेल, हे सगळं पूर्णपणे आपल्या हातात नसतं.

शेतकरी जेव्हा म्हणतो “मी हे पिकवलं,” तेव्हा खरे तर तो फक्त माध्यम असतो. तो अन्न, पाणी, संरक्षण देण्याचा प्रयत्न करतो. पण ते सुद्धा पूर्णपणे

त्याच्या हातात नसते. शेतीमध्ये पावसावर नियंत्रण नाही, वादळांवर नाही, तापमानावर नाही, रोगांवर नाहीत. कधी दुष्काळ, कधी अतिवृष्टी, कधी उष्माघात, कधी बाजारभाव कोसळतात.

आणि हळूहळू लक्षात येतं की माणूस नियंत्रणात कमी आणि सहभागात जास्त असतो.

ह्यामुळेच मला असे वाटते की ज्याला शेतीमध्ये इन्व्हेस्ट करता येत नाही त्यांनी शेती करू नये. आज आपण कायम बघतो की शेतकरी बियाणे, खते, औषधे घेण्यासाठी कर्ज काढतात. पण शेती संपूर्णपणे निसर्गावर अवलंबून असल्याने तो एक मोठा जुगार आहे. आणि जुगार कधीही कर्ज काढून खेळायचा नसतो. कर्ज काढून जुगार खेळणारे शेवटी बरबाद होतात.

शेती त्यांनीच करावी ज्यांच्याकडे इन्व्हेस्टमेंट करण्याची क्षमता आहे आणि गरज पडल्यास ती इन्व्हेस्टमेंट दीर्घकाळ होल्ड करून ठेवण्याची ताकद आहे. कारण शेतीमध्ये फक्त उत्पादन नाही, तर टिकून राहण्याची क्षमता महत्त्वाची असते. ज्याच्याकडे होल्डिंग पॉवर जास्त, तो शेती जिंकतो.

IT क्षेत्राने मला नियंत्रणाचा आत्मविश्वास दिला. शेतीने नियंत्रणाचा भ्रम फोडला.

मार्केट गार्डन

घरामध्ये विविध प्रकारची फुलझाडे, थोड्या-थोड्या भाज्या लावून आपल्या घरापुरते काहीतरी पिकवायची खूप जणांना आवड असते. वर्षानुवर्षे ते हे करत असतात आणि त्यांना वाटायला लागते की आता आपल्याला शेतीही करता येईल.

पण इथेच एक मोठा गैरसमज असतो.

लहान परसबाग किंवा गार्डन मेंटेन करणे आणि शेती करणे या दोन पूर्णपणे वेगळ्या गोष्टी आहेत. घरामध्ये दहा-वीस झाडे सांभाळणे सोपे असते. एखादे झाड सुकले तरी फारसा फरक पडत नाही. पण जेव्हा एक एकर किंवा दोन एकरमध्ये हजारो रोपे लावलेली असतात तेव्हा परिस्थिती पूर्णपणे बदलते. पाणी व्यवस्थापन, तण नियंत्रण, मजूर, कीड-रोग, काढणी, विक्री, वाहतूक या सगळ्या गोष्टी एकाच वेळी सांभाळाव्या लागतात.

म्हणूनच गार्डनिंगचा अनुभव असला तरी थेट शेतीमध्ये उडी मारणे अनेकदा चुकीचे ठरते. याच ठिकाणी "फार्म" आणि "फार्महाऊस" यांच्यातला फरक समजून घ्यायला हवा.

फार्म म्हणजे उत्पादनासाठी वापरली जाणारी जमीन. त्याचा मुख्य उद्देश अन्न, फळे, भाजीपाला, दूध किंवा इतर कृषी उत्पादन तयार करणे हा असतो. माझ्याकडे जे आहे ते फार्म आहे. तिथे राहण्यासाठी बेसिक व्यवस्था आहे, पण मुख्य उद्देश उत्पादन हा आहे.

फार्महाऊस ही वेगळी संकल्पना आहे. त्यामध्ये राहण्यासाठी चांगले घर, सुशोभीकरण, बाग, लॉन, कधीकधी स्विमिंग पूल अशा सुविधा असतात. त्याचा उद्देश उत्पादनापेक्षा विश्रांती, विकेंड एन्जॉयमेंट किंवा निसर्गाच्या जवळ राहणे हा असतो.

बऱ्याच लोकांना प्रत्यक्ष शेतीपेक्षा फार्महाऊस लाइफस्टाइल आवडते. त्यांना मातीशी जोडून राहायचे असते, काही झाडे लावायची असतात, थोडा भाजीपाला पिकवायचा असतो. अशा लोकांसाठी एक अतिशय चांगली संकल्पना आहे, ती म्हणजे "मार्केट गार्डन".

मार्केट गार्डन ही विदेशात खूप लोकप्रिय असलेली शेती पद्धती आहे. साधारणपणे अर्धा एकर ते दोन-तीन एकर इतक्या छोट्या क्षेत्रात विविध प्रकारच्या भाज्या, फुले आणि औषधी वनस्पती अत्यंत नियोजनबद्ध पद्धतीने घेतल्या जातात. ही मोठ्या प्रमाणातील पारंपरिक शेती नसते आणि फक्त घरापुरती बागही नसते. या दोघांच्या मधला हा सुवर्णमध्य आहे.

यामध्ये शेकडो कुटुंबांना पुरेल एवढा भाजीपाला घेतला जातो आणि तो थेट ग्राहकांना विकला जातो. अनेक मार्केट गार्डनर कायमस्वरूपी बेड तयार करतात, कमी नांगरणी करतात, भरपूर कंपोस्ट वापरतात आणि हाताने किंवा छोट्या साधनांनी व्यवस्थापन करतात. त्यामुळे गार्डनिंगचा अनुभव असलेल्या व्यक्तीला ही पद्धत तुलनेने सोपी वाटते.

समजा तुम्ही पुणे, मुंबई, छत्रपती संभाजीनगर किंवा इतर शहराजवळ दहा हजार ते वीस हजार स्क्वेअर फूट जागेवर फार्महाऊस घेतले. तर त्याच्या बाजूला व्यवस्थित प्लॅन केलेले मार्केट गार्डन तयार करता येते. आठवड्याच्या शेवटी स्वतः काम करणे, उरलेले व्यवस्थापन मदतीने करणे आणि तयार झालेला भाजीपाला आजूबाजूच्या सोसायट्या, मित्र किंवा स्थानिक ग्राहकांना विकणे शक्य होते.

माझ्या मते ज्यांना शेतीची आवड आहे पण थेट मोठ्या शेतीमध्ये उतरण्याची तयारी नाही, त्यांनी आधी मार्केट गार्डन या संकल्पनेचा अभ्यास करावा. कारण यात शेतीचा आनंद मिळतो, पण पारंपरिक शेतीतील अनेक मोठे धोके आणि गुंतागुंत टाळता येते.

मार्केट गार्डनिंगबद्दल अधिक जाणून घ्यायचे असेल तर युट्यूबवरील काही चॅनेल्स जरूर बघा. Jean-Martin Fortier यांचे Market Gardener, Jesse Frost यांचे No-Till Growers आणि Conor Crickmore यांचे Neversink Farm हे या विषयातील जगातील सर्वात प्रसिद्ध स्रोत मानले जातात. छोट्या क्षेत्रात उच्च उत्पादन, नो-टिल पद्धती, कंपोस्ट आधारित शेती आणि थेट ग्राहक विक्री याबद्दल त्यांनी अतिशय सविस्तर माहिती दिली आहे.

भारतामध्ये सातबारा नसल्यामुळे अनेकांना शेती जमीन घेता येत नाही. पण फार्महाऊस आणि मार्केट गार्डन यांचा योग्य संगम केला तर अशा लोकांनाही मातीशी जोडलेले जीवन जगण्याची आणि काही प्रमाणात अन्न उत्पादन करण्याची संधी मिळू शकते

शेतातील किडीचे महत्त्व आणि कीड नियंत्रण

शेती करताना आणि विशेषतः नैसर्गिक शेती करताना आपल्या शेतामध्ये काही प्रमाणात कीड असणे अत्यंत महत्त्वाचे आहे. हे ऐकून अनेकांना धक्का बसेल. "कीड असणे महत्त्वाचे" हे वाक्य शेतकऱ्याला चुकीचेच वाटते. कारण शेतकरी म्हणून आपले अंतिम लक्ष्य हे उत्पन्न असते, कीड नव्हे.

पण नैसर्गिक शेती करताना आपण फक्त पीक वाढवत नसतो, तर संपूर्ण परिसंस्था जिवंत ठेवत असतो. निसर्गातील समतोल बिघडू न देता शेती करणे हीच खरी नैसर्गिक शेती आहे. हा समतोल साधता आला तरच कमी खर्चात, टिकाऊ आणि दीर्घकालीन शेती शक्य होते.

निसर्गामध्ये अन्नसाखळीची रचना चार प्रमुख प्रकारांमध्ये केलेली आहे.

- Carnivorous म्हणजे मांसाहारी

- Herbivorous म्हणजे शाकाहारी

- Omnivorous म्हणजे सर्वभक्षी

- Detritivorous म्हणजे मृत सेंद्रिय पदार्थ खाणारे

कीटकसृष्टीही याला अपवाद नाही.

निसर्गात या सर्व जीवांची संख्या सतत नियंत्रणात ठेवली जाते. एखादी प्रजाती वाढली की तिला खाणारी दुसरी प्रजाती वाढते. त्यानंतर त्या भक्षकांवर नियंत्रण ठेवण्यासाठी पुढचे भक्षक वाढतात. हा खेळ सतत चालू असतो.

उदाहरणार्थ शाकाहारी कीटकांची संख्या वाढली की पिकांवर ताण वाढतो. मग त्या कीटकांना खाणारे मांसाहारी कीटक वाढू लागतात. काही सर्वभक्षी कीटक फुलांचा रस, परागकण आणि वनस्पतींनी सोडलेले गोड स्त्राव खाऊन जगतात. पण त्यातून त्यांना पुरेशी प्रथिने मिळत नाहीत. त्यामुळे ते

शाकाहारी किडेही खातात. त्यामुळे ते परागीकरणही करतात आणि कीड नियंत्रणातही मदत करतात.

कीटक एकमेकांना मदतही करतात. याचे उत्तम उदाहरण म्हणजे Aphids आणि मुंग्या.

Aphids हे रसशोषक कीटक झाडाचा भरपूर रस शोषतात. पण तो पूर्ण वापरू शकत नाहीत. त्यामुळे ते Honeydew नावाचा गोड चिकट स्त्राव बाहेर सोडतात. हा गोड पदार्थ खाण्यासाठी मुंग्या तेथे येतात. बदल्यात त्या Aphids चे संरक्षण करतात. विशेषतः Ladybug सारख्या मित्र कीटकांपासून.

म्हणूनच जिथे मुंग्या किंवा मुंगळे दिसतात तिथे बहुतांश वेळा Aphids सुद्धा असतात.

ही संपूर्ण अन्नसाखळी निरंतर चालू असते. इथे Survival of the Fittest हा नियम लागू होतो.

रासायनिक शेतीमध्ये ही अन्नसाखळी पूर्णपणे कोलमडते. विषारी औषधांमुळे मित्र कीटक मरतात. अन्न उपलब्ध नसल्यानेही ते शेतात टिकत नाहीत. मग शेतकरी पूर्णपणे फवारण्यांवर अवलंबून राहतो. पण रासायनिक औषधांचा वापर बंद झाला की निसर्ग पुन्हा जिवंत होतो आणि ही जीवसृष्टी पुन्हा आपल्या मदतीला येते.

नैसर्गिक शेतीमध्ये आपल्याला हा समतोल टिकवून ठेवायचा असतो. आपले काम म्हणजे पिकाला प्रतिकारशक्ती देणे. कीटक पूर्णपणे संपवणे नव्हे.

किड्यांना मारण्यापेक्षा त्यांना परावृत्त करण्यावर भर असला पाहिजे. म्हणजे अन्नसाखळीतील प्रत्येकाला अन्नही मिळेल आणि आपले पीकही सुरक्षित राहील.

रसशोषक कीटक

हे कदाचित सर्वात घातक कीटक आहेत. हे झाडाच्या पानातील रस शोषतात आणि प्रकाशसंश्लेषण क्रिया कमकुवत करतात. झाड अशक्त झाले की पुढच्या सर्व रोग आणि किडींचे आक्रमण सुरू होते.

महत्त्वाची गोष्ट म्हणजे बहुतांश रसशोषक कीटकांना फक्त Simple Sugars पचतात. जटिल साखर आणि प्रथिने त्यांना पचत नाहीत. त्यामुळे हे कीटक बहुतांश वेळा अशक्त आणि अपूर्ण पोषण असलेल्या झाडांवरच आक्रमण करतात.

झाडाचे पोषण योग्य असेल आणि Protein Synthesis व्यवस्थित चालू असेल तर रसशोषक किडींचा त्रास खूप कमी होतो.

यासाठी मी स्वतः प्रयोग केला होता. Brix Refractometer नावाचे एक साधन बाजारात मिळते. साधारणपणे वाइनमधील साखरेचे प्रमाण तपासण्यासाठी त्याचा वापर करतात.

मी झाडाच्या पानांचा रस तपासला. ज्या झाडांचा Brix 8% पेक्षा जास्त होता त्यांच्यावर रसशोषक कीड जवळजवळ नव्हती. आणि ज्या झाडांचा Brix 12% पर्यंत गेला होता त्यांच्यावर तर कुठलीच कीड नव्हती.

रासायनिक शेतीमध्ये युरियाच्या वापरामुळे झाडांवर अतिशय जलद आणि कोवळी पालवी फुटते. ही लुसलुशीत पाने म्हणजे किड्यांसाठी थेट निमंत्रण असते.

नैसर्गिक शेतीमध्ये वाढ थोडी संथ पण सशक्त होते. त्यामुळे रसशोषक किडींचा त्रास तुलनेने कमी असतो.

पण रोप लहान असताना त्याचे संरक्षण करावेच लागते. कारण Whitefly सारखे रसशोषक कीटक व्हायरस पसरवतात आणि संपूर्ण पीक वाया जाऊ शकते.

पण लक्षात ठेवा, Aphids हे अनेक मित्र कीटकांचे मुख्य अन्न आहे. जर Aphids पूर्णपणे नष्ट झाले तर Ladybug, Mantis आणि इतर मांसाहारी कीटकही कमी होतात. मग भविष्यात कीड नियंत्रण करणे अधिक कठीण होते.

म्हणून उद्देश "कीड संपवणे" नसून "नियंत्रणात ठेवणे" हा असला पाहिजे.

नियंत्रण

- Solar Trap आणि Sticky Trap हे सर्वात सोपे उपाय आहेत.

- Neem Oil फवारल्याने पानांची चव बदलते आणि कीटक दूर राहतात.

- Neem मधील Azadirachtin हा घटक कीटकांच्या Endocrine System वर परिणाम करून त्यांची प्रजनन क्षमता कमी करतो.

- बांधावर उगवणाऱ्या उग्र वासाच्या तणांचा अर्क प्रभावी ठरतो.

- लसूण अर्क आणि किमान 60 दिवस जुने ताकही उपयोगी पडते.

- फवारणीत नैसर्गिक साबण मिसळल्यास Aphids ना श्वास घेण्यास अडथळा निर्माण होतो आणि परिणाम वाढतो.

पाने खाणारी अळी

कमी प्रमाणात असताना पाने खाणाऱ्या अळ्या फारसे नुकसान करत नाहीत. पण संख्या वाढली तर प्रचंड नुकसान होऊ शकते.

कीटकांच्या जीवनचक्रामध्ये अळी हा दुसरा टप्पा असतो. आपण जर भुंगे Solar Trap मध्ये पकडले तर अंडी कमी पडतात आणि अळ्यांची संख्या नियंत्रणात राहते.

अळ्या या पक्षी, सरडे, पाली आणि बेडकांचे प्रमुख अन्न आहेत.

आपण शेतात T आकाराचे दांडे किंवा तारा लावल्या तर पक्षी मोठ्या प्रमाणात अळ्या खातात.

माझ्या शेती पद्धतीमध्ये दर सहा फुटावर वेल आणि बांबू असल्याने शेतात सरडे खूप आहेत. ते अळ्यांवर उत्तम नियंत्रण ठेवतात.

Neem Oil फवारणी अळ्यांवर उपयोगी पडते. पण प्रादुर्भाव जास्त असेल तर Bacillus thuringiensis (BT) हा जिवाणू अत्यंत प्रभावी ठरतो. हा जिवाणू अळ्यांची पचनक्रिया बिघडवतो. अन्न न पचल्याने अळ्या मरतात.

खोड व फळ छेदक अळी

ही अळी खोडात किंवा फळांमध्ये भोक पाडून नुकसान करते.

यावरही Solar Trap, Neem Oil आणि मित्र कीटक चांगले नियंत्रण ठेवतात.

माझ्या वांग्याच्या पिकामध्ये फळछेदक अळी दिसते. पण नुकसान अजून आर्थिक मर्यादेपलीकडे गेलेले नाही.

मूळ खाणारी अळी

मूळ खाणाऱ्या अळ्या झाडांची मुळे खातात. त्यामुळे झाड पूर्ण मरू शकते.

आम्ही विना नांगरणी शेती करतो. जुन्या पिकांची मुळे जमिनीतच राहतात. त्यामुळे Humani अळीला खायला भरपूर सेंद्रिय पदार्थ मिळतो आणि ती जिवंत झाडांच्या मुळांवर कमी येते.

जमिनीत सेंद्रिय पदार्थ मुबलक असेल तर या अळीचा त्रास तुलनेने कमी होतो.

अळी जमिनीत खोल असल्याने फवारणी फार उपयोगी पडत नाही. पण काही जैविक बुरशी ठिबकद्वारे जमिनीत सोडल्यास त्या अळीच्या शरीरावर वाढतात आणि तिचा मृत्यू होतो.

मृत सेंद्रिय पदार्थ खाणारे कीटक

वाळवी, Dung Beetle आणि इतर असंख्य कीटक निसर्गातील Recycling System चालवत असतात.

पीक काढल्यानंतर उरलेले अवशेष, शेण आणि मृत सेंद्रिय पदार्थ हे कीटक बारीक करून जमिनीत मिसळतात. त्याचे विघटन होऊन पुन्हा पोषकद्रव्ये तयार होतात.

पण अनेकदा अज्ञानामुळे या किड्यांनाही शत्रू समजून मारले जाते आणि निसर्गातील महत्त्वाची Recycling Chain बंद पडते.

माझ्या शेतात तुम्हाला हे सर्व कीटक दिसतील. मलाही उत्पन्न मिळते आणि त्यांनाही त्यांच्या कामाचा वाटा मिळतो.

हे सहजीवनच नैसर्गिक शेतीचा पाया आहे.

हा समतोल कायम टिकून राहावा हीच माझी ईश्वरचरणी प्रार्थना.

निरीक्षण शक्ती

मला सतत एकच प्रश्न येतो, “तुम्ही कुठली पुस्तके वाचली?”

खरं सांगायचं तर मी काही शेतीतला एक्सपर्ट नाही. मला शेती सुरू करून जेमतेम चार-पाच वर्षं झाली आहेत. पण या काळात मी वेगवेगळ्या प्रकारची पिकं घेतली, प्रयोग केले, चुका केल्या, नोट्स ठेवल्या आणि सर्वात महत्त्वाचं म्हणजे डोळे उघडे ठेवून निरीक्षण केलं. त्यामुळे मी शेतीमध्ये नापास न होता पास होत राहिलो आहे.

माझ्या मते शेती शिकण्याचा हा सर्वात मोठा मार्ग आहे.

आजकाल सोशल मीडियामुळे अनेक लोक शेतीकडे वळत आहेत. पण बऱ्याच वेळा लोक थेट फळबाग लावतात आणि दोन-तीन वर्षांनी समजतं की स्पेसिंग चुकलं, व्हरायटी चुकली, पाण्याचा अंदाज चुकला किंवा प्रूनिंगचं नियोजनच नव्हतं.

आणि फळबागेची सर्वात मोठी अडचण म्हणजे तिच्या चुका उशिरा दिसतात.

भाजीपाल्यात चूक झाली तर पुढच्या सिझनला सुधारणा करता येते. पण फळबागेत पाच वर्षांनी फळ यायला लागलं आणि त्यानंतर समजलं की प्लॅनिंग चुकीचं होतं, तर तोपर्यंत खूप उशीर झालेला असतो.

म्हणून फळबाग ही “झाडं आणून लावण्याची” गोष्ट नाही.

ती दीर्घकालीन प्लॅनिंगची गोष्ट आहे.

आणि हे समजण्यासाठी आधी एक गोष्ट समजून घ्यावी लागते.

प्रत्येक झाडाचा स्वभाव वेगळा असतो.

काही झाडं उंच वाढतात. काही आडवी पसरतात. काही बुशसारखी राहतात. काही वेली असतात. काहींची मुळं खोल जातात, काहींची वरच्या थरात राहतात.

म्हणून “सगळ्यांना सारखं स्पेसिंग” हा प्रकार चुकीचा आहे.

उदाहरणार्थ:

- आंबा (10-30 मी.)

- फणस (15-25 मी.)

- नारळ (20-30 मी.)

- चिंच (15-20 मी.)

ही झाडं भविष्यात प्रचंड मोठी होतात. त्यामुळे त्यांना मोठं अंतर लागतं.

तर:

- चिकू (8-15 मी.)

- लिची (10-15 मी.)

- पेरू (3-10 मी.)

- सफरचंद (5-12 मी.)

- पेअर (10-17 मी.)

ही मध्यम गटात येतात.

आणि:

- मोसंबी (3-6 मी.)

- संतरा (3-6 मी.)

- लिंबू (2-5 मी.)

- ड्वार्फ पेरू (2-4 मी.)

ही तुलनेने लहान आकाराची झाडं आहेत.

आता इथेच पुढची गोष्ट सुरू होते.

झाडाला वाढू कसं द्यायचं?

कारण कमर्शियल बागायतीमध्ये झाडं फक्त वाढवायची नसतात. त्यांना आकार द्यावा लागतो.

त्यालाच प्रूनिंग म्हणतात.

काही झाडांमध्ये Central Leader System वापरतात. म्हणजे मुख्य खोड वर वाढू दिलं जातं.

उदाहरणार्थ:

- आंबा
- सफरचंद
- पेअर
- चिकू
- लिची

ही झाडं नैसर्गिकरित्या उंच वाढणारी असतात.

तर काही झाडांमध्ये Open Center किंवा Wine Glass System वापरतात.

यामध्ये झाडाचा मध्यभाग मोकळा ठेवतात, जेणेकरून सूर्यप्रकाश आणि हवा आतपर्यंत पोहोचेल.

ही पद्धत:

- मोसंबी
- संतरा
- लिंबू
- काही पेरू प्रकार

यामध्ये वापरली जाते.

आणि आता तर हाय डेन्सिटी लागवडीचा जमाना आहे.

जास्त झाडं.

कमी जागा.

लवकर उत्पादन.

पण त्याची किंमत आहे.

सतत प्रूनिंग करावं लागतं.

सतत झाडाचा आकार कंट्रोल करावा लागतो.

पाणी आणि पोषणाचं व्यवस्थापन अत्यंत अचूक ठेवावं लागतं.

दोन वर्षं दुर्लक्ष केलं तरी संपूर्ण बाग गोंधळू शकते.

त्याच्या उलट जुन्या पारंपरिक बागांमध्ये झाडांमधलं अंतर जास्त असायचं.

काम कमी.

मेंटेनन्स कमी.

प्रूनिंग कमी.

उत्पादन प्रति एकर कमी असलं तरी झाडांची नैसर्गिक वाढ चांगली असायची.

माझ्या स्वतःच्या प्रयोगांमध्ये मी एक गोष्ट पाहिली.

जर मोठ्या झाडांमध्ये मोकळी जागा असेल तर ती वाया जाऊ देण्याची गरज नाही.

मोठ्या झाडांमध्ये मध्यम झाडं.

मध्यम झाडांमध्ये बुश.

बुशमध्ये वेलवर्गीय पिकं.

अशा पद्धतीने लेयर तयार करता येतात.

म्हणजे:

- वर मोठी झाडं

- मध्ये मध्यम झाडं

- खाली झुडपं

- जमिनीवर पसरणारी पिकं

- वेलीसाठी उभे आधार

असं केल्यावर कमी जागेत जास्त जैवविविधता तयार होते.

आणि ही कल्पना काही नवीन नाही.

निसर्गात जंगल बघा.

तिथे फक्त एकाच प्रकारची झाडं नसतात.

उंच झाडं असतात.

मध्यम झाडं असतात.

झुडपं असतात.

वेली असतात.

खोल मुळांची झाडं असतात.

वरच्या थरात मुळं असलेली झाडं असतात.

सगळं एकत्र असतं.

आणि त्यामुळे जंगल स्वतःचं मायक्रोक्लायमेट तयार करतं.

मातीतील जीव वाढतात.

ओलावा टिकतो.

तापमान नियंत्रित राहतं.

रोग आणि कीड यांचं नैसर्गिक संतुलन तयार होतं.

परमाकल्चरची संकल्पना ह्याच निरीक्षणावर आधारित आहे.

मुळांची खोली समजून घेणंही तितकंच महत्त्वाचं आहे.

उदाहरणार्थ:

- आंबा
- चिंच
- फणस
- बोर

ही खोल मुळांची झाडं आहेत.

तर:

- केळी
- पपई
- बहुतेक भाज्या

ही वरच्या थरात मुळं ठेवणारी पिकं आहेत.

म्हणून योग्य मिश्र लागवड केली तर झाडांमध्ये स्पर्धा कमी होते.

पाण्याच्या बाबतीतही हेच लागू होतं.

काही पिकं कमी पाण्यात उत्कृष्ट चालतात:

- बोर
- सीताफळ
- रामफळ
- तूर
- चवळी

काहींना मध्यम पाणी लागतं:

- आंबा

- पेरू

- टोमॅटो

- वांगी

आणि काही पिकं अत्यंत पाणखाऊ असतातः

- केळी

- मोसंबी

- सिमला मिरची

- काकडी

- कोबी

पण “जास्त पाणी = चांगलं पीक” हे समीकरण कायम खरं नसतं.

उदाहरणार्थ बाजरी.

पावसाळ्यातली बाजरी आणि पूर्ण सिंचनावर घेतलेली उन्हाळी बाजरी यांच्यात चवेत स्पष्ट फरक जाणवतो.

काही पिकांना ताण आवश्यक असतो.

द्वीदल पिकांबाबत माझं निरीक्षण अजून वेगळं आहे.

- तूर

- मूग

- उडीद

- मटकी

- वाल

- चवळी

- चणा

- राजमा

ही पिकं तुलनेने कमी इनपुटमध्ये वाढतात.

कारण त्यांच्या मुळांभोवती रायझोबियम जीवाणू नायट्रोजन स्थिरीकरण करतात.

म्हणजे ही पिकं जमिनीला मदत करतात.

पण कीटकांना ही पिकं खूप आवडतात.

म्हणजे वाढीसाठी कमी मेहनत आणि संरक्षणासाठी जास्त मेहनत.

त्याच्या उलट काही पिकं अत्यंत खादाड असतात.

मका हे त्यातलं सगळ्यात मोठं उदाहरण.

सतत पोषण, पाणी आणि अन्नद्रव्यं मागत राहतो.

सिमला मिरची तर माझ्या मते अत्यंत संवेदनशील पीक आहे.

थोडं तापमान बदललं, थोडी आर्द्रता बदलली, थोडं पोषण कमी-जास्त झालं की लगेच परिणाम दिसतो.

म्हणूनच बहुतेक लोक ते पॉलीहाऊसमध्ये करतात.

पण शेवटी एक गोष्ट कायम लक्षात ठेवावी लागते.

हे सगळं वर्गीकरण फक्त उदाहरणासाठी आहे.

शेतीमध्ये अंतिम सत्य असं काही नसतं.

कारण:

- प्रत्येक जमीन वेगळी
- प्रत्येक भाग वेगळा
- प्रत्येक पाण्याचा स्वभाव वेगळा
- प्रत्येक शेतकरी वेगळा

म्हणून यूट्यूब, पुस्तकं किंवा आर्टिकल हे फक्त सुरुवात असते.

खरं शिक्षण शेतात होतं.

अनुभवी शेतकऱ्यांकडे जाऊन प्रश्न विचारले पाहिजेत.

त्यांच्या बागेत फिरलं पाहिजे.

त्यांच्या चुका समजून घेतल्या पाहिजेत.

कारण शेती माहितीने नाही,

निरीक्षणाने शिकली जाते.

भयावह तणनाशके

व्हिएतनाम युद्ध संपले. पण तिथल्या लाखो लोकांचे युद्ध अजून संपलेले नाही.

आजही काही भागांमध्ये जन्माला येणारी विकृत बालके, neurological disorders, cancers, reproductive disorders आणि पिढ्यानपिढ्या चालत आलेल्या आरोग्य समस्या पाहिल्या की अंगावर काटा येतो. जगाने इतिहासातील सर्वात भयानक रासायनिक प्रयोगांपैकी एक पाहिला होता.

अमेरिकेने जंगलातील झाडे आणि वनस्पती नष्ट करण्यासाठी हवेतून मोठ्या प्रमाणावर Agent Orange नावाचे defoliant फवारले. त्यामध्ये मुख्यतः 2,4-D आणि 2,4,5-T ही herbicides वापरली गेली. पण खरी भीतीदायक गोष्ट होती त्यामध्ये तयार झालेला अत्यंत विषारी dioxin contaminant.

सुरुवातीला त्यालासुद्धा “फक्त झाडे मारणारे रसायन” असेच समजले गेले होते.

पण नंतर जगाला समजले की निसर्गामध्ये सोडलेली chemicals फक्त तणांवर थांबत नाहीत. ती मातीमध्ये जातात. पाण्यात मिसळतात. अन्नसाखळीत फिरतात. आणि शेवटी माणसापर्यंत पोहोचतात.

आणि आज आपण शेतीमध्ये पुन्हा त्याच दिशेने चाललो आहोत.

आज काही शेती पद्धती मोठ्या प्रमाणावर पुढे ढकलल्या जात आहेत ज्यामध्ये:

- कायमस्वरूपी बेड,

- कमीत कमी नांगरणी,

- आणि प्रत्येक टप्प्यावर तणनाशकांचा वापर

हा मुख्य आधार आहे.

पेरणीपूर्वी तणनाशक.

उगवणीनंतर तणनाशक.

कव्हर क्रॉप मारण्यासाठी तणनाशक.

पीक terminate करण्यासाठी तणनाशक.

म्हणजे शेती हळूहळू मातीवर कमी आणि chemical dependency वर जास्त उभी राहत चालली आहे.

हो, तणनाशकांचे काही फायदे आहेत.

हे वास्तव आहे.

- मजूर कमी लागतात.
- वेळ वाचतो.
- खर्च कमी होतो.
- शेत पटकन स्वच्छ दिसते.
- मोठ्या क्षेत्रात व्यवस्थापन सोपे होते.

म्हणूनच शेतकरी त्यांच्याकडे वळतो. कारण शेतकऱ्यालाही जगायचे आहे.

पण प्रश्न असा आहे:

शेतकरी टिकवण्यासाठी आपण ecosystem संपवणार आहोत का?

आज बाजारात वापरली जाणारी अनेक तणनाशके अत्यंत शक्तिशाली biologically active molecules आहेत.

Glyphosate आधारित उत्पादने (Roundup, Glycel, Excel Mera 71 आणि इतर ब्रँड) जगातील सर्वात जास्त वापरल्या जाणाऱ्या herbicides पैकी आहेत. विविध अभ्यासांमध्ये त्यांचे residues:

पाणी, माती, अन्न, मध आणि काही मानवी जैविक नमुन्यांमध्येही आढळले आहेत.

काही संशोधनांमध्ये soil microbiology, pollinators आणि chronic exposure विषयी चिंता व्यक्त केली गेली आहे.

Paraquat आधारित उत्पादने (Gramoxone आणि इतर ब्रँड) जगातील सर्वात वादग्रस्त herbicides पैकी मानली जातात. चुकीच्या exposure मुळे:

- फुफ्फुसांचे गंभीर नुकसान,
- liver damage,
- kidney damage,
- multiple organ failure

यासारखे परिणाम होऊ शकतात. अनेक देशांनी त्यावर बंदी किंवा कठोर निर्बंध घातले आहेत.

Pendimethalin आधारित herbicides (Stomp Xtra, Pendistar आणि इतर ब्रँड) संदर्भात:

- aquatic plants,
- fish,
- birds,
- beneficial organisms

यांच्यावर adverse effects विषयी warnings दिलेल्या आहेत.

Oxyfluorfen आधारित उत्पादने (Goal आणि इतर ब्रँड) संदर्भात:

- liver toxicity,
- anemia,

- blood abnormalities,

- आणि काही animal studies मध्ये carcinogenic concern

नोंदवले गेले आहेत.

Fenoxaprop-P-ethyl आधारित herbicides (Whip Super आणि इतर ब्रँड) aquatic organisms साठी toxic मानले जातात आणि repeated exposure मुळे organ damage संदर्भात चेतावणी दिलेली आढळते.

Imazethapyr आधारित उत्पादने (Shaked आणि इतर ब्रँड) संदर्भात genotoxicity विषयी चर्चा झाली आहे.

Propaquizafop आधारित herbicides संदर्भात aquatic toxicity आणि bioaccumulation concerns नमूद केले गेले आहेत.

म्हणजे ज्या बाटल्यांवरचः

- environmental hazard,

- organ toxicity,

- carcinogenic concern,

- aquatic toxicity

असे शब्द लिहिलेले आहेत, त्याच बाटल्यांवर शेती उभी केली जात आहे.

याहून धोकादायक गोष्ट म्हणजे field reality.

लेबलवर 2% लिहिलेले असते.

पण प्रत्यक्षातः

“एक बूच टाका.”

“थोडं जास्त टाका.”

“दोन औषधे mix करा.”

“परिणाम जोरात होतो.”

असं करत करत recommended dose अनेक पटींनी वाढतो.

16 लिटरच्या पंपामध्ये 2% म्हणजे साधारण 320 ml. पण किती शेतकरी अचूक मोजून वापर करतात?

भारतात मोठ्या प्रमाणावर:

- PPE वापरले जात नाही,

- measuring cylinder नसतो,

- label पूर्ण वाचले जात नाही,

- spray अंदाजाने होतो.

मग:

- drift,

- residue,

- soil biology damage,

- pollinator decline,

- water contamination,

- chronic human exposure

हे सगळे प्रश्न वाढतात.

आणि मग ती chemicals:

- पाण्यात,

- मातीमध्ये,

- अन्नामध्ये,

- मधामध्ये,

- आणि ecosystem मध्ये फिरत राहतात.

विशेषतः मधामध्ये residues सापडणे हा गंभीर विषय आहे. कारण मधमाशी ही फक्त मध तयार करणारी कीड नाही. ती संपूर्ण pollination system चा पाया आहे.

सगळ्यात मोठा खोटा दावा म्हणजे:

“गांडुळे वाढली म्हणजे शेती सुधारली.”

गांडुळे जिवंत आहेत म्हणजे ecosystem निरोगी आहे असे होत नाही.

माती म्हणजे:

- सूक्ष्मजीव,

- fungi,

- मायकोरायझा,

- insects,

- nematodes,

- roots,

- पाण्याची हालचाल,

- संपूर्ण जैविक जाळे.

फक्त गांडुळे दाखवून रासायनिक शेतीला “regenerative” म्हणणे म्हणजे marketing आहे, science नाही.

माती न हलवणे हा चुकीचा भाग नाही.

Permanent beds चुकीचे नाहीत.

Mulching चुकीचे नाही.

Crop residue management चुकीचे नाही.

मी स्वतः विना नांगरणी शेती करतो.

आम्ही सुद्धा permanent beds बनवतो.

एकाच बेडवर सतत पिके घेतो.

जमिनीची हालचाल कमीत कमी ठेवतो.

पण त्यासाठी:

- brush cutter वापरतो,
- mulcher वापरतो,
- crop residue वापरतो,
- जैविक पद्धती वापरतो.

तणनाशकाचा थेंबसुद्धा वापरत नाही, कारण मला उत्पादनाबरोबर ecosystem सुद्धा वाचवायचे आहे.शेती म्हणजे फक्त उत्पादन नाही, शेती म्हणजे जिवंत परिसंस्था आहे.

आणि ecosystem विरुद्ध चालवलेले रासायनिक युद्ध शेवटी माणसाविरुद्धच जाते.

जुगार

तुम्ही कधी जुगार खेळले आहात का?

माझ्या कामानिमित्त मला सलग सात वर्षे येथे कॉन्फरन्ससाठी जायची संधी मिळाली. तिथे गेल्यावर एक वेगळंच जग दिसतं. भव्य रिसॉर्ट्स, चमकदार लाईट्स आणि त्यामध्ये लाखो लोक सतत कुठल्या ना कुठल्या प्रकारचा जुगार खेळत असतात.

तिथे एक गोष्ट फार स्पष्टपणे जाणवते.

जुगारामध्ये माणसाला अनेक वेळा असे वाटते की आता त्याला खेळ पूर्णपणे समजला आहे. कोणता डाव कसा फिरवायचा, किती रिस्क घ्यायची, कधी पैसे लावायचे, हे सगळं त्याच्या कंट्रोलमध्ये आहे असे त्याला वाटू लागते.

पण वास्तव वेगळं असतं.

समोर कोणते पत्ते येतील, पुढचा डाव कसा फिरणार, नशिबाची दिशा काय असेल, हे पूर्णपणे कुणाच्याच हातात नसतं. कधी जिंकतो, कधी हारतो. आणि हीच सर्वात धोकादायक गोष्ट असते. कारण अधूनमधून मिळणारा विजय माणसाला चुकीचा आत्मविश्वास देतो.

एकदा नुकसान झालं की माणूस म्हणतो, "पुढच्या वेळेस भरून निघेल."

दोनदा नुकसान झालं की म्हणतो, "आता तर नक्की जमणार."

आणि मग इथूनच धोक्याची सुरुवात होते.

काही लोक मग लोकल जुगार खेळण्यासाठी माफिया, सावकार किंवा व्याजाने पैसे देणाऱ्यांकडून उसने पैसे घ्यायला लागतात. सुरुवातीला त्यांना वाटतं, "एक मोठा डाव लागला की सगळं फेडून टाकीन."

पण बहुतेक वेळा नेमकं उलटच होतं.

कारण नुकसान भरून काढण्यासाठी घेतलेला रिस्क आणखी मोठं नुकसान करून जातो. मग व्याज वाढत जातं. दबाव वाढत जातो. आणि एक वेळ अशी येते की माणूस खेळापेक्षा कर्जामध्येच जास्त अडकतो.

आता प्रश्न असा आहे की मी हे सगळं का सांगतो आहे?

कारण शेतीमध्येही नेमकं हेच घडतं.

शेती हा असा व्यवसाय आहे ज्यामध्ये हजारो व्हेरिएबल्स असतात आणि त्यातील बहुतेक गोष्टी आपल्या हातात नसतात.

पाऊस कधी पडेल, किती पडेल, वेळेवर पडेल की नाही...

बियाणे चांगले निघेल की नाही...

उगवण किती होईल...

फुलोऱ्याच्या वेळेला तापमान कसे राहील...

मधमाशा आणि परागीकरण होईल की नाही...

रोगराई येईल का...

किडींचा प्रादुर्भाव किती होईल...

मार्केट भाव काय मिळेल...

सरकार अचानक आयात-निर्यात धोरण बदलेल का...

वीज मिळेल का...

मजूर मिळतील का...

अशा हजारो गोष्टी आहेत ज्या आपण कंट्रोल करू शकत नाही.

लोकांना वाटतं शेती म्हणजे फक्त मेहनत. पण वास्तवात शेती म्हणजे अनिश्चिततेसोबत रोज जगणे.

तुम्ही जगातील सर्वोत्तम बियाणे वापरू शकता.

सर्वात महाग औषधे फवारू शकता.

ड्रिप, मल्चिंग, पॉलीहाऊस, सेन्सर्स, सगळं बसवू शकता.

तरीसुद्धा शेवटचा निर्णय निसर्गच घेतो.

म्हणून शेती करताना सर्वात मोठी चूक कोणती असेल तर ती म्हणजे कर्ज काढून शेतीमध्ये मोठा रिस्क घेणे.

आज अनेक शेतकरी बियाणे, खते, औषधे, ठिबक, ट्रॅक्टर, ग्रीनहाऊस यासाठी मोठमोठी कर्जे घेतात. काही वेळा बँक कर्ज देते, पण अनेक वेळा लोक सावकारांकडून, व्यापाऱ्यांकडून किंवा जास्त व्याजाने पैसे देणाऱ्यांकडून उसने पैसे घेतात.

आणि इथूनच अडकण्याची सुरुवात होते.

कारण शेतीमध्ये नुकसान झालं तर पुढचा सीझन काढण्यासाठी पुन्हा पैसे लागतात.

मग जुनं कर्ज फेडण्यासाठी नवीन कर्ज घेतलं जातं.

व्याजावर व्याज वाढत जातं.

आणि एक वेळ अशी येते की शेतकरी शेतीपेक्षा कर्ज फेडण्यासाठीच शेती करू लागतो.

पण निसर्गाला EMI समजत नाही.

बँकेला पाऊस कमी पडला हे कारण समजत नाही.

सावकाराला रोगराई आली हे कारण समजत नाही.

वाईट सीझन आला की शेतकरी फक्त आर्थिकदृष्ट्या नाही तर मानसिकदृष्ट्याही तुटतो.

कारण शेतीमध्ये नुकसान फक्त पैशांचे होत नाही.

त्यात वेळ जातो.

मेहनत जाते.

आशा तुटतात.

आत्मविश्वास तुटतो.

आणि सर्वात धोकादायक गोष्ट म्हणजे सततच्या नुकसानीनंतर माणूस चुकीचे निर्णय घ्यायला लागतो.

“या वेळेस दुप्पट खत टाकतो.”

“या वेळेस महागडं बियाणं घेतो.”

“या वेळेस अजून मोठा रिस्क घेतो.”

“या वेळेस कर्ज काढून तरी भरून काढतो.”

हेच कोणत्याही अनिश्चित क्षेत्राचं मानसशास्त्र आहे.

यामध्ये अजून एक गोष्ट फार महत्त्वाची आहे.

शेतीमध्ये अनेक वेळा मेहनतीचा आणि परिणामाचा काहीच संबंध राहत नाही.

कधी कमी मेहनत करूनसुद्धा चांगले उत्पन्न मिळते.

कधी जीव तोडून मेहनत करूनसुद्धा काही हातात येत नाही.

ही गोष्ट मानसिकदृष्ट्या माणसाला खूप तोडते. कारण माणसाला वाटतं, “मी कमी पडलो.” पण अनेक वेळा तो कमी पडलेला नसतो. परिस्थिती त्याच्या विरोधात गेलेली असते.

म्हणून माझ्या मते, ज्याला शेती करायची आहे त्याने आधी दुसरी स्थिर कमाई उभी करायला पाहिजे. नोकरी, व्यवसाय, डेअरी, प्रोसेसिंग, ऑनलाइन काम, काहीही.

म्हणजे शेतीवर लगेच जगण्याची जबरदस्ती राहत नाही.

कारण ज्याच्या घराचा गॅस, मुलांची फी, EMI आणि रोजचा खर्च शेतीवर अवलंबून असतो, तो शेतकरी निर्णय विज्ञानाने नाही तर भीतीने घेतो.

आणि भीतीमध्ये घेतलेले निर्णय बहुतेक वेळा चुकीचेच निघतात.

आज एक गोष्ट स्पष्टपणे बोलण्याची गरज आहे.

जर भविष्यासाठी शेती वाचवायची असेल, माती वाचवायची असेल, तर आर्थिकदृष्ट्या स्थिर आणि श्रीमंत लोकांनी शेतीमध्ये यायला पाहिजे.

इंडस्ट्रियलिस्ट, डॉक्टर, इंजिनीयर, वकील, आयटी प्रोफेशनल, उद्योजक... अशा सर्व यशस्वी लोकांना मी एक गोष्ट नक्की सांगेन.

शेतकरी खचला आहे.

शेतीतून लोक बाहेर पडत आहेत.

पण तुम्ही शेतीत परत यायला पाहिजे.

फक्त फार्महाऊस बांधण्यासाठी नाही.

फोटो काढण्यासाठी नाही.

तर माती जिवंत ठेवण्यासाठी.

प्रत्येकाने किमान एक एकर जमीन विकत घ्यावी.

ती सुपीक बनवावी.

सेंद्रिय कर्ब वाढवावा.

झाडे लावावीत.

पाण्याची व्यवस्था करावी.

मातीला पुन्हा जिवंत करावं.

कारण आर्थिकदृष्ट्या स्थिर माणूसच आज शेतीमध्ये दीर्घकालीन विचार करू शकतो.

ज्याच्या डोक्यावर उद्याच्या EMI चा ताण नाही, तोच माणूस मातीसाठी 10 वर्षांचा विचार करू शकतो.

तोच प्रयोग करू शकतो.

तोच नुकसान सहन करू शकतो.

तोच रसायनांचा अतिरेक टाळू शकतो.

तोच जमिनीची खरी काळजी घेऊ शकतो.

आज शेतीला फक्त मेहनती लोकांची गरज नाही.

शेतीला आर्थिकदृष्ट्या मजबूत, विज्ञान समजणारे आणि दीर्घकालीन विचार करणारे लोक हवे आहेत.

शेतीमध्ये टिकायचं असेल तर एक गोष्ट स्वीकारावी लागते.

आपण निसर्गावर विजय मिळवत नाही.

आपण फक्त त्याच्यासोबत जगायचा प्रयत्न करतो.

म्हणून शेतीमध्ये अहंकार नाही, तर नम्रता लागते.

ओव्हरकॉन्फिडन्स नाही, तर रिस्क मॅनेजमेंट लागते.

आणि सर्वात महत्त्वाचं म्हणजे कर्जावर उभं राहिलेलं स्वप्न फार धोकादायक असतं.

शेती करा.

नक्की करा.

पण वास्तव स्वीकारून करा.

शास्त्र, संयम आणि आर्थिक शहाणपण ठेवून करा.

रेसिड्यू फ्री म्हणजे नेमकं काय?

तुम्ही कधी अत्यंत घाणेरड्या वासाच्या कुठल्या पदार्थाला हात लावला आहे का? उदाहरणार्थ माशांचे खत बनवताना. हात साबणाने धुतले, डिटर्जंट वापरले, परफ्युम मारला, तरीही दोन-तीन दिवस हातातून वास जात नाही.

तो वास म्हणजेच एक प्रकारचा "रेसिड्यू".

तो डोळ्यांना दिसत नाही, पण अस्तित्वात असतो.

शेतीमध्ये सुद्धा अगदी हाच प्रकार घडतो. फरक एवढाच की वासाऐवजी तणनाशके, बुरशीनाशके आणि कीटकनाशके पिकावर किंवा पिकाच्या आत उरलेली असतात.

"रेसिड्यू फ्री" म्हणजे पिकावर कधीच फवारणी झाली नाही असा अर्थ नाही. रेसिड्यू फ्री म्हणजे काढणीच्या वेळी त्या रसायनांचे अवशेष सुरक्षित मर्यादेपेक्षा कमी किंवा प्रयोगशाळेत शोधता न येण्याइतके कमी असणे.

अनेकांना वाटते की फवारणी झाली, पाऊस पडला किंवा भाजी धुतली की औषध निघून जाते. प्रत्यक्षात ते नेहमीच खरे नसते.

काही औषधे फक्त पानाच्या वरच्या पृष्ठभागावर राहतात. यांना संपर्कजन्य (Contact) औषधे म्हणतात. काही प्रमाणात पाऊस, सूर्यप्रकाश, ऑक्सिडेशन यामुळे ती कमी होतात.

पण काही औषधे पानातून किंवा मुळातून वनस्पतीच्या शरीरात प्रवेश करतात. यांना प्रणालीगत (Systemic) औषधे म्हणतात. ही औषधे वनस्पतीच्या रसवाहिन्यांमधून संपूर्ण झाडात फिरतात. एकदा आत गेली की ती फक्त धुवून निघत नाहीत.

मानवांमध्ये जसे औषध घेतल्यावर ते रक्तामध्ये मिसळते, तसेच काही कीटकनाशके वनस्पतीमध्ये मिसळतात.

म्हणूनच रेसिड्यू हा फक्त पानावर असतो असे नाही. तो फळात, शेंगांमध्ये, देठात किंवा मुळांमध्येही असू शकतो.

आपण आजारी माणसाला भेटायला जाताना सहज नारळ पाणी घेऊन जातो. कारण ते नैसर्गिक, स्वच्छ आणि आरोग्यदायी पेय मानले जाते.

पण फार कमी लोकांना माहिती आहे की काही प्रणालीगत कीटकनाशके नारळाच्या झाडात मुळावाटे किंवा खोडामधून दिली जातात आणि ती झाडाच्या रसाबरोबर फिरून नारळ पाण्यापर्यंत पोहोचू शकतात.

पूर्वी नारळावरील काही किडींसाठी Monocrotophos सारखे ऑर्गेनोफॉस्फेट कीटकनाशक root feeding किंवा trunk injection पद्धतीने वापरले जात असे. संशोधनात त्याचे अंश नारळ पाण्यात आढळले आहेत.

Monocrotophos हे साधे रसायन नाही. ते मज्जासंस्थेवर परिणाम करणारे विषारी रसायन आहे. जास्त प्रमाणात संपर्क आल्यास डोकेदुखी, उलट्या, चक्कर, घाम येणे, श्वास घेण्यास त्रास आणि गंभीर विषबाधा होऊ शकते. भारतात शेतकऱ्यांच्या आत्महत्यांमध्ये वापरल्या गेलेल्या अत्यंत विषारी कीटकनाशकांमध्ये त्याचे नाव अनेक वेळा आले आहे.

म्हणजेच झाडाला दिलेले रसायन फक्त बाहेर राहत नाही. काही रसायने झाडाच्या शरीरात मिसळतात आणि थेट आपण खात असलेल्या भागापर्यंत पोहोचतात.

यामुळेच प्रत्येक औषधावर "Pre Harvest Interval" (PHI) किंवा "Waiting Period" दिलेला असतो. याचा अर्थ फवारणी आणि काढणी यामधील आवश्यक प्रतीक्षा कालावधी. या काळात औषधाचे विघटन होऊन त्याचे प्रमाण सुरक्षित मर्यादेपर्यंत खाली येते.

समजा एखाद्या औषधाचा PHI 15 दिवस आहे. तर फवारणीनंतर किमान 15 दिवसांनीच काढणी करणे अपेक्षित असते.

पण प्रत्यक्षात बाजारात वेगळे चित्र दिसते.

भेंडी हे त्याचे उत्तम उदाहरण आहे.

भेंडीची तोडणी अनेकदा एक दिवसाआड किंवा दोन दिवसाआड करावी लागते. तरीसुद्धा काही शेतकरी काल फवारणी करून आज किंवा उद्या भेंडी बाजारात पाठवतात.

समस्या अशी की कीटकनाशकाचा विघटन कालावधी काही दिवस किंवा काही आठवडे असू शकतो, पण भाजी दुसऱ्याच दिवशी ग्राहकाच्या ताटात पोहोचते.

पण इथे आणखी एक मोठी समस्या आहे.

शेतकऱ्याला अनेक वेळा औषधाचा योग्य डोसच समजत नाही.

समजा एखाद्या औषधावर लिहिले आहे की 2% द्रावण बनवा. आता पटकन कुणाला विचारले की 16 लिटरच्या टाकीत 2% म्हणजे किती औषध टाकायचे, तर अनेक सुशिक्षित लोकही अचूक उत्तर देऊ शकत नाहीत.

शेतकरी मग कृषी सेवा केंद्रावर विचारतो.

तिकडून उत्तर येते, "एक झाकण टाका."

आता हे झाकण म्हणजे नेमके किती?

कोणाच्या घरी लहान बाटलीचे झाकण असते, कोणाच्या घरी मोठे. काही जण तर वाटीने किंवा अंदाजाने औषध टाकतात.

अनेक वेळा प्रत्यक्ष डोस हा शिफारशीपेक्षा पाचपट, दहापट जास्त जातो.

मी स्वतः माझ्या डोळ्याने पाहिले आहे, की एकदा औषधाने कीड कमी झाली नाही तर शेतकरी विचार करतो, "डबल डोस टाकू म्हणजे सगळी कीड मरेल."

पण वास्तव वेगळे असते.

जास्त डोस म्हणजे जास्त परिणाम असे नेहमीच नसते. उलट:

• पिकावर अधिक रेसिड्यू राहतात

• कीटकांमध्ये प्रतिकारशक्ती (Resistance) वाढते

• उपयुक्त कीटक मरतात

• मधमाशा नष्ट होतात

• उत्पादन खर्च वाढतो

• मातीतील सूक्ष्मजीवांवर परिणाम होतो

• पाण्याचे स्रोत दूषित होतात

• ग्राहकाच्या आरोग्याचा धोका वाढतो

काही कीटकनाशकांचा दीर्घकालीन संबंध मज्जासंस्थेचे विकार, हार्मोनल बदल, प्रजनन समस्या आणि काही प्रकारच्या कर्करोगांशी जोडला गेला आहे. त्यामुळे जगभरात pesticide residue वर कठोर नियम बनवले गेले आहेत.

काही वेळा तर शेतकरी वेगवेगळी औषधे एकत्र मिसळून "कॉकटेल" तयार करतात. त्या मिश्रणाचे रासायनिक परिणाम काय होतील, त्याचा PHI किती असेल, कोणालाच माहिती नसते.

संशोधनात काही प्रणालीगत कीटकनाशकांचे अवशेष भेंडीमध्ये अनेक दिवस टिकून राहिल्याचे दिसून आले आहे. काही प्रकरणांमध्ये सुरक्षित मर्यादेखाली येण्यासाठी तीन ते चार आठवड्यांपेक्षाही जास्त कालावधी लागल्याचे आढळले आहे.

यामुळे "काल फवारणी झाली पण भाजी धुवून खाल्ली" हा सुरक्षिततेचा निकष नाही.

रेसिड्यू फ्री उत्पादन करणे म्हणजे फक्त रासायनिक औषधे बंद करणे नाही. त्यासाठी संपूर्ण व्यवस्थापन बदलावे लागते.

• योग्य औषधाची निवड

• शिफारस केलेला डोस

• अचूक मोजमाप

• फवारण्यांची संख्या कमी ठेवणे

• शेवटची फवारणी आणि काढणी यामध्ये पुरेसा कालावधी ठेवणे

• फेरोमोन ट्रॅप, चिकट सापळे, जैविक नियंत्रण वापरणे

• रोग आणि किडीचे निरीक्षण करून गरज असल्यासच फवारणी करणे

• प्रत्येक औषधाचा PHI पाळणे

रेसिड्यू फ्री शेती करणे हे सेंद्रिय शेती करण्यापेक्षा काही वेळा अधिक कठीण असते. कारण त्यासाठी प्रत्येक फवारणीची नोंद, प्रत्येक औषधाचा विघटन कालावधी आणि काढणीचे अचूक नियोजन करावे लागते.

आपण शेतकरी म्हणून स्वतःला एक प्रश्न विचारला पाहिजे.

जर एखाद्या औषधाच्या बाटलीवर 10 दिवस, 15 दिवस किंवा 20 दिवस प्रतीक्षा करण्यास सांगितले असेल, तर दुसऱ्याच दिवशी ती भाजी खाणे कितपत योग्य आहे?

रेसिड्यू डोळ्यांना दिसत नाहीत.

वासासारखे ते जाणवतही नाहीत.

पण ते नसतात असे होत नाही.

म्हणूनच रेसिड्यू फ्री शेती म्हणजे फक्त उत्पादनाची पद्धत नाही. ती ग्राहकाच्या ताटापर्यंत पोहोचणाऱ्या अन्नाची जबाबदारी आहे.

शेतकरी नसाल तर शेती जमीन घेता येत नाही

हा कायदा आता बदलण्याची गरज आहे का?

महाराष्ट्रात आज एक विचित्र परिस्थिती निर्माण झाली आहे. ज्याला प्रत्यक्ष शेती करायची आहे, आधुनिक शेतीमध्ये पैसे, वेळ आणि मेहनत गुंतवायची आहे, त्यालाच शेती जमीन खरेदी करताना सर्वात जास्त अडथळे येतात.

कारण साधे आहे.

तुमच्याकडे शेतकरी दाखला नसेल, सातबारा नसेल किंवा कृषी वारसा नसेल तर तुम्हाला कृषी जमीन खरेदी करता येत नाही.

हा कायदा का बनला होता हे आधी समजून घेतले पाहिजे.

एक काळ असा होता की मोठे जमीनदार, सावकार आणि श्रीमंत लोक हजारो एकर जमीन विकत घेत होते. प्रत्यक्ष शेतकरी मजूर बनत होता. त्यामुळे सरकारने अनेक कायदे आणले:

- फक्त शेतकरीच शेती जमीन घेऊ शकतो
- Ceiling Act
- कुळकायदा
- आदिवासी जमीन संरक्षण
- वर्ग २ जमीन निर्बंध
- Fragmentation Act

त्या काळात हे कायदे आवश्यक होते. त्यांनी लाखो शेतकऱ्यांची जमीन वाचवली हेही सत्य आहे.

पण आज परिस्थिती पूर्णपणे बदलली आहे.

आज गावातील अनेक पारंपरिक शेतकरी शेती सोडून शहराकडे जात आहेत. दुसरीकडे शहरातील अनेक लोक:

- नैसर्गिक शेती

- मार्केट गार्डन

- फळबाग

- डेअरी

- रेसिड्यू फ्री शेती

- Agro tourism

- direct-to-consumer farming

याकडे वळताना दिसत आहेत.

हे लोक फक्त फार्महाऊससाठी जमीन घेत नाहीत. अनेक जण प्रत्यक्ष शेतात राबत आहेत. ड्रिप बसवत आहेत. जलसंधारण करत आहेत. जैवविविध शेती करत आहेत. थेट ग्राहकांना विक्री करत आहेत. गावात रोजगार निर्माण करत आहेत.

पण कायदा अजूनही ५० वर्षांपूर्वीच्या मानसिकतेत अडकलेला आहे.

मग शेतकरी नसाल तर कायदेशीर मार्ग कोणते?

अनेकांना वाटते की शेतकरी नसाल तर शेती घेणे अशक्य आहे. प्रत्यक्षात काही कायदेशीर मार्ग उपलब्ध आहेत.

१. वारसाहक्कातून शेतकरी दर्जा मिळवणे

जर तुमच्या आई-वडिलांच्या, आजोबा-आज्जींच्या किंवा कुठल्याही थेट वारसांच्या नावावर शेती असेल तर:

- जुने 7/12

- 8A

- फेरफार नोंदी

- वारसा दाखले

- जन्म दाखले

यांच्या आधारावर तुम्ही स्वतःला शेतकरी म्हणून सिद्ध करू शकता.

हा सर्वात सुरक्षित आणि मजबूत मार्ग आहे.

२. दुसऱ्या राज्यातील कृषी जमीन

काही राज्यांमध्ये कृषी जमीन खरेदीचे नियम महाराष्ट्राइतके कडक नाहीत. त्यामुळे काही लोक दुसऱ्या राज्यात छोटी कृषी जमीन घेऊन नंतर महाराष्ट्रात शेतकरी म्हणून दावा करतात.

पण:

- हे प्रत्येक वेळी मान्य होईलच असे नाही
- स्थानिक प्रशासनाची भूमिका महत्त्वाची असते
- फक्त "कागदी व्यवहार" असल्यास चौकशी होऊ शकते

३. Collector किंवा District Authority Permission

काही प्रकरणांमध्ये जिल्हाधिकाऱ्यांची परवानगी घेऊन बिगर शेतकरी व्यक्तीलाही कृषी जमीन घेता येते. विशेषतः:

- Agro tourism
- Dairy project
- Food processing
- Agricultural project
- Industrial use conversion

ही प्रक्रिया वेळखाऊ असते पण पूर्णपणे कायदेशीर असते.

४. NA Plot किंवा Converted Land

जर उद्देश फार्महाउस, प्रोजेक्ट किंवा गुंतवणूक असेल तर:

- NA plot

- Converted land

- Gunthewari plot

हे पर्याय तुलनेने सोपे आणि कमी धोकादायक असतात.

५. Company, LLP किंवा Trust Structure

काही मोठे गुंतवणूकदार:

- Agro company

- Producer company

- LLP

- Trust

मार्फत जमीन घेतात.

पण महाराष्ट्रात कृषी जमीन कंपनीच्या नावावर घेणे अत्यंत संवेदनशील विषय आहे. योग्य legal structure आणि सरकारी परवानगीशिवाय हा मार्ग धोकादायक ठरू शकतो.

प्रत्यक्षात लोक काय करतात?

कायद्याने हे मार्ग योग्य नसले तरी प्रत्यक्षात मोठ्या प्रमाणावर वापरले जातात.

खोटे शेतकरी दाखले

काही लोक बनावट कागदपत्रांच्या आधारे स्वतःला शेतकरी दाखवतात.

दूरच्या नातेवाईकांच्या जमिनीत नाव लावणे

वारस आणि फेरफार नोंदी वापरून स्वतःचा कृषी संबंध सिद्ध करण्याचा प्रयत्न केला जातो.

बेनामी व्यवहार

जमीन दुसऱ्याच्या नावावर घेतली जाते पण पैसे आणि ताबा दुसऱ्या व्यक्तीकडे असतो.

पॉवर ऑफ अटर्नीवर शेती

जमीन न विकत घेता फक्त Power of Attorney वर वर्षानुवर्षे व्यवहार चालवले जातात.

दुसऱ्या राज्यातील "कागदी शेती"

फक्त शेतकरी दर्जा मिळवण्यासाठी दुसऱ्या राज्यात थोडी जमीन घेतली जाते.

वर्ग २, कुळकायद्यातील किंवा आदिवासी जमीन लपवून विकणे

अनेकांना व्यवहार झाल्यानंतर वर्षांनी समजते की जमीन विक्रीसाठी विशेष सरकारी परवानगी आवश्यक होती.

"आधी व्यवहार करा, सातबारा नंतर दुरुस्त होईल"

हे जमीन व्यवहारातील सर्वात धोकादायक वाक्यांपैकी एक आहे.

जमीन घेताना सर्वात महत्त्वाच्या तपासण्या

लोक लोकेशन, रोड टच आणि किंमत बघतात. पण खरी अडचण कागदपत्रांमध्ये असते.

वर्ग १ की वर्ग २?

वर्ग २ जमीन विक्रीसाठी अनेक वेळा सरकारी परवानगी आवश्यक असते. परवानगीशिवाय व्यवहार भविष्यात अडकू शकतो.

कुळकायद्याची जमीन आहे का?

कुळकायद्यातील जमिनीवर जुन्या भोगवटादारांचे किंवा वारसांचे हक्क निर्माण होऊ शकतात.

आदिवासी जमीन आहे का?

Tribal land व्यवहारांवर अतिशय कडक निर्बंध असतात. चुकीचा व्यवहार रद्द होऊ शकतो.

Ceiling issue आहे का?

एका व्यक्तीकडे कायद्याने ठराविक मर्यादेपेक्षा जास्त कृषी जमीन असू शकत नाही. जास्त जमीन आढळल्यास सरकारी कारवाई होऊ शकते.

Fragmentation Act लागू होतो का?

काही भागात ठराविक क्षेत्रापेक्षा लहान तुकडे करून जमीन विक्री करता येत नाही. व्यवहार नोंदणी झाला तरी पुढे अडचणी येऊ शकतात.

Mutation dispute आहेत का?

फेरफार नोंदी, वारस नोंदी किंवा मालकी बदल यावर वाद असतील तर भविष्यात कोर्ट केस होऊ शकते.

Road access कायदेशीर आहे का?

प्रत्यक्षात रस्ता असला तरी तो कायदेशीर नसेल तर भविष्यात जमिनीपर्यंत जाण्याचाही प्रश्न निर्माण होऊ शकतो.

NA conversion शक्य आहे का?

सर्व जमीन भविष्यात NA होऊ शकतेच असे नाही. अनेक लोक ही चूक करून अडकतात.

जुने mortgage किंवा court cases आहेत का?

बँक कर्ज, तारण किंवा कोर्टातील वाद अनेक वेळा सुरुवातीला सांगितले जात नाहीत.

जमीन व्यवहारात फसवणूक लगेच समोर येत नाही. अनेक वेळा:

- १० वर्षांनी

- वारसांमुळे

- सरकारी तपासणीमुळे

- कोर्ट केस मुळे

प्रश्न निर्माण होतात.

आणि तेव्हा लाखो-कोट्यवधी रुपये अडकतात.

आता कायदा बदलण्याची गरज का आहे?

आज प्रत्यक्षात अशी परिस्थिती आहे:

- शेती करू इच्छिणाऱ्या व्यक्तीला जमीन घेणे कठीण

- पण कागदोपत्री शेतकरी असलेला व्यक्ती सहज जमीन घेऊ शकतो

- त्यामुळे प्रामाणिक लोक अडकतात

- आणि दलाल, एजंट, बेनामी व्यवहार वाढतात

जेव्हा कायदा वास्तवापासून दूर जातो तेव्हा काळी बाजारपेठ तयार होते.

आज हजारो:

- IT professionals

- doctors

- entrepreneurs

- retired officers

- young educated families

शेतीकडे वळताना दिसत आहेत.

कारण आता लोकांना:

- अन्नाची गुणवत्ता

- रासायनिक अवशेष

- मानसिक आरोग्य

- निसर्गाशी संबंध

- sustainable lifestyle

यांचे महत्त्व समजू लागले आहे.

शेती ही फक्त “गरीबांचा व्यवसाय” राहिलेली नाही. जगभरात educated farming वाढत आहे.

मग पूर्ण मोकळीक द्यावी का?

नाही.

कारण मग मोठे कॉर्पोरेट्स, रिअल इस्टेट पैसा आणि गुंतवणूक फंड हजारो एकर जमीन विकत घेऊ शकतात. छोटा शेतकरी पुन्हा बाहेर फेकला जाऊ शकतो.

पण सध्याची परिस्थितीही चुकीची आहे.

म्हणून मधला मार्ग आवश्यक आहे.

उदाहरणार्थ:

- प्रत्यक्ष शेती प्रकल्पासाठी परवानगी आधारित जमीन खरेदी

- काही वर्षे शेती करणे बंधनकारक

- जमीन लगेच NA मध्ये convert करता येऊ नये

- land ceiling कायम ठेवणे

- unused land वर दंड

- स्थानिक रोजगार अट

- जलसंधारण आणि मृदसंधारण अटी

- speculative buying वर निर्बंध

अशा प्रकारे कायदा बदलता येऊ शकतो.

आज भारतातील शेतीचे मोठे संकट फक्त उत्पादनाचे नाही.

खरे संकट आहे:

शेतीत काम करू इच्छिणाऱ्या सक्षम, प्रामाणिक आणि दीर्घकालीन विचार करणाऱ्या लोकांना प्रवेश मिळणे.

कायद्याचा उद्देश शेतकरी वाचवणे असावा.

शेती करू इच्छिणाऱ्या प्रत्येकाला अडवणे नाही.

पॅलिनेटर भाड्याने आणावे लागणे हे शेतीचे अपयश?

आजकाल डाळिंब शेतीमध्ये एक गोष्ट खूप सामान्य झाली आहे. फुलोऱ्याच्या काळात मधमाशांच्या पेट्या भाड्याने आणल्या जातात. अनेक शेतकरी त्यावर दरवर्षी हजारो रुपयांचा खर्च करतात. इतकेच नाही तर हे आता "नॉर्मल" मानले जाते.

पण मला कायम एक प्रश्न पडतो.

आपल्या शेतामध्ये मधमाशा नैसर्गिकरित्या का येत नाहीत?

कारण मधमाशा पृथ्वीवर आपल्या आधीपासून आहेत. त्यांनी करोडो वर्षे जंगलांचे, वनस्पतींचे, फुलांचे पॅलिनेशन केले. त्या कोणाच्या भाड्याने येत नव्हत्या. मग आज आपल्या शेतात त्यांना टिकून राहता का येत नाही?

खरा प्रश्न पॅलिनेशनचा नाही. खरा प्रश्न आपल्या शेतीच्या परिसंस्थेचा आहे.

आज अनेक शेतांमध्ये वर्षभर फक्त एकच पीक असते. फक्त डाळिंब. फक्त ऊस. फक्त कापूस. फक्त सोयाबीन. त्या पिकाचा फुलोरा संपला की मधमाशीला त्या शेतात काहीच मिळत नाही. ना फुले, ना विविधता, ना आश्रय.

मग ती तिथे कायमस्वरूपी का राहील?

त्यात भर म्हणजे सततची कीटकनाशकांची फवारणी. अनेक वेळा फुलोऱ्यात सुद्धा फवारण्या होतात. मधमाशा आणि जंगली पॅलिनेटर यासाठी अतिशय संवेदनशील असतात. त्यामुळे ते हळूहळू त्या परिसरातून गायब होतात.

आणि मग आपण म्हणतो "पॅलिनेशन कमी आहे".

माझ्या मते हा विचार उलटा आहे.

पॉलिनेटर कमी नाहीत. आपण त्यांच्यासाठी जगण्यासारखे वातावरण संपवले आहे.

शेती सुरू केल्यापासून आजपर्यंत आम्हाला कधीच पॉलिनेशनचा प्रॉब्लेम आला नाही. माझ्याकडे डाळिंब सुद्धा आहे. पण त्याचबरोबर २४ प्रकारच्या भाज्या आहेत, ३८ प्रकारची फळे आहेत, झाडे आहेत, वेली आहेत, नैसर्गिक गवत आहे, तण आहे, पक्षी आहेत, पाण्याचे छोटे स्रोत आहेत.

आणि त्यामुळे माझ्या शेतामध्ये जवळजवळ सर्व प्रकारच्या मधमाशा आहेत. जंगली native bees आहेत. भुंगे आहेत. फुलपाखरे आहेत. अगदी पक्षी स्वरूपातील पॉलिनेटर सुद्धा आहेत.

कारण निसर्गाला विविधता आवडते.

Monoculture हा निसर्गाचा नियम नाही. तो मानवनिर्मित प्रयोग आहे.

आज अनेक जण फळबागेमध्ये एकही तण उगवू देत नाहीत. पूर्ण जमीन काळी, उघडी आणि स्वच्छ ठेवली जाते. पण जंगलात तुम्ही कधी उघडी जमीन पाहिली आहे का? कुठेतरी गवत असते, कुठेतरी झुडूप असते, कुठेतरी पडलेली पाने असतात, कुठेतरी रानफुले असतात.

निसर्गाला “क्लीन शेव्ह” केलेली जमीन आवडत नाही.

विशेष म्हणजे आपण ज्यांना तण म्हणतो त्यापैकी अनेक वनस्पती पॉलिनेटरसाठी अमूल्य असतात.

टाकळा, आघाडा, कोटबंळी, रानतुळस, कुई, लाजाळू, भुईआवळी, wild legumes, छोटी रानफुले… या वनस्पतींवर वर्षभर मधमाशा आणि फुलपाखरे दिसतात.

डाळिंब काही दिवस फुलते.

पण ही तणे जवळजवळ वर्षभर फुलत असतात.

म्हणूनच विना नांगरणी शेती आणि मल्टी क्रॉपिंगमध्ये पॉलिनेटरचा प्रश्न फार कमी दिसतो. कारण शेत वर्षभर “जिवंत” असते.

फक्त मुख्य पीक जिवंत असणे म्हणजे जिवंत शेती नाही.

माती जिवंत पाहिजे.

तण जिवंत पाहिजे.

किडी जिवंत पाहिजेत.

पक्षी जिवंत पाहिजेत.

भुंगे जिवंत पाहिजेत.

मधमाशा जिवंत पाहिजेत.

शेती ही फक्त उत्पादन घेण्याची जागा नाही. ती एक परिसंस्था आहे.

आज अनेक शेतकरी म्हणतात की “कीड खूप वाढली आहे”. पण ज्या शेतामध्ये dragonflies, फुलपाखरे, कोळी, भुंगे आणि विविध पक्षी असतात तिथे ecosystem बऱ्यापैकी balanced असतो.

कारण निसर्गाला संतुलन कळते.

माणूस प्रत्येक गोष्ट कंट्रोल करण्याचा प्रयत्न करतो. तण संपवा. कीड संपवा. गवत संपवा. झुडूप संपवा.

शेवटी उरते काय?

फक्त पीक आणि रसायने.

आणि मग त्याच शेतात पॉलिनेटर भाड्याने आणावे लागतात.

माझ्या मते शेतामध्ये मधमाशांच्या पेट्या भाड्याने आणणे म्हणजे एखाद्या गावात पाणी संपल्यावर रोज टँकर मागवण्यासारखे आहे.

टँकर उपयोगी असतो. पण तो कायमस्वरूपी उपाय नसतो.

खरा उपाय म्हणजे विहीर जिवंत ठेवणे.

त्याचप्रमाणे खरा उपाय म्हणजे:

मल्टी क्रॉपिंग,

विना नांगरणी शेती,

वर्षभर फुलोरा,

तण पूर्ण नष्ट न करणे,

स्थानिक झाडे,

कमी विषारी वातावरण,

पाण्याचे छोटे स्रोत,

आणि जैवविविधता.

कारण शेवटी प्रश्न मधमाशांचा नाही.

प्रश्न असा आहे की आपली शेती जिवंत आहे का?

जर शेतामध्ये मधमाशा, फुलपाखरे आणि पक्षी टिकत नसतील, तर कदाचित त्या शेताला अजून उत्पादनाची नाही तर परिसंस्था परत उभी करण्याची गरज आहे.

गोपालनाचे भयानक सत्य

आजकाल मला एक गोष्ट सतत जाणवते. सोशल मीडियावर आणि चर्चांमध्ये अनेक लोक “देशी गाय पाळा”, “नैसर्गिक प्रजनन करा”, “AI वापरू नका” असे खूप सहजपणे सांगतात. मीसुद्धा हाच विचार करून अगदी प्रेमाने पावणे दोन लाख रुपये खर्च करून कामधेन गोशाळेतून उत्तम क्वालिटीचा वळू आणला. विचार असा होता की नैसर्गिक पद्धतीने प्रजनन करू, देशी genetics जपू आणि एक चांगली गोशाळा उभी करू.

पण वास्तव वेगळंच निघालं.

माझ्याकडे सलग अठरा गोऱ्हे जन्माला आले.

जर कालवडी जन्माला आल्या असत्या तर निदान अडीच वर्षांनी त्या दूध तरी द्यायला लागल्या असत्या. पण या 18 गोऱ्ह्यांचं मी करू काय? हा प्रश्न आज माझ्यासमोर उभा आहे.

लोक सल्ले खूप देतात.

कोणी म्हणतो शेणखत विक. पण एक जनावर रोज 25 किलो चारा खाते. मला तो साधारण पाच ते साडेपाच रुपये किलो पडतो. म्हणजे एका जनावरामागे रोजचा 125 रुपयांचा चारा झाला. अजून मजुरी, पाणी, औषधे, जागा, विज, व्यवस्थापन काहीच धरलेले नाही.

आता एवढ्या खर्चानंतर बैलाचे शेण जरी विकले तरी दिवसाला जास्तीत जास्त दहा किलो शेण मिळेल. शेणखत पाच हजार रुपये टनाने विकले तरी त्याचे अवघे पन्नास रुपये झाले. उरलेले 75-100 रुपये रोज कुठून आणायचे?

कोणी म्हणते पणत्या, गोवऱ्या, कुंड्या बनवा. म्हणजे मी शेती बंद करून आणि बाकीचे उद्योग बंद करून दिवसभर गोवऱ्या थापत बसू? आणि

त्यासाठी बाजारपेठ, पॅकिंग, मार्केटिंग, ग्राहक, ट्रान्सपोर्ट हे सगळं कोण करणार?

कोणी म्हणते गोमूत्राचा अर्क काढा. म्हणजे आता मी शेतकरी कमी आणि सेल्समन जास्त व्हायचं? गोमूत्रापेक्षा त्याचे गिऱ्हाईक शोधणे कठीण आहे. आज प्रत्येक गावात दहा लोक अर्क विकत आहेत पण खरेदी करणारे किती आहेत?

कोणी म्हणते तेलाचा कोलू चालवा. म्हणजे प्रत्येक बैल जन्माला आला की मला एक नवीन कोलू विकत घ्यावा लागेल? आणि त्यासाठी सतत तेलबिया विकत घेऊन तेल काढत बसावे लागेल?

कोणी म्हणते बैलजोडी शेतीसाठी वापरा. म्हणजे प्रत्येक दोन बैलामागे मला एक एकर शेती वाढवत न्यायची का? आजच्या काळात ट्रॅक्टरच्या वेगाशी आणि economics शी स्पर्धा करणे इतके सोपे नाही.

कोणी म्हणते प्रजननासाठी वापरा. म्हणजे प्रत्येक वळूमागे 15-20 गाई हव्या. मग पुन्हा त्यातून गोऱ्हे जन्माला येतीलच की.

कोणी म्हणते विकून टाका. पण आजच्या वातावरणात जनावर ट्रान्सपोर्ट करणे म्हणजे स्वतःचा जीव धोक्यात घालणे. अनेक वेळा जनावर घेऊन जाणाऱ्या लोकांना मध्येच अडवून मारहाण झाल्याच्या घटना आपण पाहिलेल्या आहेत.

कोणी म्हणते गोशाळेला दान करा. पण आज अनेक गोशाळा स्वतःच आर्थिक अडचणीत आहेत. काहींनी तर फोन उचलणेही बंद केले आहे. कारण त्यांच्याकडे आधीच नर जनावरांचा ढीग आहे.

हे सगळं बोलताना लोक एक गोष्ट विसरतात. गाय फक्त भावना नाही, ती रोज खर्च मागणारी जबाबदारी आहे.

सोशल मीडियावर "गोपालन करा" म्हणणे खूप सोपे आहे. पण त्या जनावराचा रोजचा चारा, जागा, पाणी, औषधे, कामगार, व्यवस्थापन, आणि त्यातून होणारे नुकसान हे प्रत्यक्षात सांभाळणे वेगळेच वास्तव आहे.

म्हणूनच आज अनेक डेअरी फार्म AI वापरतात. अनेक जण sex sorted semen वापरतात. कारण त्यांच्याकडे भावना नसतात म्हणून नाही, तर economics समजते म्हणून.

शेवटी प्रश्न असा आहे की आपण गोपालन भावनेवर चालवणार आहोत की टिकाऊ व्यवस्थेवर?

कारण फक्त भावना पोट भरत नाहीत. आणि वास्तवाकडे डोळेझाक करून समस्या सुटत नाहीत.

कधी कधी वाटतं, यापेक्षा गोपालनच बंद करून टाकावं किंवा मग सरळ sex sorted semen वापरावं. निदान समस्येच्या मुळावर तरी घाव बसेल.

“ऑरगॅनिक” - आपल्या समाजाच्या अपयशाचं प्रतीक

आज आपल्या समाजामध्ये इतकी विचित्र आणि लाजिरवाणी परिस्थिती निर्माण झाली आहे की जो शेतकरी खरंच शुद्ध, नैसर्गिक, विषमुक्त अन्न पिकवतो, त्यालाच वेगळं छापावं लागतं की “हे ऑरगॅनिक आहे”, “यामध्ये केमिकल नाही”, “रेसिड्यू फ्री आहे”, “विषमुक्त आहे”.

जरा विचार करा.

हे छापण्याची गरज का पडते?

कारण बाजारातील उरलेल्या अन्नाबद्दल आपण आपोआप गृहित धरायला लागलो आहोत की त्यामध्ये रासायनिक फवारण्या झालेल्या आहेत, कीटकनाशकांचे अवशेष आहेत, कृत्रिम पद्धती वापरलेल्या आहेत आणि दीर्घकाळात शरीरावर त्याचे दुष्परिणाम होऊ शकतात.

पूर्वी अन्न म्हणजे अन्न होतं.

कोणालाही वेगळं सांगावं लागत नव्हतं की हे विषमुक्त आहे. कारण नैसर्गिक अन्न हीच सामान्य गोष्ट होती.

आज परिस्थिती पूर्ण उलटी झाली आहे.

विषारी पद्धती “स्टँडर्ड प्रॅक्टिस” बनल्या आहेत आणि विषमुक्त अन्न ही “स्पेशल कॅटेगरी” झाली आहे.

हीच खरी शोकांतिका आहे.

आज बाजारामध्ये मिळणाऱ्या अनेक भाज्या, फळे आणि धान्य चमकदार दिसतात. एकसारख्या आकाराचे टोमॅटो, डाग नसलेली वांगी, मेण लावल्यासारखी सफरचंद, एकदम पिवळी केळी. ग्राहकांना तेच आवडतं.

पण कुणी विचारत नाही की हे इतकं “परफेक्ट” दिसण्यासाठी किती फवारण्या झाल्या असतील? किती केमिकल्स वापरले गेले असतील?

जर एखाद्या भाजीवर थोडा डाग असेल, थोडी कीड लागलेली दिसली, आकार छोटा असेल, रंग कमी चमकदार असेल, तर लगेच लोक म्हणतात "हे खराब आहे."

पण वास्तव उलट असू शकतं.

निसर्गामध्ये थोडीफार कीड दिसणे म्हणजे ती परिसंस्था अजून जिवंत आहे याची खूण असते.

आज आपण अशी अवस्था निर्माण केली आहे की किडीसुद्धा ज्याला खायला धजावत नाही, ते आपण मात्र पैसे देऊन आनंदाने खातो.

शेतकऱ्याला सतत सांगितलं जातं की उत्पादन चमकदार पाहिजे, मोठं पाहिजे, डागविरहित पाहिजे, शेल्फ लाइफ जास्त पाहिजे. मग हे साध्य करण्यासाठी रासायनिक खतं, कीटकनाशके, फंगीसाईड, वॅक्स कोटिंग, कृत्रिम पिकवणी अशी संपूर्ण रसायनांची साखळी वापरली जाते.

आणि त्यानंतर जेव्हा एखादा शेतकरी नैसर्गिक शेती करून थेट ग्राहकांपर्यंत पोहोचायचा प्रयत्न करतो, तेव्हा त्यालाच प्रश्न विचारले जातात.

"डायरेक्ट विक्री करता? मग स्वस्त द्या."

"मध्ये एजंट नाहीत ना? मग डिस्काउंट किती?"

म्हणजे ग्राहकाचा मुख्य प्रश्न हा नसतो की अन्न सुरक्षित आहे का.

मुख्य प्रश्न असतो, "किती स्वस्त?"

लोकांना मोबाईलसाठी जास्त पैसे द्यायला चालतात. गाडीसाठी प्रीमियम चालतो. कपड्यांसाठी ब्रँड चालतो. पण अन्न मात्र शक्य तितकं स्वस्त हवं असतं.

कोणी विचारत नाही की:

"माझ्या मुलांच्या शरीरात कमी विष जाणार आहे का?"

"माती टिकते आहे का?"

“पाणी वाचतं आहे का?”

“हा शेतकरी स्वतः विषाच्या संपर्कात कमी येतो आहे का?”

आज “ऑरगॅनिक” हा शब्द मार्केटिंगपेक्षा समाजाच्या अपयशाचं प्रमाणपत्र जास्त वाटतो.

खरं पाहिलं तर व्यवस्था उलटी असायला हवी होती.

आज विषमुक्त अन्नावर “ऑरगॅनिक” छापलं जातं. पण प्रत्यक्षात केमिकल वापरलेल्या उत्पादनांवर मोठ्या अक्षरात इशारा छापला गेला पाहिजे:

“या पिकावर रासायनिक फवारण्या झालेल्या आहेत.”

“कीटकनाशकांचे अवशेष असू शकतात.”

“लहान मुलांपासून दूर ठेवा.”

“दीर्घकाळ सेवन आरोग्यास घातक ठरू शकते.”

जसं आज डास मारायच्या स्प्रेवर, बेगॉन, हिट किंवा इतर विषारी उत्पादनांवर लिहिलेलं असतं:

“Poison”

“Keep Away From Children”

तसंच अनेक कृषी रसायनांच्या बाटल्यांवर कवटीचं चिन्ह असतं. PPE किट वापरा, मास्क घाला, हातमोजे घाला, शरीरावर लागू देऊ नका, असं स्पष्ट लिहिलेलं असतं.

कारण कंपन्यांनाही माहिती असतं की ते पदार्थ विषारी आहेत.

पण सर्वात मोठा विरोधाभास म्हणजे तीच रसायने फवारलेलं अन्न मात्र कोणत्याही इशाऱ्याशिवाय बाजारात विकलं जातं.

ज्या शेतकऱ्याला फवारणी करताना मास्क घालायला सांगितलं जातं, त्याच फवारणीतील अवशेष शेवटी ग्राहकाच्या ताटात पोहोचतात.

ही गोष्ट आपण इतक्या वर्षांत इतकी सामान्य मानायला लागलो आहोत की आता कुणालाच त्यात काही विचित्र वाटत नाही.

आज लोक चव, पौष्टिकता आणि आरोग्यापेक्षा चमक, रंग आणि आकार बघतात.

नैसर्गिकतेपेक्षा "परफेक्शन" महत्त्वाचं झालं आहे.

पण निसर्गामध्ये परफेक्ट दिसणाऱ्या गोष्टी क्वचित असतात.

औद्योगिक उत्पादनं परफेक्ट दिसतात.

निसर्ग जिवंत दिसतो.

आणि कदाचित म्हणूनच आजची खरी गरज "ऑरगॅनिक" हा शब्द विकण्याची नाही, तर लोकांची अन्नाकडे बघण्याची मानसिकता बदलण्याची आहे.

कारण शेवटी स्वस्त अन्नाची किंमत कुठेतरी भरली जातेच.

कधी माती भरते.

कधी पाणी भरतं.

कधी शेतकरी भरतो.

आणि शेवटी शरीर भरतं.

एक्झॉटिकच्या नादात आपण नेमकं काय हरवत आहोत?

एक्झॉटिक या एका शब्दाने आपण अक्षरशः पछाडले गेलो आहोत.

एक्झॉटिक लाइफस्टाइल, एक्झॉटिक एक्सपिरीयन्स, एक्झॉटिक फूड, एक्झॉटिक ट्रॅव्हल. आयुष्यात प्रत्येक गोष्ट आजकाल माणसाला "वेगळी" हवी आहे. लहानांपासून मोठ्यांपर्यंत, मध्यमवर्गीयांपासून श्रीमंतांपर्यंत सर्वांमध्ये एक न संपणारी शर्यत सुरू आहे. इतरांपेक्षा वेगळं दिसायचं, वेगळं खायचं, वेगळं जगायचं. त्यासाठी आयुष्यात किती साधे आनंद सोडून द्यावे लागतात आणि किती कृत्रिम दुःख पचवावी लागतात, हे प्रत्येकाचे त्याचे त्यालाच माहिती.

पण या एक्झॉटिकच्या मागे धावताना आपण एक मूलभूत गोष्ट विसरलो आहोत. निसर्गाने प्रत्येक प्रदेशाला त्याच्या हवामानानुसार, पाण्यानुसार, मातीनुसार आणि शरीरानुसार अन्न दिलेले असते. राजस्थानमध्ये एक अन्नसंस्कृती तयार झाली, कोकणात दुसरी, विदर्भात तिसरी. हे काही योगायोगाने घडलेले नाही. हजारो वर्षांच्या अनुभवातून माणसाने आणि निसर्गाने मिळून ती व्यवस्था तयार केलेली आहे.

पण आता इंस्टाग्राम, मार्केटिंग आणि ग्लोबल फूड ट्रेंडने आपल्याला पटवून दिलं आहे की जगातलं प्रत्येक अन्न आपल्याला रोज खाल्लंच पाहिजे.

मात्र या एक्झॉटिक भाज्यांमागचे खरे दुःख शेतकरी जाणतो.

आपल्या वातावरणात सहज उगवणाऱ्या भाज्या सोडून हवामानाच्या पूर्ण विरुद्ध पिकं उगवायची. त्यासाठी पॉलिहाऊस उभारायचे, तापमान नियंत्रित ठेवायचे, आर्द्रता सांभाळायची, रोग येऊ नयेत म्हणून सतत फवारण्या करायच्या, पोषण वेगळं द्यायचं, कोल्ड स्टोरेज करायचं. कारण ग्राहकाला

“एक्झॉटिक” पाहिजे आहे. आणि त्यासाठी पैसे मोजायला तयार ग्राहक शहरात उभा आहे.

लोक दुसरीकडे “केमिकल फ्री” अन्न शोधतात आणि त्याच वेळी हवामानाच्या विरुद्ध पिकवलेल्या भाज्यांची मागणी करतात. पण ज्या गोष्टी नैसर्गिकरीत्या आपल्या वातावरणात वाढत नाहीत त्यांना कृत्रिम आधाराशिवाय टिकवणे किती अवघड असते हे समजून घेत नाहीत. प्रत्येक टप्प्यावर ऊर्जा, पाणी, प्लास्टिक, औषधे आणि खर्च वाढत जातो.

हे मी फक्त बाहेरून बोलत नाही. मी स्वतः एक्झॉटिक भाज्या केलेल्या आहेत. पण एक गोष्ट स्पष्ट जाणवली, प्रत्येक पिकाचा एक नैसर्गिक ऋतू असतो. त्या विशिष्ट हवामानात, विशिष्ट तापमानात, विशिष्ट दिवसांच्या लांबीमध्ये ती पिकं सहज वाढतात. तेव्हा त्यांची चव, वाढ, रोगप्रतिकारशक्ती आणि उत्पादन सगळं वेगळ्या पातळीवर असतं.

उदाहरणार्थ ब्रोकोली, लेट्युस, सेलरी, पार्सले, केल या थंड हवामानात उत्तम वाढणाऱ्या भाज्या आहेत. महाराष्ट्रात त्या नैसर्गिकरीत्या प्रामुख्याने हिवाळ्यात चांगल्या येतात. ऑक्टोबर ते फेब्रुवारी हा त्यांचा नैरार्गिक काळ.

बेसिलला मात्र उबदार हवामान आवडतं. ते पावसाळ्यानंतर आणि हलक्या उन्हाळ्यात छान वाढतं, पण अतिथंड वातावरणात त्रास होतो.

चेरी टोमॅटो आणि झुकिनीही मध्यम हवामानात उत्तम येतात. फार उष्णता किंवा फार पाऊस दोन्ही त्यांना ताण देतात. म्हणून अनेक शेतकरी त्यांना नियंत्रित वातावरणात घेतात.

म्हणजे या भाज्या चुकीच्या आहेत असं नाही. पण त्या कोणत्या ऋतूमध्ये नैसर्गिकरीत्या वाढतात हे समजून घेतलं पाहिजे. निसर्गाच्या काळात घेतलेली भाजी आणि बारा महिने कृत्रिमरीत्या काढलेली भाजी यात फरक असतो.

पण आज बाजाराला बारा महिने सगळं पाहिजे असतं.

एरवी दोडका, घोसाळे, पडवळ ढुंकूनही न पाहणारी लोक "झुकिनी" म्हणत मागे लागतात. टोमॅटोला नाकं मुरडणारे चेरी टोमॅटोचं सॅलड खातात. "यू नो, आय नीड टू इट माय प्रोटीन" म्हणत ब्रोकोली खातात. सुरुवातीला वास सहन होत नाही तरी बेसिल आवडायला शिकतात. घरचा मसाला जड वाटू लागतो आणि इटालियन हर्ब्स "सॉफिस्टिकेटेड" वाटायला लागतात.

प्रश्न असा आहे की आपण खरंच चवीसाठी खातोय की स्टेटससाठी?

आज लोक नाव खातात, चव नाही. इंग्रजी नाव असेल, पॅकेजिंग सुंदर असेल आणि किंमत जास्त असेल तर पदार्थ आपोआप हेल्दी वाटतो. "लोकल" शब्द कमीपणाचा वाटतो आणि "इम्पोर्टेड" शब्द प्रतिष्ठेचा वाटतो.

जपानमधून आलेले खरबूज, थायलंडची फळे, इटालियन लेट्युस, अमेरिकन कॉर्न यासाठी लोक पैसे मोजतात. पण आपल्या गावातील ज्वारी, बाजरी, नागली, चवळी, घेवडा, शेवगा यांना ब्रँडिंग नाही म्हणून त्यांची किंमत कमी.

खरं तर आज जगभरात विकसित देश स्वतःची अन्नसंस्कृती जपण्याचा प्रयत्न करत आहेत. फ्रान्स त्यांचे चीज जपतो, इटली त्यांचा पास्ता जपते, जपान त्यांचे पारंपरिक अन्न जपतो. आणि आपण मात्र स्वतःच्या अन्नाला मागास समजत आहोत.

आज शहरात लोक ऑर्गॅनिक बेसिल शोधत आहेत आणि गावात तुळशीकडे कोणी बघत नाही.

पूर्वी लोक भाज्या ताज्या आहेत का, चव कशी आहे, शरीराला मानवतात का हे बघायचे. आता लोक विचारतात, "प्रोटीन किती?", "ग्लूटन फ्री आहे का?", "इम्पोर्टेड आहे का?", "कॅलरीज किती?"

पूर्वी आई विचारायची, "पोट भरलं का?"

आज खाणं हे पोषणापेक्षा प्रदर्शन जास्त झालं आहे.

या सगळ्याचा मानसिक परिणामही मोठा आहे. लोकांना आता साधं जगणं अपुरं वाटायला लागलं आहे. साधं अन्न, साधं घर, साधे कपडे, साधा प्रवास यात समाधान राहत नाही. प्रत्येक गोष्ट सोशल मीडियावर दाखवण्यालायक हवी असते. त्यामुळे लोक अनुभव कमी आणि त्याचे प्रदर्शन जास्त जगत आहेत.

आणि गंमत म्हणजे दुसरीकडे शहरातील लोक आता “ऑथेंटिक व्हिलेज एक्सपिरीयन्स” शोधत आहेत. विकेंडला फार्म स्टे करतात, मातीच्या चुलीवरचं जेवण खातात, बैलगाडीत फोटो काढतात. पण खरे शेतकरी आयुष्य जगायला मात्र कोणी तयार नसते.

या एक्झॉटिक संस्कृतीचा सर्वात मोठा फटका शेतकऱ्याला बसतो. कारण बाजाराची फॅशन दर दोन वर्षांनी बदलते. आज लेट्युस, उद्या केल, परवा मायक्रोग्रीन्स. ग्राहक लगेच पुढच्या ट्रेंडकडे वळतो. पण शेतकऱ्याची गुंतवणूक, कर्ज, पाणी, जमीन आणि रिस्क कायम राहते.

या ट्रेंडच्या नादात आपण फक्त स्थानिक भाज्या हरवत नाही आहोत, तर स्थानिक बियाणं, स्थानिक चव, स्थानिक शेती आणि स्थानिक आरोग्य हळूहळू संपवत आहोत.

एक्झॉटिकचा खरा अर्थ “दुर्मिळ” असा होता. पण आज तो “महाग” आणि “दिसायला वेगळं” इतकाच उरलाय.

आणि सगळ्यात मोठा विरोधाभास म्हणजे आपल्या आजीआजोबांनी खाल्लेलं साधं जेवण आज पाच स्टार हॉटेलमध्ये “मिलेट बेस्ड ट्रेडिशनल प्लेटर” म्हणून हजार रुपयांना विकलं जातं.

कदाचित आपण आधुनिक होत नाही आहोत. आपण फक्त आपल्या मुळांपासून दूर जात आहोत.

संस्कृती म्हणजे नेमके काय?

आजकाल “आपली संस्कृती जपली पाहिजे” हे वाक्य सतत ऐकायला मिळते. कुठे कपड्यांवरून वाद होतो, कुठे चित्रपटांवरून, कुठे भाषेवरून, तर कुठे नातेसंबंधांवरून. पण अनेक वेळा एक मूलभूत प्रश्न विचारलाच जात नाही. संस्कृती म्हणजे नेमके काय?

संस्कृती म्हणजे फक्त सण, पूजा, कपडे किंवा नाच-गाणी नाहीत. संस्कृती म्हणजे एखाद्या समाजाची पूर्ण जगण्याची पद्धत. लोक काय खातात, कसे राहतात, कोणती भाषा बोलतात, नाती कशी जपतात, शेती कशी करतात, निसर्गाशी कसे वागतात, कामाची पद्धत काय असते, कला कोणती असते, मुलांना काय शिकवले जाते, योग्य-अयोग्य कशाला मानले जाते... हे सगळे मिळून संस्कृती तयार होते.

म्हणजेच संस्कृती ही समाजाची collective operating system असते.

आज अनेक लोक वेगवेगळ्या गोष्टींना “संस्कृतीविरोधी” म्हणतात. छोटे कपडे, western fashion, dating apps, live-in relationships, inter-caste marriage, interfaith marriage, same-sex relationships यावर आक्षेप घेतला जातो. इंग्रजीचा वाढता वापर, Hinglish बोलणे, मराठी किंवा मातृभाषेचा कमी होत जाणारा वापर याबद्दल चिंता व्यक्त होते.

Valentine’s Day, Halloween, New Year parties यांना “पाश्चात्य संस्कृती” म्हणून विरोध होतो. OTT content, bold scenes, rap music, stand-up comedy, memes, gaming culture यावर “संस्कार बिघडत आहेत” असे म्हटले जाते.

महिलांचे आर्थिक स्वातंत्र्य, उशिरा लग्न करणे, मूल न होण्याचा निर्णय, feminist विचार यांनाही काही लोक संस्कृतीविरोधी म्हणतात. अन्नपद्धती

बदलणे, fast food, processed food, imported खाद्यसंस्कृती स्वीकारणे यावरूनही वाद होतात.

पण इथे एक मोठा विरोधाभास दिसतो. कारण इतिहासात अनेक गोष्टी "संस्कृती" म्हणूनच चालत होत्या. सतीप्रथा, अस्पृश्यता, बालविवाह, स्त्रियांना शिक्षणबंदी... या सगळ्यालाही कधीकाळी संस्कृतीचे संरक्षण म्हटले जात होते. आज आपण त्या चुकीच्या मानतो. म्हणजे प्रत्येक जुनी गोष्ट जपण्यासारखी नसते.

म्हणूनच खरा प्रश्न "संस्कृती जपायची का?" हा नाही.

खरा प्रश्न आहे: "काय जपायचे आणि काय बदलायचे?"

कारण कोणतीही जिवंत संस्कृती सतत बदलत असते. पूर्वी बैलगाडी होती, नंतर ट्रॅक्टर आले. पूर्वी पत्रे होती, आता मोबाइल आले. पूर्वी गावकेंद्रित जीवन होते, आता digital economy आली. बदल थांबवला तर समाज गोठतो. आणि सर्व परंपरा फेकून दिल्या तर समाजाची ओळख तुटते.

पण या सगळ्या वादांमध्ये एक अत्यंत महत्त्वाचा मुद्दा अनेकदा दुर्लक्षित राहतो. तो म्हणजे पारंपरिक बियाणे, बैल, गावकेंद्रित अर्थव्यवस्था, लोककला आणि लोकभाषा.

आज जेव्हा लोक "संस्कृती धोक्यात आहे" असे म्हणतात, तेव्हा अनेकदा फक्त कपडे किंवा चित्रपटांवर चर्चा होते. पण खरी संस्कृती तर गावांच्या मातीमध्ये होती. स्थानिक बियाण्यांमध्ये होती. लोकगीतांमध्ये होती. बोलीभाषांमध्ये होती. शेतीच्या पद्धतींमध्ये होती. गावातील सुतार, लोहार, कुंभार, चांभार, विणकर, गुराखी, भटजी, वैद्य, कलाकार, लोकनाट्य करणारे लोक... हे सगळे मिळून एक संपूर्ण ecosystem तयार होत होता.

गाव फक्त राहण्याची जागा नव्हती. ती एक स्वतंत्र अर्थव्यवस्था होती.

शेतकरी शेती करत होता. बैल शेतीचे केंद्र होते. शेण खत होते. स्थानिक बियाणे पुढच्या पिढीसाठी जपली जात होती. गावातील कारागीर गावाच्या गरजा पूर्ण करत होते. पैसा गावातच फिरत होता. लोक एकमेकांवर अवलंबून होते.

पूर्वी महाराष्ट्रातील बहुतेक गावांमध्ये ज्वारी, बाजरी, गहू, तूर, मूग, उडीद, चवळी, मटकी, हरभरा, तीळ, karadई यांसारखी पिके स्थानिक पातळीवर घेतली जात होती. एका गावात किंवा पंचक्रोशीतच धान्य, डाळी, तेलबिया आणि पशुखाद्य तयार होत असे. त्यामुळे दैनंदिन अन्नासाठी पंजाब, हरियाणा, मध्य प्रदेश किंवा कर्नाटकवर मोठ्या प्रमाणावर अवलंबून राहण्याची गरज कमी होती.

गावातील प्रत्येक घरात मटकी, चवळी, मूग, उडीद, ज्वारी, बाजरी आणि तूर वापरली जात होती. तो केवळ आहार नव्हता. ती स्थानिक शेती, स्थानिक अर्थव्यवस्था आणि स्थानिक संस्कृती यांची साखळी होती.

आज परिस्थिती पूर्ण बदलली आहे.

गहू मोठ्या प्रमाणात पंजाब, हरियाणा, मध्य प्रदेश आणि उत्तर प्रदेशमधून येतो. अनेक डाळी मध्य प्रदेश, राजस्थान, कर्नाटक आणि इतर राज्यांतून येतात. खाद्यतेलासाठी भारत मोठ्या प्रमाणावर आयातीवर अवलंबून आहे. अनेक शहरांमध्ये खाल्ले जाणारे अन्न हजारो किलोमीटर प्रवास करून येते.

आज जर एखाद्या गावात वर्षभरासाठी लागणारा गहू, मूग, उडीद, चवळी, मटकी, तेलबिया आणि भाज्या स्थानिक पातळीवरच उत्पादित होत नसतील, तर ते गाव आर्थिकदृष्ट्या आणि अन्नाच्या दृष्टीने स्वावलंबी राहिले का?

पूर्वीच्या गावकेंद्रित अर्थव्यवस्थेचे सर्वात मोठे वैशिष्ट्य म्हणजे “food miles” अत्यंत कमी होते. शेतातून धान्य घरात यायला कदाचित दोन किलोमीटरही प्रवास करावा लागत नसे. आज आपल्या ताटातील डाळ अनेकदा हजार किलोमीटरवरून आलेली असते.

आज बियाणे multinational कंपन्यांच्या हातात गेली. शेती diesel, chemical आणि market वर अवलंबून झाली. गावातील व्यवसाय संपले. लोक शहरांकडे स्थलांतरित झाले. स्थानिक भाषा कमी होत गेल्या. लोककला मनोरंजन उद्योगापुढे हरवू लागल्या.

आज गावातील मुलालाच स्वतःच्या बोलीभाषेची लाज वाटते पण foreign accent चे आकर्षण वाटते. लोकांना स्वतःच्या लोकगीतांपेक्षा reels वरचे trending audio जास्त माहिती असतात.

हा बदल फक्त सांस्कृतिक नाही. हा आर्थिक आणि मानसिक बदल आहे.

आज आपण बघतो आहोत की भारत मोठ्या प्रमाणावर आखाती देशांवर तेलासाठी अवलंबून आहे. Hormuz सामुद्रधुनीत तणाव निर्माण झाला किंवा पुरवठा थांबला, तर लगेच पेट्रोल-डीझेलचे दर वाढतात. वाहतूक महाग होते. खतांचे दर वाढतात. अन्न महाग होते. म्हणजे संपूर्ण अर्थव्यवस्था एका जागतिक पुरवठा साखळीवर अवलंबून आहे.

पण पूर्वीच्या decentralised गावव्यवस्थेमध्ये हा धक्का तुलनेने कमी बसला असता. कारण गावांची मूलभूत गरज गावातच पूर्ण होत होती. स्थानिक अन्न, स्थानिक बियाणे, बैलांवर आधारित शेती, स्थानिक उत्पादन आणि कमी बाह्य अवलंबित्व यामुळे जागतिक संकटांचा थेट परिणाम प्रत्येक घरावर होत नसे.

याचा अर्थ असा नाही की आपण पुन्हा बैलगाडीच्या काळात जावे. आधुनिक तंत्रज्ञान आवश्यकच आहे. पण प्रश्न असा आहे की विकासाचा फायदा गावांच्या हातात राहिला का?

आज भारतात उत्पादन गावात होते पण नफा शहरात जातो. कच्चा माल शेतकरी देतो पण value addition दुसरे कोणी करते. गावातील तरुण शिक्षण घेऊन गाव सोडतो कारण गावात अर्थव्यवस्था उरलेली नाही.

जर गावकेंद्रित अर्थव्यवस्था आधुनिक तंत्रज्ञानासोबत विकसित केली असती, तर चित्र वेगळे असू शकले असते. स्थानिक food processing, decentralized energy, water management, local seed systems, rural industries, direct farmer-to-consumer networks, लोककला आधारित creative economy... यामुळे गाव फक्त "गरीबीचे प्रतीक" राहिले नसते.

आज संस्कृतीच्या नावाखाली अनेकदा फक्त बाह्य गोष्टींवर वाद होतात. पण खऱ्या संस्कृतीचा पाया म्हणजे समाजाची उत्पादनपद्धती, निसर्गाशी नाते, भाषा, स्थानिक ज्ञान आणि आर्थिक स्वावलंबन.

संस्कृती जपणे म्हणजे फक्त कपडे जपणे नाही.

संस्कृती जपणे म्हणजे समाजाची स्मृती, कौशल्ये, स्थानिक ज्ञान आणि मानवी नाती जपणे.

आणि कदाचित सर्वात मोठा प्रश्न हा आहे की आपण आधुनिक होण्याच्या नादात प्रगती केली आहे की फक्त आपल्या मुळांपासून तुटलो आहोत?

स्वावलंबी गावे

आज आपण असा समाज बनलो आहोत की गावात कच्चा माल पिकतो, पण त्याची प्रक्रिया शहरात होते. शेतकरी तूर विकतो, डाळ शहरातून विकत घेतो. शेंगदाणे विकतो, तेल बाजारातून आणतो. मका विकतो, पशुखादे कारखान्यातून आणतो. म्हणजे उत्पादन गावात आणि मूल्यवर्धन बाहेर.

आपण वारंवार म्हणतो की शेती परवडत नाही, पशुपालन परवडत नाही. पण आपण कधी विचार केला का की जनावरांच्या खाद्यातील बहुतेक घटक आपल्या गावातच तयार होऊ शकतात?

सध्या छोटी दाल मिल साधारण ६५ हजार रुपयांपासून उपलब्ध आहे. ताशी १०० ते ३०० किलो क्षमता असलेली मशीन घेतली तरी गावातील तूर, हरभरा, मूग, उडीद यांची डाळ गावातच तयार होऊ शकते. डाळ मिळालीच, पण त्याचबरोबर फोलपट, तुटलेले दाणे आणि भूसी पशुखाद्यासाठी मिळू लागतात.

त्यानंतर येतो तेल घाणा.

भारत आजही आपल्या खाद्यतेलाच्या गरजेपैकी जवळपास ६० टक्के किंवा त्याहून अधिक तेल आयात करतो. पाम तेल, सूर्यफूल तेल आणि सोयाबीन तेलाचा मोठा हिस्सा परदेशातून येतो. त्यामुळे जागतिक बाजारात काही झाले, जहाज वाहतुकीत अडथळे आले, कच्च्या तेलाचे दर वाढले, तर त्याचा थेट परिणाम आपल्या स्वयंपाकघरावर होतो.

पण अनेकांना तेलाचे साधे गणितच माहीत नसते.

कोणत्या बियामध्ये किती तेल असते?

साधारणपणे तेलाचे प्रमाण असे असते:

नारळ (कोरडा खोबरा): 55 ते 65%

तीळ: 46 ते 52%

शेंगदाणा: 45 ते 50%

मोहरी / रायडा: 30 ते 40%

सूर्यफूल: 22 ते 36% (सालासकट बी)

सोयाबीन: 18 ते 20%

करडई: 24 ते 36%

जवस: 30 ते 40%

याचा अर्थ १०० किलो शेंगदाण्यातून ४५ ते ५० किलोपेक्षा जास्त तेल निघू शकत नाही. १०० किलो सोयाबीनमधून १८ ते २० किलो तेल निघते. उरलेला भाग पेंड म्हणून राहतो.

म्हणूनच बाजारात एखादे तेल संशयास्पदरीत्या स्वस्त दिसत असेल तर ग्राहकाने प्रश्न विचारायला हवा. कारण निसर्गाचे गणित बदलत नाही.

लाकडी घाणा की एक्सपेलर?

आज "वुड प्रेस्ड", "कोल्ड प्रेस्ड", "घाण्याचे तेल", "ऑरगॅनिक तेल" या शब्दांचा अक्षरशः पाऊस पडतो.

पण या चार गोष्टी वेगळ्या आहेत.

ऑरगॅनिक म्हणजे रसायनमुक्त पद्धतीने पिकवलेला कच्चा माल.

कोल्ड प्रेस्ड म्हणजे तेल काढताना तापमान नियंत्रित ठेवणे.

वुड प्रेस्ड म्हणजे लाकडी घाण्याचा वापर.

एक्सपेलर म्हणजे स्क्रू प्रेस मशीनद्वारे तेल काढणे.

लाकडी घाण्यात:

उत्पादन कमी मिळते

प्रक्रिया मंद असते

मजुरी जास्त लागते

तेलाची चव आणि सुगंध टिकतो

एक्सपेलरमध्ये:

उत्पादन जास्त मिळते

प्रक्रिया जलद होते

खर्च कमी पडतो

व्यावसायिक उत्पादन शक्य होते

म्हणून पूर्णपणे प्रामाणिक लाकडी घाण्याचे तेल स्वस्त असणे आर्थिकदृष्ट्या कठीण आहे. हे वास्तव आहे.

तेलाचा खरा खर्च कसा ओळखायचा?

समजा शेंगदाणा ७० रुपये किलो आहे.

१०० किलो शेंगदाण्याची किंमत = ७,००० रुपये

तेल मिळाले = ४५ किलो

पेंड मिळाली = ५५ किलो

समजा पेंड २५ रुपये किलोने विकली तर परत मिळाले = १,३७५ रुपये

म्हणजे निव्वळ कच्चा माल खर्च = ५,६२५ रुपये

५,६२५ ÷ ४५ = १२५ रुपये प्रति किलो तेल

यात अजून:

वीज

मजुरी

पॅकिंग

वाहतूक

व्याज

मशीनचा घसारा

विक्रेत्याचा नफा

यापैकी काहीही जोडलेले नाही.

म्हणून शुद्ध तेल कितीला मिळू शकते याचा साधारण अंदाज प्रत्येक ग्राहकाने स्वतः काढला पाहिजे.

पशुपालनाचा अर्धा प्रश्न इथेच सुटतो

तेल काढले की पेंड मिळते.

डाळ काढली की फोलपट मिळते.

ग्रेडिंग मिल आली की मक्याचा तुकडा, गव्हाचा कोंडा, तुटलेले धान्य मिळते.

म्हणजे पशुखाद्याचे तीन प्रमुख घटक गावातच तयार होतात.

आज अनेक दुग्ध उत्पादक हजारो रुपये खर्च करून बाहेरून खाद्य विकत घेतात. पण गावात डाळ मिल, तेल घाणा आणि ग्रेडिंग मिल असली तर त्यातील मोठा हिस्सा स्थानिक पातळीवर उपलब्ध होऊ शकतो.

खरी गरज कोणती?

आज आपण मोठमोठ्या कारखान्यांबद्दल बोलतो. पण प्रत्येक गावात ५०० कोटींचा कारखाना उभा राहणार नाही.

मात्र प्रत्येक गावात:

एक दाल मिल

एक तेल घाणा

एक ग्रेडिंग मिल

एक पशुखाद्य युनिट

उभे राहू शकते.

पूर्वी भारतातील गाव ही फक्त वस्ती नव्हती. ती एक आर्थिक यंत्रणा होती. तेल गावात निघायचे, पीठ गावात दळले जायचे, गुरांचे खाद्य गावात तयार व्हायचे. त्यामुळे एखाद्या देशात युद्ध झाले, एखादा समुद्री मार्ग बंद झाला किंवा एखाद्या बहुराष्ट्रीय कंपनीने दर वाढवले तरी गावाचे जीवन थांबत नव्हते.

आज आपण स्वतःचे अन्न पिकवतो, पण त्याची प्रक्रिया करण्यासाठी बाहेर अवलंबून आहोत. हीच सर्वात मोठी विसंगती आहे.

खरे स्वातंत्र्य फक्त ध्वज फडकवण्यात नाही. खरे स्वातंत्र्य तेव्हा मिळते जेव्हा गाव स्वतःची डाळ, स्वतःचे तेल, स्वतःचे पशुखाद्य आणि शक्य तितक्या गरजा स्वतः पूर्ण करू लागते.

भारतातील पुढची क्रांती मोठ्या शहरांमधून नाही, तर स्वावलंबी आणि डी-सेंटरलाईज गावांमधून येऊ शकते. तेव्हा डिझेल कमी जळेल, पैसा गावात फिरेल आणि शेतकरी पुन्हा फक्त उत्पादक न राहता उद्योजक बनेल.

शेतकऱ्यांनाच कर्जमाफी का?

आजकाल सोशल मीडियावर एक प्रश्न वारंवार विचारला जातो.

"शेतकऱ्यांनाच कर्जमाफी का? मध्यमवर्गीयाला का नाही?"

पहिल्यांदा ऐकताना हा प्रश्न योग्य वाटतो. कारण शहरातील माणूसही आज प्रचंड तणावाखाली जगत आहे. घराचे EMI, मुलांचे शिक्षण, महागाई, job insecurity आणि आता AI.

पूर्वी असे वाटायचे की चांगले शिक्षण घेतले, मोठ्या कंपनीत नोकरी मिळाली की आयुष्य सुरक्षित झाले. विशेषतः IT, software, finance, design, support अशा क्षेत्रांमध्ये काम करणाऱ्या लोकांना वाटायचे की ही career lifetime सुरक्षित आहे.

पण आता परिस्थिती बदलत आहे.

मी स्वतः IT क्षेत्रात काम केले आहे. पूर्वी software industry मध्ये हजारो freshers घेतले जायचे. Training देऊन projects वर बसवले जायचे. आता AI काही सेकंदांत coding, debugging, documentation, testing, reporting अशी अनेक कामे करत आहे.

खरं सांगायचं तर आता फक्त fresher नाही, तर अनेक experienced लोकांची गरज सुद्धा कमी होत चालली आहे.

आणि ही फक्त सुरुवात आहे.

पुढच्या ५ ते १० वर्षांत लाखो white-collar jobs कमी होणार हे जवळजवळ निश्चित आहे. कारण कंपन्यांना भावना नसतात. खर्च कमी झाला की माणसं कमी होतात.

मग प्रश्न पडतो:

या लोकांची कर्जे कोण माफ करणार?

पण इथे एक महत्वाची गोष्ट समजून घ्यावी लागेल.

शेतकरी फक्त स्वतःसाठी काम करत नाही. तो समाजाचा अन्नपुरवठा चालू ठेवत असतो. म्हणूनच जगातील कोणताही देश शेती पूर्णपणे बाजाराच्या हवाली करत नाही. कारण शेवटी माणूस software शिवाय जगू शकतो, पण अन्नाशिवाय नाही.

AI coding करू शकतो.

Design करू शकतो.

Accounts करू शकतो.

Reports लिहू शकतो.

पण AI भाकरी बनवू शकत नाही.

Server farm मध्ये गहू उगवत नाही.

Chatbot टोमॅटो पिकवत नाही.

म्हणूनच पुढच्या २०-३० वर्षांत जगातील सर्वात महत्वाचा sector कोणता असेल तर तो अन्न उत्पादन.

हे भावनिक विधान नाही.

ही वस्तुस्थिती आहे.

जगात कितीही technology आली तरी तीन गोष्टी कायम लागणारः

अन्न, पाणी आणि ऊर्जा.

बाकी सगळे luxury आहेत.

आजचा सर्वात मोठा भ्रम म्हणजेः

“Digital economy म्हणजे future.”

नाही.

Digital economy वर civilisation उभे राहत नाही.

Civilisation उभे राहते:

माती, पाणी, अन्न आणि ऊर्जेवर.

म्हणून पुढच्या काही वर्षांमध्ये भारतात एक मोठा सामाजिक बदल होणार आहे.

आणि तो बदल शांतपणे सुरू सुद्धा झाला आहे.

शहरातून गावाकडे परत येणाऱ्या लोकांचे लोंढे.

आज अनेकांना हे अतिशयोक्ती वाटेल. पण AI आणि automation किती वेगाने पुढे जात आहे हे ज्यांनी जवळून पाहिले आहे त्यांना परिस्थितीची गंभीरता समजते.

पुढच्या काळात लाखो तरुण शहरात टिकू शकणार नाहीत. कारण शहरातील संपूर्ण जीवन monthly cashflow वर चालते. Job गेली की EMI थांबते. EMI थांबली की संपूर्ण व्यवस्था कोसळते.

मग हे लोक कुठे जाणार?

ते परत गावाकडे येणार.

कारण शेवटी शहर हे consumption economy वर चालते. पण गाव अजूनही production economy वर उभे आहे.

शहर पैसा छापू शकते.

Software बनवू शकते.

पण अन्न तयार करू शकत नाही.

म्हणूनच गावांचे महत्व पुन्हा वाढणार आहे.

पण इथे सर्वात महत्वाचा प्रश्न आहे:

आपण या बदलासाठी तयार आहोत का?

आज बहुतेक गावे रिकामी होत आहेत. तरुण शहरात गेले. शेती वृद्धांच्या हातात राहिली. गावातील कौशल्य, उद्योग, जनावरे, तेलघाण्या, प्रक्रिया उद्योग, स्थानिक अन्न व्यवस्था हळूहळू संपत गेली.

आता उलट प्रवाह सुरू होणार आहे.

आणि जर सरकार, समाज आणि गावांनी यासाठी तयारी केली नाही तर प्रचंड सामाजिक अस्थिरता निर्माण होईल.

कारण बेरोजगार, कर्जबाजारी आणि मानसिक तणावाखाली असलेली मोठी लोकसंख्या ही कोणत्याही समाजासाठी धोक्याची घंटा असते.

म्हणून आजपासूनच गावांसाठी नवीन vision तयार करावे लागेल.

गाव म्हणजे फक्त शेती नाही.

गाव म्हणजे:

- अन्न उत्पादन
- दूध उत्पादन
- तेलबिया उत्पादन
- स्थानिक प्रक्रिया उद्योग
- पाणी व्यवस्थापन
- ऊर्जा निर्मिती
- कौशल्य आधारित छोटे उद्योग
- स्थानिक रोजगार
- decentralised economy

आज आपण खाद्यतेलासाठी प्रचंड प्रमाणात बाहेरच्या देशांवर अवलंबून आहोत. एक Hormuz बंद झाला तरी संपूर्ण देश हादरतो. हे धोकादायक आहे.

म्हणून गावागावात:

- शेंगदाणा
- तीळ
- करडई
- सूर्यफूल
- मोहरी
- नारळ

यांचे स्थानिक उत्पादन आणि प्रक्रिया पुन्हा उभी करावी लागेल.

उत्तम दूध उत्पादन, स्थानिक धान्य, डाळी, भाज्या, फळे यामध्ये स्वयंपूर्णता निर्माण करावी लागेल.

हे फक्त शेतीचे प्रश्न नाहीत.

हे राष्ट्रीय सुरक्षेचे प्रश्न आहेत.

भविष्यात मजबूत देश तोच असेल जो:

- स्वतःचे अन्न तयार करेल
- स्वतःचे तेल तयार करेल
- स्वतःचे बियाणे जपेल
- स्वतःचे पाणी जपेल
- स्थानिक अर्थव्यवस्था मजबूत ठेवेल

बाकी फक्त GDP ने समाज टिकत नाही.

आज अनेक तरुणांना वाटते की शेती म्हणजे backward profession. पण पुढच्या काळात उलट होऊ शकते.

कारण AI मुळे information based jobs कमी होतील.

पण real-world production ची गरज कायम राहील.

शेती कठीण आहे.

अनिश्चित आहे.

कधी तोटा होतो.

कधी पाऊस फसवतो.

कधी बाजार पाडतो.

पण एक गोष्ट लक्षात घ्या.

जगातील कोणत्याही संकटात अन्न उत्पादकाची गरज संपत नाही.

Corona मध्ये सर्व उद्योग बंद झाले, पण शेती चालू होती.

युद्ध झाले तरी अन्न लागते.

मंदी आली तरी अन्न लागते.

AI आले तरी अन्न लागते.

म्हणून शेतीकडे आता फक्त पारंपरिक व्यवसाय म्हणून पाहून चालणार नाही.

ती future survival system म्हणून पाहावी लागेल.

पण यासाठी शेतीची पद्धत सुद्धा बदलावी लागेल.

पुढच्या काळातील शेती म्हणजे:

- direct customer model
- residue free food
- local food processing
- multi cropping
- natural farming
- seed saving

- agro forestry

- community supported agriculture

- on-farm value addition

आणि महत्वाचे म्हणजे AI चा वापर करून शेती अधिक efficient करता येईल.

भविष्यात सर्वात सुरक्षित लोक कोण असतील?

ज्यांच्याकडे:

- जमीन आहे

- पाणी आहे

- अन्न उत्पादन क्षमता आहे

- कौशल्य आहे

- अनेक income sources आहेत

- community network आहे

आजचा सर्वात मोठा trap म्हणजे:

मोठा पगार + मोठे EMI + एकच income source.

Job गेली की सगळे कोसळते.

पण ग्रामीण भागात अजूनही माणूस काही प्रमाणात स्वतःचे अन्न उगवू शकतो. जनावरे ठेवू शकतो. कमी खर्चात जगू शकतो. हे future security आहे.

म्हणून पुढचा काळ हा गावांचा असू शकतो.

पण त्यासाठी गावांनी फक्त शहराची स्वस्त copy बनून चालणार नाही.

गावांनी उत्पादन केंद्र बनावे लागेल.

आणि हे काम सरकार एकटे करू शकत नाही.

शेतकरी, तरुण, उद्योग, ग्रामपंचायत, सहकारी संस्था, स्थानिक उद्योजक सगळ्यांना मिळून नवीन ग्रामीण अर्थव्यवस्था उभी करावी लागेल.

नाहीतर पुढच्या दशकात आपण एक विचित्र समाज पाहू:

शहरात नोकऱ्या नाहीत,

गावात उत्पादन नाही,

आणि लोकांकडे कौशल्य असूनही उपयोग नाही.

ही वेळ अजून गेलेली नाही.

पण तयारी आत्ताच सुरू करावी लागेल.

कारण शेवटी civilisation चे foundation Silicon Valley वर नाही.

ते मातीवर उभे आहे.

जमिनीला आराम द्यायचा की जिवंत ठेवायची?

उघडी जमीन, नांगरणी आणि मातीच्या मृत्यूमागचे विज्ञान

शेतीमध्ये आपण एक वाक्य वारंवार ऐकतो.

“जमिनीला आराम द्या.”

हे वाक्य इतक्या वेळा ऐकले आहे की आता ते सत्यच वाटायला लागले आहे. पण जर आपण शांतपणे आणि वैज्ञानिक दृष्टिकोनातून विचार केला तर एक मूलभूत प्रश्न समोर उभा राहतो.

नक्की आराम कोणाला द्यायचा असतो?

जमिनीतील धुळीच्या कणांना?

जमिनीतील सूक्ष्मजीवांना?

की शेवटी थकलेल्या शेतकऱ्याला?

कारण विज्ञान सांगते की माती म्हणजे फक्त माती नसते.

ती एक जिवंत परिसंस्था असते.

एका चमचा सुपीक मातीत अब्जावधी जीवाणू, लाखो बुरशी, प्रोटोजोआ, निमॅटोड, ॲक्टिनोमायसीट्स आणि असंख्य सूक्ष्मजीव राहत असतात. हे जीव जमिनीतील सेंद्रिय पदार्थांचे विघटन करतात, अन्नद्रव्ये उपलब्ध करून देतात, कार्बन साठवतात, मातीची रचना टिकवतात आणि वनस्पतींचे आरोग्य सांभाळतात.

म्हणजे शेतीचे खरे काम अनेकदा शेतकरी नाही तर सूक्ष्मजीव करत असतात.

आपण फक्त त्यांच्यासाठी वातावरण तयार करतो.

मग विचार करा.

जर हे जीवच जमिनीचे प्राण असतील तर आपण जमिनीला "आराम" कसा देतो?

पीक काढून टाकतो.

जमीन नांगरतो.

पूर्ण उघडी ठेवतो.

महिनेभर सूर्याखाली तापू देतो.

जर एखाद्या माणसाला आराम द्यायचा असेल तर आपण त्याचे अन्न बंद करतो का?

जर एखाद्या गाईला आराम द्यायचा असेल तर तिचे पाणी काढून घेतो का?

मग सूक्ष्मजीवांना आराम देताना आपण त्यांचे अन्न का बंद करतो?

आज मृदाशास्त्राने अत्यंत स्पष्टपणे सिद्ध केले आहे की वनस्पतींची मुळे सतत जमिनीत साखर, अमिनो आम्ले आणि कार्बनयुक्त संयुगे सोडत असतात. यांना Root Exudates म्हणतात. हेच सूक्ष्मजीवांचे मुख्य अन्न असते. संशोधनानुसार वनस्पती प्रकाशसंश्लेषणातून तयार झालेल्या कार्बनचा मोठा भाग मुळांमार्फत जमिनीत पाठवतात.

म्हणजे प्रत्यक्षात वनस्पती आणि सूक्ष्मजीव यांच्यामध्ये रोज व्यवहार चालू असतो.

वनस्पती साखर देतात.

सूक्ष्मजीव त्याबदल्यात नायट्रोजन, फॉस्फरस, सूक्ष्म अन्नद्रव्ये, हार्मोन्स आणि रोगांपासून संरक्षण देतात.

हा व्यवहार लाखो वर्षांपासून चालू आहे.

पण आपण जमीन उघडी ठेवतो तेव्हा हा व्यवहार अचानक थांबतो.

मुळांचा स्त्राव बंद होतो.

नवीन कार्बन येणे बंद होते.

सूक्ष्मजीव उपाशी पडतात.

आणि मग जगण्यासाठी ते जमिनीत साठवलेला organic matter खायला सुरुवात करतात.

म्हणजे आपण अनेक वर्षे शेणखत, कंपोस्ट, पालापाचोळा आणि पिकांचे अवशेष टाकून तयार केलेला सेंद्रिय पदार्थ हळूहळू संपायला लागतो.

ही प्रक्रिया म्हणजे बँकेतील बचत खात्यासारखी आहे.

जिवंत पीक असेल तर खात्यात सतत पैसे जमा होतात.

उघडी जमीन असेल तर जमा बंद आणि खर्च सुरू.

काही वर्षांनी खाते रिकामे होणे स्वाभाविक आहे.

याहून मोठी समस्या म्हणजे नांगरणी.

आज अनेकांना वाटते की नांगरणी म्हणजे जमीन स्वच्छ करणे.

पण प्रत्यक्षात प्रत्येक नांगरणी म्हणजे जमिनीच्या जैविक शहरावर आलेला भूकंप असतो.

मातीची रचना तुटते.

बुरशीचे जाळे तुटते.

सूक्ष्मजीवांचे अधिवास नष्ट होतात.

ओलावा कमी होतो.

ऑक्सिजनचे संतुलन बदलते.

सेंद्रिय पदार्थाचे ऑक्सिडेशन वेगाने होते.

विशेषतः Mycorrhizal fungi चे जाळे नांगरणीमुळे मोठ्या प्रमाणात तुटते. हे जाळे वनस्पतींच्या मुळांना पाणी, फॉस्फरस आणि संरक्षण पुरवत असते.

म्हणजे आपण जमिनीची फक्त मशागत करत नाही.

आपण तिची जैविक रचना मोडत असतो.

आता इथे लोक एक महत्त्वाचा मुद्दा मांडतात.

“जमीन उघडी करून उन्हात तापू दिली की हानिकारक बुरशी, निमॅटोड आणि रोग मरतात.”

काही प्रमाणात हे खरे आहे.

उष्णता आणि कोरडेपणामुळे काही रोगकारक जीव कमी होऊ शकतात. Soil Solarization नावाची वैज्ञानिक पद्धत सुद्धा आहे ज्यामध्ये पारदर्शक प्लास्टिकने जमीन झाकून तापमान वाढवले जाते आणि काही रोग नियंत्रण केले जाते.

पण प्रश्न असा आहे.

उन्हात फक्त वाईट जीव मरतात का?

नाही.

फायदेशीर जीव सुद्धा मरतात.

निसर्ग सूर्यप्रकाशात “हा चांगला आणि हा वाईट” असे वेगळे करत नाही.

उघड्या जमिनीत तापमान ५०-६० अंशांपर्यंत जाऊ शकते. अशा परिस्थितीत अनेक फायदेशीर जीवाणू, बुरशी, मायकोरायझा आणि जैविक क्रिया कमी होतात.

हे म्हणजे डास मारण्यासाठी संपूर्ण जंगल जाळण्यासारखे आहे.

हो, डास मरतील.

पण पक्षी, झाडे, कीटक आणि संपूर्ण परिसंस्था सुद्धा नष्ट होईल.

आणखी एक गंभीर गोष्ट म्हणजे रोग पसरवण्यामध्ये आपण स्वतः मोठी भूमिका बजावत असतो.

पूर्वी अनेक रोग एका कोपऱ्यात मर्यादित असायचे.

आज संपूर्ण शेतभर दिसतात.

का?

कारण नांगर, रोटाव्हेटर, ट्रॅक्टरची चाके, पाणी, साधने आणि अगदी बूटसुद्धा संक्रमित माती एका भागातून दुसऱ्या भागात नेतात.

Plant Pathology मध्ये हे चांगल्या प्रकारे documented आहे की Fusarium, Rhizoctonia, Pythium, Verticillium, Phytophthora आणि Root-knot nematodes यांसारखे अनेक soil-borne pathogens मातीच्या कणांबरोबर पसरतात.

म्हणजे आपण फक्त जमीन उलटवत नाही.

आपण रोगांचे transport system बनलो आहोत.

एका कोपऱ्यातील समस्या आपण संपूर्ण शेतभर फिरवत आहोत.

आणि त्याच वेळी फायदेशीर सूक्ष्मजीवांचे जाळे मोडत आहोत.

आज जगभरात "Disease Suppressive Soils" ही संकल्पना खूप महत्त्वाची मानली जाते. काही जमिनींमध्ये रोगकारक जीव उपस्थित असतानाही रोग वाढत नाहीत कारण तिथे फायदेशीर सूक्ष्मजीवांचे संतुलित जाळे असते. हे जीव रोगकारकांशी स्पर्धा करतात, त्यांना रोखतात आणि जमिनीचे नैसर्गिक संरक्षण करतात.

म्हणजे निरोगी जमीन ही निर्जंतुक नसते. ती जिवंत आणि संतुलित असते.

याउलट सतत disturbance झालेली जमीन अनेकदा रोगांसाठी अधिक संवेदनशील बनते. म्हणूनच आज जगभर regenerative agriculture, no-till farming, cover crops, multi-cropping आणि permanent soil cover या संकल्पना वाढत आहेत.

कारण विज्ञान आता स्पष्ट सांगते:

उघडी जमीन ही नैसर्गिक स्थिती नाही.

निसर्गात कुठेही कायम उघडी जमीन दिसत नाही.

जंगलात कोणी नांगरत नाही.

कोणी रोटाव्हेटर चालवत नाही.

कोणी जमीन उन्हात भाजत नाही.

तरी हजारो वर्षे सुपीकता टिकून राहते.

कारण निसर्गाचा नियम अत्यंत साधा आहे.

जमीन कायम झाकलेली असावी.

जमिनीत कायम जिवंत मुळे असावीत.

सतत कार्बनचा पुरवठा चालू असावा.

जैवविविधता जास्त असावी.

आणि disturbance कमीत कमी असावा.

अर्थात काही कोरडवाहू भागात पाण्याच्या व्यवस्थापनासाठी किंवा विशिष्ट परिस्थितीत अल्पकालीन पडीत ठेवण्याचे फायदे असू शकतात.

पण "जमिनीला आराम" या नावाखाली तिला उपाशी, उघडी आणि निर्जीव ठेवणे हे दीर्घकालीन मृदा आरोग्यासाठी धोकादायक ठरू शकते.

माणूस पुन्हा गावी परततो.

आणि शेवटी...

माणूस पुन्हा गावी परततो.

जिथून एक दिवस "मोठं काहीतरी करायचं" म्हणून बाहेर पडला होता, तिथेच पुन्हा येऊन उभा राहतो.

पन्नास-साठ वर्षं पूर्ण झालेली असतात.

केस पांढरे झालेले असतात.

शरीर थकलेलं असतं.

पण बँकेत पैसे असतात.

रिटायरमेंट प्लॅन असतो.

शहरात फ्लॅट असतो.

गाड्या असतात.

आणि तरी आतून काहीतरी रिकामं असतं.

मग तो गावाकडे जमीन घेतो.

सेंद्रिय शेती करायचा विचार करतो.

गाई पाळतो.

कोंबड्या पाळतो.

झाडं लावतो.

सकाळी लवकर उठतो.

स्वतःच्या बागेतून ताजी भाजी तोडतो.

कोंबडीखान्यातून ताजी अंडी उचलतो.

घरच्या दुधाचा चहा पितो.

फळबागेत फेरफटका मारतो.

झाडावरचं पिकलेलं फळ तोडून खातो.

आणि अनेक वर्षांनी पहिल्यांदा त्याला आतून शांत वाटायला लागतं.

गम्मत बघा...

पूर्ण आयुष्य माणूस "यशस्वी" होण्यासाठी खर्च करतो.

आणि शेवटी शांत राहण्यासाठी गावाकडे परत येतो.

कारण शहराने त्याला पैसा दिला असतो.

पण शांतता नाही.

मोठं घर दिलं असतं.

पण घरपण नाही.

फाईव्ह स्टार हॉटेल्स दिली असतात.

पण शुद्ध अन्न नाही.

महागडी गाडी दिली असते.

पण निवांत चालायला वेळ नाही.

आज समाजाने यशाची व्याख्याच उलटी करून टाकली आहे.

तुमच्याकडे आयफोन १७ असेल...

मोठी SUV असेल...

चार गाड्यांचे EMI असतील...

कर्जावर घेतलेला आलिशान फ्लॅट असेल...

गोल्फ क्लबची मेंबरशिप असेल...

तर समाज म्हणतो, "हा माणूस यशस्वी आहे."

पण जर एखादा माणूस सकाळी स्वतःच्या शेतात फिरत असेल...

घरच्या गाईचं दूध पीत असेल...

स्वतःचं अन्न उगवत असेल...

कर्जमुक्त जगत असेल...

तर समाज त्याला फारसं मोठं मानत नाही.

कारण आपण खऱ्या सुबत्तेची किंमत विसरलो आहोत.

आज अनेक लोकांकडे पैसा आहे, पण वेळ नाही.

बेडरूम मोठ्या आहेत, पण झोप लागत नाही.

फ्रिज भरलेले आहेत, पण अन्न शुद्ध नाही.

फॉलोअर्स हजारो आहेत, पण मन मोकळं करायला माणूस नाही.

आणि सर्वात मोठी गोष्ट म्हणजे...

आपण चुकीच्या गोष्टींना “स्टेटस” समजायला लागलो आहोत.

कर्जात बुडालेलं जीवन आपल्याला आधुनिक वाटतं.

EMI वर जगणं प्रगती वाटते.

रोज ताण घेऊन जगणं मेहनतीचं प्रतीक वाटतं.

आरोग्य बिघडवून पैसा कमावणं यश वाटतं.

पण स्वतःची जमीन असणं...

घरात धान्य असणं...

गाई-गुरं असणं...

फळझाडं असणं...

विहिरीत पाणी असणं...

स्वतःच्या जमिनीवरचं अन्न खाणं...

हे मात्र मागासलेपण समजलं जातं.

खरं तर हीच खरी श्रीमंती आहे.

कारण ज्याच्याकडे स्वतःचं अन्न उगवण्याची क्षमता आहे, तो कधीच पूर्ण गरीब नसतो.

ज्याच्याकडे स्वतःची माती आहे, त्याच्याकडे जगण्याचा आधार असतो.

भविष्यात पैसा असणारे लोक श्रीमंत असतीलच असं नाही.

पण ज्याच्याकडे पाणी, जमीन, बी-बियाणं, जनावरे आणि अन्न उगवण्याची क्षमता असेल...

तो नक्कीच सुरक्षित असेल.

म्हणून कदाचित शेवटी प्रत्येक माणूस पुन्हा त्याच मातीमध्ये परत येतो.

कारण जग फिरून, पैसा कमावून, सगळ्या चकाचौंधीतून गेल्यानंतर त्याला एक गोष्ट समजते...

आराम विकत घेता येतो.

लक्झरी विकत घेता येते.

पण मनःशांती विकत मिळत नाही.

ती फक्त जगण्याच्या पद्धतीत मिळते.

गावांची अर्थव्यवस्था कशी बदलली?

सरकारी निर्णय, शेती आणि भविष्यातील परिणाम

आज आपण गावाकडे पाहतो तेव्हा एक गोष्ट स्पष्ट दिसते. पूर्वी गाव स्वतःपुरते बऱ्यापैकी स्वयंपूर्ण होते. अन्न, तेल, गूळ, चारा, औषधे, बांधकाम साहित्य, पशुखाद्य, पेये, ऊर्जा, रोजगार अशा अनेक गोष्टी गावातच निर्माण होत होत्या. प्रत्येक झाड, प्रत्येक जनावर, प्रत्येक पिकाचा ग्रामीण अर्थव्यवस्थेत काही ना काही उपयोग होता.

पण गेल्या १००-१५० वर्षांत अनेक सरकारी धोरणे, कायदे, बाजारव्यवस्था आणि औद्योगिकीकरणामुळे ही रचना मोठ्या प्रमाणात बदलली. काही बदल आवश्यक होते, काहींनी समाजाला फायदा झाला, तर काहींमुळे गावांची स्वयंपूर्णता तुटली.

तमिळनाडूमध्ये पाम ट्री टॅपिंग आणि ताडी व्यवसायावर निर्बंध आले. महाराष्ट्रात मोहफुलांपासून बनणाऱ्या पारंपरिक उत्पादनांवर नियंत्रण आले. अनेक ठिकाणी कृषी आधारित पेयांवर बंदी घातली गेली. सरकारचा उद्देश सामाजिक समस्या आणि व्यसन कमी करणे हा होता. काही प्रमाणात त्याचे फायदेही झाले. पण त्याच वेळी लाखो झाडांशी जोडलेली ग्रामीण अर्थव्यवस्था कोसळली.

पूर्वी एका पाम झाडापासून रस, गूळ, व्हिनेगर, पेय, जनावरांचे खाद्य आणि रोजगार निर्माण होत होता. मोहाचे झाड आदिवासी भागात अन्न, तेल, औषध आणि उत्पन्नाचे साधन होते. आज झाडे उभी आहेत, पण त्यांच्याशी जोडलेले व्यवसाय हरवत गेले.

जंगलांवरील नियंत्रण वाढले तेव्हा अनेक आदिवासी आणि ग्रामीण समुदायांवर त्याचा परिणाम झाला. जंगलातील मुक्त चराई मर्यादित झाली. झूम किंवा पोडू शेती थांबवली गेली. मध, बांबू, तेंदूपत्ता, डिंक, लाख

यांसारख्या वनउत्पादनांवर सरकारी नियंत्रण आले. उद्देश जंगल संवर्धनाचा होता, पण त्याच वेळी लोकांचे जंगलाशी असलेले थेट आर्थिक नाते कमकुवत झाले.

यामध्ये सरकार पूर्णपणे चुकीचे होते असे म्हणता येणार नाही. काही ठिकाणी जंगलांची मोठ्या प्रमाणात हानी होत होती. व्यसनामुळे सामाजिक प्रश्न निर्माण होत होते. अनियंत्रित वृक्षतोडही होत होती. त्यामुळे काही नियंत्रण आवश्यक होते. पण प्रश्न असा आहे की पर्याय काय दिला गेला?

गावातील तेलघाण्या बंद पडल्या. गुळगाळे कमी झाले. पारंपारिक बियाण्यांच्या हजारो जाती हरवत गेल्या. मोठ्या उद्योगांनी बाजार ताब्यात घेतला. गावातील छोटा उत्पादक ग्राहकापासून दूर गेला.

पूर्वी शेतकरी स्वतःचे बियाणे जपत होता. आता त्याचे बियाण्यावरील नियंत्रण कमी झाले आहे. पूर्वी गावातील तेल गावात निघत होते. आता तेच तेल हजारो किलोमीटर फिरून पॅकेटमध्ये परत गावात येते. पूर्वी जनावरे जंगलात चारली जात होती. आता त्यांच्यासाठी बाजारातून खाद्य विकत घ्यावे लागते.

ही फक्त अर्थव्यवस्थेची गोष्ट नाही. हा ऊर्जा, संस्कृती, स्वातंत्र्य आणि नियंत्रण यांचा विषय आहे.

आजही असे अनेक निर्णय घेतले जात आहेत ज्यांचा पूर्ण परिणाम पुढील १०-२० वर्षांनी दिसेल.

मोठ्या प्रमाणावर केमिकल शेती आणि भूजल उपसा आज उत्पादन वाढवत आहे, पण भविष्यात मातीचा थर, सूक्ष्मजीव आणि पाण्याची पातळी यावर गंभीर परिणाम होऊ शकतो.

लहान बाजारपेठा कमी होऊन मोठ्या सप्लाय चेन वाढत आहेत. ग्राहकाला एकसारखा माल मिळतो, पण स्थानिक विविधता आणि छोट्या उत्पादकांचे अस्तित्व धोक्यात येत आहे.

शेतीचे वाढते यांत्रिकीकरण आणि त्याबरोबर घेतलेले जनावरांशी संबंधित निर्णय यामुळे कामाचा वेग वाढला, पण बैल, गोऱ्हे, स्थानिक पशुधन, पारंपारिक साधने आणि त्याभोवती उभी असलेली ग्रामीण अर्थव्यवस्था कमी होत गेली. पुढील काळात याचा परिणाम मातीचे आरोग्य, इंधनावरील अवलंबित्व, ग्रामीण रोजगार आणि पशुधनाच्या संख्येवर अधिक स्पष्टपणे दिसू शकतो.

गावातील सामूहिक व्यवस्था कमी होत गेली. पूर्वी बियाणे, मजुरी, बैल, साधने, पाणी हे शेअर केले जात होते. आता सर्व गोष्टी बाजारातून विकत घ्याव्या लागतात.

आज आपण हवामान बदल, मातीचा ऱ्हास, पाण्याची कमतरता, वाढता उत्पादन खर्च आणि ग्रामीण स्थलांतर याबद्दल बोलतो आहोत. पण हे अचानक घडलेले नाही. अनेक दशकांच्या निर्णयांचा हा एकत्रित परिणाम आहे.

त्याच वेळी, पूर्वीची प्रत्येक गोष्ट आदर्श होती असेही नाही. पूर्वी दारिद्र्य होते, आरोग्यसेवा कमी होती, उत्पादन कमी होते, अनेक समाजघटकांवर अन्याय होता. आधुनिक तंत्रज्ञान, सिंचन, रस्ते, वीज, शिक्षण आणि बाजारव्यवस्थेमुळेही मोठे फायदे झाले आहेत.

म्हणून प्रश्न "पूर्वी चांगले की आता चांगले?" हा नाही.

खरा प्रश्न असा आहे की:

आपण विकास करताना गावांची स्वयंपूर्णता, स्थानिक अर्थव्यवस्था, जैवविविधता आणि माणूस-निसर्ग यांचे नाते कितपत जपले?

फक्त समस्या मांडून उपयोग नाही. पुढील काळासाठी काही दिशा देखील ठरवावी लागेल.

याचा अर्थ पुन्हा पूर्णपणे जुन्या काळात जाणे असा नाही. आधुनिक तंत्रज्ञान नाकारणेही योग्य नाही. पण संपूर्ण व्यवस्था फक्त मोठ्या उद्योगांवर, बाहेरील इनपुटवर आणि केंद्रीकृत पुरवठ्यावर अवलंबून राहिली तर भविष्यात गाव अधिक असुरक्षित होऊ शकतात.

त्यामुळे काही गोष्टी पुन्हा उभ्या कराव्या लागतील.

स्थानिक अन्न उत्पादन वाढवणे आवश्यक आहे. प्रत्येक गावाने किमान स्वतःच्या अन्नाचा काही भाग तरी स्थानिक पातळीवर तयार ठेवणे गरजेचे आहे. पूर्णपणे बाहेरील बाजारावर अवलंबून राहणे धोकादायक ठरू शकते.

लहान प्रक्रिया उद्योग पुन्हा उभे करावे लागतील. तेलघाण्या, गुळगाळे, स्थानिक धान्य प्रक्रिया, नैसर्गिक खाद्यपदार्थ, गोबर आधारित ऊर्जा, स्थानिक पशुखाद्य अशा छोट्या उद्योगांमुळे गावातील पैसा गावातच फिरू शकतो.

झाडांवर आधारित अर्थव्यवस्था पुन्हा वाढवावी लागेल. मोह, पाम, बांबू, चिंच, करवंद, सीताफळ, शेवगा, खजूर, औषधी वनस्पती यांसारख्या झाडांभोवती पुन्हा रोजगार आणि उद्योग निर्माण होऊ शकतात.

पारंपारिक बियाणे जपणे म्हणजे फक्त जुने बियाणे साठवणे नाही. योग्य सिलेक्शन प्रोसेस शिकवणे तितकेच महत्त्वाचे आहे. कोणत्या झाडापासून बियाणे ठेवायचे, रोगट किंवा कमजोर रोपे कशी बाजूला काढायची, स्थानिक परिस्थितीत टिकून राहणाऱ्या आणि चांगले उत्पादन देणाऱ्या वनस्पतींची निवड कशी करायची हे शेतकऱ्यांना शिकवणे आवश्यक आहे. अन्यथा काही वर्षांत बियाण्यांची गुणवत्ता कमी होऊ शकते. भविष्यात गाव पातळीवर चांगल्या दर्जाचे स्थानिक बियाणे जतन करणाऱ्या समूहांची गरज निर्माण होऊ शकते.

जनावरे ही फक्त दूध देणारी यंत्रे नाहीत. शेण, मूत्र, ओढशक्ती, जैवविविधता, चारा चक्र, मातीचे आरोग्य आणि ग्रामीण अर्थव्यवस्था यामध्ये त्यांची भूमिका

मोठी आहे. आज बहुतेक धोरणे फक्त दुधाकडे पाहतात. पण बैल, गोऱ्हे आणि स्थानिक पशुधन टिकले नाही तर भविष्यात शेती पूर्णपणे बाहेरील ऊर्जा आणि यंत्रांवर अवलंबून जाऊ शकते. त्यामुळे सरकारने फक्त दुधाळ जनावरांसाठी नव्हे तर बैल आणि गोऱ्हे पाळण्यासाठी सुद्धा अनुदान आणि प्रोत्साहन देणे आवश्यक आहे.

पाण्याचा स्थानिक पातळीवर विचार करावा लागेल. प्रत्येक गावाने स्वतःच्या पाण्याचे नियोजन करणे आवश्यक आहे. फक्त मोठ्या धरणांवर अवलंबून राहून प्रश्न सुटणार नाहीत.

शेतीमध्ये विविधता वाढवावी लागेल. एकाच पिकावर किंवा एकाच उत्पन्नावर अवलंबून राहणे धोकादायक ठरू शकते. अन्न, चारा, फळे, झाडे, जनावरे आणि प्रक्रिया उद्योग यांचे मिश्र मॉडेल अधिक टिकाऊ असू शकते.

ग्रामीण कौशल्ये जपावी लागतील. लोहार, सुतार, बांबू कामगार, बीज संवर्धक, पशुपालक, गुळ बनवणारे, पारंपारिक अन्न प्रक्रिया करणारे लोक हे फक्त व्यवसाय नव्हते. ती गावाच्या स्वयंपूर्णतेची पायाभरणी होती.

भविष्यातील सर्वात मोठा प्रश्न कदाचित अन्नाचा नाही, तर नियंत्रणाचा असू शकतो.

आपल्या अन्नावर, पाण्यावर, बियाण्यावर, ऊर्जेवर आणि उत्पादन व्यवस्थेवर नियंत्रण कोणाचे असेल?

जर गाव पुन्हा काही प्रमाणात स्वयंपूर्ण झाले, तर भविष्यातील आर्थिक, हवामान आणि ऊर्जा संकटांचा सामना करणे सोपे जाऊ शकते.

कदाचित आता वेळ आली आहे विकासाचा अर्थ पुन्हा एकदा नव्याने समजून घेण्याची. आधुनिक विज्ञान आणि पारंपारिक शहाणपण यांचा समतोल साधण्याची.

पशुपालनाचा खरा हिशोब

आजकाल जनावरांच्या चाऱ्याबद्दल चर्चा झाली की पहिला सल्ला येतो, "नेपिअर लावा."

माझा प्रश्न एवढाच आहे की तुम्ही तुमच्या मुलांना रोज मॅगी खाऊ घालून वाढवाल का?

पोट भरणे आणि पोषण मिळणे या दोन वेगळ्या गोष्टी आहेत. नेपिअरचे उत्पादन प्रचंड असते. एका एकरातून वर्षभरात अनेक टन हिरवा चारा मिळतो. त्यामुळे तो स्वस्त पडतो. पण जास्त टन म्हणजे जास्त पोषण असे समीकरण नसते.

हायब्रीड नेपिअरमध्ये साधारण 8 ते 12 टक्के प्रथिने असतात. (ICAR, IGFRI Research Data) तर लुसर्नमध्ये 16 ते 25 टक्क्यांपर्यंत प्रथिने असतात. (Medicago sativa Nutritional Studies) बरसीममध्ये 18 ते 22 टक्के प्रथिने असतात. चवळीसारख्या कडधान्य चाऱ्यामध्ये देखील प्रथिनांचे प्रमाण चांगले असते.

मका सायलेज आणि नेपिअर यांची तुलना केली तर नेपिअर जास्त वजन देतो, पण मक्याच्या सायलेजमध्ये ऊर्जा जास्त असते, पचनक्षमता चांगली असते आणि जनावरांना ते अधिक रुचकर लागते. अनेक संशोधनांमध्ये मक्याच्या सायलेजमुळे खाद्य सेवन आणि दूध उत्पादन वाढल्याचे आढळले आहे. (Journal of Dairy Science, Forage Research Studies)

रवंथ करणाऱ्या जनावरांचे पोट ही एक प्रकारची नैसर्गिक फर्मेंटेशन टाकी असते. त्यामध्ये ॲनारोबिक वातावरणात जिवाणू अन्नाचे विघटन करतात. मक्याच्या सायलेजमध्ये देखील तसाच ॲनारोबिक फर्मेंटेशन प्रोसेस झालेला असतो. त्यामुळे हा चारा अधिक सुपाच्य होतो आणि जनावरांच्या पचनावर ताण कमी येतो. त्यामुळे गेली अनेक वर्षे माझी जनावरे अत्यंत

टुणटुणीत राहिली आहेत. त्यांचे शेण देखील व्यवस्थित लेयरवर लेयर पडते, जे चांगल्या रवंथ आणि फायबर संतुलनाचे लक्षण मानले जाते.

माझ्यासाठी मात्र सायलेजचा सर्वात मोठा फायदा पोषण नाही, तर व्यवस्थापन आहे.

दररोज हिरवा चारा कापणे, वाहून आणणे, कुट्टी करणे आणि जनावरांसमोर टाकणे हे काम कागदावर सोपे वाटते. पण प्रत्यक्षात 365 दिवस करायचे म्हटले तर ते खूप अवघड असते. विशेषतः नेपिअरच्या बाबतीत. मोठमोठे बांबूसारखे खोड, रोज कापणी, रोज कुट्टी. यासाठी वेळ, मजूर आणि ऊर्जा लागते.

मका सायलेज एकदा योग्य पद्धतीने बनवून ठेवला की अनेक महिन्यांचा चारा सुरक्षित होतो. दुष्काळ, पाऊस, मजूर टंचाई किंवा इतर अडचणी आल्या तरी जनावरांचा चारा बंद पडत नाही. त्यामुळे पशुपालन अधिक स्थिर बनते. (FAO Silage Management Reports)

लुसर्न हा अजूनही सर्वोत्तम प्रथिनयुक्त चाऱ्यांपैकी एक आहे. पण तो टिकवणे सोपे नाही. उन्हाळ्यात नियमित पाणी व्यवस्थापन आवश्यक असते. अतिउष्णतेमध्ये वाढ कमी होते. हिवाळ्यात काही भागांमध्ये वाढ मंदावते. अतिपाणी किंवा पाणथळ जमीन लुसर्नला चालत नाही. त्यामुळे लुसर्न हा उत्कृष्ट चारा असला तरी व्यवस्थापन कौशल्य मागतो. (ICAR Fodder Agronomy Research)

मी मात्र ज्वारीचा हिरवा चारा पूर्णपणे बंद केला आहे. कारण कोवळ्या ज्वारीमध्ये HCN म्हणजेच प्रुसिक ॲसिड तयार होण्याचा धोका असतो. विशेषतः कणसं येण्यापूर्वीची ज्वारी धोकादायक असू शकते. माझ्याकडे स्वतः अशा प्रकारे जनावर पॅरालाइज झाल्याचा अनुभव आहे. त्यामुळे मी हा धोका घेण्यास तयार नाही. (Veterinary Toxicology Studies on Sorghum Cyanide Poisoning)

हायड्रोपोनिक चाऱ्याबद्दल पण आजकाल खूप चर्चा होते. अनेक लोक 7 दिवसात तयार होणारा हिरवा चारा म्हणून त्याकडे बघतात. पण इथेही मार्केटिंग आणि विज्ञान वेगळे ठेवावे लागते.

हायड्रोपोनिक चारा म्हणजे नवीन पोषण तयार होत नाही. ज्या मक्यामध्ये किंवा बार्लीमध्ये जे पोषण आधीपासून आहे त्याच बियाण्याचे अंकुरण आणि पाण्यामुळे वजन वाढलेले असते. म्हणजे 1 किलो मका भिजवून 6 ते 7 किलो हिरवा चारा दिसतो, पण त्यामध्ये मोठा भाग हा पाण्याचा असतो. त्यामुळे “7 पट उत्पादन” हा दावा अनेकदा दिशाभूल करणारा असतो. (Hydroponic Fodder Research Reviews, ICAR Studies)

काही संशोधनांमध्ये हायड्रोपोनिक चाऱ्यामुळे रुचकरता आणि काही प्रमाणात पचनक्षमता वाढल्याचे दिसते. पण Dry Matter Basis वर बघितले तर पोषणात चमत्कारिक वाढ होत नाही. उलट काही वेळा ऊर्जा कमी होते कारण अंकुरण प्रक्रियेत स्टार्च वापरला जातो. (Journal of Animal Nutrition and Feed Technology)

सगळ्यात महत्त्वाचा मुद्दा म्हणजे इकॉनॉमिक्स.

हायड्रोपोनिक सिस्टिममध्ये:

- सतत वीज लागते
- नियंत्रित वातावरण लागते
- पाणी व्यवस्थापन लागते
- बुरशीचा धोका असतो
- ट्रे साफसफाई लागते
- आणि सर्वात महत्त्वाचे म्हणजे रोज बियाणे लागते

म्हणजेच हा चारा “जमिनीतून मोफत उगवलेला” नसून “इनपुटवर चालणारा” चारा आहे.

यामध्ये अजून एक फार मोठी प्रॅक्टिकल समस्या आहे जी फार कमी लोक बोलतात.

मक्याची क्वालिटी थोडी जरी बिघडली तरी पूर्ण हायड्रोपोनिक सिस्टिम बिघडते. मका व्यवस्थित अंकुरत नाही. ट्रेमध्ये बुरशी वाढायला सुरुवात होते. ओलसर वातावरणामुळे फंगल ग्रोथ खूप वेगाने होते. आणि असा चारा जर जनावरांच्या पोटात गेला तर गंभीर आजार किंवा दगावण्याचा सुद्धा धोका निर्माण होऊ शकतो.

मी स्वतः साधारण सहा महिने हायड्रोपोनिक चारा केला आहे. प्रत्यक्ष अनुभव घेतल्यानंतरच मी ते युनिट पूर्णपणे बंद केले.

कारण सोशल मीडियावर दिसणारे हिरवे ट्रे आणि प्रत्यक्ष 365 दिवस चालणारे पशुपालन या दोन वेगळ्या गोष्टी आहेत.

मोठ्या प्रमाणावर दूध व्यवसाय करणाऱ्या शेतकऱ्यांसाठी हायड्रोपोनिक चारा अनेक वेळा आर्थिकदृष्ट्या परवडत नाही. विशेषतः ज्या भागात जमीन आणि पाणी उपलब्ध आहे तिथे मका सायलेज, लुसर्न, चवळी यांसारखे पर्याय जास्त व्यवहार्य ठरतात.

माझ्या मते हायड्रोपोनिक चाऱ्याचा उपयोग:

- दुष्काळी भाग
- अत्यंत कमी जमीन
- आपत्कालीन हिरवा चारा
- किंवा छोट्या प्रमाणातील प्रयोग

इथे मर्यादित स्वरूपात होऊ शकतो.

पण तो पारंपरिक हिरव्या चाऱ्याला पूर्ण पर्याय आहे असे म्हणणे योग्य नाही.

आता खरा महत्त्वाचा भाग म्हणजे खुराक.

मी सरकी पेंड पूर्णपणे टाळतो.

कारण भारतामध्ये कापूस हे एकमेव मोठ्या प्रमाणात घेतले जाणारे GMO म्हणजे जेनेटिकली मॉडीफाइड पीक आहे. कापूस खाण्याचे पीक नसल्यामुळे त्यावर अमर्याद फवारण्या केल्या जातात. भारतात कापसावर ऑर्गॅनोफॉस्फेट, सिंथेटिक पायरेथ्रॉईड, ग्लायफोसेट, इमिडाक्लोप्रिड, मोनोक्रोटोफॉस यांसारखी अत्यंत विषारी रसायने वापरली जातात. (Indian Journal of Pesticide Toxicology)

त्याचबरोबर कापसामध्ये गॉसिफॉल नावाचे नैसर्गिक विषारी संयुग असते. वैज्ञानिक संशोधनांमध्ये गॉसिफॉलचा संबंध पुरुषांमधील प्रजननक्षमतेवर परिणाम आणि वंधत्वाशी जोडला गेला आहे. (WHO Research on Gossypol Fertility Effects)

तेल काढताना काही प्रमाणात गॉसिफॉल तेलातून वेगळे केले जाते. पण पेंडेची कोणाला पडली आहे? आणि तीच पेंड आपण जनावरांना मोठ्या प्रमाणात खाऊ घालतो. कारण ती फॅट वाढवते.

आज भारतातील डेअरी व्यवस्थेचा केंद्रबिंदू "फॅट" आहे. सध्या साधारण एक टक्का फॅटला साडेदहा रुपयांपर्यंत दर मिळतो. त्यामुळे फॅट वाढवण्यासाठी विविध प्रयोग केले जातात. जगातील अनेक भेसळींचे मूळ सुद्धा हेच आहे.

मग आम्ही काय खाऊ घालतो?

आपण माणसं खातो त्या तेलबियांची पेंड.

खोबरे, शेंगदाणा, तीळ, जवस, मोहरी, करडई अशा विविध तेलबियांच्या पेंड आम्ही वापरतो.

त्याचबरोबर हरभरा कळना, तुरीची चुणी, मुगाची चुणी, उडदाची चुणी, काही प्रमाणात DDGS, थोडासा मका भरडा आणि गव्हाचा फक्त वरचा भुसा म्हणजे फुलपट.

त्यामध्ये साधारण:

• 40% पिष्टमय घटक

• 30% डाळी व प्रथिने

• 30% तेलबिया

अशा प्रकारे संतुलित खाद्य तयार केले जाते.

तसेचः

• 1.5% मिनरल मिक्स्चर

• 1.5% समुद्री मीठ / खडे मीठ

• 0.6% खायचा सोडा

• 0.1% यीस्ट

अशा फॉर्मुल्याने आम्ही खाद्य स्वतः बनवतो.

कारण शेवटी जनावर टन खात नाही. ते पोषकद्रव्ये खाते.

आज बहुतेक लोक विचारतात, “एकरी किती टन उत्पादन येते?”

मला वाटते खरा प्रश्न वेगळा आहे.

“एकरी किती प्रथिने मिळतात?”, “एकरी किती पचणारी ऊर्जा मिळते?”, “आणि त्या चाऱ्यामुळे जनावर खरोखर पोसले जाते का?” पशुपालनाचा खरा हिशोब इथून सुरू होतो.

प्युअर गावरान कोंबडी

आजकाल "प्युअर गावरान कोंबडी" हा शब्द इतका फॅशनमध्ये आला आहे की जणू काही जगात कुठेतरी देवाने बनवलेली शुद्ध गावरान कोंबडी अजूनही तशीच जिवंत आहे. पण विज्ञान वेगळंच सांगतं. जगातील आजच्या सर्व कोंबड्यांचा मूळ पूर्वज म्हणजे . जंगलात राहणारा हा पक्षी वर्षाला साधारण दहा ते पंधरा अंडी देतो.

आता विचार करा, निसर्ग एखादा असा पक्षी निर्माण करेल का जो वर्षाला तीनशे अंडी देईल? जर तसं असतं तर पृथ्वीवर कोंबड्यांची जंगलंच तयार झाली असती. म्हणून आज जगात दिसणारी प्रत्येक अंडी देणारी कोंबडी ही माणसाने हजारो वर्षांच्या सिलेक्शन प्रोसेसमधून तयार केलेली आहे. ज्या कोंबड्या जास्त अंडी देतात, लवकर वाढतात, रोग कमी होतात, त्यांची पुढची पैदास केली गेली.

म्हणून "ही शंभर टक्के प्युअर गावरान आहे" हे अनेकदा विज्ञानापेक्षा मार्केटिंग जास्त असतं.

कोंबडीचा प्रवास साऊथ ईस्ट आशियातून सुरू झाला. भारत, चीन, थायलंड, इंडोनेशिया या भागात कोंबडीचं सुरुवातीचं पाळीवकरण झालं. नंतर व्यापारमार्गांनी ती मेसोपोटेमिया, इजिप्त आणि युरोपमध्ये पोहोचली. इजिप्तमधून रोमन आणि ग्रीक व्यापाऱ्यांनी ती जगभर नेली. पुढे युरोपियन लोकांनी अमेरिका आणि ऑस्ट्रेलियात नेली. आज जगातील जवळपास प्रत्येक देशात कोंबडी आहे, पण तिचं मूळ आशियामध्येच आहे.

भारतातील पारंपरिक जातींबद्दल बोलायचं झालं तर ही सर्वात दमदार जातींपैकी एक मानली जाते. मजबूत शरीर, भांडखोर स्वभाव, जबरदस्त रोगप्रतिकारक शक्ती आणि उत्कृष्ट मातृत्व हे तिचं वैशिष्ट्य. अंडी कमी पण ताकद अफाट.

ही मध्य प्रदेशातील प्रसिद्ध काळी कोंबडी. काळं मांस, काळी त्वचा, काळी हाडं. प्रथिने जास्त आणि बाजारात मोठी मागणी.

ही उष्ण हवामानात टिकणारी आणि चांगली अंडी देणारी जात.

ही दक्षिण भारतातील टिकाऊ आणि फ्री रेंजसाठी योग्य जात.

पण भारतातच नाही तर बाहेरच्या देशांनीही उत्कृष्ट जाती विकसित केल्या.

अमेरिकेतील ही शेतकऱ्यांची आवडती जात. मजबूत, कमी आजारी पडणारी आणि वर्षाला २५० पेक्षा जास्त अंडी देणारी.

ही मांस आणि अंडी दोन्हीसाठी प्रसिद्ध.

ऑस्ट्रेलियाची तर जगप्रसिद्ध आहे. एका कोंबडीने सलग ३६४ दिवसांत ३६४ अंडी देण्याचा विक्रम केला होता.

युरोपमधील आजच्या आधुनिक अंडी उद्योगाचा पाया आहे. जगातील बहुतेक कमर्शियल लेयर लाईन्समध्ये लेघॉर्नचं रक्त आहे. या कोंबड्या वर्षाला ३०० पेक्षा जास्त अंडी देतात.

इंडोनेशियातील पूर्ण काळ्या रंगासाठी प्रसिद्ध आहे. व्हिएतनामची तिच्या प्रचंड जाड पायांसाठी ओळखली जाते.

लोक अजूनही “गावरान” शब्दामध्ये अडकलेले आहेत. पण सत्य हे आहे की जातीपेक्षा व्यवस्थापन जास्त महत्त्वाचं आहे.

अंडं हे पूर्णपणे न्यूट्रिशनवर आधारित उत्पादन आहे. कोंबडी काय खाते, किती हालचाल करते, सूर्यप्रकाश मिळतो का, ताण किती आहे, हे सगळं अंड्याच्या गुणवत्तेवर परिणाम करतं. फक्त “गावरान” नाव लावल्याने अंडं पौष्टिक होत नाही.

कोंबड्यांना पिंजऱ्यात डांबून ठेवू नका. त्यांना मोकळं फिरू द्या. माती उकरू द्या. किडे खाऊ द्या. सूर्यप्रकाश मिळू द्या. हालचाल होऊ द्या. मग कोंबड्या आपोआप तजेलदार होतात.

मी स्वतः कोंबडीपालनामध्ये जवळजवळ अँटीबायोटिक्स वापरत नाही. सुरुवातीला काही कोंबड्या मरायला लागल्यावर घाबरून टेट्रासायक्लिन वापरलं होतं. पण त्यानंतर आम्ही अँटीबायोटिक्स विकत घेतलेले नाहीत. कारण आमचा फोकस औषधांवर नाही, आहारावर आहे.

आज अनेक तथाकथित गावरान कोंबड्या फक्त गहू तुकडा, रेशनचा तांदूळ, बाजरी-ज्वारी किंवा उकिरड्यावर सोडून वाढवल्या जातात. मग त्या कोंबड्यांकडून उत्कृष्ट अंड्यांची अपेक्षा कशी करणार?

कोंबडीचा आहार संतुलित असणं अत्यंत गरजेचं आहे.

लहान पिल्लांना २० ते २२% प्रोटीन लागतं. वाढत्या कोंबड्यांना १६ ते १८% आणि अंडी देणाऱ्या कोंबड्यांना साधारण १७% प्रोटीन आणि भरपूर कॅल्शियम लागतं. अंड्याचं कवच मजबूत ठेवण्यासाठी कॅल्शियम फार महत्त्वाचं आहे.

घरच्या घरी उत्कृष्ट फीड बनवता येतं. मका, गहू, शेंगदाणा पेंड, सोयाबीन पेंड, मासळी चुरा, मिनरल मिक्सचर, चुनखडी यांचा वापर करून संतुलित फीड तयार करता येतो.

पण भविष्यातील खरी क्रांती दुसरीकडे आहे.

आज हॉटेलमधून, बाजारातून, घरातून प्रचंड अन्न वाया जातं. त्या वेस्टपासून आपण म्हणजे BSFL आळ्या तयार करू शकतो.

या आळ्यांमध्ये ३५ ते ४५% प्रोटीन असतं. भरपूर फॅट आणि कॅल्शियम असतं. म्हणजे जवळजवळ नैसर्गिक सुपरफूडच.

आमच्या फॉर्मवर आम्ही रोज जवळजवळ पन्नास किलो आळ्यांचं उत्पादन करतो. आणि त्याचवेळी मोठ्या प्रमाणात सेंद्रिय खतही तयार होतं.

भाजीपाल्याचा वेस्ट आळ्यांकडे जातो. कोंबड्यांची विष्ठा आळ्यांकडे जाते. आळ्या कोंबड्यांकडे जातात. आळ्यांचं खत परत भाजीपाल्याकडे जातं.

ही खरी सर्क्युलर इकॉनॉमी आहे.

पुढच्या काळात कोंबडीपालन फक्त “गावरान” नावावर चालणार नाही. विज्ञान, पोषण, सर्क्युलर इकॉनॉमी आणि कमी खर्चात उच्च दर्जाचं उत्पादन यावर चालणार आहे.

जातीपेक्षा व्यवस्थापन महत्वाचं आहे. औषधांपेक्षा आहार महत्वाचा आहे. आणि मार्केटिंगपेक्षा प्रत्यक्ष गुणवत्ता महत्वाची आहे.

चांगली दूध देणारी गाय कशी ओळखायची?

आजकाल एक प्रश्न सतत विचारला जातो, "चांगली दूध देणारी गाय कशी ओळखायची?"

मी स्वतः जेव्हा गाई पाळायचे ठरवले तेव्हा अनेक लोकांना भेटलो. प्रत्येकाकडे वेगवेगळे फॉर्म्युले होते. कोणी म्हणाले शेपटीचे केस जमिनीला टेकले पाहिजेत. कोणी म्हणाले वशिंड मोठा पाहिजे. कोणी म्हणाले कास मोठी, मिल्किंग वेन्स जाड, चामडी पातळ, पोळ लोंबती असली की गाय भारी. काही लोक म्हणाले मागचा भाग मोठा आणि पुढचा भाग बारीक असेल तर ती दूधाळ गाय.

पण आता काही वर्षे गोठ्यात काम केल्यानंतर मी एक गोष्ट नक्की सांगू शकतो. या सगळ्या गोष्टींनी थोडीफार कल्पना येऊ शकते, पण फक्त या गोष्टींवरून चांगली गाय ओळखता येत नाही.

कारण माझ्याकडे अशा सगळ्या "लक्षणांच्या" गाई आहेत ज्या फार दूध देत नाहीत. आणि काही अगदी साध्या दिसणाऱ्या गाई आहेत ज्यांनी अपेक्षेपेक्षा जास्त दूध दिले.

माझ्या मते दूध ही फक्त शरीररचनेची गोष्ट नाही. ती व्यवस्थापनाची, वातावरणाची, आहाराची आणि स्वभावाची गोष्ट आहे.

माझ्याकडे काही जनावरे आठ लिटरवर आली होती. पण योग्य आहार, वेळेवर पाणी, आरामदायी जागा, सातत्यपूर्ण काळजी आणि ताणमुक्त वातावरण मिळाल्यावर ती हळूहळू १२-१४ लिटरपर्यंत गेली. म्हणजे क्षमता जनावरात असते, पण ती बाहेर काढण्याचे काम मालकाचे असते.

जनावरांमध्ये सुद्धा स्वभाव खूप महत्त्वाचा असतो. काही जनावर फार घाबरट असतात. मुक्त गोठ्यात इतर जनावर त्यांना सतत त्रास देतात. काही जनावर

फार मार्की आणि रागट असतात. ती इतरांवर सतत चालून जातात आणि अख्ख्या गोठ्याचे वातावरण खराब करतात.

काही जनावरांना दुसऱ्या गाईंचे दूध पिण्याची सवय असते. अशी एक कालवड सुद्धा पूर्ण गोठा बिघडवू शकते.

काही कालवडी हात लावू देत नाहीत. काही गाई कायम पळत असतात. आम्ही अनुभवले आहे की अशी जनावरे पुढे दूध काढताना खूप त्रास देतात. रोज लाथा, पळापळ, ताण.

या उलट काही गाई फार मायाळू असतात. स्वतःहून तुमच्याकडे येतात. शांत उभ्या राहतात. अशा गाई अनेकदा जास्त सातत्याने दूध देतात.

काही गाई स्वतःच्या वासरालाही दूध पाजत नाहीत. काही गाई समोर खुराक ठेवल्याशिवाय दूध काढू देत नाहीत. खुराक संपली की लगेच दूध थांबवतात आणि लाथा मारायला सुरुवात करतात.

हे सगळे कोणत्याही दलालाच्या बोलण्यात किंवा इंटरनेटच्या व्हिडिओमध्ये तुम्हाला दिसणार नाही. पण रोज गोठ्यात काम करणाऱ्या माणसाला याची खरी किंमत माहिती असते.

आणखी एक गोष्ट मला खूप महत्त्वाची वाटते.

आज बहुतेक लोकांचा पहिला प्रश्न असतो, “किती लिटर देते?”

पण खरा प्रश्न असायला पाहिजे, “किती महिने टिकते?”

कारण माझ्याकडे १५-१६ लिटर देणारी गाय आहे जी चार-पाच महिन्यांत आटते. पण माझ्याकडे अशी सुद्धा गाय आहे जी ८-१० लिटर दूध पुढच्या वासराच्या एक महिना आधीपर्यंत देत राहते. थोडे कमी होते, पण पूर्ण बंद होत नाही.

आता हिशोब करा. वर्षभरात जास्त फायदा कोण देणार?

आजकाल अनेक जनावरे सुरुवातीला जोरदार दूध देतात. पण शरीरावर इतका ताण येतो की काही महिन्यांत उत्पादन कोसळते. मग खुराक वाढवा, सप्लिमेंट वाढवा, औषधे वाढवा, तरी टिकत नाही.

माझ्या मते चांगल्या गाईचे खरे लक्षण म्हणजे:

दूधात सातत्य.

दीर्घ lactation.

शरीर न खंगता उत्पादन टिकवणे.

वेळेवर heat मध्ये येणे.

कमी आजार.

शांत स्वभाव.

गोठ्यात मिसळून राहणे.

माणसाळलेली असणे.

आणि अनेक वेतांपर्यंत टिकून राहणे.

गोठा हा sprint नाही. तो marathon आहे.

एका महिन्याचा फोटो काढला तर टॉप परफॉर्मर भारी दिसेल. पण तीन-चार वर्षांचा हिशोब काढला तर consistent performer जिंकते.

म्हणून आता मला वाटते की चांगली गाय शोधण्यापेक्षा चांगला गोठा आणि चांगला मालक बनणे जास्त महत्त्वाचे आहे.

कारण शेवटी जनावर फक्त दूध देत नाही. ते तुमच्यावर विश्वास ठेवते की नाही, हे सुद्धा तेवढेच महत्त्वाचे असते.

दूध मशीन देत नाही...जिवंत शरीर देते

आजकाल डेअरी व्यवसायात एक गोष्ट खूप वेगाने बदलली आहे आणि खरं सांगायचं तर बहुतेक सगळ्या समस्या तिथूनच सुरू झाल्या आहेत. पूर्वी लोक जनावर पाळायचे. आता लोक दूध काढतात. ह्या दोन गोष्टींमध्ये खूप मोठा फरक आहे.

पूर्वी एखादी गाय किंवा म्हैस घरात आली की ती अनेक वर्षे घरात राहायची. तिची कालवड वाढवायची, पुढची पिढी तयार करायची, चांगल्या जनावरांची निवड करायची, कोणत्या वंशाची जनावरे टिकाऊ आहेत हे बघायचे. दूध हा व्यवसायाचा भाग होता, पण फक्त दूधच सगळं नव्हतं. शेण होतं, बैल होते, शेती होती, स्वतःचा कळप होता.

आता हिशोब बदलला आहे.

गाभण जनावर आणायचे. जणल्यावर जितकं शक्य आहे तितकं दूध काढायचं. Peak संपली की जनावर विकून टाकायचं आणि दुसरं गाभण जनावर आणायचं. बहुतेक ठिकाणी हा “use and throw” प्रकार सुरू झाला आहे.

मग अशा वेळी कोण विचार करणार जनावराच्या पुढच्या आयुष्याचा?

ते liver खराब झालं, fertility बिघडली, पोट बिघडलं, पाय गेले, metabolism खराब झाला तरी काय फरक पडतो? आपल्याला कुठे जन्मभर पाळायचं आहे? आटली की विकून टाकायचंच आहे.

मग फोकस फक्त एका गोष्टीवर येतो.

या season मध्ये जास्तीत जास्त दूध कसं काढायचं?

आणि तिथूनच सुरू होतो bypass fat, high protein feed, milk booster, tonic, powder, chemical supplement, urea based feed ह्यांचा खेळ.

आज बाजारात मिळणाऱ्या अनेक खाद्यांमध्ये युरिया वापरला जातो. युरिया हा काही प्रोटीन नसतो. तो फक्त nitrogen source असतो. जनावराच्या पोटातील सूक्ष्मजीव त्याचा वापर करून protein तयार करतात. म्हणजे योग्य प्रमाणात आणि योग्य पद्धतीने वापरला तर काही प्रमाणात उपयोग होऊ शकतो. पण व्यवहारात काय होतं?

फीड कंपनीला स्वस्तात protein % वाढवायचं असतं. Laboratory मध्ये nitrogen मोजलं जातं. त्यामुळे युरिया घालून protein जास्त दाखवता येतो. पोत्यावर 24% protein लिहिलं की शेतकरी खुश.

पण शरीर काही लेबल वाचत नाही.

योग्य balance नसेल तर हाच युरिया विषासारखा काम करतो. पोट फुगणे, लाळ येणे, जनावर थरथरणे, अचानक पडणे असे प्रकार होतात. काही वेळा जनावर मरतं सुद्धा.

आणि युरिया एकटाच प्रश्न नाही.

आज अनेक खाद्यांमध्ये बुरशी लागलेला मका, खराब पेंड, pesticide residue, जड धातू, खराब तेल, जास्त मीठ अशा गोष्टी सुद्धा असू शकतात. काही लोक स्वस्तात वजन वाढवण्यासाठी काहीही मिसळतात. बाहेरून पोतं चमकदार असतं, आत काय आहे हे कोणालाच माहिती नसतं.

तसंच bypass fat चा विषय आहे.

आज जवळपास प्रत्येक डेअरी सल्लागार bypass fat सांगतो. काही प्रमाणात विज्ञान त्यामागे आहे. High yielding जनावरांना जास्त energy लागते. काही वेळा bypass fat उपयोगीही पडतो. दूध वाढू शकतं, milk fat सुधारू शकतो.

पण आज bypass fat म्हणजे जादूची पावडर बनली आहे.

चारा खराब असला तरी bypass fat.

पचन बिघडलेलं असलं तरी bypass fat.

Mineral balance नसलं तरी bypass fat.

मुळात जनावराचं शरीर सांभाळण्यापेक्षा त्यातून अजून दूध कसं काढायचं ह्यावर भर दिला जातो.

जनावर मशीन नाही. त्यालाही मर्यादा आहेत.

आज अनेक high yielding गायी दोन-तीन lactation मध्ये संपतात. Fertility जाते, repeat breeding वाढते, mastitis वाढते, treatment वाढतात. पण तोपर्यंत दूध मिळालेलं असतं, म्हणून सगळं चालू राहतं.

सगळ्यात मोठी चूक कुठे झाली माहिती आहे?

आपण स्वतःच्या कालवडी वाढवणं बंद केलं.

पूर्वी शेतकरी स्वतःचा कळप तयार करायचा. कोणती गाय मजबूत आहे, कोणाची fertility चांगली आहे, कोणाचं पोट मजबूत आहे, कोणता वंश टिकाऊ आहे हे बघून breeding व्हायची. नैसर्गिक selection होत होतं.

आज तयार गाभण जनावर विकत आणणं सोपं वाटतं. त्यामुळे patience संपला. Genetics वरचं नियंत्रण संपलं. Market वर अवलंबित्व वाढलं.

आणि मग शेतकरी short term विचार करायला लागला.

आजचं दूध, आजचा खर्च, आजचा हिशोब.

उद्याचं जनावर कसं असेल हा विचारच संपला.

हे सगळं का घडतंय ह्याचं कारण फक्त शेतकरी नाही. परिस्थिती सुद्धा तशीच आहे.

दुधाचे भाव अनिश्चित, चारा महाग, औषधं महाग, कामगार महाग, स्पर्धा प्रचंड.

मग माणूस shortcut शोधतोच. पण निसर्ग shortcut स्वीकारत नाही.

काही काळ शरीराला जबरदस्तीने ढकलता येतं. पण त्याची किंमत नंतर मोजावीच लागते.

माझ्या मते शेतकऱ्याने विज्ञान नाकारू नये. पण आंधळेपणाने स्वीकारूही नये. प्रत्येक powder, tonic, bypass, booster वर उडी मारू नये.

सर्वात आधी जनावराचं पोट व्यवस्थित चाललं पाहिजे. रवंथ व्यवस्थित झाली पाहिजे. शेण व्यवस्थित आलं पाहिजे. शरीरावर चमक पाहिजे. fertility चांगली पाहिजे. पाय मजबूत पाहिजेत. हे खरे health indicators आहेत.

फक्त एका महिन्याचं दूध वाढणं म्हणजे यश नाही.

खरा टिकाऊ डेअरी व्यवसाय तोच आहे जिथे:

स्वतःच्या कालवडी वाढवल्या जातात,

चारा स्वतः पिकवला जातो,

जनावर दीर्घकाळ टिकतं,

औषधांवर कमी अवलंबित्व असतं,

आणि जनावराला production machine नाही तर जिवंत प्राणी म्हणून बघितलं जातं.

कारण शेवटी दूध देतं मशीन नाही.

दूध देतं जिवंत शरीर.

आणि प्रत्येक जिवंत शरीराची एक मर्यादा असते.

सेक्स सॉर्टेड सीमेन

गेल्या काही वर्षांमध्ये डेअरी व्यवसायात सेक्स सॉर्टेड सीमेनचा वापर मोठ्या प्रमाणावर वाढला आहे. विशेषतः ज्या शेतकऱ्यांना जास्तीत जास्त मादी वासरे हवी आहेत त्यांच्यासाठी हे तंत्रज्ञान आकर्षणाचे केंद्र बनले आहे. पण बाजारात याबद्दल खूप अर्धवट माहिती, अतिरंजित दावे आणि चुकीच्या अपेक्षा पसरलेल्या दिसतात. त्यामुळे या तंत्रज्ञानाकडे भावनेपेक्षा विज्ञानाच्या नजरेतून पाहणे गरजेचे आहे.

सेक्स सॉर्टेड सीमेन म्हणजे नेमके काय?

सामान्यपणे गायीच्या वीर्यामध्ये दोन प्रकारचे शुक्राणू असतात. X chromosome असलेले शुक्राणू मादी वासराला कारणीभूत ठरतात, तर Y chromosome असलेले शुक्राणू नर वासराला कारणीभूत ठरतात. सेक्स सॉर्टेड सीमेनमध्ये या दोन्ही प्रकारच्या शुक्राणूंना वेगळे केले जाते.

दूध व्यवसायासाठी प्रामुख्याने X-sorted semen वापरले जाते कारण त्यातून साधारण 85 ते 95 टक्के मादी वासरे जन्माला येण्याची शक्यता असते.

हे तंत्रज्ञान कसे काम करते?

X chromosome असलेल्या शुक्राणूमध्ये Y chromosome पेक्षा सुमारे 3.8 ते 4 टक्के जास्त DNA असते. या फरकाचा वापर करून Flow Cytometry नावाच्या तंत्रज्ञानाद्वारे शुक्राणू वेगळे केले जातात.

सर्वप्रथम शुक्राणूंना DNA ला चिकटणारा फ्लुरोसंट रंग लावला जातो. त्यानंतर मशीनमधून प्रत्येक शुक्राणू स्वतंत्रपणे पास केला जातो. X शुक्राणूमध्ये DNA जास्त असल्यामुळे तो जास्त प्रकाश परावर्तित करतो. मशीन हा फरक ओळखते आणि X व Y शुक्राणू वेगळे करते. नंतर निवडलेले शुक्राणू गोठवून स्ट्रॉमध्ये भरले जातात.

मादी वासरांचे प्रमाण किती मिळते?

वैज्ञानिक संशोधनांनुसार:

- X-sorted semen वापरल्यास साधारण 85 ते 95% मादी वासरे मिळू शकतात.
- बहुतांश व्यावसायिक कंपन्या 90% च्या आसपास अचूकता सांगतात.

मात्र येथे एक गोष्ट समजून घेणे महत्त्वाचे आहे. 90% female accuracy म्हणजे 90% pregnancy नाही. हा सर्वात मोठा गैरसमज आहे.

गर्भधारणेचा दर कमी का असतो?

सेक्स सॉर्टेड सीमेनची सर्वात मोठी मर्यादा म्हणजे त्याचा conception rate सामान्य सीमेनपेक्षा कमी असतो.

याची काही प्रमुख कारणे:

- शुक्राणूंवर sorting प्रक्रियेदरम्यान ताण येतो.
- प्रति स्ट्रॉ शुक्राणूंची संख्या कमी असते.
- शुक्राणूंचे आयुष्य कमी असते.
- प्रक्रिया खूप संवेदनशील असते.

अनेक संशोधनांमध्ये सामान्य सीमेनच्या तुलनेत सेक्स सॉर्टेड सीमेनचा गर्भधारणेचा दर 10 ते 25% कमी आढळला आहे.

अमेरिकेतील 1.4 दशलक्ष Artificial Insemination रेकॉर्ड्सवर आधारित संशोधनामध्ये:

कालवडींमध्ये:

- सामान्य सीमेन: 56%
- सेक्स सॉर्टेड सीमेन: 39%

गायींमध्ये:

• सामान्य सीमेन: 30%

• सेक्स सॉर्टेड सीमेन: 25%

यावरून स्पष्ट होते की हे तंत्रज्ञान "जास्त female calves" साठी उपयुक्त आहे, पण "जास्त pregnancy" साठी नाही.

कोणत्या जनावरांमध्ये चांगले परिणाम मिळतात?

सेक्स सॉर्टेड सीमेन सर्व जनावरांसाठी फायदेशीर नसते.

सर्वोत्तम परिणाम:

• निरोगी कालवडी

• पहिल्या किंवा दुसऱ्या हीटमधील जनावरे

• चांगला Body Condition Score

• स्पष्ट माज आलेले जनावर

कमी परिणाम:

• Repeat breeder

• कमी पोषण असलेली जनावरे

• प्रसूतीनंतर लगेचच्या गायी

• उष्णतेच्या ताणाखालील जनावरे

योग्य वेळ खूप महत्त्वाची

सामान्य सीमेनपेक्षा सेक्स सॉर्टेड सीमेन योग्य वेळी टाकणे अधिक महत्त्वाचे असते. कारण या शुक्राणूंचे आयुष्य तुलनेने कमी असते.

बहुतेक संशोधनांनुसार:

• माज दिसल्यानंतर साधारण 18 ते 24 तासांच्या आत AI केल्यास चांगले परिणाम मिळतात.

फायदे

• मादी वासरांचे प्रमाण वाढते

• डेअरी व्यवसायासाठी फायदेशीर

• उत्कृष्ट genetics वेगाने वाढवता येतात

• अनावश्यक नर वासरे कमी होतात

• निवडक breeding शक्य होते

तोटे

• किंमत जास्त

• conception rate कमी

• व्यवस्थापन चांगले लागते

• AI timing अत्यंत महत्त्वाचे

• सर्व गायींसाठी आर्थिकदृष्ट्या फायदेशीर नाही

शेतकऱ्यांसाठी व्यावहारिक निष्कर्ष

माझ्या मते सेक्स सॉर्टेड सीमेन हे चमत्कारिक तंत्रज्ञान नाही आणि पूर्णपणे वाईटही नाही. योग्य ठिकाणी वापरले तर अत्यंत फायदेशीर आहे, पण चुकीच्या जनावरात वापरले तर खर्च वाया जाण्याची शक्यता जास्त असते.

जर एखाद्या शेतकऱ्याकडे उत्कृष्ट genetics असलेल्या गायी असतील आणि त्यांना त्या लाईनमधून जास्तीत जास्त मादी वासरे हवी असतील तर हे तंत्रज्ञान उपयुक्त ठरू शकते.

पण प्रत्येक जनावरात अंधाधुंद वापर करणे आर्थिकदृष्ट्या योग्य ठरणार नाही. विशेषतः repeat breeder किंवा कमकुवत जनावरांमध्ये वापरल्यास निराशा येण्याची शक्यता जास्त असते.

शेवटी एक गोष्ट स्पष्ट आहे:

Sex sorted semen हे “female calf production technology” आहे, “high fertility technology” नाही.

संदर्भ:

1. Norman HD et al. (2010)

Journal of Dairy Science

Effect of sexed semen on conception rates in Holstein cattle.

2. Quelhas J et al. (2021)

Reproduction in Domestic Animals

Sex-sorted semen in cattle: A review of its benefits and limitations.

3. Quelhas J et al. (2023)

Frontiers in Veterinary Science

Current advances in sex-sorting technologies in cattle.

4. Joezy-Shekalgorabi S et al. (2017)

Veterinary Quarterly

Reproductive performance of dairy cattle using sexed semen.

5. Vishwanath R et al.

Sex preselection in cattle: Technical progress and practical considerations.

6. Ngcobo S et al. (2024)

Frontiers in Veterinary Science

Systematic review on sexed semen fertility and field performance.

7. University of Missouri Extension

Artificial insemination timing recommendations for sexed semen.

पहिले ग्राहक शोधा

शेतकऱ्यांची एक मोठी चूक: आधी उत्पादन, नंतर बाजार शोधणे

कोणी मला विचारले, "मी शेवग्याच्या पाल्याची शेती करू का?"

माझा पहिला प्रश्न असतो, "तू या वर्षात किती वेळा शेवग्याच्या पाल्याची पावडर खाल्ली आहेस?"

दुसरा प्रश्न असतो, "तुझ्या आसपास किंवा नातेवाईकांमध्ये असे पाच लोक सांग जे रोज शेवग्याची पावडर वापरतात."

बहुतेक वेळा उत्तर मिळत नाही.

मग मी विचारतो, जर आपल्या आजूबाजूला ती गोष्ट वापरणारी माणसेच नाहीत, तर ती गोष्ट तुला नफा कसा देणार?

आजकाल सोशल मीडियावर एखाद्या पिकाचा, झाडाचा किंवा उत्पादनाचा एवढा गाजावाजा होतो की शेतकरी त्यामागे धावत सुटतो. पण बाजारपेठेचा अभ्यास मात्र कोणी करत नाही.

असाच एक प्रश्न असतो.

"कोणती फळझाडे लावू? कशाला डिमांड आहे?"

माझे उत्तर साधे असते.

"तुझी मुलं जे फळ खायला मागतात ती फळझाडे लाव."

कारण शेवटी स्वतःच्या मुलांचे हट्ट पुरवता आले नाहीत तर आपण कसले शेतकरी?

ज्या फळांची मागणी आपल्या घरातच नाही, ती फळे जग विकत घेईल याची खात्री काय?

आपल्या देशात अनेक फॅशन आल्या आणि गेल्या.

कधीकाळी सागवानाचे वेड लागले होते. सांगितले जात होते की काही वर्षांनी लाखो रुपये मिळतील. अनेकांनी शेतीत सागवान लावले. पण झाडे मोठी झाल्यावर सांगितलेले भाव किती जणांना मिळाले?

माहोगणीचेही तसेच झाले. सेमिनार झाले, पुस्तके लिहिली गेली, करोडपती होण्याची स्वप्ने दाखवली गेली. पण आज किती जण माहोगणी विकून श्रीमंत झाले?

चंदनाबद्दल तर अजून मोठमोठ्या गोष्टी सांगितल्या जातात. पण चंदनाची शेती इतकी दीर्घकालीन आहे की अनेक वेळा झाड पूर्ण तयार होईपर्यंत मालकच बदलून जातो. झाड जगेल की नाही, चोरी होईल की नाही, कायदे बदलतील की नाहीत, बाजार राहील की नाही, हे कोणालाच माहित नसते.

निलगिरीचे झाड लावणाऱ्यांचीही अशीच अवस्था झाली. वर्षानुवर्षे झाडे सांभाळायची आणि शेवटी मिळणारा भाव पाहिला की अनेकांचा भ्रमनिरास होतो. त्यात पाण्याचा आणि जमिनीवरील परिणाम वेगळाच.

कधीकाळी जत्रोफा लागवडीचे स्वप्न दाखवले गेले. बायोडिझेलमुळे भविष्यात मोठी मागणी येईल असे सांगितले गेले. हजारो एकर लागवड झाली. पण नंतर त्या झाडांचे काय झाले?

व्हॅनिला लागवडीचेही तसेच झाले. काही काळ भाव आकाशाला भिडले. लोकांनी कर्ज काढून लागवड केली. उत्पादन सुरू होईपर्यंत भाव जमिनीवर आले.

शहामृग पालनाची एक लाट आली होती. लोकांना सांगितले गेले की मांस, अंडी, पिसे यांना प्रचंड मागणी आहे. काही वर्षांनी तो व्यवसाय जवळजवळ गायबच झाला.

ईमू पालनाची गोष्ट तर अजून ताजी आहे. अनेकांनी लाखो रुपये गुंतवले. काहींनी शेती गहाण ठेवली. पण व्यवसायाचा पाया ग्राहकांवर नव्हता, तर नवीन गुंतवणूकदारांवर होता. शेवटी अनेक शेतकरी अडचणीत आले.

आज ड्रॅगन फ्रूट, अवोकॅडो, शेवग्याची पावडर, विदेशी भाज्या, मायक्रोग्रीन्स, सुपरफूड्स अशा अनेक गोष्टींची चर्चा आहे. त्यात काही चुकीचे नाही. पण प्रश्न एकच आहे.

ग्राहक कोण?

तो रोज विकत घेणार का?

तुमच्या गावात किती लोक वापरतात?

तुमच्या तालुक्यात किती लोक वापरतात?

तुम्ही स्वतः वापरता का?

शेतीमध्ये सर्वात सुरक्षित गुंतवणूक तीच असते जिचा ग्राहक आधीपासून अस्तित्वात असतो.

म्हणून मी नेहमी सांगतो, युट्यूबवरील व्हिडिओ पाहून पीक ठरवू नका. आधी ग्राहक शोधा. आधी बाजार शोधा. आधी विक्रीची खात्री करा. मगच उत्पादन करा.

कारण शेतीतील सर्वात मोठा धोका म्हणजे पीक अपयशी होणे नाही.

तर उत्पादन तयार झाल्यानंतर ग्राहकच न सापडणे हा आहे.

झाड लावणे सोपे आहे.

पण त्याचा ग्राहक तयार करणे हेच खरे अवघड काम आहे.

दुधातील भेसळ

दुधातील भेसळ ही एक साखळी असते. एक बदल केला की दुसरी गोष्ट बिघडते, ती लपवण्यासाठी आणखी काही घालावे लागते. आणि शेवटी दूध हे नैसर्गिक अन्न न राहता chemistry project बनते.

हा विषय व्यवस्थित समजून घ्यायचा असेल तर सुरुवात अगदी बेसिकपासून करावी लागेल.

समजा एका शेतकऱ्याकडे 100 लिटर शुद्ध गायीचे दूध आहे.

त्या दुधात साधारण:

- Fat = 4%

- SNF = 8.5%

असे आहे.

म्हणजे:

- 4 किलो fat

- 8.5 किलो SNF

- बाकी 87.5 किलो पाणी

आहे.

आता SNF म्हणजे काय?

SNF म्हणजे Solid Not Fat.

यामध्ये:

- protein

- lactose

- minerals

- salts

हे सर्व येतात.

थोडक्यात fat सोडून बाकीचे सगळे पोषणमूल्य SNF मध्ये येते.

डेअरी मुख्यतः fat आणि SNF वर पैसे देते. कारण हेच दुधाची गुणवत्ता ठरवतात.

आता समजा कोणीतरी त्या 100 लिटर दुधात 20 लिटर पाणी घातले.

आता एकूण दूध झाले:

120 लिटर.

पण लक्षात घ्या:

- fat वाढले नाही

- SNF वाढले नाही

तेवढेच राहिले.

म्हणजे:

- fat अजूनही 4 किलोच

- SNF अजूनही 8.5 किलोच

पण आता हे सगळे 120 लिटरमध्ये पसरले.

मग concentration कमी झाली.

Fat:

4 ÷ 120 × 100 = साधारण 3.3%

SNF:

8.5 ÷ 120 × 100 = साधारण 7%

आता समस्या सुरू होते.

कारण अनेक डेअरी minimum:

- 3.5% fat

- 8.5% SNF

अशी अट ठेवतात.

म्हणजे पाणी घातलेले दूध लगेच पकडले जाऊ शकते.

इथून पुढे सुरू होते “भेसळीची chain”.

पहिली समस्या:

दूध पातळ दिसायला लागते.

कारण पाणी घातल्यावर viscosity कमी होते.

ग्राहक लगेच म्हणतो:

“दूध पातळ आहे.”

मग काही लोक starch घालतात.

स्टार्च पाणी पकडून ठेवतो आणि दुधाला कृत्रिम घट्टपणा देतो.

म्हणजे:

पाणी >

दूध पातळ >

स्टार्च >

दूध घट्ट वाटायला लागते

आता दुसरी समस्या.

पाणी घातल्यावर density कमी होते.

Lactometer काय बघतो?

तो दुधाची specific gravity बघतो.

शुद्ध दुधात solids असल्यामुळे density पाण्यापेक्षा जास्त असते.

पाणी घातले की reading खाली जाते.

मग glucose किंवा sugar घालतात.

कारण साखर विरघळल्यावर density पुन्हा वाढते.

म्हणजे:

पाणी >

density कमी >

glucose >

reading पुन्हा वर

आता तिसरी आणि महत्वाची समस्या.

SNF कमी झाले.

SNF मध्ये protein महत्त्वाचे असते.

आता dairy मध्ये protein test कशी होते ते समजून घ्या.

अनेक वेळा मशीन थेट protein molecule मोजत नाही.

ती nitrogen मोजते.

कारण protein मध्ये nitrogen जास्त असते.

म्हणून system गृहीत धरते:

“जास्त nitrogen म्हणजे जास्त protein.”

इथे loophole आहे.

युरियामध्ये nitrogen खूप जास्त असते.

म्हणून diluted milk मध्ये काही लोक युरिया घालतात.

आता लक्षात घ्या:

खरं protein वाढलं नाही.

फक्त nitrogen वाढलं.

पण machine ला वाटतं:

“protein ठीक आहे.”

म्हणजे:

युरिया >

nitrogen वाढ >

machine confuse >

protein reading artificial वाढ

म्हणून काही वेळा diluted milk test मध्ये normal दिसू शकते.

आता fat कमी झाला तर creamy feel जातो.

ग्राहकाला वाटतं:

“दूध पातळ आहे.”

मग काही लोक detergent वापरतात.

हे ऐकायला विचित्र वाटतं पण detergent:

- emulsification करतो
- फेस आणतो
- creamy texture तयार करतो

म्हणून synthetic milk मध्ये तो वापरला जातो.

आता समजा दूध खराब व्हायला लागले.

बॅक्टेरिया lactose खाऊन lactic acid तयार करतात.

म्हणून acidity वाढते.

डेअरी reject करू शकते.

मग soda घालतात.

Soda acid neutral करतो.

म्हणजे:

दूध खराब >

acidity वाढ >

soda >

chemical balancing

आता उन्हाळा आहे.

ट्रान्सपोर्ट उशिरा झाला.

Cold chain नाही.

मग bacterial growth वाढते.

दूध खराब होऊ नये म्हणून hydrogen peroxide किंवा formalin सारखी chemicals वापरली जातात.

म्हणजे:

refrigeration नाही >

chemical preservation

आता पूर्ण chain एकत्र बघा.

सुरुवात साधारण कुठून होते?

पाणी.

पाणी घातले >

SNF कमी >

density कमी >

दूध पातळ >

protein reading कमी >

acidity imbalance >

मग correction:

- starch
- glucose
- urea
- detergent
- soda

म्हणजे एक भेसळ दुसरी भेसळ निर्माण करते.

हे समजून घेतल्यावर एक महत्वाची गोष्ट लक्षात येते.

अनेक वेळा थेट शेतकऱ्याकडचे दूध comparatively जास्त प्रामाणिक असू शकते.

हो, त्यात:

- fat कमी-जास्त होईल
- साय कमी-जास्त येईल
- कधी दूध पातळ वाटेल

पण ते नैसर्गिक असू शकते.

कारण दूध factory मध्ये तयार होत नाही.

गाय:

- काय खाते

- किती पाणी पिते

- कोणत्या lactation stage मध्ये आहे

- हवामान कसे आहे

- हिरवा चारा आहे का

- ताण आहे का

यावर दूध बदलते.

म्हणून नैसर्गिक दूध रोज एकसारखे नसते.

आज ग्राहकाची मोठी समस्या म्हणजे त्याला रोज “एकसारखे” दूध हवे असते.

अगदी:

- एकसारखा रंग

- एकसारखा thickness

- एकसारखी taste

- एकसारखी साय

पण निसर्ग standardized नसतो.

Factory standardized असते.

मोठ्या industrial milk system मध्ये numbers maintain करण्याचा दबाव असतो.

Fat खाली गेला तर problem.

SNF कमी झाला तर problem.

Acidity वाढली तर problem.

मग chemistry सुरू होते.

म्हणून पुढच्या काळात लोक पुन्हा local milk system कडे जातील असे वाटते.

विश्वासू शेतकऱ्याकडून थेट दूध घेणे, जनावरे पाहणे, चारा पाहणे, आणि थोडी natural variability स्वीकारणे हा जास्त टिकाऊ मार्ग असू शकतो.

कारण शेवटी प्रश्न फक्त fat आणि SNF चा नाही.

प्रश्न आहे:

आपण जिवंत अन्न खातोय की chemically balanced liquid?

माणूस सर्वात उपद्रवी प्राणी

माणूस स्वतःला पृथ्वीवरील सर्वात बुद्धिमान जीव समजतो. पण जर निसर्गाच्या दृष्टीने विचार केला तर पृथ्वीवर सर्वात जास्त नुकसान करणारा जीव कोण असेल तर तो माणूसच आहे. कारण बाकी प्रत्येक जीव फक्त त्याचे काम करतो. माणूस मात्र स्वतःला निसर्गाचा मालक समजून संपूर्ण व्यवस्था बदलायला निघाला आहे.

आपण एखाद्या जीवाला "उपद्रवी", "घाणेरडा", "कीड", "शत्रू" असे नाव देतो आणि त्याच्याविरुद्ध युद्ध सुरू करतो. पण गंमत म्हणजे आपण ज्यांना संपवायला निघालो आहोत तेच जीव पृथ्वी चालू ठेवण्याचे काम करत आहेत.

वाळवी हे त्याचे सर्वात मोठे उदाहरण. मराठवाड्यासारख्या कोरड्या भागात वाळवी नसती तर जमिनीतील सेंद्रिय पदार्थांचे विघटनच थांबले असते. वाळवी जमिनीत बोगदे तयार करते, हवा खेळती ठेवते, पाणी आत जाऊ देते आणि मृत लाकूड पुन्हा मातीत रूपांतरित करते. पण माणसाने तिच्यावर "घर खाणारी कीड" असा शिक्का मारला.

खरंतर वाळवीची काहीच चूक नाही. तिचे नैसर्गिक खाद्य म्हणजे मृत लाकूड. आपणच जंगलातील तेच लाकूड कापून फर्निचर बनवले आणि घरात आणून ठेवले. मग वाळवी आली तर दोष तिचा कसा? सगळ्यात महत्त्वाची गोष्ट म्हणजे वाळवी जिवंत आणि निरोगी झाडे खात नाही. ती मुख्यतः मृत किंवा कमकुवत लाकूड विघटित करते. निसर्गाने तिला रिसायकलिंगचे काम दिले आहे.

बुरशीबद्दलही आपण हेच करतो. कोकणासारख्या ओलसर भागात बुरशी नसती तर तिथे पडलेली पाने, फळे, झाडे, मृत सेंद्रिय पदार्थ यांचे ढीग साचले

असते. बुरशी मृत पदार्थांचे विघटन करून पुन्हा माती तयार करते. जंगलातील पोषणचक्र तिच्यावर उभे आहे.

पण आपण बुरशी म्हटलं की लगेच रोग आठवतो. प्रत्यक्षात मानवजातीचे मोठे उपकार बुरशीनेच केले आहेत. Penicillin हे बुरशीमधून मिळाले. लाखो जीव वाचले. यीस्ट हीसुद्धा बुरशीच आहे. भाकरी, ब्रेड, किण्वन, औषध उद्योग, चीज, एन्झाइम्स, सेंद्रिय विघटन या सगळ्या गोष्टी बुरशीशिवाय अशक्य आहेत.

निसर्गात असे हजारो जीव आहेत ज्यांना माणूस नकोसा समजतो पण पृथ्वी त्यांच्यावर उभी आहे.

गांडूळ माती जिवंत ठेवते. शेणगोळा भुंगा शेणाचे खत बनवतो. गिधाड मृतदेह साफ करून रोगांचा प्रसार थांबवते. वटवाघूळ रात्री हजारो कीटक खाते आणि पिकांचे संरक्षण करते. कोळी डास आणि माश्यांचे नियंत्रण करतो. मधमाश्या परागीभवन करतात. साप आणि घुबड उंदरांवर नियंत्रण ठेवतात. मुंग्या माती हलवतात आणि बियाणे पसरवतात.

समुद्रात समुद्री काकडी गाळ साफ करते. अळ्या आणि माश्या मृतदेहांचे विघटन करतात. जंगलात शिकारी प्राणी तृणभक्षी प्राण्यांची संख्या नियंत्रणात ठेवतात. प्रत्येक जीवाला एक काम आहे. निसर्गात निरुपयोगी जीव नसतो.

पण माणसाची समस्या अशी की त्याला फक्त स्वतःचा तात्काळ फायदा दिसतो. मधमाशी मध देते म्हणून चांगली. गाय दूध देते म्हणून चांगली. पण गिधाड मृतदेह खाते म्हणून वाईट. वाळवी लाकूड खाते म्हणून वाईट. बुरशी कुजवते म्हणून वाईट.

प्रत्यक्षात या तथाकथित “वाईट” जीवांशिवाय पृथ्वीवर मृत झाडांचे, शेणाचे, मृत प्राण्यांचे आणि कचऱ्याचे एवढे ढीग साचले असते की जीवन अशक्य झाले असते.

सूक्ष्मजीवांच्या बाबतीत तर माणसाचा अहंकार अजून मोठा आहे. पृथ्वीवर अब्जावधी प्रकारचे सूक्ष्मजीव आहेत. विज्ञानाने त्यापैकी अत्यंत कमी जीव ओळखले आहेत. पण तरी माणसाने लगेच वर्गीकरण करून टाकले. “हा मित्रजीवाणू”, “हा शत्रूजीवाणू”, “ही चांगली बुरशी”, “ही वाईट बुरशी”.

आणि मग सुरू झाले युद्ध. अँटीबायोटिक्स, जंतुनाशके, बुरशीनाशके, निर्जंतुकीकरण. प्रत्येक गोष्ट मारण्याची स्पर्धा.

खरंतर पृथ्वीवर जीवन निर्माण होण्याच्या आधी सूक्ष्मजीव होते. आणि माणूस नष्ट झाला तरी शेवटी पृथ्वीवर सूक्ष्मजीवच टिकून राहणार आहेत. कारण जीवनाचा पाया ते आहेत. नत्र स्थिरीकरण, सेंद्रिय पदार्थांचे विघटन, अन्न पचन, कार्बन चक्र, ऑक्सिजन चक्र, समुद्रातील पोषणचक्र, वनस्पतींच्या मुळांशी सहजीवन, हे सगळे काम सूक्ष्मजीव करत आहेत.

जंगलात कोणी युरिया टाकत नाही, डीएपी टाकत नाही. तरी जंगल हजारो वर्षे टिकते. कारण तिथे सूक्ष्मजीवांची परिसंस्था जिवंत असते.

मानवी शरीरातही हेच आहे. आपल्या शरीरात असंख्य सूक्ष्मजीव राहतात. पचन, रोगप्रतिकारशक्ती, मानसिक आरोग्य, हार्मोन्स, त्वचा, सर्व ठिकाणी त्यांचा प्रभाव आहे. म्हणजे माणूस स्वतः एक चालती-बोलती परिसंस्थाच आहे.

पण आधुनिक माणसाला प्रत्येक गोष्ट निर्जंतुक हवी आहे. जंतुमुक्त घर, जंतुमुक्त माती, कीटकमुक्त शेती. आणि त्याचे परिणाम आता दिसत आहेत. माती मृत होत आहे. अन्नातील पोषण घटत आहे. रोग वाढत आहेत. अँटीबायोटिक रेझिस्टन्स वाढत आहे. कारण आपण निसर्गाशी सहजीवन न करता युद्ध निवडले.

सगळ्यात मोठी गोष्ट म्हणजे “चांगला” आणि “वाईट” हा निसर्गाचा नियम नाही. तो माणसाचा दृष्टिकोन आहे. एखादा जीव एका परिस्थितीत

त्रासदायक असू शकतो, पण संपूर्ण परिसंस्थेसाठी तोच जीव अत्यावश्यक असतो.

माणूस स्वतःला पृथ्वीचा राजा समजतो. पण पृथ्वीला माणसाची गरज नाही. पृथ्वीने हिमयुग पाहिले, उल्कापात पाहिले, डायनासोर पाहिले. माणूसही एक दिवस जाईल. पण निसर्ग पुन्हा उभा राहील.

खरं तर जर पृथ्वीवर सर्वात निरुपयोगी जीव कोण असेल तर तो माणूसच आहे. कारण दुसरा कोणताही जीव स्वतःच्या जगण्यासाठी संपूर्ण नदी विषारी करत नाही, जंगल संपवत नाही, समुद्र प्लास्टिकने भरत नाही, वातावरण बदलत नाही आणि लाखो प्रजाती नष्ट करत नाही.

वाघ जंगल मारत नाही. साप नदी प्रदूषित करत नाही. वाळवी हवामान बदलत नाही. बुरशी पृथ्वी नष्ट करत नाही.

माणूस मात्र स्वतःला "सर्वात बुद्धिमान" म्हणवत पृथ्वीची जीवनव्यवस्था उध्वस्त करत आहे. आणि तरीही अंतिम सत्य एकच आहे. निसर्ग माणसाविना जगू शकतो. पण माणूस निसर्गाविना एक दिवसही जगू शकत नाही.

कुठे काय असावे?

कोण म्हणतं शेती फक्त माती आणि पाण्यावर चालते? शेती प्रत्यक्षात movement वर चालते. दिवसातून किती वेळा चालावं लागतं, किती वेळा उचलावं लागतं, किती वेळा ट्रॅक्टर फिरवावा लागतो, किती वेळा पाईप हलवावे लागतात, किती वेळा जनावरांमागे धावावं लागतं यावर शेतीचा नफा ठरतो.

एकदा चुकीचा लेआउट झाला की मग रोज शिक्षा सुरू होते.

गोठा दूर, चारा दुसऱ्या टोकाला, पाणी तिसऱ्या टोकाला, स्टोरेज चौथ्या टोकाला. मग आयुष्यभर माणूस फक्त शेतात फेऱ्या मारत राहतो.

मी केलेल्या चुका आणि अनुभवातून मला एक गोष्ट स्पष्ट समजली की शेताचा infrastructure हा पिकांपेक्षा आधी प्लॅन केला पाहिजे.

सर्वात आधी पाण्याचा विचार करा.

कारण शेतीमध्ये शेवटी सर्व काही पाण्यावर उभं असतं.

आज बहुतेक लोक आधी प्लॉट करतात आणि नंतर ड्रिप बसवायला जातात. प्रत्यक्षात आधी irrigation design आणि नंतर शेताची विभागणी झाली पाहिजे. 16 mm ड्रिप लाईन किती अंतरापर्यंत व्यवस्थित pressure देते हे आधी बघितलं पाहिजे. कारण लाईन जास्त लांब गेली की सुरुवातीला पाणी जास्त आणि शेवटी कमी मिळायला लागतं. मग uneven irrigation सुरू होतं. काही झाडं हिरवी तर काही पिवळी.

त्यामुळे शेताचे तुकडे ड्रिपच्या practical distance प्रमाणे केले तर future मध्ये फार त्रास वाचतो. Main line, submain आणि lateral यांचा विचार पंपाच्या flow प्रमाणे झाला पाहिजे. फक्त pipe जाड टाकून काही होत नाही. Pressure, discharge, slope आणि future expansion हे सगळं एकत्र बघावं लागतं.

पंप घेताना सुद्धा लोक मोठी चूक करतात. फक्त HP बघतात. पण प्रत्यक्षात पंपाचा head महत्त्वाचा असतो. विहीर किती खोल आहे, पाणी किती खाली जातं, friction loss किती आहे, pipeline किती लांब आहे हे बघून pump निवडला पाहिजे. नाहीतर मोटर दिवसभर चालते आणि pressure मिळत नाही.

Main line शक्यतो रस्त्याच्या किंवा बांधाच्या बाजूने असावी. शेताच्या मधून main line टाकली की नंतर कुठे JCB लागतो, कुठे नांगर लागतो, कुठे leakage होतं. Repair करायलासुद्धा शेत खोदावं लागतं. Valve chamber accessible असले पाहिजे. प्रत्येक विभागाला independent valve असावा. म्हणजे एक प्लॉट बंद करून दुसरा चालवता येतो.

स्प्रिंकलर सिस्टीम करणार असाल तर आधीच 70 बाय 70 फुटांच्या grid प्रमाणे outlet points ठेवले तर future मध्ये पाईप ओढत बसावं लागत नाही. प्रत्येक outlet strategic ठिकाणी असेल तर पूर्ण शेत coverage सोपं होतं.

Fertigation चा विचार सुरुवातीपासून केला पाहिजे. नंतर venturi बसवू म्हणत बसले की pressure problem सुरू होतात. Venturi बरोबर bypass line आणि टेक-ऑफ पाइप आधीच ठेवला तर खत सोडणं सोपं होतं. नाहीतर प्रत्येक वेळेला जुगाड करावा लागतो.

ड्रिपमध्ये flushing system फार महत्त्वाचं आहे. लोक बसवताना flush valve ठेवत नाहीत आणि नंतर emitters choke होतात. शेवटी लोक म्हणतात ड्रिप खराब आहे. प्रत्यक्षात maintenance point ठेवलेले नसतात.

Filter room हा irrigation चा heart आहे. पाण्याच्या source प्रमाणे hydrocyclone, sand filter, screen filter याचा विचार झाला

पाहिजे. विहिरीचं पाणी, शेततळ्याचं पाणी, नदीचं पाणी सगळ्यांसाठी वेगळं filtration लागतं.

आणखी एक मोठी गोष्ट म्हणजे drainage. भारतात बहुतेक शेतकरी पाणी आणण्याचा विचार करतात पण जादा पाणी बाहेर काढण्याचा विचार करत नाहीत. Waterlogging मुळे मुळांना oxygen मिळत नाही, root rot वाढतो आणि जमीन खारट व्हायला लागते. त्यामुळे runoff path आणि drainage line आधीच प्लॅन केली पाहिजे.

गोठा कायम उंच जागेवर असावा. पाणी साचणार नाही अशा ठिकाणी. शक्यतो North-South orientation मध्ये. म्हणजे हवा व्यवस्थित फिरते आणि ऊन दोन्ही बाजूंनी मिळतं. गोठा घराच्या जवळ असावा पण वास घरात येणार नाही अशा दिशेला. कारण रात्री काही प्रॉब्लेम झाला तर लगेच लक्षात आलं पाहिजे.

चाऱ्याचा प्लॉट गोठ्याजवळ असावा. ही मी स्वतः केलेली मोठी चूक आहे. चारा दूर असेल तर रोज ट्रॅक्टर, डिझेल, मजुरी सगळं वाढतं. पण चारा जनावरांना दिसेल अशा जागी नसावा. नाहीतर ती कंपाउंड तोडतात.

भाजीपाला कायम घराजवळ असावा. कारण रोज काम असतं. पाणी, तण, तोडणी, निरीक्षण. फळबाग मात्र दूर असली तरी चालते कारण रोज जाण्याची गरज नसते.

शेततळे low point ला आणि विहिरीजवळ असावं. शक्य असेल तर सर्व विहिरी, बोअर आणि शेततळे interconnected ठेवा. एका ठिकाणचं पाणी दुसरीकडे move करता आलं पाहिजे. हे केलं की पाण्याचं management पूर्ण बदलतं.

शेतात रस्ते हे luxury नाहीत. ते manpower replacement आहेत. गाडी जर शेताच्या प्रत्येक कोपऱ्यात जात असेल तर हमाली अर्धी कमी होते.

खत, चारा, हार्वेस्टिंग, माल वाहतूक सगळं सोपं होतं. दोन माणसं मोठी शेती manage करू शकतात.

कंपाउंड मजबूत असावं. विशेषतः रानडुकर, हरण, ससे असतील तर चांगली जाळी पहिली गुंतवणूक असते. जाळीवर वाढणारं तण पूर्ण साफ करू नका. त्याची नैसर्गिक green wall तयार होते आणि बाहेरच्या फवारणीचा drift कमी होतो.

प्रत्येक एकराच्या कोपऱ्यात outlet point ठेवा. म्हणजे future मध्ये कुठेही पाणी नेता येतं. आज drip असेल उद्या sprinkler, परवा rain gun. Infrastructure flexible असलं पाहिजे.

आज manual valve आहे म्हणून wiring करू नका असं नाही. भविष्यात automation येणारच आहे. Moisture sensor, solenoid valve, automatic fertigation हे सगळं येणार आहे. त्यामुळे conduit आणि electrical planning आधी करा.

बायोगॅस गोठ्याजवळ आणि घराजवळ balance करून असावा. नाहीतर रोज शेण वाहत बसावं लागतं. त्याच्या बाजूला slurry handling आणि vermicompost ची जागा असावी.

भाजीपाल्यासाठी washing area आणि थंड storage space फार महत्त्वाचं आहे. तोडलेली भाजी उन्हात पटकन खराब होते. लोक उत्पादनावर लक्ष देतात पण post harvest handling कडे लक्ष देत नाहीत.

शेवटी एक गोष्ट लक्षात घ्या. शेतीत नफा फक्त उत्पादन वाढवून येत नाही.

तो चुकीच्या movement कमी करूनही येतो.

कमी चालणारा शेतकरी जास्त टिकतो, कमी उचलणारा शेतकरी जास्त वाढतो आणि व्यवस्थित infrastructure असलेलं शेत पुढच्या पिढीसुद्धा टिकवू शकतं

ट्रेंड

आपण कपडे घेताना काय बघतो?

“हे नवीन आहे का?”

“लोकांच्या नजरेत उठून दिसेल का?”

“सगळ्यांकडे नसलेली गोष्ट आहे का?”

गाडी घेताना सुद्धा तेच.

गावात दहा जणांकडे जी गाडी आहे तीच गाडी घेण्यात लोकांना मजा वाटत नाही. “युनिक” पाहिजे. “नवीन” पाहिजे. “वेगळं” पाहिजे.

पण शेतीत मात्र आपण उलट करतो.

अख्खा गाव सोयाबीन लावतो म्हणून आपणही सोयाबीन.

अख्खा तालुका कापूस लावतो म्हणून आपणही कापूस.

भाव नाहीत, मजूर नाहीत, खर्च वाढलेत, रोग वाढलेत तरी तेच.

हा शेतकऱ्यांचा सर्वात मोठा विरोधाभास आहे.

जिथे स्पर्धा कमी असते तिथे जायला हवे, पण आपण जिथे गर्दी आहे तिथेच धावतो.

आजचा ग्राहक “पोट भरण्यासाठी” खरेदी करत नाही.

तो “ओळख”, “आरोग्य”, “स्टेटस”, “फॅशन”, “सोशल मीडिया” आणि “लाइफस्टाइल” विकत घेतो.

पूर्वी लोक गहू खात होते.

आता “खपली गहू” खातात.

पूर्वी ज्वारी गरीबांचे अन्न होती.

आज मिलेट्स पाचतारांकित हॉटेलमध्ये विकले जातात.

पूर्वी गावातल्या आजीने केलेले लोणचे साधे वाटायचे.

आज त्याच गोष्टीला "ऑर्गॅनिक आर्टिसनल प्रोबायोटिक" नाव देऊन हजार रुपयाला बाटली विकली जाते.

शहरात ट्रेंड आधी जन्म घेतो.

मोठ्या शहरात तो वाढतो.

नंतर तो टियर-२ शहरात जातो.

मग छोट्या शहरात.

आणि शेवटी गावात पोहोचतो.

शेतकरी मात्र ट्रेंड संपल्यावर पीक घेतो.

आज शहरात काय चालू आहे ते पाहाः

- ग्लुटेन फ्री
- मिलेट्स
- हाय प्रोटीन फूड
- कोल्ड प्रेस्ड तेल
- केमिकल फ्री भाज्या
- मायक्रोग्रीन्स
- फार्म टू फोर्क
- A2 दूध
- कंट्री चिकन
- नैसर्गिक गूळ
- लोकल आणि पारंपरिक वाण
- फर्मेंटेड फूड

- प्लांट बेस्ड प्रोटीन
- रेड राईस, ब्लॅक राईस
- औषधी वनस्पती
- नैसर्गिक रंग असलेले अन्न

हे ट्रेंड फक्त “फॅशन” नसतात.

यामागे मोठी मार्केटिंग इंडस्ट्री, हेल्थ इंडस्ट्री, सोशल मीडिया आणि शहरी ग्राहकांची मानसिकता असते.

एखादा ट्रेंड आला की साधारण ३ ते ५ वर्षे त्याची मोठी लाट असते.

जो शेतकरी सुरुवातीला पकडतो तो पैसा कमावतो.

उशिरा आलेला शेतकरी पुन्हा गर्दीत अडकतो.

उदाहरण बघा.

मॅकडॉनल्ड्स भारतात आले तेव्हा त्यांनी फक्त दुकान उघडले नाही.

त्यांनी संपूर्ण सप्लाय चेन उभी केली.

त्यांना विशिष्ट आकाराचा बटाटा हवा होता.

विशिष्ट सॉलिड कंटेंट हवा होता.

विशिष्ट चव हवी होती.

म्हणून त्यांनी शेतकऱ्यांना कॉन्ट्रॅक्ट करून बटाटे उगवून घेतले.

कारण जगात कुठेही मॅकडॉनल्ड्स खाल्ले तरी चव तीच हवी.

आजही मोठ्या फूड चेन, प्रोसेसिंग कंपन्या, हेल्थ ब्रँड्स, रेस्टॉरंट नेटवर्क्स आणि एक्सपोर्ट कंपन्यांना स्पेसिफिक उत्पादन हवे असते.

त्यांना हवे असते: • विशिष्ट आकार

- विशिष्ट रंग

- विशिष्ट टेस्ट
- रेसिड्यू फ्री माल
- ट्रेसेबिलिटी
- सातत्यपूर्ण पुरवठा
- एकसारखी क्वालिटी

इथेच स्मार्ट शेतकरी पैसा कमावतो.

कारण भविष्यात “जास्त उत्पादन” महत्त्वाचे राहणार नाही.

“योग्य ग्राहकासाठी योग्य उत्पादन” महत्त्वाचे होणार आहे.

आता पुढचा मोठा बदल काय होऊ शकतो?

- डायबेटिक फ्रेंडली अन्न
- हाय फायबर धान्य
- केटो फ्रेंडली उत्पादन
- नैसर्गिक स्वीटनर्स
- रसायनमुक्त फळे
- फार्म एक्सपीरियन्स टुरिझम
- औषधी पालेभाज्या
- स्थानिक बियाण्यांपासून उत्पादन
- कार्बन क्रेडिट आधारित शेती
- प्रोटीन पिके
- जनावरांसाठी नैसर्गिक फीड

शेतकऱ्याने आता फक्त “पीक” समजून चालणार नाही.

त्याने ग्राहकाचे मानसशास्त्र समजून घ्यायला पाहिजे.

शहरात काय ट्रेंड सुरू आहेत?

जिममध्ये लोक काय खात आहेत?

इन्स्टाग्रामवर फूड इन्फ्लुएन्सर काय दाखवत आहेत?

मोठ्या मॉलमध्ये कोणती उत्पादने वाढत आहेत?

कोणत्या गोष्टींना “प्रीमियम” टॅग मिळतो आहे?

हे समजणारा शेतकरी पुढच्या काळात टिकेल.

बाकी लोक गावात काय लावत आहेत ते पाहून पीक निवडत राहतील.

स्ट्रेस

आज आयटी वाले म्हणतात की आमच्या कामात स्ट्रेस आहे.

असेलही. पण खरं सांगायचं तर शेती आणि पशुपालनातला स्ट्रेस अनुभवाशिवाय समजत नाही.

कारण इथे फक्त कामाचा ताण नसतो, इथे रोज जगण्याचा प्रश्न असतो.

आम्हाला "रोल बॅक" नसतो.

आमच्याकडे "अंडू" नसतं.

आमची चूक झाली तर फाईल डिलीट होत नाही, आमचं आयुष्य डिलीट होतं.

रात्री झोपताना आम्हाला खात्री नसते की सकाळ कशी उगवेल.

कोंबडीपालन करणारा माणूस रात्री झोपतो पण मन झोपत नाही.

उद्या सकाळी शेडमध्ये जिवंत कोंबड्या दिसतील की 50-100 मेलेल्या कोंबड्या पडलेल्या दिसतील?

एका रात्रीत लाखोंचा फटका बसू शकतो.

गाय व्यायला लागते.

रात्री दोन वाजता जनावर तडफडत असतं.

वासरू अडकलं तर?

डॉक्टर फोन उचलत नाही तर?

गाय वाचेल का? वासरू वाचेल का?

ज्याने त्या गायीला लेकरासारखं वाढवलं त्याला त्या क्षणी काय वाटत असेल हे फक्त पशुपालकालाच समजतं.

शेतात भाजी भारी दिसत असते.

लोक फोटो काढतात, व्हिडिओ बनवतात, म्हणतात “वा किती छान पीक आलंय.”

पण त्या शेतकऱ्याला माहिती असतं की विहिरीचं पाणी संपत आलंय.

आणखी आठ दिवस पाऊस नाही आला तर अख्खं पीक जळणार आहे.

आम्ही हवामानाचा अंदाज पाहत नाही.

आम्ही आकाशाकडे भीतीने बघतो.

वादळ आलं की शहरातले लोक व्हिडिओ बनवतात.

शेतकरी मात्र धावत गोठ्याकडे जातो.

साडीचं कंपाउंड टिकेल का?

कोंबड्यांचं शेड उडेल का?

गोठ्यावरचं पत्रं राहील का?

एका वाऱ्याने अनेक वर्षांची कमाई जमिनीत मिळू शकते.

वर्षभर पैसे साठवून गाय घेतली.

घरच्यांनी खर्च कमी केला.

स्वतःच्या गरजा मारल्या.

आणि नंतर समजलं की गाय तीन सडांची आहे, किंवा स्वतःच दूध पिते.

त्या क्षणी फक्त पैसे जात नाहीत.

त्या क्षणी माणसाचा विश्वास मरतो.

कांदा लावला.

सहा महिने उन्हात भाजलो.

रात्री जागून पाणी दिलं, कर्ज काढलं, मजुरी दिली.

आणि बाजारात गेल्यावर भाव असा की गाडीभाडंही निघत नाही.

तेव्हा शेतकरी रडत नाही कारण तो कमकुवत असतो.

तो रडतो कारण आता घरी जाऊन बायकोला काय सांगायचं हा प्रश्न असतो.

"यावेळीही काहीच राहिलं नाही."

आणि यात अजून एक गोष्ट शहरातल्या लोकांना कधी समजणार नाही.

आज रात्री लाईट आहे, उद्या सकाळी लाईट आहे, परवा पूर्ण दिवस लाईटच नाही.

आमचं आयुष्य हे प्लॅनिंगवर नाही, सरकारच्या दयेवर चालतं.

सरकारने भीक म्हणून दिलेल्या लाईटवर आम्ही आमचं पीक जिवंत ठेवतो.

रात्री दोन-दोन वाजता मोटर सुरू करायला उठावं लागतं.

डोळे उघडत नाहीत, शरीर थकलेलं असतं, पण पाणी द्यायलाच लागतं.

लाईट आली तर शेतकरी जागा होतो.

लाईट गेली तर शेतकरी जागाच राहतो.

शहरात लोक एसी बंद झाला म्हणून त्रासलेले असतात.

इथे लाईट गेली तर उद्या जनावरांना पाणी मिळणार की नाही हा प्रश्न असतो.

आम्हाला स्ट्रेस आला तर आम्ही हिमालयात फिरायला जात नाही.

आमच्याकडे स्ट्रेस मॅनेजमेंट सेमिनार नसतात.

आम्हाला स्ट्रेसच्या गोळ्या घ्यायलासुद्धा पैसे नसतात.

स्ट्रेसमुळे शुगर झाली, बीपी झाला, हार्टचं प्रॉब्लेम झालं तर डॉक्टरची फी परवडत नाही.

आमच्यासाठी आजारी पडणंसुद्धा महाग असतं.

आयटीवाल्याची नोकरी गेली तर तो दुसऱ्या कंपनीत जाऊ शकतो.

आमचं पीक गेलं, जनावर गेलं, कर्ज वाढलं तर आम्ही कुठे जायचं?

आमच्याकडे दुसरी नोकरी नसते.

दुसरी संधी नसते.

बॅकअप प्लॅन नसतो.

आणि सगळ्यात भयंकर गोष्ट म्हणजे हे सगळं सहन करून दुसऱ्या दिवशी पुन्हा सूर्योदयाआधी उठून कामाला जावंच लागतं.

कारण जनावरांना तुमचा स्ट्रेस समजत नाही.

गायीला वेळेवर चारा लागतो.

कोंबड्यांना वेळेवर पाणी लागतं.

पिकाला वेळेवर पाणी लागतं.

तुम्ही तुटलेले असलात तरी शेती थांबत नाही.

म्हणून शेतकरी आणि पशुपालक फक्त व्यवसाय करत नाहीत.

ते रोज स्वतःचं आयुष्य पणाला लावून जगत असतात.

आणि तरीही शहरात बसून लोक सहज बोलतात,

“शेतकरी काही करत नाही.”

मल्टि लेअर भाजीपाला

भाजीपाल्यात नफा काढायचा असेल तर फक्त “एका पिकाचं उत्पादन किती?” हा प्रश्न विचारून उपयोग नाही. खरा प्रश्न आहे “एका बेडमधून वर्षभरात किती वेळा उत्पन्न येतं, किती प्रकारचं उत्पन्न येतं आणि किती खर्च वाचतो?”

कारण शेतीमध्ये जमीन मर्यादित असते. पाणी मर्यादित असतं. मजूर मर्यादित असतात. पण बहुतांश लोक शेती अजूनही एका पिकाच्या विचाराने करतात. एक एकर म्हणजे एक पिक. मग त्यावरच संपूर्ण रिस्क. भाव पडला, रोग आला, पाऊस चुकला किंवा मजूर मिळाले नाहीत की संपूर्ण गणित कोसळतं.

आम्ही भाजीपाल्यात वेगळा विचार केला. “एका बेडला दुकान बनवायचं.”

लोक कायम विचारतात की अर्ध्या एकरामधून दुकान चालेल इतका भाजीपाला कसा निघतो? तर त्याचं उत्तर म्हणजे इंटरक्रॉपिंग, कंपॅनियन प्लांटिंग आणि टाइमिंग.

हे समजण्यासाठी एक साधं उदाहरण बघा.

समजा बसमध्ये दोन सीट आहेत आणि जायचं चार जणांना आहे. दोन मोठी माणसं एका सीटवर बसवली तर गर्दी होईल. पण एक मोठा आणि एक लहान मुलगा बसवला तर जागा व्यवस्थित वापरली जाते. कारण दोघांची शरीररचना वेगळी असते. एकाचे पाय जास्त पसरतात, दुसऱ्याचे कमी.

आम्ही शेतीत हाच नियम वापरतो.

एकाच बेडवर अशी पिकं घेतो ज्यांची उंची वेगळी, वाढीचा वेग वेगळा, मुळांची खोली वेगळी, सूर्यप्रकाशाची गरज वेगळी आणि उत्पादनाचा कालावधी वेगळा असतो. त्यामुळे ती एकमेकांशी स्पर्धा करत नाहीत. उलट एकमेकांना जागा देतात.

आमचा साधारण साडेतीन फूट रुंदीचा बेड असतो. लांबी शेतानुसार 120 फूट, 200 फूट बदलते.

या बेडवर सुरुवातीला पसरून मेथी पेरली जाते. कारण मेथी लवकर येते आणि वर कमी जागा घेते.

बेडच्या दोन्ही बाजूला दोन दोन फुटावर वांगं लावतो. दोन वांग्यांच्या मध्ये एक मुळा लावतो. प्रत्येक आठ फुटावर एक हादग्याचं झाड लावतो. त्या हादग्यावर वरच्या बाजूला वेलवर्गीय पिक चढवतो. जसं कारलं, दोडका, घोसाळे किंवा दुधी.

दोन हादग्यांच्या मध्ये म्हणजे चार फुटाच्या अंतरावर मका आणि चवळी लावतो.

आता बघा यात टाइमिंग कसं काम करतं.

२१ दिवसात मेथी निघते.

४५ दिवसात मुळा तयार होतो.

४५ ते ५० दिवसात चवळी सुरू होते.

५५ ते ६० दिवसात वेलवर्गीय पिक उत्पादन द्यायला लागतं.

९० दिवसात बेबी कॉर्न किंवा मका येतो.

आणि शेवटी १२० ते १४० दिवसांनी वांगं मुख्य उत्पादन देतं.

म्हणजे एकाच बेडमधून सहा वेळा उत्पन्न येतं.

महत्वाचं म्हणजे प्रत्येक पिक पुढच्या पिकाचा खर्च भरत राहतं.

मेथीतून सुरुवातीची मजुरी निघते.

मुळ्यातून बियाण्याचा खर्च निघतो.

चवळी आणि वेलवर्गीय पिक खत आणि पाण्याचा खर्च भरतात.

बेबी कॉर्न कॅश फ्लो चालवतो.

आणि जेव्हा वांगं जोरात येतं तेव्हा बाकीची सगळी पिकं बेडवरून गेलेली असतात. म्हणजे वांग्याला पूर्ण जागा मिळते. त्यामुळे वांगं जवळपास फ्री पडतं.

यामध्ये फक्त इंटरक्रॉपिंग नाही तर कंपॅनियन प्लांटिंग सुद्धा सतत चालू असतं.

भेंडीच्या बाजूला शेपू असतो.

टोमॅटोच्या बाजूला बेसिल किंवा तुळस असते.

कोबीच्या बाजूला कांदा असतो.

वांग्याच्या बाजूला मुळा असतो.

प्रत्येक पिकाचा शेजारी विचार करून ठरवलेला असतो.

यामध्ये फक्त उत्पादनाचा विचार नसतो. सुगंध, कीड व्यवस्थापन, मुळांची खोली, पोषणद्रव्यांचा वापर, सावली, हवा खेळती राहणं सगळं विचारात घेतलेलं असतं.

आमच्या मॉडेलमध्ये हादग्याचं झाड फार महत्वाचं आहे. कारण ते अनेक वर्ष टिकतं. त्यावर वेल चढतो. पक्षी बसतात. आणि त्याची पानं हाय प्रोटीन असल्यामुळे मावा सर्वात आधी हादग्यावर येतो.

मध्ये असलेली चवळी सुद्धा मावा आकर्षित करते.

हे समजण्यासाठी गुजराती थाळीचं उदाहरण बघा.

समजा तुम्ही साडेचारशे रुपये देऊन गुजराती थाळी खायला गेला आहात. थाळी अनलिमिटेड आहे. आता साडेचारशे रुपये वसूल करायचे म्हणून तुम्ही सहा वेळा पूर्ण थाळी खाऊ शकता का? नाही.

मग तुम्ही काय करता?

ज्या गोष्टी महाग आहेत किंवा जास्त आवडतात त्यावर फोकस करता. कोणी आमरसावर तुटून पडतो, कोणी बासुंदीवर, कोणी खिरीवर.

कीड सुद्धा हेच करते.

जेव्हा कीड आमच्या शेतात येते तेव्हा तिला एकाच पिकाचं मैदान दिसत नाही. तिला पूर्ण गुजराती थाळी दिसते. २४ प्रकारची पिकं, वेगवेगळे वास, वेगवेगळ्या पानांची रचना.

पण ती सगळी पिकं समान प्रमाणात खात नाही.

ती तिची "बासुंदी" निवडते.

आमच्याकडे चवळी ही बासुंदी आहे. मावा सर्वात जास्त चवळीवर आणि हादग्यावर येतो. त्यामुळे मुख्य पिकांवर प्रेशर कमी राहतं.

आमच्या अर्धा एकरात २४ पिकं आहेत आणि प्रत्येक पिकाची कीड वेगळी आहे. त्यामुळे प्रत्येक किडीचा नैसर्गिक शत्रू पण वेगळा असतो.

कुठे aphids आले तर ladybird beetle येतो.

कुठे अळी आली तर parasitic wasp काम करतो.

कोळी, lacewing, ड्रॅगनफ्लाय, छोटे शिकारी कीटक सतत फिरत असतात.

वर हादग्यावर पक्षी बसतात आणि अळ्या, अंडी खात राहतात.

म्हणजे आमच्या शेतात pest control स्प्रेने होत नाही. Ecology ने होतं.

आजची मोठी समस्या म्हणजे मोनोकल्चर. एकाच प्रकारचं हजारो झाडांचं शेत म्हणजे किडीसाठी बुफे उघडल्यासारखं असतं. एकदा कीड बसली की तिला दुसरीकडे जायची गरजच पडत नाही.

निसर्गात जंगलावर कोणी औषध फवारत नाही. कारण जंगलात biodiversity असते. अनेक प्रकारची झाडं, कीटक, पक्षी, बुरशी, सूक्ष्मजीव एकमेकांना balance करत असतात.

शेतीमध्ये आपण जितकं निसर्गापासून दूर गेलो तितके स्प्रे वाढले. आणि जितकी biodiversity वाढवली तितकं शेतीचं व्यवस्थापन सोपं झालं.

आमच्या मॉडेलमध्ये कीड शून्य नसते. पण ती नियंत्रणाबाहेर जात नाही. हा फार मोठा फरक आहे.

कारण निसर्ग elimination वर काम करत नाही. निसर्ग balance वर काम करतो.

घरापुरती शेती करायची असेल तर किती जमीन पाहिजे?

हा प्रश्न खूप लोक विचारतात. कारण शहरात राहणाऱ्या माणसालासुद्धा आता समजायला लागलं आहे की महिन्याचा मोठा खर्च हा अन्नावरच जातो.

एक साधारण कुटुंब बघा.

आठवड्याला 500 रुपये भाजीपाला.

300-400 रुपये फळं.

महिन्याला 1000-1500 रुपये किराणा.

दूध रोज फक्त 60 रुपयांचं धरलं तरी महिन्याला 1800 रुपये.

रोज दोन अंडी खाल्ली तरी त्याचा वेगळा खर्च.

हे सगळं मिळून वर्षाला साधारण 1 ते 1.25 लाख रुपये फक्त पोटासाठी जातात. आणि यात अजून शुद्ध अन्न मिळेल याची खात्री नसते.

मग आयडियल मॉडेल काय असू शकतं?

माझ्या मते एक ते सव्वा एकर जमीन व्यवस्थित प्लॅन करून वापरली तर एक कुटुंब जवळपास पूर्ण अन्नस्वावलंबी होऊ शकतं. उलट थोडं उत्पन्नही उरू शकतं.

मॉडेल साधारण असं असावं:

पाच गुंठे फळबाग.

त्यामध्ये वेगवेगळी फळझाडं. आंबा, सीताफळ, पेरू, चिकू, लिंबू, डाळिंब, शेवगा, पपई, केळी अशा मिक्स पद्धतीने. एकाच पिकावर अवलंबून राहायचं नाही.

दोन गुंठे घर आणि गोठा.

घर, पाण्याची व्यवस्था, कंपोस्ट, गोठा, कोंबड्यांची जागा.

तीन गुंठे भाजीपाला.

दररोज लागणाऱ्या भाज्या. भेंडी, वांगी, टोमॅटो, मिरची, पालक, मेथी, कोथिंबीर, दोडका, कारलं, घेवडा. इथे सतत काही ना काही निघालं पाहिजे. एका वेळेस सगळं लावून उपयोग नाही. टप्प्याटप्प्याने लागवड महत्त्वाची.

दहा गुंठे हिरवा चारा.

दोन गाईंसाठी. नेपिअर, मका, चवळी, लुसर्न, अजोला, सुबाभूळ अशा मिश्र पद्धतीने.

उरलेलं अर्धा एकर धान्य आणि कडधान्यांसाठी.

खरीपमध्ये: मूग, उडीद, चवळी, मटकी, बाजरी.

रब्बीमध्ये: गहू, चणा, राजमा.

यामुळे घरातलं बेसिक धान्य आणि प्रोटीन दोन्ही तयार होतं.

आता खरी गेम कुठे आहे माहिती आहे का?

त्या पाच गुंठे फळबागेमध्ये कोंबड्या सोडायच्या.

पाच गुंठ्यात सहज 400-500 देशी कोंबड्या मॅनेज होतात योग्य रोटेशन आणि व्यवस्थापन असेल तर. त्या झाडाखाली किडे खातात, खत टाकतात, गवत नियंत्रण करतात आणि अंडी देतात.

500 कोंबड्यांमधून रोज 150-200 अंडी सहज मिळू शकतात. घराला लागणारी अंडी ठेवा, बाकी विक्री करा.

दोन गाई ठेवल्या तर एक गाय दूधात असली तरी 8-10 लिटर दूध मिळू शकतं. घराला दीड-दोन लिटर पुरतं. बाकी विक्री.

फळबागेतून घराला पुरेल एवढं तर मिळतंच पण हंगामात विकायलासुद्धा राहतं.

तीन गुंठ्यातला भाजीपाला सुद्धा इतका निघतो की उरलेला विकता येतो.

म्हणजे काय होतं?

पूर्वी जे 1 ते 1.25 लाख रुपये तुम्ही खर्च करत होतात ते वाचतातच, पण त्याच सिस्टिममधून 1-2 लाख रुपयांचं उत्पन्नसुद्धा तयार होऊ शकतं. आणि हे फार मोठं, कर्जबाजारी, ताणाचं मॉडेल नाही.

महत्त्वाचं म्हणजे हे "स्केलेबल" नाही तर "स्टेबल" मॉडेल आहे.

लोक सुरुवातीलाच 20 गाई, 10 एकर भाजीपाला, मोठे प्रोजेक्ट घेतात. सोशल मीडियावर भारी दिसतं. पण नंतर मजूर, बाजार, आजार, पाऊस, भाव, कर्ज यामध्ये सगळं अडकतं.

शेतीत सर्वात अवघड गोष्ट उत्पादन नाही.

सर्वात अवघड गोष्ट म्हणजे टिकून राहणं.

त्यामुळे जर फार मोठं अंगावर घ्यायचं नसेल तर स्वतःपुरती, संतुलित, मिश्र शेती हीच सर्वात शहाणी पद्धत आहे.

अन्न, दूध, अंडी, फळं, धान्य, खत, चारा सगळं स्वतःच्या सिस्टिममध्ये तयार होतं. बाहेरचं अवलंबित्व कमी होतं. आणि महत्त्वाचं म्हणजे माणूस शेतीचा गुलाम न होता शेतीसोबत जगू शकतो.

शेतकरी कधीच मोठा होणार नाही

शेतकरी मोठा झाला तर फक्त त्याचे घर बदलणार नाही, संपूर्ण राजकारण बदलून जाईल. म्हणूनच शेतकऱ्याची पिळवणूक ही अपघात नाही, ती व्यवस्थेचा भाग आहे. By design.

कारण कोणत्याही सरकारचा पाया काय असतो?

स्वस्त अन्न आणि समाधानी ग्राहक.

शहरातला माणूस सकाळी उठून दूध, भाजी, डाळ, तेल, गहू, तांदूळ स्वस्तात मिळत असेल तर सरकार स्थिर राहते. पण ह्याच गोष्टी महाग झाल्या की सर्वात आधी सरकारवर राग निघतो. लोकांना EMI, मोबाईल, गाडी, पर्यटन, ऑनलाइन shopping सगळं चालतं. पण कांदा ८० रुपये झाला की देश पेटतो.

म्हणून कोणत्याही सरकारसाठी सर्वात मोठं target असतं:

अन्न स्वस्त ठेवा.

आणि त्याची किंमत कोण देतो?

शेतकरी.

कांदा महाग झाला की export बंद.

डाळ महाग झाली की import सुरू.

साखरेवर quota.

गव्हावर stock limit.

दुधावर दबाव.

कारण सरकारला माहित आहे, ग्राहक नाराज झाला तर निवडणूक धोक्यात येते. पण शेतकरी? तो तग धरत राहतो. कर्ज काढतो. जमीन विकतो. जनावरं विकतो. पण पुन्हा पेरणी करतो.

व्यवस्थेला माहित आहे की शेतकरी मर्यादेपलीकडे बंड करणार नाही. कारण त्याच्याकडे वेळ नसतो. तो रोज जगण्यात अडकलेला असतो.

आणि खरी भीती इथेच आहे.

जर शेतकरी खरोखर मोठा झाला तर?

जर त्याच्याकडे stable पैसा आला तर?

जर तो कर्जमुक्त झाला तर?

जर त्याने थेट ग्राहकाला विकायला सुरुवात केली तर?

मग तो निवडणुकीच्या आधी पाच किलो तांदूळ, कर्जमाफी, मोफत वीज, २००० रुपयांच्या योजनेला बळी पडणार नाही.

ज्याच्या खात्यात महिन्याला नियमित पैसा येतो, जो स्वतःच्या अटींवर जगतो, तो माणूस राजकारणासाठी सर्वात धोकादायक असतो. कारण तो घाबरत नाही. विकत घेतला जात नाही.

म्हणूनच शेतकऱ्याला पूर्णपणे संपवले जात नाही आणि पूर्णपणे मजबूतही होऊ दिले जात नाही. त्याला कायम survival mode मध्ये ठेवले जाते.

इतकाच पैसा मिळेल की तो पुढच्या हंगामात पुन्हा पेरणी करेल.

पण इतका नाही की तो market dictate करेल.

ही व्यवस्था इतकी खोल आहे की शेतकरी स्वतःही अनेकदा ती समजून घेत नाही. तो समजतो की या वर्षी भाव पडले म्हणजे अपघात. पण हे cycle प्रत्येक दशकात पुन्हा पुन्हा घडत राहते.

भाव वाढले की सरकार हस्तक्षेप करते.

उत्पादन वाढले की भाव पाडले जातात.

शेतकरी अडचणीत आला की subsidy दिली जाते.

पण market वर त्याचा control कधीच येऊ दिला जात नाही.

कारण एक गोष्ट सरकारला आणि मोठ्या बाजारव्यवस्थेला स्पष्ट माहित आहे.

जर अन्न उत्पादन करणारा माणूस आर्थिकदृष्ट्या स्वतंत्र झाला, तर देशातली सत्ता equation बदलेल.

आज बहुतेक शेतकरी अल्पभूधारक आहेत. अडीच, तीन, पाच एकर. तो कितीही मेहनत करो, मंडीत माल विकून त्याची मर्यादा ठरलेली आहे. वर्षाला काही लाख. त्यातून घर, शिक्षण, आरोग्य, लग्न, खराब वर्षे. म्हणजे आयुष्य कायम धावपळीत.

म्हणूनच शेतकरी जास्त शेती घेतो. जास्त उत्पादन करतो. अजून कर्ज घेतो. पण commodity market मध्ये तो जितका मोठा होतो तितका risk वाढतो, margin नाही.

खरा खेळ margin मध्ये आहे.

तुम्ही गहू मंडीत विकला तर २५०० रुपये क्विंटल.

तोच ग्राहकाला विकला तर ४५००.

दूध डेअरीला दिलं तर ४० रुपये.

थेट ग्राहकाला दिलं तर १२० रुपये.

फरक उत्पादनात नाही. फरक market access मध्ये आहे.

म्हणून भविष्यात टिकणारा शेतकरी तोच असेल जो फक्त “उत्पादक” राहणार नाही.

तो स्वतःचा ग्राहक तयार करेल.

स्वतःचा brand तयार करेल.

स्वतःची community तयार करेल.

बाकी commodity market मध्ये राहणारा शेतकरी कितीही कष्टाळू असला तरी त्याची पिळवणूक थांबणार नाही.

कारण ही व्यवस्था शेतकऱ्याला श्रीमंत बनवण्यासाठी तयार केलेली नाही.

ती स्वस्त अन्न पुरवण्यासाठी तयार केलेली आहे.

आणि जोपर्यंत देशाची अर्थव्यवस्था “स्वस्त अन्नावर” उभी आहे, तोपर्यंत शेतकऱ्याची पिळवणूक थांबणार नाही. By design

मातीचा पीएच बदलायचा की पिक बदलायचं?

शेतीतला एक मोठा गैरसमज म्हणजे "मातीचा पीएच लगेच बदलला पाहिजे." माती परीक्षणात पीएच जास्त किंवा कमी आला की लगेच सल्फर, जिप्सम, चुना, ॲसिड किंवा वेगवेगळी रसायने टाकण्याचा सल्ला दिला जातो. पण प्रत्यक्षात मातीचा पीएच हा एका दिवसात तयार झालेला नसतो. हजारो वर्षांच्या भूगर्भीय प्रक्रियेमुळे, पावसामुळे, पाण्याच्या गुणवत्तेमुळे आणि शेती पद्धतीमुळे तो तयार झालेला असतो.

मातीचा पीएच म्हणजे माती किती ॲसिडिक किंवा अल्कलाइन आहे याचे मोजमाप. ७ हा न्यूट्रल पीएच. ७ च्या खाली ॲसिडिक आणि ७ च्या वर अल्कलाइन.

पण ॲक्च्युली माती ॲसिडिक किंवा अल्कलाइन का होते?

सगळ्यात मोठा फॅक्टर म्हणजे त्या भागातील मूळ खडक आणि पावसाचे प्रमाण. जास्त पाऊस असलेल्या भागात पाणी सतत कॅल्शियम, मॅग्नेशियम, पोटॅशियमसारखे क्षार खाली धुऊन नेत राहते. त्यामुळे अशा भागातील माती ॲसिडिक बनते. म्हणून कोकण, केरळ, ईशान्य भारतात ॲसिडिक माती जास्त दिसते.

उलट महाराष्ट्रातील दुष्काळी आणि कमी पावसाच्या भागात क्षार वाहून जात नाहीत. ते जमिनीत साचतात. विशेषतः कॅल्शियम, मॅग्नेशियम आणि सोडियम. त्यामुळे माती अल्कलाइन बनते.

दुसरा मोठा मुद्दा म्हणजे पाणी. सतत हाय टीडीएस, bicarbonates किंवा sodium जास्त असलेले बोअरवेलचे पाणी वापरले तर जमिनीचा पीएच वाढत जातो. सुरुवातीला काही समजत नाही पण हळूहळू जमीन घट्ट होते, infiltration कमी होते, मुळांची वाढ कमी होते आणि सूक्ष्म अन्नद्रव्ये लॉक होतात.

तिसरा मुद्दा म्हणजे रसायनांचा अतिवापर. सतत सॉल्युबल खत, जास्त युरिया, कमी सेंद्रिय पदार्थ, सतत नांगरणी, उघडी जमीन, यामुळे मातीची जैविक क्रिया कमी होते. पीएच हा फक्त आकडा नसतो. त्यामागे संपूर्ण soil biology बदललेली असते.

महत्त्वाची गोष्ट म्हणजे पीएच हा रोग नसून लक्षण असतो.

मातीच्या पीएचमुळे अनेक अन्नद्रव्यांची उपलब्धता बदलते. उदाहरणार्थ जास्त अल्कलाइन मातीत iron, zinc, manganese लॉक होतात. म्हणून अशा जमिनीत पाने पिवळी पडतात. उलट खूप ऍसिडिक जमिनीत aluminium toxicity वाढू शकते.

आता महत्त्वाचा प्रश्न.

तुमचा पीएच कमी किंवा जास्त असेल तर काय करायचे?

माझ्या मते प्रत्येक वेळी मातीशी युद्ध करण्यापेक्षा त्या मातीत नैसर्गिकरित्या चांगले येणारे पीक निवडणे जास्त शहाणपणाचे आहे.

जर माती ऍसिडिक असेल म्हणजे पीएच कमी असेल, तर ही पिके चांगली येऊ शकतात:

- चहा
- कॉफी
- ब्लूबेरी
- अननस
- आले
- हळद
- बटाटा
- रताळे

- रबर
- काही मसाले पिके
- जंगलातील औषधी वनस्पती

ही पिके साधारण ४.५ ते ६.५ पीएचमध्ये चांगली वाढतात.

जर माती अल्कलाइन असेल म्हणजे पीएच जास्त असेल, तर ही पिके तुलनेने चांगली तग धरतात:

- कापूस
- ज्वारी
- बाजरी
- गहू
- बार्ली
- चणा
- तूर
- मेथी
- पालक
- बीट
- शतावरी
- डाळिंब
- खजूर
- अल्फाल्फा

याचा अर्थ असा नाही की बाकी पिके येणारच नाहीत. पण उत्पादन, nutrient uptake, रोगप्रतिकार आणि खर्च या सगळ्यावर फरक पडतो.

आज अनेक शेतकरी चुकीच्या जमिनीत चुकीचे पीक घेऊन मग खत, ऍसिड, टॉनिक, मायक्रोन्यूट्रिएंट आणि फवारण्यांवर लाखो रुपये घालवतात. प्रत्यक्षात निसर्ग आधीच सांगत असतो की "या जमिनीत हे पीक नैसर्गिकरित्या योग्य नाही."

मग दुसरा प्रश्न येतो.

मातीचा पीएच नैसर्गिकरित्या सुधारू शकतो का?

हो. पण बाटलीने नाही. biology ने.

मी वापरत असलेल्या regenerative farming च्या पद्धतींमुळे मातीचा पीएच हळूहळू balanced होतो. कारण regenerative farming चे मुख्य उद्दिष्ट पीएच बदलणे नसून माती जिवंत करणे हे असते.

१) कायम जिवंत मुळे ठेवणे

जमिनीत सतत roots सक्रिय असल्या की त्या sugars आणि organic acids सोडतात. त्यामुळे सूक्ष्मजीव वाढतात आणि खनिजांचे संतुलन सुधारते.

२) विविध पिके आणि इंटरक्रॉपिंग

प्रत्येक वनस्पती वेगवेगळे root exudates सोडते. त्यामुळे soil microbiology विविध होते आणि nutrient cycling सुधारते.

३) सेंद्रिय पदार्थ वाढवणे

शेणखत, कंपोस्ट, मल्च, crop residue यामुळे humus वाढतो. Humus मातीला buffer करतो. त्यामुळे पीएच extreme राहत नाही.

४) कमी किंवा शून्य नांगरणी

सतत नांगरणी केल्याने soil carbon कमी होतो आणि microbial network तुटते. कमी disturbance असलेल्या जमिनीत biological balance चांगले राहते.

५) जमिनीवर कायम आच्छादन

Mulch मुळे तापमान, moisture आणि microbial activity stable राहते. उघडी जमीन biological desert बनते.

६) पशुपालनाचे एकत्रीकरण

शेण, गोमूत्र, grazing आणि जैविक हालचालींमुळे nutrient cycling सुधारते. Carbon आणि biology वाढल्याने माती नैसर्गिकरित्या balanced बनते.

या सगळ्या प्रक्रियेमुळे पीएच एका रात्रीत बदलत नाही. पण मातीची buffering capacity वाढते. म्हणजेच माती extreme ॲसिडिक किंवा extreme अल्कलाइन राहत नाही.

आज शेतीत मोठी चूक काय होते?

लोक मातीपेक्षा आकड्यांवर प्रेम करतात.

पीएच ८ आला की panic. मग लगेच ॲसिड. पीएच ५ आला की लगेच चुना. पण माती हा chemistry चा फक्त प्रश्न नाही. तो biology चा विषय आहे.

जिवंत माती स्वतःला हळूहळू संतुलित करते. मृत मातीला मात्र कायम बाटल्या लागतात.

म्हणून आधी हा प्रश्न विचारा.

“मी मातीला जबरदस्तीने बदलतोय की त्या मातीत naturally योग्य असलेले पीक निवडतोय?”

पंचतत्व

"पंचतत्व" ही फक्त धार्मिक कल्पना नाही. ती निसर्ग समजून घेण्याची एक प्राचीन पद्धत आहे.

आपण लहानपणापासून ऐकत आलोय की माणूस पंचतत्वातून बनतो आणि शेवटी पंचतत्वात विलीन होतो. आधुनिक विज्ञानाच्या भाषेत पाहिलं तर हे वाक्य आश्चर्यकारकपणे वास्तवाच्या जवळ आहे. कारण आपल्या शरीरातील किंवा झाडांमधील एकही अणू नवीन निर्माण होत नाही. ते फक्त एका स्वरूपातून दुसऱ्या स्वरूपात जात असतात.

एका झाडापासून सुरुवात करू.

आपण सामान्यतः समजतो की खत घातल्यामुळे पीक तयार होतं. पण प्रत्यक्षात झाडाचा बहुतांश "ड्राय मास" हवेतून आलेल्या कार्बनमुळे तयार होतो.

उदाहरणार्थ, चाऱ्यासाठीचा मका घ्या. एका एकरामध्ये वीस टन हिरवा चारा सहज तयार होऊ शकतो. त्यासाठी शंभर-दोनशे किलो खत वापरलं जातं. मग उरलेला एवढा मोठा बायोमास कुठून येतो?

त्यातील बहुतेक भाग हवेतल्या कार्बन डायऑक्साइडमधून आणि पाण्यातून येतो.

झाड पानांद्वारे कार्बन डायऑक्साइड घेतं. मुळांद्वारे पाणी घेतं. सूर्यप्रकाशाच्या ऊर्जेने प्रकाशसंश्लेषण होते आणि ग्लुकोज तयार होतो. त्या ग्लुकोजपासून सेल्युलोज, स्टार्च, लिग्निन आणि इतर सेंद्रिय संयुगे तयार होतात. त्यातून खोड, पाने, मुळे आणि फळे बनतात.

म्हणजे झाडाचा मुख्य देह कार्बन, हायड्रोजन आणि ऑक्सिजनने बनलेला असतो.

मग खताचं काम काय?

खत झाडाला “मास” देत नाही. ते झाडाच्या जैवरासायनिक प्रक्रिया सुरळीत चालण्यासाठी आवश्यक घटक पुरवतं.

नायट्रोजन हा प्रथिने, अमिनो ॲसिड्स आणि क्लोरोफिलचा महत्त्वाचा भाग आहे. मॅग्नेशियम हे क्लोरोफिलच्या मध्यभागी असणारं मूलद्रव्य आहे. क्लोरोफिल नसल्यास प्रकाशसंश्लेषण होणार नाही.

फॉस्फरस ATP तयार करण्यात महत्त्वाचा असतो. ATP म्हणजे पेशींची ऊर्जा वाहून नेणारी प्रणाली. त्यामुळे फॉस्फरसला झाडाची “ऊर्जा चलनव्यवस्था” म्हणता येईल.

पोटॅशियम थेट झाडाचा भाग कमी बनवतं, पण पाण्याचं नियमन, स्टोमाटा उघडणे-बंद करणे, एन्झाइम्स सक्रिय करणे आणि अन्नद्रव्यांची वाहतूक या महत्त्वाच्या प्रक्रिया नियंत्रित करतं.

कॅल्शियम पेशीभित्तिका मजबूत करतं.

सल्फर काही अमिनो ॲसिड्ससाठी आवश्यक असतं.

झिंक, कॉपर, बोरॉन, मँगनीज, मॉलिब्डेनम अशी सूक्ष्म अन्नद्रव्ये विविध एन्झाइम्स आणि जैविक प्रक्रियांमध्ये काम करतात.

म्हणजे खत महत्त्वाचं नाही असं नाही. पण खत म्हणजे झाडाचं अन्न ही कल्पना अपुरी आहे. झाडाचं खरं अन्न म्हणजे सूर्यप्रकाश, कार्बन डायऑक्साइड आणि पाणी.

इथे मातीची खरी भूमिका सुरू होते.

माती म्हणजे फक्त धूळ नाही. ती एक जिवंत परिसंस्था आहे. एका चमचा सुपीक मातीत अब्जावधी सूक्ष्मजीव असू शकतात. जीवाणू, बुरशी, प्रोटोजोआ, निमॅटोड्स, ॲक्टिनोमायसीट्स हे सगळे सतत सेंद्रिय पदार्थ विघटित करत असतात आणि खनिजे झाडांना उपलब्ध करून देत असतात.

वातावरणात साधारण ७८% नायट्रोजन असतो. पण झाड तो थेट वापरू शकत नाही. काही जीवाणू हा नायट्रोजन स्थिर करून अमोनिया किंवा संबंधित संयुगांमध्ये बदलतात. यालाच nitrogen fixation म्हणतात.

झाड त्यांच्या बदल्यात मुळांमधून साखर, अमिनो ॲसिड्स आणि इतर संयुगे सोडतं. यांना root exudates म्हणतात. म्हणजे जमिनीखाली झाड आणि सूक्ष्मजीव यांच्यात सतत व्यवहार चालू असतो.

मायकोरायझल बुरशीचं जाळं तर आणखी रोचक आहे. या बुरशी झाडांच्या मुळांशी संबंध तयार करून फॉस्फरस, झिंक आणि पाणी आणण्यात मदत करतात. बदल्यात झाड त्यांना कार्बोहायड्रेट्स देतं. काही संशोधनांमध्ये झाडांमधील रासायनिक संकेत या जाळ्यांद्वारे प्रवास करू शकतात असेही आढळले आहे, जरी याबाबत अजून संशोधन सुरू आहे.

आधुनिक शेतीत अति नांगरणी, उघडी जमीन आणि रासायनिक अतिरेक यामुळे मातीतील सेंद्रिय कर्ब आणि सूक्ष्मजीव विविधता कमी होते. परिणामी मातीची नैसर्गिक कार्यक्षमता कमी होते आणि बाह्य इनपुटवर अवलंबित्व वाढतं.

म्हणूनच जिवंत माती ही शेतीचा पाया आहे.

हेच तत्त्व मानवी शरीरालाही लागू होतं.

मानवी शरीरातील बहुतेक भाग ऑक्सिजन, कार्बन, हायड्रोजन आणि नायट्रोजनचा बनलेला असतो. हे सर्व घटक अन्न, पाणी आणि हवेतून आलेले असतात.

मृत्यूनंतर शरीरातील सेंद्रिय संयुगे पुन्हा निसर्गात मिसळतात.

दहन केल्यास शरीरातील कार्बन प्रामुख्याने कार्बन डायऑक्साइडच्या स्वरूपात वातावरणात जातो. पाण्याचा भाग वाफ बनून वातावरणात

मिसळतो. काही नायट्रोजनयुक्त संयुगे वायुरूप होतात. उरलेली राख मुख्यतः कॅल्शियम फॉस्फेट्स आणि इतर खनिजांची असते.

ती राख जमिनीत किंवा पाण्यात गेल्यावर पुन्हा भू-रासायनिक चक्रात सहभागी होते.

म्हणजेच शरीरातील मूलद्रव्ये कायमची नष्ट होत नाहीत. ती फक्त रूप बदलतात.

प्राचीन भाषेत यालाच पंचतत्वात विलीन होणे म्हटलं गेलं.

पृथ्वी म्हणजे खनिजे आणि घन पदार्थ.

जल म्हणजे द्रव आणि जीवनचक्र.

वायू म्हणजे वातावरण आणि वायुरूप देवाणघेवाण.

अग्नी म्हणजे ऊर्जा आणि परिवर्तन.

आकाश म्हणजे हे सगळं घडण्याची अवकाशीय चौकट.

ही आधुनिक विज्ञानाची शब्दावली नाही. पण ती निसर्गातील चक्र समजावून सांगण्याचा अत्यंत निरीक्षणाधारित प्रयत्न आहे.

आपण पृथ्वीपासून वेगळे नाही.

आपल्या शरीरातला कार्बन कधीकाळी एखाद्या झाडात असू शकतो.

त्या आधी तो वातावरणात असू शकतो.

त्या आधी समुद्रात विरघळलेला असू शकतो.

निसर्गात काहीही स्थिर नाही.

पदार्थ सतत फिरत असतो.

जीवन म्हणजे त्या प्रवाहाला काही काळासाठी मिळालेला आकार.

आणि मृत्यू म्हणजे त्या आकाराचं पुन्हा विश्वात विलीन होणं.

कोंबडीच्या पिल्लांना ब्रूडिंग का करावे लागते?

कोंबडीचे पिल्लू अंड्यातून बाहेर पडते तेव्हा ते पूर्ण तयार जीव नसते. दिसायला चपळ, इकडे तिकडे धावणारे असले तरी त्याचे शरीर अजून स्वतःचे तापमान स्थिर ठेवू शकत नाही. निसर्गात हा प्रश्न आई कोंबडी सोडवते. ती पिल्लांना पंखांखाली घेते, उब देते, योग्य वेळी बाहेर काढते, पुन्हा थंडी वाटली की आत घेते. म्हणजे ब्रूडिंग ही माणसाने शोधलेली गोष्ट नाही. आपण फक्त आई कोंबडीची नक्कल करत आहोत.

पण आजच्या पोल्ट्रीमध्ये हजारो पिल्लांना आई मिळत नाही. तेव्हा गॅस ब्रूडर, इलेक्ट्रिक हिटर, इन्फ्रारेड हिटर, बल्ब, कोळशाची शेगडी अशा गोष्टी वापरून आपण कृत्रिम वातावरण तयार करतो. कारण पिल्लू जन्मल्यानंतर पहिल्या काही दिवसांत थंडीने मरत नाही, तर चुकीच्या व्यवस्थापनाने मरते.

लोकांना वाटते ब्रूडिंग म्हणजे फक्त उब देणे. प्रत्यक्षात ते तापमान, हवा, आर्द्रता, लिटर, पाणी, प्रकाश, स्ट्रेस, ऑक्सिजन आणि वर्तन यांचे व्यवस्थापन आहे. पिल्लांना फक्त गरम ठेवायचे नसते, तर त्यांच्या शरीराला बाहेरच्या वातावरणाशी जुळवून घ्यायला शिकवायचे असते.

पहिल्या दिवशी पिल्लाला साधारण 32 ते 35 डिग्री तापमान लागते. मग दर आठवड्याला ते कमी करत नेतात. कारण पिल्लाचे शरीर हळूहळू स्वतः उष्णता निर्माण करायला शिकत असते. हा बदल अचानक केला तर पिल्ले ताणात जातात.

सगळ्यात मोठी गोष्ट म्हणजे पिल्ले स्वतः सांगतात की त्यांना आराम आहे की नाही. थंडी असेल तर सगळी पिल्ले हीटरखाली गच्च जमा होतात. वरची पिल्ले वाचतात आणि खालील गुदमरतात. जास्त उष्णता असेल तर हीटरपासून दूर पळतात, धापा टाकतात, पाणी जास्त पितात. योग्य तापमान असेल तर संपूर्ण जागेत शांतपणे विखुरलेली दिसतात.

मोठ्या पोल्ट्री फार्ममध्ये गॅस ब्रूडर जास्त वापरले जातात. कारण ते मोठ्या भागात समान उब देतात. इन्फ्रारेड उष्णता थेट शरीरावर पडते. म्हणजे पूर्ण हवा तापवण्यापेक्षा शरीर गरम राहते. ऊर्जा कमी लागते. पण गॅस म्हणजे रिस्क. लीक, ऑक्सिजन कमी होणे, कार्बन मोनॉक्साइड यांचा धोका असतो. त्यामुळे ventilation अत्यंत महत्त्वाचे असते.

इलेक्ट्रिक हिटर तुलनेने स्वच्छ आणि सोपे. तापमान नियंत्रण चांगले. पण गावाकडच्या लाईट व्यवस्थेवर अवलंबून राहणे म्हणजे धाडसच. रात्री दोन वाजता लाईट गेली आणि कुणाच्या लक्षात आले नाही तर सकाळी हजारो पिल्ले मृत सापडू शकतात. पोल्ट्रीमध्ये अनेकदा रोगापेक्षा वीज जाते आणि नुकसान होते.

गावाकडे अजूनही बल्ब लावून ब्रूडिंग करतात. 100 वॅट, 200 वॅटचे बल्ब, काही ठिकाणी लाल बल्ब. लहान प्रमाणावर ते चालते. पण बल्ब म्हणजे ब्रूडिंग नाही. बल्ब फक्त उष्णतेचा स्रोत आहे. योग्य उंची, योग्य अंतर, योग्य जागा, हवा, कोरडी लिटर नसली तर बल्ब काहीच वाचवू शकत नाही.

पूर्वी कोळशाची शेगडी, राख, भुसा जाळून उब दिली जायची. आजही काही ठिकाणी देतात. पण धूर, कार्बन मोनॉक्साइड, ऑक्सिजन कमी होणे, आग लागणे हे धोके खूप मोठे आहेत. अनेकदा लोकांना वाटते पिल्ले थंडीने मरली. प्रत्यक्षात ती गुदमरलेली असतात.

ब्रूडिंगमध्ये अजून एक मोठी चूक म्हणजे शेड पूर्ण बंद करणे. “थंडी लागू नये” म्हणून लोक हवा बंद करतात. मग आत अमोनिया वाढतो. पिल्लांच्या डोळ्यांत पाणी येते, श्वसनाचे रोग वाढतात, लिटर ओली होते. उब आणि ventilation दोन्ही एकत्र सांभाळावे लागतात. हेच खरे कौशल्य.

लिटर कोरडी असणे खूप महत्त्वाचे. ओली लिटर म्हणजे रोगांचे घर. अमोनिया, कॉक्सिडिओसिस, बॅक्टेरिया सगळे तिथून वाढतात. अनेकांना

वाटते औषधांनी पोल्ट्री चालते. प्रत्यक्षात चांगले ब्रूडिंग आणि चांगली लिटर अर्धे रोग थांबवतात.

पहिले सात दिवस संपूर्ण आयुष्याचा पाया असतात. या काळात पिल्लाने व्यवस्थित खाल्ले, पाणी प्यायले, योग्य उब मिळाली तर पुढे वजन, FCR, immunity सगळ्यावर परिणाम दिसतो. सुरुवातीचा स्ट्रेस अनेकदा शेवटपर्यंत जात नाही.

मजेशीर गोष्ट म्हणजे लाखो वर्षे आई कोंबडी हे काम मोफत आणि अचूक करत आली आहे. आधुनिक पोल्ट्रीमध्ये आपण गॅस, वीज, सेन्सर, मशीन, ऑटोमेशन वापरून तिची जागा घेण्याचा प्रयत्न करतो. तरीही एक छोटी चूक झाली की हजारो पिल्ले जातात. निसर्गाने तयार केलेल्या व्यवस्थेपेक्षा आपण अजूनही फार हुशार झालेलो नाही, हे ब्रूडिंग रोज दाखवत असते.

शेवगा, भाजीपाला कचरा आणि कोंबडी पालन

गावरान कोंबड्या म्हणजे फक्त "कोंडा टाका आणि सोडा" असा विषय नाही. आणि दुसरीकडे इंटरनेटवर दाखवतात तसे "फक्त भाजीपाला कचऱ्यावर" किंवा "फक्त अझोल्यावर" पाचशे कोंबड्या वाढवणेही वास्तव नाही.

आजकाल सोशल मीडियावर एक नवीन फॅशन आली आहे. कुणीतरी सांगतो की आम्ही फक्त भाजीपाला कचऱ्यावर कोंबड्या पाळतो. कुणी म्हणतो फक्त अझोला. कुणी म्हणतो शेवग्याची पाने. ऐकायला भारी वाटते. पण थोडा कॉमन सेन्स वापरला तर प्रश्न पडतो की रोज इतका कचरा येणार कुठून?

आठवडी बाजारातून कचरा आणतो म्हणणारे लोक आहेत. पण रोज खरंच बाजारात फिरून कचरा गोळा करणारे किती आहेत?

सगळ्यात महत्त्वाचे म्हणजे फक्त भाजीपाला कचऱ्यावर कोंबडीचे पूर्ण पोषण होत नाही.

कोंबडीला फक्त पोट भरायला काहीतरी हिरवे लागते असे नाही. तिला ऊर्जा लागते, प्रोटीन लागते, अमिनो ॲसिड लागतात, कॅल्शियम लागते. गावठी कोंबडी थोडी हार्डी असते म्हणून ती जिवंत राहते. पण "जिवंत राहणे" आणि "चांगली वाढ होणे, अंडी देणे, रोगप्रतिकारशक्ती टिकणे" या वेगळ्या गोष्टी आहेत.

शेवगा, हादगा, तुती, अझोला हे सगळे खूप चांगले सप्लिमेंट आहेत. विशेषतः गावठी कोंबड्यांसाठी तर उत्तम. पण सप्लिमेंट म्हणजे सप्लिमेंट. मुख्य अन्न नाही.

शेवग्याची पाने प्रोटीन, कॅल्शियम, व्हिटॅमिनने भरलेली असतात. हादगा आणि तुतीची पाने सुद्धा चांगली. अझोला स्वस्त प्रोटीन स्रोत आहे. पण यामध्ये मोठी समस्या म्हणजे ऊर्जा कमी असते. कोंबडीला धावण्यासाठी,

शरीर गरम ठेवण्यासाठी, वजन वाढवण्यासाठी कार्बोहायड्रेट आणि ऊर्जा लागते. ती मुख्यतः मक्यातून येते.

आता प्रत्यक्ष आकडे बघू.

पाचशे गावठी कोंबड्या असतील तर साधारण:

- एका दिवसाला 50 ते 60 किलो फीड लागतो.
- म्हणजे वर्षाला साधारण 18 ते 22 टन खाद्य.

यामध्ये साधारण 50 ते 60 टक्के भाग मका असतो.

म्हणजे:

- वर्षाला 10 ते 12 टन मका फक्त कोंबड्यांसाठी लागणार.

आता हा मका स्वतःच्या शेतात पिकवायचा असेल तर?

भारतात सरासरी मक्याचे उत्पादन 20 ते 30 क्विंटल प्रति एकर धरले तर:

- किमान 4 ते 5 एकर जमीन फक्त मक्यासाठी राखून ठेवावी लागेल.
- आणि हे फक्त कोंबड्यांच्या मक्यासाठी.
- त्यामध्ये दुष्काळ, पावसाचा फटका, साठवण नुकसानीचा विचारच केलेला नाही.

जर तुम्ही रिजनरेटिव्ह पद्धतीने, कमी रासायनिक इनपुटने शेती करत असाल तर उत्पादन अजून कमी येऊ शकते. म्हणजे आणखी जास्त क्षेत्र लागेल.

त्यामुळे खरे मॉडेल काय?

खरे मॉडेल म्हणजे:

- बेस म्हणून मका किंवा धान्य
- त्याला सपोर्ट म्हणून शेवगा, हादगा, तुती
- अझोला
- शेतातील भाजीपाला अवशेष

- किडे, अळ्या, गोगलगायी

- मुक्त संचार

अशा सिस्टीममध्ये फीड खर्च खूप कमी होऊ शकतो. कोंबड्या जास्त निरोगी राहतात. पण हे "झिरो फीड" मॉडेल नाही.

आणि अजून एक जबरदस्त खाद्य म्हणजे BSFL. म्हणजे Black Soldier Fly Larvae. कोंबड्यांसाठी नैसर्गिक प्रोटीनचा अफाट स्रोत. अनेक वेळा सोयाबीनपेक्षा जास्त प्रभावी. पण हा विषय इतका मोठा आणि महत्त्वाचा आहे की त्यावर स्वतंत्रपणे सविस्तर बोलावे लागेल.

ब्लॅक सोल्जर फ्लाय

नाव ऐकून अनेकांना वाटते ही काहीतरी घाणेरडी माशी असेल. पण भविष्यातील शेती, पशुपालन आणि कचरा व्यवस्थापन या तिन्ही क्षेत्रांमध्ये क्रांती घडवण्याची क्षमता या छोट्याशा कीटकात आहे.

आज जगभरात पशुखाद्य महाग होत चालले आहे. सोयाबीन, मका, फिश मील यांच्या किंमती वाढत आहेत. दुसरीकडे शहरांमधला ओला कचरा, हॉटेलचा उरलेला अन्नकचरा, फळभाज्यांचा कचरा, कत्तलखान्यांचा वेस्ट, शेतीतील टाकाऊ अवशेष प्रचंड प्रमाणात सडत आहेत. या दोन्ही समस्यांचे उत्तर एका कीटकात मिळते. तो म्हणजे ब्लॅक सोल्जर फ्लाय.

ही साधी घरमाशी नाही. ही माशी माणसांना त्रास देत नाही. चावत नाही. रोग पसरवत नाही. घरातल्या माशीप्रमाणे अन्नावर बसून उलट्या करत फिरत नाही. तिचे मुख्य काम म्हणजे सेंद्रिय कचऱ्याचे अतिशय वेगाने उच्च प्रथिनयुक्त अळ्यांमध्ये रूपांतर करणे.

ब्लॅक सोल्जर फ्लायची खरी ताकद तिच्या अळ्यांमध्ये असते. या अळ्या म्हणजे चालते-बोलते प्रोटीन फॅक्टरी आहेत. साधारण 35 ते 45 टक्के प्रोटीन आणि भरपूर फॅट असलेले हे जिवंत खाद्य कोंबड्या, मासे, बदकं, डुक्कर आणि काही प्रमाणात पाळीव प्राण्यांसाठी उत्कृष्ट ठरते.

निसर्गात बघितले तर कोंबडीचा खरा आहार कोणता? ती दिवसभर काय शोधत फिरते? किडे, अळ्या, गांडुळे, छोटे कीटक. म्हणजे आपण लाखो वर्षांच्या उत्क्रांतीने तयार झालेला तिचा नैसर्गिक आहार विसरलो आणि फक्त पिशवीतील खाद्यावर अवलंबून राहिलो. ब्लॅक सोल्जर फ्लाय त्या नैसर्गिक साखळीला पुन्हा जोडते.

सगळ्यात महत्त्वाची गोष्ट म्हणजे या अळ्या जवळजवळ काहीही खातात. फळांचा कचरा, भाजीपाल्याचे अवशेष, खराब झालेली फळे, हॉटेल वेस्ट,

शेण, किचन वेस्ट, ब्रुअरी वेस्ट, ऊसाचा चोथा, अगदी काही प्रमाणात मृत प्राण्यांचे अवशेषसुद्धा. जिथे सामान्य माणसाला घाण दिसते तिथे या अळ्यांना अन्न दिसते.

आणि इथेच खरी जादू घडते.

समजा एका हॉटेलमधून दररोज 100 किलो ओला कचरा निघतो. तो कचरा डंपिंग ग्राउंडवर गेला तर मिथेन तयार होईल, दुर्गंधी येईल, उंदीर आणि माशा वाढतील. पण तोच कचरा ब्लॅक सोल्जर फ्लायला दिला तर काही दिवसांत त्याचे प्रोटीनमध्ये रूपांतर होते. म्हणजे कचरा गायब आणि त्यातून पशुखाद्य तयार.

आज जगभरातील अनेक कंपन्या ब्लॅक सोल्जर फ्लायला “भविष्यातील प्रोटीन” म्हणत आहेत. कारण जगाची लोकसंख्या वाढत आहे पण जमीन, पाणी आणि समुद्र मर्यादित आहेत. फिश मीलसाठी समुद्रातील मासेमारी वाढत चालली आहे. सोयाबीनसाठी जंगलं तोडली जात आहेत. या सगळ्याला पर्याय म्हणून कीटक आधारित प्रोटीनकडे जग वळत आहे.

पण भारतात अजूनही बहुतेक लोकांना याबद्दल माहितीच नाही.

ब्लॅक सोल्जर फ्लायचे आयुष्यही खूप रोचक आहे. प्रौढ माशी फारशी खात नाही. तिचे मुख्य उद्दिष्ट प्रजनन. ती अंडी घालते. त्या अंड्यांतून अळ्या बाहेर पडतात. आणि त्या अळ्या म्हणजे खऱ्या मशीन. त्या अक्षरशः सतत खात राहतात आणि झपाट्याने वाढतात. साधारण 14 ते 18 दिवसांत त्या हार्वेस्टसाठी तयार होतात.

यानंतर त्या दोन उपयोगांसाठी वापरता येतात.

एक म्हणजे थेट जिवंत खाद्य म्हणून. कोंबड्यांना या अळ्या वेड्यासारख्या आवडतात. दुसरे म्हणजे त्यांचे ड्राय करून पावडर बनवता येते. ही पावडर पशुखाद्यात मिसळता येते.

ब्लॅक सोल्जर फ्लायमध्ये अजून एक महत्त्वाची गोष्ट आहे. या अळ्या कचऱ्यातील काही हानिकारक बॅक्टेरिया कमी करण्यात मदत करतात. त्याचबरोबर त्या कचऱ्याचे प्रमाण मोठ्या प्रमाणात कमी करतात. शेवटी जे उरते ते म्हणजे फ्रास. म्हणजे अळ्यांची विष्ठा आणि उरलेले सेंद्रिय पदार्थ. हे उत्कृष्ट सेंद्रिय खत म्हणून वापरता येते.

म्हणजे एकाच सिस्टममधून तीन गोष्टी मिळतात.

कचरा व्यवस्थापन.

उच्च प्रथिनयुक्त खाद्य.

सेंद्रिय खत.

पण प्रत्येक गोष्टीचे वास्तव वेगळे असते. सोशल मीडियावर अनेक जण दाखवतात की ब्लॅक सोल्जर फ्लाय म्हणजे सोन्याची खाण आहे. प्रत्यक्षात हे क्षेत्र अजून खूप सुरुवातीच्या अवस्थेत आहे.

सगळ्यात मोठी समस्या म्हणजे सतत दर्जेदार वेस्ट मिळवणे. जर तुम्ही मोठ्या प्रमाणावर उत्पादन करणार असाल तर दररोज टनांनी सेंद्रिय कचरा लागतो. आणि तोही योग्य प्रकारचा. प्लास्टिक, रसायने, जास्त मीठ, तेलकट पदार्थ यामुळे सिस्टम बिघडू शकते.

दुसरी समस्या म्हणजे तापमान आणि आर्द्रता. या अळ्यांना उष्ण आणि दमट वातावरण आवडते. महाराष्ट्रात काही भागात उन्हाळा ठीक असतो पण हिवाळा किंवा अतितापमानात उत्पादन कमी होऊ शकते.

तिसरी समस्या म्हणजे मार्केट.

आज अनेक लोक उत्पादन करायला तयार आहेत पण विकत कोण घेणार?

कोंबडी खाद्य कंपन्या अजून मोठ्या प्रमाणावर स्वीकारायला तयार नाहीत. नियम स्पष्ट नाहीत. ग्राहकांची मानसिकता तयार नाही.

पण घरगुती किंवा लहान शेतकरी स्तरावर याची क्षमता प्रचंड आहे.

समजा तुमच्याकडे 50 ते 100 कोंबड्या आहेत. रोज भाजीपाला वेस्ट, शेण, किचन वेस्ट उपलब्ध आहे. तर तुम्ही स्वतःच्या शेतात प्रथिनयुक्त खाद्य तयार करू शकता. खाद्य खर्च मोठ्या प्रमाणात कमी होऊ शकतो.

याचा सर्वात मोठा फायदा कोणाला होईल माहिती आहे?

ज्याच्याकडे "कचरा" आहे त्याला.

भाजी मंडई.

हॉटेल.

फळ विक्रेते.

दुग्ध व्यवसाय.

कोंबडीपालन करणारे.

मासेपालन करणारे.

कारण भविष्यात कचरा ही समस्या नसून कच्चा माल ठरणार आहे.

निसर्गात काहीच वाया जात नाही. एका जीवाचा टाकाऊ पदार्थ दुसऱ्या जीवाचे अन्न असतो. फक्त माणसाने प्लास्टिक, रसायने आणि कृत्रिम व्यवस्थांमुळे ही साखळी तोडली. ब्लॅक सोल्जर फ्लाय त्या तुटलेल्या साखळीची आठवण करून देते.

उद्या कदाचित शेतकरी स्वतःच्या शेतातील कचऱ्यातून स्वतःचे पशुखाद्य तयार करेल. गावातील ओला कचरा गावातच संपेल. शहरातील हॉटेल वेस्ट प्रोटीनमध्ये बदलेल. आणि "घाण" म्हणून फेकले जाणारे पदार्थ अर्थव्यवस्थेचा भाग बनतील.

एका छोट्याशा माशीमध्ये एवढी मोठी क्षमता दडलेली आहे.

गोपालनातले एथिक्स

गोपालनाबद्दल आपण समाज म्हणून एक खोटं चित्र उभं केलं आहे. जणू गाय म्हणजे फक्त “आई”, “पूजनीय”, “पवित्र”. पण वास्तवात बहुतांश ठिकाणी तिच्याकडे एका दुधाच्या मशीनसारखंच पाहिलं जातं. आणि हे वास्तव कितीही कटू असलं तरी मान्य करावंच लागेल.

आजची डेअरी इंडस्ट्री मुख्यतः एका सायकलवर चालते. आठव्या-नवव्या महिन्यातील व्यायल्या गाई विकत घ्यायच्या. त्या व्यायल्या की जास्तीत जास्त दूध काढून घ्यायचं. दूध कमी झालं, गाय आटली की तिला विकून टाकायचं. मग पुन्हा नवीन गाय. म्हणजे जनावर कायम “उत्पादन देत” असेल तरच त्याची किंमत. नाहीतर ते ओझं.

कालवडी वाढवायच्या नाहीत, कारण त्यावर खर्च आहे. नर गोरे तर अजिबात नकोत, कारण ते आयुष्यभर खातील पण थेट आर्थिक उत्पन्न देणार नाहीत. भाकड जनावर सांभाळायचं नाही, म्हातारं जनावर ठेवायचं नाही. त्यामुळे जनावरांचा सतत व्यापार चालू राहतो. एक प्रकारे ही पूर्ण व्यवस्था “replaceable livestock economy” वर उभी आहे.

हे बोलायला लोकांना आवडत नाही. पण सत्य हेच आहे की या इंडस्ट्रीत टिकून राहण्यासाठी अनेकांनी भावनिक नातं आधीच तोडलं आहे. कारण जर प्रत्येक जनावराशी माया ठेवली, तर आजच्या दुधाच्या बाजारभावात व्यवसाय टिकवणं जवळजवळ अशक्य होतं.

आमच्यासारखे काही लोक वेगळा मार्ग निवडतात. आमच्याकडे गाय दूध देत असेल तेव्हाच तिचं अस्तित्व नसतं. ती आटली तरी ती आमच्याकडेच राहते. तिचं पुढचं आयुष्यही आमची जबाबदारी असते. लहान वासरं, कालवडी, गोरे, म्हातारी जनावरं, सगळेच खातात. आणि रोज खातात. चारा फक्त दूध देणाऱ्या गाईंनाच लागत नाही.

समजा माझ्याकडे बावीस गाई आहेत. त्यातल्या फक्त अकरा-बारा गाई दूध देत आहेत. बाकी अर्धी जनावरं कोणतंही उत्पन्न देत नाहीत. पण त्यांचा चारा, औषधं, जागा, देखभाल, मजुरी, पाणी, वेळ हा खर्च चालूच असतो. आज बऱ्याच गोपालनाचा पाया विकतच्या चाऱ्यावर उभा आहे. आणि इथंच खरी गणितं सुरू होतात.

समजा एका जनावरामागे दिवसाला फक्त वीस किलो हिरवा चारा धरला आणि चाऱ्याचा भाव अगदी कमी म्हणजे पाच रुपये किलो धरला, तरी एका जनावराचा रोजचा चारा खर्च शंभर रुपये झाला. बावीस जनावरांचा फक्त हिरव्या चाऱ्याचा खर्चच रोज साधारण 2200 रुपये झाला.

आता उत्पन्न बघा.

जर फक्त अकरा गाई दुधावर असतील आणि प्रत्येकी सरासरी साडेपाच लिटर दूध देत असतील, तर एकूण दूध उत्पादन दिवसाला साधारण:

म्हणजे फक्त साठ-सव्वासाठ लिटर.

आणि अगदी शंभर रुपये लिटर दर धरला तरी दिवसाची उलाढाल:

म्हणजे साधारण सहा हजार रुपये.

आता लोकांना वाटेल, “सहा हजार रुपये रोज म्हणजे खूप पैसा.” पण त्यातून आधीच 2200 रुपये फक्त हिरव्या चाऱ्यात गेले. अजून त्यात खुराक धरलेलाच नाही. कडबा नाही. पेंड नाही. मिनरल मिक्स्चर नाही. औषधं नाहीत. लसीकरण नाही. कामगार नाहीत. वीज नाही. पाणी नाही. गोठ्याची देखभाल नाही. व्यायलेल्या गाईंची विशेष काळजी नाही. म्हाताऱ्या जनावरांचा खर्च नाही.

आणि सर्वात महत्त्वाचं म्हणजे या गणितात दूध न देणारी जनावरंही रोज खात आहेत.

म्हणून एथिकल गोपालनात मार्जिन कमी असणारच. कारण तिथे प्रत्येक जनावराचं मूल्य त्याच्या दुधावर ठरत नाही. तिथे काही तत्त्वं असतात. काही माया असते. काही जबाबदारी असते.

पण आता एक मोठा आणि अस्वस्थ करणारा प्रश्न उरतो. नर गोऱ्यांचं काय?

कालवड मोठी झाली तर भविष्यात ती दूध देऊ शकते. भाकड गाय कधीतरी पुन्हा जनू शकते. पण नर गोरा? तो बहुतेक आधुनिक शेतीत आर्थिकदृष्ट्या “non-productive” मानला जातो. ट्रॅक्टरच्या काळात बैलाची गरज जवळजवळ संपली आहे. म्हणजे तो आयुष्यभर फक्त खर्च.

हा प्रश्न फक्त अनैतिक लोकांसमोर नाही, तर एथिकल गोपालकांसमोरसुद्धा आहे. कारण भावना वेगळ्या आणि अर्थशास्त्र वेगळं. आणि शेवटी शेती व गोपालन हे भावनांवर नाही तर रोजच्या खर्चावर चालतं.

कायदे बदलत आहेत. जनावरांची विक्री, वाहतूक, बाजारव्यवस्था सगळं बदलत आहे. त्यामुळे पुढच्या काळात “दूध संपलं की गाय विकली” हा जुना मॉडेल टिकणं कठीण होईल. मग समाजाला एक निर्णय घ्यावा लागेल.

आपल्याला खरंच एथिकल गोपालन हवं आहे का?

जर उत्तर “हो” असेल, तर मग दूध महाग होईल हे स्वीकारावं लागेल. प्रत्येक जनावर आयुष्यभर सांभाळायचं असेल, तर त्या खर्चाची जबाबदारी ग्राहकांनाही घ्यावी लागेल. नाहीतर आपण एका बाजूला “गौमाता” म्हणत राहू आणि दुसऱ्या बाजूला स्वस्त दूध मागत राहू. आणि या दोन गोष्टी एकाच वेळी कधीच शक्य नाहीत.

मधमाशीचे मध महत्त्वाचे की पॉलिनेशन?

मधमाशी पालनात खरा पैसा मधात आहे की पॉलिनेशनमध्ये

बहुतेक लोकांना वाटते मधमाशी पालन म्हणजे मध विकण्याचा व्यवसाय. पण वास्तव वेगळे आहे. जगभरात मधमाश्यांचे सर्वात मोठे आर्थिक योगदान मधातून नाही, तर पॉलिनेशनमधून आहे. म्हणजेच फुलांचे परागीभवन करून त्या पिकांचे उत्पादन वाढवणे.

थोडा शांतपणे विचार करा.

एक मधमाशी दिवसाला हजारो फुलांवर बसते. ती फक्त मध गोळा करत नाही, तर एका फुलातील परागकण दुसऱ्या फुलावर पोहोचवते. ही छोटी प्रक्रिया म्हणजेच शेतीच्या उत्पादनाचा पाया आहे. निसर्गाने मोफत दिलेली व्यवस्था.

आज अनेक शेतकरी लाखो रुपये खतांवर, औषधांवर, बियाण्यांवर खर्च करतात. पण त्यांच्या शेतात पुरेशा मधमाश्या नाहीत. मग झाडांना फुले येतात, पण फळधारणा कमी होते. फुले गळून पडतात. आकार लहान राहतो. उत्पादन कमी येते. आणि मग दोष जातो हवामानाला, जातीला किंवा नशिबाला.

प्रत्यक्षात अनेक पिकांमध्ये मधमाशी म्हणजे “जिवंत उत्पादन वाढवणारे यंत्र” आहे.

सूर्यफूलामध्ये मधमाशीमुळे उत्पादन 15 ते 40 टक्क्यांनी वाढू शकते. मोहरीमध्ये 20 ते 45 टक्के. कांदा बियाणे उत्पादनात 60 ते 90 टक्क्यांपर्यंत फरक पडतो. सफरचंद, डाळिंब, कलिंगड, खरबूज, काकडी, भोपळा वर्गीय पिकांमध्ये तर योग्य पॉलिनेशन नसले तर फळेच नीट लागत नाहीत.

समजा एका शेतकऱ्याने एक एकर कलिंगड लावले. खर्च करून, पाणी देऊन, औषधे मारून शेवटी उत्पादन आले 15 टन. बाजारभाव सरासरी 12 रुपये किलो धरला तर उत्पन्न झाले 1 लाख 80 हजार.

आता त्याच शेतात योग्य वेळी फक्त 4 ते 5 मधमाशी पेट्या ठेवल्या. अनेक अभ्यासांमध्ये असे दिसते की कलिंगडात 20 ते 35 टक्के उत्पादन वाढ सहज मिळू शकते. म्हणजे उत्पादन 18 ते 20 टनांपर्यंत जाऊ शकते.

फक्त पॉलिनेशनमुळे अतिरिक्त 3 ते 5 टन माल.

12 रुपये किलोने गणित करा.

अतिरिक्त 36 हजार ते 60 हजार रुपये.

आणि त्या बदल्यात मधमाशीपालकाला दिले जातात कदाचित 4 ते 8 हजार रुपये.

म्हणजे मधमाशीपालकाने मध विकून जेवढे कमावले असते त्यापेक्षा जास्त मूल्य त्याने दुसऱ्याच्या शेतात निर्माण केले.

हीच खरी गोष्ट आहे.

आता मधाचे गणित बघू.

भारतात एका चांगल्या पेटीतून वर्षाला साधारण 8 ते 25 किलो मध मिळतो. हे पूर्णपणे भाग, हवामान, फुलांची उपलब्धता आणि व्यवस्थापनावर अवलंबून असते. अनेक छोट्या शेतकऱ्यांकडे प्रत्यक्ष उत्पादन 10 ते 15 किलोच असते.

समजा एका पेटीतून 15 किलो मध मिळाला.

थेट विक्रीत 300 रुपये किलो धरला तर उत्पन्न झाले 4500 रुपये.

पण त्याच पेटीने जर मोहरी, सूर्यफूल, डाळिंब, काकडी किंवा कलिंगडाचे उत्पादन 30 ते 50 हजारांनी वाढवले, तर खरे आर्थिक मूल्य कुठे निर्माण झाले?

मधात की पॉलिनेशनमध्ये?

म्हणून जगात अनेक देशांमध्ये मधमाशीपालकांना मधापेक्षा "पॉलिनेशन सर्व्हिस" साठी जास्त पैसे मिळतात. अमेरिकेमध्ये बदाम बागांसाठी मधमाश्यांच्या पेट्या ट्रकमध्ये भरून हजारो किलोमीटर नेल्या जातात. कारण त्यांना माहिती आहे की मधमाशी नसली तर झाडे उभी राहतील, फुलेही येतील, पण अर्थकारण कोसळेल.

आता दुसरी बाजू बघा.

आपण शेतीत इतकी विषारी औषधे मारली की फुलावर बसणारे कीटकच संपवले. रात्री फवारणी केली, दिवसा फवारणी केली, फुलोऱ्यात औषधे मारली. मग मधमाश्या मरू लागल्या. आणि आपण लक्षही दिले नाही.

एका अर्थाने आपण स्वतःच्या उत्पादन वाढीवरच औषध फवारले.

मधमाशी फक्त मध बनवत नाही. ती शेतीची प्रजनन व्यवस्था चालवत असते.

शेतात मधमाश्या दिसणे म्हणजे त्या परिसरात अजूनही जीवंत परिसंस्था आहे याचे लक्षण आहे.

भविष्यात शहाणा शेतकरी फक्त NPK बघणार नाही. तो विचारेल:

"माझ्या शेतात पॉलिनेटर किती आहेत?"

कारण शेवटी शेती फक्त मातीवर चालत नाही.

ती नात्यांवर चालते.

माती, झाडे, कीटक, पक्षी, जनावरे आणि माणूस यांच्या नात्यावर.

आणि त्या सगळ्यांना शांतपणे जोडून ठेवणाऱ्या सर्वात महत्त्वाच्या कामगारांपैकी एक म्हणजे मधमाशी.

फळझाडांचे प्रूनिंग करणे गरजेचे आहे का?

आजकाल फळबागांमध्ये “प्रूनिंग”, “बहार”, “पाणी तोडणे”, “हार्ड कटिंग”, “कॅनोपी मॅनेजमेंट” हे शब्द इतके कॉमन झाले आहेत की अनेकांना वाटते हे सगळे केल्याशिवाय फळबाग चालूच शकत नाही. पण प्रश्न असा आहे की आपण नक्की झाडाचे व्यवस्थापन करतोय की झाडाला सतत कृत्रिम stress मध्ये ढकलतोय?

आमच्या शेतात आजपर्यंत पेरूच्या झाडांचे प्रूनिंग केलेले नाही. पाणी तोडले नाही. बहार धरले नाही. तरीही आज मे-जून महिन्यात आमच्याकडे पेरू खायला आहेत. झाड वर्षभर थोडे-थोडे फळ देत राहते. फळांचा आकार बाजारात दिसणाऱ्या मोठ्या पेरूसारखा नसतो. पण चव उत्कृष्ट असते. आणि महत्त्वाचे म्हणजे आमचे ग्राहक आम्हाला “मोठा” पेरू मागत नाहीत. त्यांना हवा असतो रसायनमुक्त, गोड, सुगंधी आणि जिवंत पेरू.

ही गोष्ट समजून घेतली पाहिजे की आधुनिक फळबाग व्यवस्थापनाचा मोठा भाग हा झाडासाठी नसून बाजारासाठी बनवलेला आहे. घाऊक बाजाराला एकाच आकाराचे, एकाच रंगाचे, एकाच वेळी आलेले फळ हवे असते. मग झाडाला नैसर्गिक rhythm मध्ये वाढू न देता त्याला नियंत्रित केले जाते. पाणी तोडा, pruning करा, stress द्या, एकदम बहार घ्या, मोठे फळ तयार करा. पण हे करताना झाडावर काय परिणाम होतो याचा विचार कमी होतो.

झाडावर केलेली प्रत्येक कटिंग म्हणजे जखम. आणि जखम म्हणजे बुरशी, बॅक्टेरिया, कीटक आणि रोगांसाठी उघडे दार. म्हणूनच commercial orchards मध्ये pruning नंतर copper spray, fungicide paste, wound dressing यांचा वापर करावा लागतो. म्हणजे आधी जखम करा आणि मग त्या जखमेचे संरक्षण करण्यासाठी अजून खर्च करा.

निसर्गात कोणी pruning करत नाही. जंगलात कोणी बहार धरत नाही. कोणी पाणी तोडत नाही. तरीही झाडे हजारो वर्षे जगतात. कारण निसर्गात संतुलन असते.

नैसर्गिक शेतीमध्ये झाडाची वाढ अवास्तव होत नाही. कारण त्याला सतत रासायनिक नत्राचा मारा नसतो. त्यामुळे वेड्यासारख्या वाढलेल्या फांद्या परत कापण्याची वेळ कमी येते. आमच्या शेतात सुकलेल्या, रोगट किंवा खराब काड्यांचे प्रमाण खूप कमी आहे. झाड स्वतःचे संतुलन मोठ्या प्रमाणात स्वतः राखते.

अनेकदा लोक विचारतात की pruning केल्याशिवाय उत्पादन कसे मिळते? पण खरा प्रश्न असा आहे की "तुम्हाला नक्की कोणते उत्पादन हवे आहे?" एकदम आलेले, मोठे, दिखाऊ फळ? की वर्षभर मिळणारे चविष्ट आणि जिवंत अन्न?

आमच्यासाठी दुसरा पर्याय महत्त्वाचा आहे.

हो, काही झाडांना नवीन फुटींवरच फळे लागतात. द्राक्ष, डाळिंब, शेवगा, अंजीर, काही berries, पीच, नेक्टरिन यांसारख्या पिकांमध्ये pruning उपयुक्त असू शकते. पण त्याचाही अर्थ झाडावर अत्याचार नाही. मर्यादित आणि समजून केलेला हस्तक्षेप वेगळा आणि दरवर्षी झाडाला पूर्ण उघडे पाडणे वेगळे.

आंबा, चिकू, जांभूळ, आवळा, फणस, चिंच यांसारखी अनेक झाडे कमीत कमी हस्तक्षेपात उत्तम चालतात. पण आज शेतीमध्ये प्रत्येक झाडाला एकाच साच्यात बसवण्याचा प्रयत्न होतो.

नैसर्गिक शेतीमध्ये observation हे textbook पेक्षा जास्त महत्त्वाचे असते. जरः

झाड निरोगी असेल,

रोग कमी असतील,

फांद्या तुटत नसतील,

वर्षभर काही ना काही उत्पादन मिळत असेल,

ग्राहक समाधानी असतील,

तर मग सतत pruning करण्याची गरजच काय?

शेवटी शेतीचे गणित हे फक्त उत्पादनाचे नसते. निव्वळ नफ्याचे असते.

101 रुपये खर्च करून 106 रुपये मिळवायचे आहेत की 1 रुपया खर्च करून 106 रुपये मिळवायचे आहेत हे तुम्ही ठरवा.

Hugelkultur

आज शेतीतला सर्वात मोठा खर्च कोणता असेल तर पाणी, सेंद्रिय पदार्थ आणि माती जिवंत ठेवणे. पण निसर्गाकडे बघितले तर जंगलात कोणी खत टाकत नाही, रोज पाणी देत नाही, ट्रॅक्टर फिरवत नाही. तरी तिथे झाडे प्रचंड जोमात वाढतात. कारण जंगलाची जमीन सतत सेंद्रिय पदार्थ साठवत असते. पडलेली झाडे, फांद्या, पाने, गवत सगळे जमिनीत हळूहळू कुजत राहते आणि स्पंजसारखा थर तयार होतो. Hugelkultur म्हणजे हाच निसर्गाचा नियम शेतीत वापरण्याची पद्धत.

“Hugelkultur” हा जर्मन शब्द आहे. साधारण अर्थ म्हणजे लाकूड, फांद्या आणि जैविक कचऱ्याचे उंच वाफे किंवा बेड बनवणे. हे ऐकायला नवीन वाटते पण आपल्या गावाकडे पूर्वी लोक झाडांच्या फांद्या, पालापाचोळा, शेणकचरा खड्ड्यात टाकून त्यावर भाजीपाला लावत असत. म्हणजे कल्पना नवीन नाही, फक्त नाव परदेशी आहे.

ही पद्धत लहान शेतकरी, घरगुती बाग, टेरेस गार्डन, फळबाग, नैसर्गिक शेती करणारे आणि पाण्याची कमतरता असलेल्या भागांसाठी अत्यंत उपयोगी ठरू शकते.

सर्वात आधी हे समजून घ्या की कोरडे लाकूड म्हणजे कचरा नाही. ते भविष्यातील पाणी साठवणूक आहे. एकदा लाकूड कुजायला सुरुवात झाली की ते स्पंजसारखे वागते. पावसाचे किंवा पाण्याचे ओलसरपण आत धरून ठेवते आणि नंतर हळूहळू झाडांना परत देते. म्हणून Hugelkultur बेडमध्ये वारंवार पाणी द्यावे लागत नाही.

पद्धत खूप सोपी आहे. साधारण दोन ते चार फूट खोल आणि हवे तितके लांब खड्डे किंवा उंच बेड तयार करायचा. सर्वात खाली जाड ओंडके, मोठ्या फांद्या टाकायच्या. त्यावर मध्यम फांद्या, काटक्या, सुकलेले खोड. त्यावर हिरवा

कचरा, गवत, पाला, स्वयंपाकघरातील जैविक कचरा, शेणखत, जुनी पाने. शेवटी वरती मातीचा थर द्यायचा. आणि त्यावर पिके लावायची.

सुरुवातीला बेड थोडा उंच दिसतो पण काही महिन्यांनी सगळे साहित्य बसते. आत कुजण्याची प्रक्रिया चालू होते. हाच खरा इंजिन आहे.

या पद्धतीचे फायदे जबरदस्त आहेत.

एक म्हणजे पाण्याची बचत. लाकूड आत पाणी धरून ठेवत असल्याने उन्हाळ्यातही माती पटकन कोरडी पडत नाही. काही लोकांना 40 ते 60 टक्के पाणी बचत झाल्याचा अनुभव आहे.

दुसरे म्हणजे सतत खताची गरज कमी होते. कारण आतला जैविक पदार्थ हळूहळू कुजून अनेक वर्षे पोषण देत राहतो. म्हणजे एकदाच बेड तयार करून तुम्ही 5 ते 10 वर्षे त्याचा फायदा घेऊ शकता.

तिसरे म्हणजे माती मोकळी आणि जिवंत राहते. गांडुळे, बुरशी, सूक्ष्मजीव मोठ्या प्रमाणात वाढतात. नैसर्गिक शेतीत आपण नेहमी “माती जिवंत करा” म्हणतो. Hugelkultur हे प्रत्यक्षात तेच काम करते.

चौथे म्हणजे तापमान नियंत्रण. उन्हाळ्यात मुळे थंड राहतात आणि थंडीत उबदार राहतात. कारण कुजण्याच्या प्रक्रियेमुळे आत हलकी उष्णता तयार होत राहते.

पाचवे म्हणजे कचऱ्याचे व्यवस्थापन. गावात फांद्या जाळल्या जातात. शेतात काडीकचरा जाळला जातो. त्यातून कार्बन हवेत जातो आणि जमिनीतील जीव मरतात. Hugelkultur मध्ये तोच कचरा संपत्ती बनतो.

पण काही गोष्टी लक्षात ठेवणे महत्त्वाचे आहे.

नवीन ताजे लाकूड नायट्रोजन खेचू शकते. त्यामुळे सुरुवातीला थोडे शेणखत, जीवामृत, हिरवा कचरा किंवा नायट्रोजनयुक्त पदार्थ वापरणे चांगले.

युकॅलिप्टस, सुभाभूळ सारखी काही लाकडे हळू कुजतात किंवा काही वनस्पतींवर परिणाम करू शकतात. स्थानिक झाडांचे मिश्र लाकूड जास्त चांगले.

वाळवी येतील का हा प्रश्न अनेकांना पडतो. प्रत्यक्षात निरोगी जिवंत मातीमध्ये वाळवी हा मोठा प्रश्न नसतो. उलट त्या कुजण्याच्या प्रक्रियेत मदत करतात. पण जर घराच्या अगदी भिंतीलगत बेड केला तर काळजी घ्यावी.

लहान शेतकऱ्यांसाठी ही पद्धत खास का महत्त्वाची आहे? कारण यात पैसा कमी आणि स्थानिक संसाधनांचा वापर जास्त आहे. ट्रॅक्टर, रासायनिक खत, महागडे इनपुट यांच्यावर अवलंबित्व कमी होते. शेतातील झाडांच्या फांद्या, गवत, शेण, पाला हेच संसाधन बनते.

घरगुती बागेसाठी तर ही आदर्श पद्धत आहे. विशेषतः ज्यांना रोज पाणी द्यायला वेळ नसतो त्यांच्यासाठी. एका 3 फूट रुंद आणि 10 फूट लांब बेडमध्ये टोमॅटो, वांगी, मिरची, भोपळा, पालक, कोथिंबीर सगळे सहज घेता येते.

शहरी भागात लोक महागड्या ग्रो बॅग, imported potting mix आणि chemicals वापरतात. पण जर खाली फांद्या, वर जैविक कचरा आणि माती वापरली तर अतिशय कमी खर्चात सुपीक बेड तयार होतो.

सगळ्यात महत्त्वाची गोष्ट म्हणजे Hugelkultur ही फक्त "टेक्निक" नाही. ती विचारसरणी आहे. निसर्गात कचरा नसतो. प्रत्येक गोष्ट पुढच्या जीवाचे अन्न असते. आपण शेतीत ज्या गोष्टी जाळतो, फेकून देतो किंवा निरुपयोगी समजतो त्याच गोष्टी भविष्यातील सुपीकता तयार करू शकतात.

फळबागेचे आर्थिक नियोजन

फळबाग म्हणजे संयमाची शेती. आज आंबा, चिकू, सीताफळ, लिंबू, डाळिंब किंवा इतर कोणतीही फळबाग लावली तर पहिली तीन-चार वर्षं तरी शेतकऱ्याने फक्त खर्चच करायचा असतो. काही पिकांमध्ये तर पाच-सहा वर्षं सुद्धा नीट उत्पन्न येत नाही. मग एवढ्या काळात शेतकऱ्याने घर कसं चालवायचं? औषधं, शिक्षण, रोजचा खर्च, मजुरी, वीजबिलं, जनावरं... हे सगळं कोण पाहणार? हा खरा प्रश्न आहे.

म्हणूनच फळबाग करताना फक्त “भविष्यात पैसा येईल” या आशेवर बसून चालत नाही. फळबाग अशी डिझाईन करावी लागते की पहिल्या वर्षापासून काही ना काही उत्पन्न सुरू राहिलं पाहिजे आणि त्याच वेळी मातीचं नुकसानही होता कामा नये.

आमच्या शेतामध्ये आम्ही बरीच मॉडेल चालवली. विविध अंतरपीकं घेतली. पण शेवटी जे मॉडेल सर्वात संतुलित आणि नैसर्गिक वाटलं ते म्हणजे फळबागेमध्ये शेवगा, पपई आणि डांगर यांचं इंटरकल्टिवेशन.

कारण साधं आहे. बहुतांश शेतकरी फळबागेमध्ये भाजीपाला किंवा इतर पिकं घेतात. मग वारंवार रोटाव्हेटर, नांगर, कोळपणी, बेड तयार करणे, ड्रिप बदलणे हे सगळं सुरू होतं. म्हणजे जमीन सतत हलवली जाते. पण जंगलात कोणी रोटाव्हेटर चालवत नाही. तरी तिथली झाडं प्रचंड जोमाने वाढतात.

कारण जमिनीखाली एक संपूर्ण जिवंत नेटवर्क तयार झालेलं असतं. जीवाणू, बुरशी, गांडुळे, मायकोरायझल फंगाय यांचं एक सूक्ष्म जंगल. झाडांच्या मुळांना पोषण देणारं, पाणी पोहोचवणारं, एकमेकांशी संवाद साधणारं. आणि आपण सतत जमीन हलवून हे नेटवर्क मोडत राहतो.

त्याऐवजी आम्हाला असं वाटलं की दोन मुख्य फळझाडांमध्ये जो मोठा मोकळा भाग असतो, त्याचा उपयोग कमी हस्तक्षेप करणाऱ्या पिकांसाठी केला तर जास्त फायदेशीर ठरतो.

त्यामध्ये पपई अत्यंत चांगला पर्याय आहे. सात-आठ महिन्यांत उत्पादन सुरू होतं. सुरुवातीच्या दीड-दोन वर्षांत चांगला पैसा देते. फळबाग मोठी होईपर्यंत पपई तुमचा कॅश फ्लो सांभाळते.

शेवगा हा दुसरा जबरदस्त पर्याय. वर्षभरात उत्पादन सुरू होतं. कमी पाण्यात चालतो. सतत शेंगा देतो. त्याची हलकी सावली मुख्य फळझाडांना मदत करते. आणि सर्वात महत्त्वाचं म्हणजे तो नायट्रोजन फिक्सिंगमध्ये मदत करतो. म्हणजे जमिनीची सुपीकता वाढवण्याचं काम करतो.

आणि खाली डांगर. हे पीक फक्त उत्पन्नासाठी नाही तर जमिनीच्या संरक्षणासाठी सुद्धा महत्त्वाचं आहे. साठ-सत्तर दिवसांत उत्पादन सुरू होतं. जमिनीवर पसरतं. त्यामुळे थेट उन्हामुळे होणारी चवण कमी होते. मातीतील ओल टिकते. सूक्ष्मजीवांना चांगलं वातावरण मिळतं. आणि सर्वात महत्त्वाचं म्हणजे उघडी, तापलेली जमीन दिसेनाशी होते.

हे मॉडेल बघितलं तर प्रत्येक थर वेगळं काम करत असतो.

वर मुख्य फळबाग.

मध्ये शेवगा आणि पपई.

खाली डांगर.

म्हणजे एक प्रकारे नैसर्गिक जंगलासारखी लेयरिंग तयार होते.

आता थोडं गणित बघा.

समजा तुम्ही एक एकर फळबाग लावली. पहिली तीन वर्षं मुख्य फळझाडांकडून फारसं उत्पन्न नाही. पण मध्ये पपई लावली तर सात-आठ महिन्यांत उत्पन्न सुरू. शेवगा वर्षभरात सुरू. डांगर दोन महिन्यांत सुरू.

म्हणजे तुम्ही “फळबाग तयार होईपर्यंत उपाशी बसणे” या मानसिकतेतून बाहेर पडता.

याचा सर्वात मोठा फायदा म्हणजे शेतकरी घाईघाईने रासायनिक शॉर्टकट घेत नाही. कारण त्याला रोजचा पैसा येत असतो. आर्थिक ताण कमी झाला की निर्णय चांगले होतात.

फळबाग ही फक्त झाडं लावण्याची गोष्ट नाही. ती पूर्ण इकोसिस्टम तयार करण्याची प्रक्रिया आहे. आणि त्या इकोसिस्टममध्ये प्रत्येक झाडाचं काम असलं पाहिजे. कोणी नायट्रोजन देणार, कोणी सावली देणार, कोणी जमीन झाकणार, कोणी लवकर पैसा देणार आणि कोणी पुढच्या पिढीसाठी स्थिर उत्पन्न देणार.

आज बऱ्याच ठिकाणी फळबाग म्हणजे फक्त रिकामी जमीन आणि मध्ये झाडं असा प्रकार दिसतो. पण निसर्गात रिकामी जमीन नसते. प्रत्येक जागेवर काही ना काही वाढत असतं. त्यामुळे फळबागेला सुद्धा जिवंत प्रणाली म्हणून बघितलं पाहिजे.

या मॉडेलचे लागवडीचे अंतर, प्लॅनिंग आणि सविस्तर माहिती आम्ही पूर्वीच्या लेखांमध्ये आणि आमच्या व्हिडिओमध्ये दिलेली आहे.

ट्रान्सपोर्ट

शेतीमध्ये "काय पिकवायचं?" हा प्रश्न जितका महत्त्वाचा आहे, तितकाच "कोठे पिकवायचं?" हाही प्रश्न महत्त्वाचा आहे. अनेक लोक जमीन बघताना फक्त माती, पाणी आणि भाव बघतात. पण प्रत्यक्षात तुमच्या उत्पादनाचा ग्राहक किती दूर आहे हेच तुमचा नफा खाऊन टाकू शकतं.

तुम्ही कोणती शेती करणार आहात यावर शहरापासूनचं अंतर ठरतं. प्रत्येक शेतीचा ग्राहक वेगळा असतो आणि प्रत्येक मालाचं आयुष्य वेगळं असतं.

दुग्धव्यवसाय हे त्याचं सर्वात स्पष्ट उदाहरण आहे. दूध हा रोज विकायचा माल आहे. सकाळ-संध्याकाळ शहरात पोहोचवावाच लागतो. समजा तुमचं शेत शहरापासून 40 किलोमीटर दूर आहे, म्हणजे रोज 80 किलोमीटरचा प्रवास. कारने दूध नेत असाल तर साधारण दहा रुपये किलोमीटर खर्च गेला तरी रोज 800 रुपये फक्त ट्रान्सपोर्टमध्ये जातील. महिन्याला 24 हजार रुपये.

लोक फक्त पेट्रोलचा खर्च मोजतात. पण वाहनाची झीज, टायर, सर्व्हिसिंग, वेळ, ड्रायव्हिंगचा ताण, उन्हाळ्यात माल खराब होण्याचा धोका, अपघाताचा रिस्क हे खर्च लक्षातच घेत नाहीत.

म्हणून दूध, दही, पनीर, ताज्या भाज्या, फुलं, मशरूम, मायक्रोग्रीन्स यांसारखे व्यवसाय शहराजवळ फायदेशीर ठरतात. साधारण 10 ते 25 किलोमीटर अंतर उत्तम. जास्तीत जास्त 40 किलोमीटर. त्यापुढे ट्रान्सपोर्ट तुमचा नफा खायला सुरुवात करतो.

अंडी व्यवसायात थोडी सवलत असते. अंडी लगेच खराब होत नाहीत. पण तरीही रोजचा पुरवठा, नाजूक माल आणि डिलिव्हरी यामुळे चांगला रस्ता आणि शहराशी कनेक्टिव्हिटी आवश्यकच असते. मोटरसायकलवर दोन-

चार ट्रे ठीक, पण मोठा व्यवसाय करायचा असेल तर चांगला रस्ता, चारचाकी ॲक्सेस आणि जवळ बाजार आवश्यकच आहे.

पालेभाज्या आणि स्ट्रॉबेरीसारख्या पिकांमध्ये तर ताजेपणालाच भाव असतो. सकाळी तोडलेली भाजी दुपारी ग्राहकाकडे गेली तर वेगळा दर मिळतो. दुसऱ्या दिवशी तीच भाजी सामान्य माल बनते.

याउलट ठोकमालाची शेती म्हणजे गहू, मका, सोयाबीन, कापूस, ऊस, डाळी, कांदा, बटाटा अशा पिकांमध्ये शहरापासून अंतर थोडं जास्त चालून जातं. कारण हा माल रोज विकायचा नसतो. मोठ्या प्रमाणात एकदाच ट्रकने किंवा ट्रॅक्टरने जातो. त्यामुळे 70 ते 100 किलोमीटर अंतरही परवडू शकतं.

पण इथे दुसरी गोष्ट महत्त्वाची होते. ती म्हणजे ॲक्सेसिबिलिटी. तुमच्या शेतापर्यंत ट्रक सहज पोहोचतो का? पावसाळ्यात रस्ता बंद होतो का? माल भरायला जागा आहे का? कारण व्यापाऱ्याला तुमच्या मालापेक्षा त्याचा ट्रान्सपोर्ट खर्च महत्त्वाचा असतो.

20 किलोमीटरचा खराब रस्ता हा अनेक वेळा 50 किलोमीटरच्या हायवेसारखा थकवणारा असतो. ग्राहक, कामगार, डॉक्टर, पशुवैद्य, कुरिअर, ट्रान्सपोर्टर सहज येऊ शकले पाहिजेत.

फळबागेमध्ये वेगळं गणित असतं. आंबा, डाळिंब, मोसंबी, सीताफळ अशी फळं काही प्रमाणात लांब नेता येतात. त्यामुळे मध्यम अंतर चालू शकतं. पण जर तुम्ही थेट ग्राहकाला विकणार असाल, ॲग्रीटुरिझम करणार असाल किंवा प्रोसेसिंग करणार असाल तर शहराजवळ असणं पुन्हा फायदेशीर ठरतं.

अनेक लोक स्वस्त जमीन मिळते म्हणून खूप आतमध्ये जमीन घेतात. एकरी दोन लाख रुपये वाचवतात. पण पुढची वीस वर्षं रोज ट्रान्सपोर्टमध्ये पैसे घालवतात. काही वेळा महाग पण शहराजवळची जमीन दीर्घकाळात स्वस्त पडते.

आणखी एक मोठा प्रश्न म्हणजे होम डिलिव्हरी.

दूध शहरापर्यंत आलं, अंडी शहरात आली, भाजीपाला पण पोहोचला. पण आता प्रत्येक ग्राहकाच्या घरी जाऊन डिलिव्हरी कोण करणार?

अनेक शेतकरी इथे चूक करतात. “थेट ग्राहक” या कल्पनेत ते इतके अडकतात की शेवटी शेतीपेक्षा डिलिव्हरी बॉयचं काम जास्त करायला लागतात. दिवसभर शेती, जनावरं, पाणी, कामगार, मार्केट आणि मग संध्याकाळी शहरभर डिलिव्हरी. हे काही वर्षांनी शरीर आणि मन दोन्ही थकवणारं असतं.

यासाठी शहरात एक साधी पण अत्यंत उपयोगी ट्रिक वापरता येते.

पेपर वाटणारी मुलं बघा. सकाळी पेपर वाटून झाले की त्यांचा बराच वेळ मोकळा असतो. त्यातली अनेक मुलं कॉलेज करणारी, शिक्षणाबरोबर काम करणारी किंवा पार्टटाईम काम शोधणारी असतात.

अशा लोकांशी तुम्ही थेट व्यवहार करू शकता.

“मी माल शहरातल्या एका पॉइंटपर्यंत आणून देईन. त्यानंतर घरोघरी पोहोचवण्याचं काम तुमचं.”

पेमेंट पर लिटर, पर किलो, पर ट्रे, पर बॅग अशा पद्धतीने ठरवता येतं.

याने तुमचं काम हलकं होतं. तुम्ही उत्पादनावर लक्ष देऊ शकता. कोणाला रोजगार मिळतो. ग्राहकाला घरपोच सेवा मिळते.

समजा एका मुलाकडे 40 ग्राहक आहेत. रोज दोन तासांत तो दूध, अंडी, भाजी पोहोचवतो आहे. त्यालाही उत्पन्न मिळालं आणि तुम्हालाही रोज शहरात फिरावं लागलं नाही.

हळूहळू तुम्ही एरिया वाईज नेटवर्क तयार करू शकता. एका भागात दूध, दुसऱ्या भागात भाजी, तिसऱ्या भागात अंडी. म्हणजे गावात बसून तुम्ही शहरात मायक्रो-डिस्ट्रिब्युशन नेटवर्क उभं करू शकता.

हेच मोठ्या कंपन्या करतात. अमेझॉन स्वतः प्रत्येक वस्तू बनवत नाही आणि कारखानदार स्वतः प्रत्येक घरात जात नाही. मध्ये वितरण व्यवस्था असते. शेतकऱ्यांनीही "मीच सगळं करणार" हा हट्ट सोडला पाहिजे.

आजच्या काळात शेती म्हणजे फक्त उत्पादन नाही. ती लॉजिस्टिक्सची गेम आहे. अनेक शेतकरी उत्कृष्ट माल तयार करतात पण ग्राहकापर्यंत पोहोचण्याच्या थकव्यात हरतात. ज्याने उत्पादनासोबत वितरणाची सिस्टिम उभी केली, तोच पुढच्या काळात टिकणार आहे.

जळणाला लाकूड, गुरांना चारा

“जळणाला लाकूड, गुरांना चारा, गाठीला पैसा, घरच्या घरी सामाजिक वनीकरण येता दारी.”

लहानपणी दूरदर्शनवर कार्टून बघताना मध्येच ही जाहिरात लागली की अक्षरशः चिडचिड व्हायची. वाटायचं, ही कसली भंगार जाहिरात मध्ये घुसवतात? आमचं कार्टून बघू द्या ना. पण आता मोठं झाल्यावर समजतं की त्या एका ओळीत किती मोठं शहाणपण दडलं होतं.

त्या काळात जर खरंच गावोगावी, शेताशेतात, बांधावर, रस्त्याच्या कडेला आणि मोकळ्या जागांमध्ये सामाजिक वनीकरण मोठ्या प्रमाणावर झालं असतं तर आज ग्लोबल वॉर्मिंग, तापमान वाढ, पाण्याची टंचाई आणि उजाड होत चाललेली जमीन इतक्या टोकाला पोहोचली नसती. आपण झाडं कापली, पण पर्याय उभे केले नाहीत. आता त्याची किंमत संपूर्ण जग मोजतंय.

पण अजूनही वेळ गेलेली नाही.

फक्त झाडं लावून फोटो काढणे म्हणजे सामाजिक वनीकरण नाही. झाडांनी शेतकऱ्याच्या पोटात पैसा गेला पाहिजे. त्यातून चारा, लाकूड, इंधन, फुलं, फळं, सेंद्रिय पदार्थ आणि उत्पन्न मिळालं पाहिजे. तेव्हाच शेतकरी झाड जगवतो. नाहीतर दोन वर्षांनी तेच झाड कुऱ्हाडीखाली जातं.

आम्ही आमच्या शेतीमध्ये ॲग्रोफॉरेस्ट इंटिग्रेशन केलेलं आहे. आम्ही हादग्याची झाडं दहा बाय आठ अंतरावर लावली आहेत. त्या झाडांवर विविध वेलवर्गीय भाज्या घेतो. दोन हादग्यांच्या मध्ये एकूण सहा प्रकारच्या भाज्या घेतल्या जातात. अशा कॉम्बिनेशनमधून आम्ही अर्ध्या एकरात तब्बल चोवीस प्रकारच्या भाज्या घेतो.

म्हणजे जमीन तीच, पण उत्पादनाचे स्तर अनेक.

हादगा आमच्यासाठी फक्त आधार देणारं झाड नाही. तो स्वतःमध्ये पूर्ण सिस्टीम आहे. त्याची पानं गायी, शेळ्या आणि कोंबड्यांसाठी चारा म्हणून उपयोगी पडतात. अतिरिक्त फांद्या बायोचार बनवण्यासाठी वापरता येतात. काही वेळेला जळणाला लाकूड म्हणून उपयोग होतो. हादग्याची फुलं नियमित विकली जातात. म्हणजे एकाच झाडातून अनेक प्रकारचा फायदा.

शेतीचा भविष्यकाळ हा असाच असणार आहे. फक्त एक पीक घेऊन बाजारावर अवलंबून राहायचं नाही. झाडं, वेल, भाज्या, जनावरे, सेंद्रिय पदार्थ, चारा, बायोचार, फुलं, लाकूड, सावली, जैवविविधता आणि मायक्रोक्लायमेट हे सगळं एकमेकांशी जोडायचं.

आज अनेक शेतकरी अजूनही झाडाला "जमीन अडवणारी गोष्ट" समजतात. पण खरी गोष्ट उलटी आहे. भविष्यात झाडांशिवाय शेती टिकणं कठीण आहे. कारण झाड फक्त सावली देत नाही. ते माती जिवंत ठेवतं, पाणी धरून ठेवतं, तापमान कमी करतं, पक्षी आणि कीटकांचं संतुलन राखतं आणि शेतीला स्थैर्य देतं.

आता आम्ही अजून एका नवीन मॉडेलवर काम सुरू केलेलं आहे. आम्ही मिलिया डुबिया या झाडाची लागवड करून त्यावर खायचे पान, मिरी, व्हॅनिला आणि द्राक्ष यांसारखी पिकं घेण्याचा प्रयत्न करणार आहोत.

हे मॉडेल फक्त "झाड लावलं" इतक्यावर थांबणार नाही. आम्ही पूर्ण बहुस्तरीय शेती उभी करण्याचा प्रयत्न करतोय.

वर झाड.

झाडावर वेल.

खाली भाजीपाला किंवा चारा.

बाजूला पशुपालन.

आणि पडणारा सर्व जैविक कचरा पुन्हा मातीमध्ये.

म्हणजे सिस्टीम बाहेरून कमी घेणार आणि आतून जास्त निर्माण करणार.

मिलिया डुबिया वेगाने वाढणारं झाड आहे. त्याला लाकडासाठी बाजार आहे. त्यावर जर मिरी, व्हॅनिला, खायचे पान किंवा द्राक्षासारखी उच्च मूल्य पिकं यशस्वी झाली तर एकाच जमिनीतून अनेक प्रकारचे उत्पन्न उभे राहू शकते.

आज परिस्थिती अशी आहे की शेतकऱ्याला फक्त उत्पादन वाढवून उपयोग नाही. त्याला उष्णतेशी लढावं लागणार आहे. पाण्याशी लढावं लागणार आहे. जमिनीची सुपीकता टिकवावी लागणार आहे. मजुरीचा खर्च सांभाळावा लागणार आहे. आणि त्याच वेळी आर्थिक स्थैर्यही निर्माण करावं लागणार आहे.

या सगळ्याचं उत्तर कदाचित अशा बहुस्तरीय झाडाधारित शेतीमध्ये दडलं आहे.

त्या जुन्या जाहिरातीची ओळ आज पुन्हा खरी वाटते.

“जळणाला लाकूड, गुरांना चारा, गाठीला पैसा...”

हे फक्त घोषवाक्य नव्हतं.

ती भविष्यातील शेतीची दिशा होती.

आज पासून बाटली ची सवय बंद

“तुम्ही कुठल्या कंपनीचं सेंद्रिय खत वापरता?” हा प्रश्न ऐकला की मला रागही येतो आणि हसूही येतं. कारण सेंद्रिय शेतीचा अर्थच आपण उलटा करून टाकला आहे.

आज शेतकरी केमिकलच्या दुकानातून बाहेर पडून “ऑरगॅनिक” दुकानात शिरला आहे. पण गुलामी तीच आहे. फक्त बाटली बदलली आहे.

पूर्वी रासायनिक खताची बाटली होती. आता सेंद्रिय टॉनिकची बाटली आहे.

पूर्वी “केमिकल स्प्रे” म्हणायचे. आता “ऑरगॅनिक ग्रोथ प्रमोटर” म्हणतात.

पण एक गोष्ट बदलली नाही. शेतकऱ्याचा खिसा अजूनही रिकामाच होत आहे.

सेंद्रिय शेती म्हणजे बाजारातून महागड्या बाटल्या विकत आणणे नाही. सेंद्रिय शेती म्हणजे तुमच्या शेतात जे उपलब्ध आहे, जे लोक कचरा समजून फेकून देतात, त्यातून शेती उभी करणे. हा तिचा पाया आहे. हे तिचं विज्ञान आहे. हे तिचं अर्थशास्त्र आहे.

तुमच्या शेतात शेण आहे. मूत्र आहे. पिकांचे अवशेष आहेत. तण आहे. पानगळ आहे. भाजीपाला उरलेला आहे. कुजणारा जैविक कचरा आहे.

मग बाहेरून हजारो रुपयांच्या बाटल्या का आणायच्या?

तुम्हाला जर टॉनिकच बनवायचे असेल, तर बाजारात का फिरता?

फ्रूट ज्यूस सेंटरचा कचरा घ्या. मत्स्य बाजाराचा कचरा घ्या. कोंबडी कत्तलखान्याचा कचरा घ्या. पिठाच्या गिरणीचा कचरा घ्या. हॉटेलमधला जैविक कचरा घ्या. भाजी मंडईतली कुजलेली भाजी घ्या. उसाच्या गुऱ्हाळातील चिपाड घ्या. झाडांची पानगळ घ्या. शेतातील पिकांचे अवशेष घ्या. तण घ्या.

हे सगळं कुजवा. फर्मेंट करा. कंपोस्ट करा. सूक्ष्मजीव वाढवा. आणि स्वतःचं इनपुट स्वतः तयार करा.

खरी सेंद्रिय शेती इथून सुरू होते.

पण आज "सेंद्रिय" नावाखाली काय चाललं आहे?

८०० रुपयांचं ऑरगॅनिक टॉनिक. १५०० रुपयांचं विशेष सूक्ष्मजीव कल्चर. २००० रुपयांचं ग्रोथ प्रमोटर. "१० दिवसांत हिरवं पीक." "१००% नैसर्गिक." "इम्पोर्टेड टेक्नॉलॉजी." "गुप्त फॉर्म्युला." "विशेष एनर्जी बूस्टर."

आणि आत काय असतं?

गूळ, सूक्ष्मजीव, कुजवलेला जैविक पदार्थ आणि पाणी.

जे तुम्ही स्वतः ५० रुपयांत बनवू शकता, तेच तुम्हाला ५०० ते ५००० रुपयांना विकलं जात आहे.

सगळ्यात मोठी फसवणूक कोणती माहिती आहे?

शेतकऱ्याला स्वतःच्या शेतावर अविश्वास शिकवला जातो.

तुमच्या शेणात ताकद नाही. तुमच्या कंपोस्टमध्ये ताकद नाही. तुमच्या जमिनीत जीव नाही. तुम्हाला बाहेरून बाटली आणावीच लागेल.

ही मानसिक गुलामी आहे.

सेंद्रिय शेतीचा मूळ उद्देश काय होता?

शेतकऱ्याचा खर्च कमी करणे. शेतकऱ्याला स्वावलंबी बनवणे. बाजारावरचं अवलंबित्व कमी करणे. कचऱ्याचं संपत्तीत रूपांतर करणे.

पण आता काय झालं?

सेंद्रिय शेतीही एक बाजार झाली. एक ब्रँड झाला. एक मार्केटिंग मॉडेल झालं.

युट्युबवर भीती दाखवली जाते. "हे टाकलं नाही तर उत्पादन येणार नाही." "हे फवारलं नाही तर रोग थांबणार नाही." "आमच्या प्रोडक्टमुळे तीनपट उत्पादन."

आणि शेतकरी पुन्हा त्याच जाळ्यात अडकतो.

फरक इतकाच: पूर्वी कंपनी केमिकल विकत होती. आता कंपनी सेंद्रिय विकत आहे.

पण दोन्हीकडे शेतकरी ग्राहकच आहे.

खरी सेंद्रिय शेती शेतकऱ्याला ग्राहक बनवत नाही. ती त्याला निर्माता बनवते.

ज्या दिवशी शेतकरी स्वतः खत बनवायला लागेल, स्वतः सूक्ष्मजीव वाढवायला लागेल, स्वतः बीज जपायला लागेल, त्या दिवशी हजारो कोटींचा बाजार बंद पडेल. म्हणूनच तुम्हाला सतत "काहीतरी विकत घ्या" हे शिकवलं जातं.

लक्षात ठेवा.

सेंद्रिय शेती दुकानातून सुरू होत नाही. ती कचऱ्याच्या ढिगाऱ्यापासून सुरू होते.

आणि खरी क्रांती बाटलीत नसते. ती विचारात असते.

शून्यातून सुरुवात कशी करायची?

आज शेतीत सर्वात जास्त विकली जाणारी गोष्ट कोणती असेल तर ती म्हणजे "मोठी स्वप्नं". कुणी म्हणतो डेअरी करा, कुणी म्हणतो फळबाग करा, कुणी म्हणतो पोल्ट्री करा, कुणी म्हणतो लाखोंचा प्रोजेक्ट करा. पण वास्तवात एक गरीब शेतकरी समोर बसलेला असतो. त्याच्याकडे भांडवल नसतं. कर्ज काढायची हिंमत नसते. आणि घर चालवायचं असतं.

मग प्रश्न एकच असतो.

"शून्यातून सुरुवात कशी करायची?"

हा प्रश्न आम्हालाही खूप लोक विचारतात. मग आम्ही आमच्या फार्मकडे परत पाहिलं. आम्ही जे काही उभं केलं ते एका दिवसात झालेलं नाही. प्रत्येक गोष्ट करून पाहिली. चुका केल्या. तोटे खाल्ले. आणि मग एक गोष्ट स्पष्ट झाली.

शेतीत सुरुवात मोठी करून चालत नाही.

सुरुवात कॅश फ्लोपासून करावी लागते.

गाई घ्यायच्या म्हटलं तर आज एक चांगली गाय पासष्ट-सत्तर हजार रुपयांच्या खाली मिळत नाही. त्यानंतर गोठा. चारा. औषधं. मजूर. पाणी. म्हणजे सुरुवातीलाच लाखोंचा खेळ.

फळबाग केली तरी तेच. प्रत्येक रोप महाग. ड्रिप. कुंपण. पाणी. आणि उत्पन्न? चार-पाच वर्षांनी.

कोंबडीपालन करायचं म्हटलं तरी खुराडं, पिल्लं, फीड, औषधं, मार्केट, टेक्निकल ज्ञान सगळं लागतं.

मग गरीब माणसाने सुरुवात कुठून करायची?

आमच्या अनुभवातून एक गोष्ट स्पष्ट आहे.

जर शेत शहराजवळ असेल, तर छोट्या शेतकऱ्यासाठी सर्वात ताकदवान मॉडेल म्हणजे विविध भाजीपाला आणि थेट विक्री.

पण इथे "भाजीपाला" म्हणजे एक एकर टोमॅटो नाही.

भाजीपाला म्हणजे संपूर्ण टोपली.

मिरची, टोमॅटो, वांगी, भरीताची वांगी, भेंडी, गवार, वाल, चवळी, कारले, दोडका, दुधी, घोसाळे, काकडी, मेथी, पालक, कोथिंबीर, कांदापात, करडई, लालमाठ.

ही शेती "एक पिकाची" नसते.

ही शेती "दररोज काही ना काही विकणारी" असते.

आता गणित पाहू.

समजा आपल्याला महिन्याला एक लाख रुपयांचा सेल करायचा आहे. प्रॉफिट नाही. फक्त विक्री.

म्हणजे दिवसाला साधारण ३३०० ते ३५०० रुपये.

आता हे ऐकायला मोठं वाटतं. पण त्याला लहान भागात विभागलं की शेती अचानक समजायला लागते.

समजा आपण पंधरा प्रकारच्या भाज्या घेतल्या.

मग ३५०० ला १५ ने भागलं तर प्रत्येक प्रकारातून फक्त अडीचशे रुपयांचा सेल झाला तरी दिवसाचा आकडा पूर्ण होतो.

आता सरासरी ७० रुपये किलो रेट धरला तर अडीचशे रुपयांसाठी फक्त साडेतीन किलो भाजी लागते.

म्हणजे:

३५ टोमॅटो

१०० छोटी वांगी

३५० भेंडी

इतकं उत्पादन.

हे ट्रकभर माल नाही. हे व्यवस्थित नियोजन आहे.

इथेच बहुतेक शेतकरी चुकतात.

ते एकाच पिकावर अवलंबून राहतात. मग एकदम माल येतो. रेट पडतो. व्यापारी लुबाडतो. आणि शेवटी शेतकरी म्हणतो “भाजीपाल्यात काही दम नाही.”

पण खरी ताकद विविधतेत आहे.

ग्राहक बाजारात एकच भाजी घ्यायला येत नाही. तो टोपली भरायला येतो.

तुमच्याकडे फक्त टोमॅटो असेल तर ग्राहक पुढच्या गाडीवर जाईल. पण तुमच्याकडे टोमॅटो, भेंडी, मिरची, कोथिंबीर, पालक, दुधी, काकडी सगळं असेल तर ग्राहक तुमच्याकडूनच सगळं घेऊन जाईल.

आता इथे एक महत्त्वाची गोष्ट आहे.

दररोज विक्री करायची असेल तर दररोज हार्वेस्टिंग झाली पाहिजे. आणि दररोज हार्वेस्टिंग हवी असेल तर एकच प्लॉट करून चालत नाही.

प्रत्येक पिकाचे किमान तीन प्लॉट लागतात.

आज पहिल्या प्लॉटमधून तोडणी. उद्या दुसऱ्यातून. परवा तिसऱ्यातून. आणि चौथ्या दिवशी परत पहिला प्लॉट तयार.

अशा पद्धतीने झाडांना रिकव्हरी टाइम मिळतो आणि दररोज फ्रेश माल मिळत राहतो.

भाजीपाला शेतीत पैसा उत्पादनात नसतो.

तो कंटिन्युअस सप्लायमध्ये असतो.

आणि हा माल थेट ग्राहकाला विकायचा आहे.

मार्केट कमिटीला नाही. व्यापाऱ्याला नाही.

आपल्या गाडीतून किंवा भाड्याच्या गाडीतून जवळच्या शहरात जाऊन थेट विक्री करायची.

कारण भाजीपाल्याचा खरा नफा उत्पादनात नसतो.

तो फ्रेशनेस आणि डायरेक्ट सेलिंगमध्ये असतो.

सकाळी तोडलेली भाजी जर दोन तासात ग्राहकाच्या हातात गेली तर भाव वेगळा मिळतो.

आणखी एक महत्त्वाची गोष्ट म्हणजे कुटुंब व्यवस्थापन.

घरातील महिला:

भाजी तोडतील

जुड्या बांधतील

वर्गीकरण करतील

पुरुष:

शहरात जाऊन विक्री करतील

ग्राहक सांभाळतील

पैसे फिरवतील

म्हणजे कामाचं ओझं एकाच व्यक्तीवर येत नाही.

मोठ्या उद्योगांकडे मशीन असतात.

छोट्या शेतकऱ्याकडे कुटुंब असतं.

हेच त्याचं सर्वात मोठं भांडवल असतं.

या मॉडेलमध्ये सुरुवातीची इन्व्हेस्टमेंट खूप कमी असते.

भाजीपाल्याच्या बियाण्यांचा खर्च कमी. ड्रिप बसवलं की पाणी नियंत्रणात. तण कमी. मजुरी कमी.

खरं पाहिलं तर छोट्या स्तरावर सुरू करता येणाऱ्या व्यवसायांमध्ये भाजीपाला हा सर्वात कमी इन्व्हेस्टमेंट लागणारा व्यवसाय आहे.

पण इथेच थांबायचं नाही.

भाजीपाल्यातून जो नफा येईल तो खर्च करून टाकायचा नाही.

तो पुढच्या सिस्टीमसाठी वापरायचा.

पहिलं उद्दिष्ट: कोंबड्यांचं छोटंसं खुराडं.

सुरुवात फक्त पंधरा-वीस कोंबड्यांपासून.

यानंतर छोटंसं अंडी उबवायचं मशीन घ्यायचं.

आता खरी ताकद सुरू होते.

अंडी विकायची नाहीत. मशीनमध्ये टाकत जायची.

आज अंडी टाकली तर २१ दिवसांनी पिल्लं बाहेर येतील.

उद्याची अंडी २२ दिवसांनी. परवाची २३ दिवसांनी.

अशा पद्धतीने सतत बॅच तयार होत राहतील.

म्हणजे बाहेरून पुन्हा पुन्हा पिल्लं विकत घ्यावी लागणार नाहीत.

तुमची स्वतःची सिस्टीम स्वतः वाढायला लागेल.

आता भाजीपाल्यातून जे वेस्ट तयार होईल ते कोंबड्यांना वापरता येईल.

वेलांची छाटणी. पालेभाज्यांचे अवशेष. न विकलेला माल.

भाजीपाल्याच्या कडेला हादगा आणि शेवगा लावायचा.

हादगा ट्रेलीस म्हणून काम करेल. शेवगा पाला, प्रोटीन आणि अतिरिक्त उत्पन्न देईल.

मग पुढची पायरी.

कोंबडीपालनातून जो नफा येईल तो बीएसएफच्या शेडसाठी वापरायचा.

गावातील सेंद्रिय कचरा गोळा करायचा. मार्केटमधला खराब भाजीपाला वापरायचा.

बीएसएफ म्हणजे कचऱ्याचं प्रोटीनमध्ये रूपांतर करणारी मशीनच आहे.

त्यातून:

कोंबड्यांना प्रोटीन

भाजीपाल्याला खत

आणि कचऱ्याचं व्यवस्थापन

सगळं एकाच सिस्टीममध्ये.

मग काय होतं?

भाजीपाला कोंबड्यांना खाऊ घालतो. कोंबड्या बीएसएफला सपोर्ट करतात. बीएसएफ पुन्हा भाजीपाल्याला खत देतो.

असं एक पूर्ण चक्र तयार होतं.

हीच खरी शेती आहे.

एकाच पिकावर जगणं नाही. एकाच उत्पन्नावर अवलंबून राहणं नाही.

एक सिस्टीम दुसऱ्याला उभी करते.

महत्त्वाचं म्हणजे हे मॉडेल कर्जाशिवाय उभं राहू शकतं.

लहान सुरुवात. रोजचा कॅश फ्लो. हळूहळू विस्तार.

आणि म्हणून आम्ही नेहमी एकच सांगतो.

शेतीत सर्वात मोठं भांडवल पैसा नसतो.

कॅश फ्लो असतो.

शेतीमध्ये स्त्रीची भूमिका

शेतीमध्ये स्त्रीची भूमिका फक्त "मदत" नाही, तर संपूर्ण कणा असते

आजकाल परिस्थिती बदलताना दिसते आहे. गावाकडे गेलात तर अनेक स्त्रिया ट्रॅक्टर चालवताना दिसतात, मोबाईलवरून ऑर्डर घेताना दिसतात, दुधाचा व्यवसाय सांभाळताना दिसतात, मच्छीपालन, पोल्ट्री, प्रक्रिया उद्योग सगळं करताना दिसतात. पण प्रत्येक स्त्रीने तेच केलं पाहिजे असा काही नियम नाही. प्रत्येकाची क्षमता वेगळी असते, परिस्थिती वेगळी असते.

काहींना शेतात राबणं जमतं. काहींना व्यवस्थापन जमतं. काहींना विक्री जमतं. काहींना लोकांशी संपर्क ठेवणं जमतं. आणि खरं सांगायचं तर आज शेतीमध्ये उत्पादनापेक्षा विक्री आणि ग्राहक टिकवून ठेवणं जास्त अवघड झालं आहे.

माझ्या आयुष्यात माझ्या पत्नीने खूप मोठी भूमिका निभावली. आम्ही शेतात उत्पादन करायचो आणि तयार झालेला माल ती घरून विकायची. दूध, तूप, पनीर, लोणी, चक्का, घरगुती पदार्थ तयार करणं, ग्राहकांशी बोलणं, ऑर्डर सांभाळणं, पैसे मॅनेज करणं हे सगळं ती बघायची. त्यामुळे मला निर्धास्तपणे उत्पादनावर लक्ष देता आलं.

शेतीमध्ये फक्त शेतात काम करणारा माणूस महत्त्वाचा नसतो. घरामध्ये बसून विक्री व्यवस्था सांभाळणारी स्त्री सुद्धा तितकीच महत्त्वाची असते. विशेषतः शहरातून शेतीकडे येणाऱ्या कुटुंबांनी ही गोष्ट समजून घेतली पाहिजे.

कारण शहरातून आलेल्या प्रत्येक स्त्रीला उन्हात, चिखलात, शारीरिक श्रमात लगेच काम करता येईलच असं नाही. पण त्यामुळे ती शेतीसाठी निरुपयोगी ठरत नाही. उलट ती मोठा आधार बनू शकते. सोशल मीडिया, ऑनलाइन विक्री, पॅकिंग, ब्रँडिंग, ग्राहक नेटवर्क, घरगुती प्रक्रिया उद्योग, अकाउंट

मॅनेजमेंट, मुलांचं संगोपन, खर्च नियंत्रण अशा अनेक गोष्टी ती उत्कृष्टपणे करू शकते.

पण यामध्ये सगळ्यात महत्त्वाची गोष्ट कोणती असेल तर ती म्हणजे "खच्चीकरण न करणे."

शेतीमध्ये किंवा कोणत्याही व्यवसायामध्ये सुरुवातीचे दिवस खूप कठीण असतात. उत्पन्न निश्चित नसतं. लोकं हसतात. नातेवाईक टोमणे मारतात. मित्र टिंगल करतात. "नोकरी सोडून शेतीत गेला", "काही होणार नाही", "पैसे बुडतील" हे सतत ऐकायला लागतं.

अशा वेळी घरातील स्त्री जर रोज भीती दाखवत बसली, सतत तुलना करत बसली, प्रत्येक निर्णयावर टोमणे मारत बसली तर मोठी स्वप्नं घेऊन चालणारा माणूस आतून तुटतो. अनेक पुरुष शेतीकडे वळायचं धाडसच करत नाहीत कारण त्यांना माहिती असतं की अपयश आलं तर घरातून साथ मिळणार नाही.

पण काही स्त्रिया वेगळ्या असतात. परिस्थिती वाईट असली तरी त्या नवऱ्याच्या पाठीशी खंबीरपणे उभ्या राहतात. खर्च कमी करतात. गरजा कमी करतात. परिस्थितीशी जुळवून घेतात. "लोक काय म्हणतील" यापेक्षा "आपण काय उभं करू शकतो" यावर विश्वास ठेवतात.

आमच्या आयुष्यात सुद्धा असे दिवस आले की आम्ही एक वेळ खाऊन राहत होतो. पण त्या काळात सुद्धा माझी पत्नी माझ्या बाजूला ठामपणे उभी होती. म्हणूनच मोठी पावलं उचलण्याचं धाडस मला करता आलं. नाहीतर माणूस बाहेरच्या जगाशी कमी आणि घरातील अस्थिरतेशी जास्त हरतो.

आज अनेक शेतकरी आत्मविश्वास हरवून बसले आहेत. कारण शेतीमध्ये फक्त पैसा नाही तर मानसिक आधार सुद्धा लागतो. आणि तो आधार घरातून मिळाला तर माणूस पुन्हा उभा राहू शकतो.

स्त्रियांनी करू शकणारं अजून एक फार मोठं काम म्हणजे मुलांना वळण लावणं. आज शहरातील मुलांना अन्न दुकानात तयार मिळतं असं वाटतं. पण एका दाण्यामागे किती मेहनत असते, किती अपयश असतं, किती जोखीम असते हे त्यांना माहितीच नसतं.

मुलांना शेत दाखवा. बी टाकल्यावर लगेच पीक येत नाही हे दाखवा. पाऊस काय असतो, दुष्काळ काय असतो, जनावरांची सेवा काय असते, अन्न उगवायला किती कष्ट लागतात हे त्यांना समजावून सांगा. त्यांना मातीची ओळख करून द्या.

कारण पुढच्या पिढीला जर अन्नाची किंमत समजली नाही तर भविष्यात शेती फक्त व्यवसाय राहील, संस्कृती राहणार नाही.

आज शेतीमध्ये स्त्रीची भूमिका "मदतनीस" इतकी मर्यादित राहिलेली नाही. ती व्यवस्थापक आहे, विक्रेती आहे, उत्पादक आहे, निर्णय घेणारी आहे, मानसिक आधार आहे आणि पुढची पिढी घडवणारी सुद्धा आहे.

घरातील स्त्री खंबीर असेल तर छोटा शेतकरी सुद्धा मोठं स्वप्न पाहू शकतो.

घरासाठी भाजीपाला

घरासाठी भाजीपाला उगवायचा असेल तर सर्वात आधी एक गोष्ट समजून घ्यावी लागते. घरगुती भाजीपाला शेतीमध्ये मोठे उत्पादन महत्त्वाचे नसते. सातत्य महत्त्वाचे असते.

आज मेथी आली, उद्या भेंडी मिळाली, परवा काकडी मिळाली, आठवड्याला थोडे टोमॅटो, थोडी मिरची, थोडी वांगी, थोडी कोथिंबीर मिळत राहिली तरच टेरेस गार्डन किंवा परसबाग यशस्वी म्हणायची.

बहुतेक लोक सगळे एकदम लावतात. मग एकदमच भरपूर भाजी येते आणि दोन महिन्यांनी काहीच राहत नाही. म्हणून घरगुती भाजीपाला शेतीमध्ये सगळ्यात महत्त्वाची गोष्ट म्हणजे रोटेशन.

एक पीक सुरू असताना दुसरे वाढत असले पाहिजे आणि तिसरे रोपवाटिकेत तयार असले पाहिजे.

सगळ्यात आधी एक गोष्ट लक्षात घ्या. खाली दिलेले दिवस, उत्पादन, कालावधी हे ठोकताळे आहेत. बियाण्याची जात, उन्हाळा-पावसाळा-हिवाळा, पाणी, माती, कुंडीचा आकार, खत व्यवस्थापन, उन्हाचे तास यावर सगळे बदलू शकते. पण साधारण प्लॅनिंग करण्यासाठी हे गणित उपयोगी पडते.

टोमॅटो साधारण लागवडीनंतर ६० ते ७५ दिवसांनी सुरू होतो. त्यानंतर २ ते ३ महिने जोरात उत्पादन देतो. योग्य काळजी घेतली तर ५ ते ६ महिने झाड चालते. एक झाड साधारण ४ ते ८ किलो उत्पादन देऊ शकते. घरासाठी ६ ते १० झाडे पुरेशी असतात. पण ती एकदम लावू नयेत. साधारण दर २० ते २५ दिवसांनी नवीन २ ते ३ रोपे लावत राहावीत.

मिरची साधारण ७० ते ९० दिवसांनी सुरू होते. पण एकदा चालू झाली की ६ ते ८ महिने सतत मिरच्या देते. एक झाडातून २ ते ५ किलो उत्पादन मिळू शकते. घरासाठी ४ ते ६ झाडे पुरतात. दर २ ते ३ महिन्यांनी नवीन रोपे तयार ठेवली तर सातत्य टिकते.

वांगी हे लोक समजतात त्यापेक्षा संथ पीक आहे. वांग्याला व्यवस्थित उत्पादन सुरू व्हायला साधारण ९० ते १२० दिवस लागू शकतात. त्यानंतर ४ ते ६ महिने उत्पादन मिळते. एक झाड ३ ते ६ किलो सहज देते. घरासाठी ३ ते ४ झाडे पुरतात. पण दर ४५ ते ६० दिवसांनी नवीन रोपे लावत राहणे जास्त योग्य.

भरीताची वांगी अजून संथ असतात. पण एक फळ मोठे असल्यामुळे कमी झाडे पुरतात. १ ते २ झाडे घरासाठी भरपूर असतात.

भेंडी ४५ ते ५० दिवसांत सुरू होते. त्यानंतर साधारण ५० ते ७० दिवस जोरात भेंडी देते. मग झाड कठीण होते आणि उत्पादन कमी होते. म्हणून भेंडी एकदम जास्त लावू नये. दर १५ ते २० दिवसांनी नवीन ४ ते ५ झाडे लावत राहणे जास्त योग्य. घरासाठी १० ते १२ झाडे पुरतात.

गवार ४५ ते ५५ दिवसांनी सुरू होते आणि साधारण ४० ते ६० दिवस शेंगा देते. चवळी ५० ते ६० दिवसांनी सुरू होते आणि २ महिने चालते. ही दोन्ही पिके दर महिन्याला थोडी थोडी लावत राहिली तर सतत शेंगा मिळतात.

वाल थोडा संथ आहे. ७० ते ९० दिवसांनी सुरू होतो. पण त्यानंतर अनेक महिने शेंगा देतो. एक किंवा दोन वेली घरासाठी पुरतात.

काकडी ४० ते ५० दिवसांत सुरू होते. पण तिचा पीक कालावधी कमी असतो. साधारण ४० ते ५० दिवस जोरात काकड्या येतात. म्हणून दर ३० दिवसांनी नवीन काकडी लावणे योग्य.

दुधी, दोडका, घोसाळे आणि कारले ही पिके साधारण ५५ ते ७० दिवसांनी सुरू होतात. पण एकदा वेल स्थिर झाला की ३ ते ४ महिने उत्पादन मिळते. एक चांगला वेल खूप उत्पादन देतो. दुधीचा एक वेल १५ ते ४० दुधी देऊ शकतो. दोडक्याचा वेल १० ते २५ किलोपर्यंत जाऊ शकतो. कारल्याचा वेल ८ ते १५ किलो सहज देतो. घरासाठी १ किंवा २ वेली पुरतात. पण हे वेल खूप जागा व्यापतात. एक वेल ३० ते ५० स्क्वेअर फूट सहज व्यापतो.

मेथी सर्वात जलद पीक आहे. १८ ते २१ दिवसांत मेथी तयार होते. म्हणून मेथी एकदम जास्त पेरू नये. दर आठवड्याला किंवा जास्तीत जास्त १० दिवसांनी नवीन ट्रे किंवा छोटा बेड पेरावा. म्हणजे सतत ताजी मेथी मिळते.

साधारण १ स्क्वेअर फूटमध्ये दाट पेरणी केली तर एक वेळेची छोटी जुडी मेथी सहज मिळू शकते. पण हे पेरणी किती दाट आहे त्यावर खूप अवलंबून आहे.

लालमाठही साधारण २१ ते २५ दिवसांत तयार होतो. तोही दर आठवड्याला पेरला तर सतत मिळतो.

कोथिंबीर साधारण ३० ते ४५ दिवस घेते. पण घरासाठी थोडी थोडी लागते. म्हणून दर १० ते १५ दिवसांनी थोडी पेरणी करावी.

पालक ३० ते ४० दिवसांत सुरू होतो आणि ३ ते ४ कटिंग देतो. साधारण २ ते ४ स्क्वेअर फूटमधून एका वेळची घरची गरज सहज निघू शकते. पण तेही दाटीवर आणि कटिंगवर अवलंबून आहे. दर १५ दिवसांनी नवीन पालक पेरत राहणे योग्य.

कांदापात ४५ ते ६० दिवसांनी सुरू होतो. पण पुन्हा फुटत राहतो. म्हणून छोट्या छोट्या पट्ट्यात दर १५ ते २० दिवसांनी लागवड करावी.

घरगुती भाजीपाला शेतीमध्ये सर्वात मोठा नियम म्हणजे सगळ्या झाडांचे वय सारखे नसावे.

काही झाडे लहान असावीत.

काही फुलात असावीत.

काही उत्पादनात असावीत.

काही संपत आलेली असावीत.

ही सिस्टीम तयार झाली की घरात सतत काही ना काही भाजी मिळत राहते.

आता खरा प्रश्न. चार जणांच्या कुटुंबासाठी किती जागा लागते?

जर पूर्ण वर्षभर सर्व भाजी पूर्णपणे घरातूनच काढायची असेल तर जागा खूप लागते. पण घरातील बराच भाजीपाला स्वतः उगवायचा असेल तर साधारण २०० ते ५०० स्क्वेअर फूट जागेत खूप चांगले मॉडेल उभे राहू शकते.

१०० स्क्वेअर फूटमध्ये पालेभाज्या आणि थोड्या भाज्या येऊ शकतात.

२०० ते ३०० स्क्वेअर फूटमध्ये:

टोमॅटो,

मिरची,

भेंडी,

वांगी,

काकडी,

पालेभाज्या,

आणि १-२ वेलवर्गीय

चांगल्या प्रकारे सांभाळता येतात.

५०० स्क्वेअर फूटमध्ये व्यवस्थित रोटेशन केले तर एका कुटुंबाचा बराच भाजीपाला निघू शकतो.

टेरेस गार्डनसाठी महागड्या ग्रो बॅग आणि महाग सेटअप करणे गरजेचे नाही.

जुने:

बाथरूमचे टब,

पेंटचे डबे,

ड्रम कापून,

जुने सिमेंट टब,

प्लास्टिक क्रेट,

तुटलेल्या पाण्याच्या टाक्या,

सिमेंट रिंग,

धान्याचे डबे

हे सगळे वापरता येते.

फक्त पाणी निचरा व्यवस्थित झाला पाहिजे.

घरचा ओला कचरा कुजवून त्याचे खत बनवता येते. भाजीचे देठ, फळांच्या साली, उरलेले अन्न, सुकलेली पाने यापासून चांगले कंपोस्ट तयार होऊ शकते. खत व्यवस्थापन हा वेगळा मोठा विषय आहे.

लोक युट्यूब बघून ५० ग्रो बॅग, महाग माती, महाग खत, मोठे सेटअप करतात. पण दोन महिन्यांनी सगळे थांबते. कारण घरगुती शेतीमध्ये सर्वात मोठे विज्ञान उत्पादनाचे नाही तर टाइमिंगचे आहे.

घरगुती भाजीपाला शेतीचे खरे रहस्य खतामध्ये नाही. ते सातत्यामध्ये आहे.

दर आठवड्याला थोडी पेरणी.

दर महिन्याला काही नवीन रोपे.

सतत बदलणारे बेड.

आणि रिकामी जागा न ठेवणे.

इतके जमले तरी घरातील बराच भाजीपाला सहज उगवता येतो.

पाणी

पाणी म्हणजे शेतीचा विषय नाही. पाणी म्हणजे पुढच्या पिढीचा प्रश्न आहे.

आज शेतकरी बियाणे, खत, औषधे, बाजारभाव, हवामान याबद्दल बोलतो. पण पुढच्या काळात शेती टिकेल की नाही हे फक्त एका गोष्टीवर ठरणार आहे. पाणी.

पूर्वी ५०-६० फुटांवर पाणी लागायचे. आता ५००-७०० फूट बोअर करूनही खात्री नाही. पूर्वी बाराही महिने वाहणारे ओढे आता दोन पावसात कोरडे पडतात. कारण पाऊस कमी पडतो म्हणून नाही. आपण पाणी अडवले नाही, जिरवले नाही, फक्त उपसत राहिलो.

आज शेतीमध्ये सर्वात मोठी गरज आहे ती "कमी पाण्यात जास्त उत्पादन" आणि "पावसाचा प्रत्येक थेंब जमिनीत परत घालणे".

जगात काही देशांनी हे खूप आधी समजून घेतले. विशेषतः Israel. वाळवंटात असलेला हा देश शेतीमध्ये जगाला मार्गदर्शन करतो. कारण त्यांनी पाण्याचा आदर केला. त्यांच्या शेतीमध्ये अंदाजाने पाणी देत नाहीत. प्रत्येक थेंबाचा डेटा ठेवला जातो.

ड्रिप इरिगेशन म्हणजे फक्त पाइप नाही. ते पाण्याचे तत्त्वज्ञान आहे. पाणी मुळाशी, आवश्यक तेवढेच. आपल्याकडे पूर्वी बांध फोडून पाणी सोडले जायचे. अर्धे पाणी वाहून जायचे, अर्धे उन्हात उडून जायचे. तण वाढायचे, जमीन खारट व्हायची. ड्रिपने हे सगळे कमी झाले. अनेक पिकांमध्ये ४० ते ७० टक्के पाणी बचत दिसली आहे. पण आपण अजूनही ड्रिप "अनुदान" म्हणून बघतो. व्यवस्थापन म्हणून नाही.

इस्राएलमध्ये सेन्सर वापरून irrigation केले जाते. मातीमध्ये moisture sensor असतो. मातीमध्ये ओलावा असेल तर पाणी दिले जात नाही. आपल्याकडे अजूनही "दोन दिवस झाले, पाणी सोडा" अशा पद्धतीने सिंचन होते. भविष्यात अंदाजावर चालणारी शेती टिकणार नाही.

Netherlands या देशाने greenhouse, hydroponics, rainwater harvesting आणि climate controlled शेतीमध्ये मोठी प्रगती केली. त्यांच्या अनेक greenhouse वर पडणारा पाऊस साठवला जातो. आपण मात्र शेडवरून लाखो लिटर पाणी वाहून देतो.

Australia मध्ये दुष्काळ मोठा प्रश्न आहे. तिथे शेतकरी पाणी "तासाने" नाही तर "लिटरने" मोजतो. Laser land leveling करून पाण्याचा अपव्यय कमी केला जातो. मातीचा प्रत्येक उतार नियंत्रित केला जातो. कारण uneven जमीन म्हणजे पाण्याचा अपव्यय.

भारतातील सर्वात मोठी समस्या म्हणजे आपण पाणी मोफत समजले. विहीर आटली तर बोअर. बोअर आटला तर अजून खोल बोअर. पण recharge कुणी केले नाही. पाणी उपसणारे लाखो आहेत, पाणी जमिनीत घालणारे खूप कमी आहेत.

आज अनेक भागात ऊसासारखी पिके flood irrigation ने घेतली जातात. ऊस हा वाईट पीक नाही. पण चुकीच्या भागात, चुकीच्या पद्धतीने घेतलेला ऊस भूजल संपवतो. भविष्यात पाण्याचा विचार करूनच पिके ठरवावी लागतील. बाजरी, ज्वारी, तूर, हरभरा, तीळ, करडई यांसारखी पिके कमी पाण्यात टिकतात. पण आपण अजूनही जास्त पाणी वापरणाऱ्या पिकांच्या मागे धावत आहोत.

पाण्याची खरी बचत जमिनीपासून सुरू होते. मातीमध्ये organic carbon वाढला तर जमीन स्पंजसारखी पाणी धरते. सेंद्रिय पदार्थ नसलेली जमीन म्हणजे तवा. पाणी टाका आणि वाहून जाईल. त्यामुळे शेणखत, compost, mulch, crop residue यांना खूप महत्त्व आहे.

मल्चिंग हा सर्वात कमी खर्चातला आणि प्रभावी उपाय आहे. ऊस पाचट, गवत, पाला, काडीकचरा जमिनीवर टाकला तर evaporation कमी होते. जमीन थंड राहते. सूक्ष्मजीव वाढतात. अनेक वेळा ३०-५० टक्के पाणी बचत होते. पण

आपण काडीकचरा जाळतो. म्हणजे मातीचे अन्न आणि पाण्याचे संरक्षण दोन्ही जाळतो.

झाडे ही नैसर्गिक पाणी व्यवस्थापन यंत्रणा आहेत. Agroforestry फक्त लाकूड उत्पादन नाही. झाडे तापमान कमी करतात, वारा थांबवतात, पाणी जमिनीत मुरवतात, मातीमध्ये carbon वाढवतात. आज अनेक शेतांमध्ये एकही झाड नाही आणि मग उन्हाळ्यात जमीन भट्टीसारखी तापते.

Rainwater harvesting हा आता फॅशनचा विषय राहिलेला नाही. तो जगण्याचा विषय आहे. प्रत्येक घर, शेड, गोठा, greenhouse, warehouse यावर पडणारे पाणी साठवले पाहिजे किंवा जमिनीत मुरवले पाहिजे. १००० स्क्वेअर फूट छतावर पडणारा पाऊस वर्षाला लाखो लिटर असू शकतो. पण आपण तो थेट गटारात सोडतो.

पाणी अडवणे म्हणजे फक्त मोठे धरण नाही. खरी ताकद लहान लहान संरचनांमध्ये आहे. कंटूर बंडिंग, compartment bunding, recharge pit, recharge shaft, farm pond, continuous contour trench, loose boulder structure, check dam, percolation tank हे सगळे उपाय मिळून भूजल वाढते.

डोंगर उतारावर trenches केल्या तर पाण्याचा वेग कमी होतो. पाणी थांबते, झिरपते, झाडांना फायदा होतो. नाल्यात loose boulder structure केल्याने गाळ थांबतो आणि recharge वाढतो. Farm pond फक्त खोदून उपयोग नाही. त्याची जागा, उतार, recharge planning महत्त्वाची आहे.

आज अनेक जण farm pond मध्ये plastic lining करतात. काही ठिकाणी ते आवश्यक असते. पण प्रत्येक ठिकाणी lining केली तर groundwater recharge कमी होतो. काही भागात साठवणूक महत्त्वाची असते, काही भागात recharge. हे भूगोल पाहून ठरवावे लागते.

शहरातील सांडपाणी भविष्यात शेतीसाठी मोठा स्रोत होऊ शकतो. इस्राएल treated wastewater मोठ्या प्रमाणावर शेतीमध्ये वापरतो. आपल्याकडे

untreated पाणी नद्या मारते. पण योग्य treatment करून हेच पाणी फळबाग, चारापिके, biofuel crops साठी वापरता येऊ शकते.

गोठ्याचे पाणी सुद्धा वाया जाऊ नये. शेण, मूत्र, धुण्याचे पाणी याचे व्यवस्थापन करून biogas, slurry, fertigation water तयार होऊ शकते. भविष्यात "waste" ही संकल्पनाच संपणार आहे. प्रत्येक गोष्ट recycle करावी लागेल.

Hydroponics आणि aquaponics मध्ये खूप कमी पाणी वापरले जाते. काही वेळा पारंपरिक शेतीपेक्षा ८०-९० टक्के कमी पाणी लागते. पण हे सर्वांसाठी उपाय नाहीत. त्यात वीज, नियंत्रण, तंत्रज्ञान, सातत्य लागते. त्यामुळे अंधानुकरण धोकादायक आहे.

भारतामध्येही काही चांगली उदाहरणे आहेत. Hiware Bazar, Ralegan Siddhi आणि Paani Foundation यांनी पाणी अडवा, पाणी जिरवा या संकल्पनेवर मोठे काम केले. Rajendra Singh यांनी राजस्थानमध्ये नद्या पुनर्जीवित केल्या. त्यांनी नवीन नदी तयार केली नाही. फक्त पावसाचे पाणी थांबवले.

आज मोठी समस्या म्हणजे आपण फक्त वरचे पाणी बघतो. पण खरी बँक जमिनीखाली आहे. Groundwater recharge हा पुढच्या काळातील सर्वात मोठा विषय आहे. आणि recharge फक्त शासन करणार नाही. प्रत्येक शेतकऱ्याला स्वतःच्या शेतात पाणी धरावे लागेल.

भविष्यातील स्मार्ट शेती म्हणजे फक्त ड्रोन किंवा AI नाही. भविष्यातील स्मार्ट शेती म्हणजे: कमी पाण्यात जास्त उत्पादन, जमिनीत जास्त organic carbon, जास्त झाडे, drip irrigation, mulching, rainwater harvesting, wastewater recycling, आणि पाण्याचा अचूक डेटा.

कारण पुढच्या काळात प्रश्न "एकर किती?" हा राहणार नाही.

प्रश्न असेल: "तुम्ही तुमच्या शेतात पडलेला पावसाचा प्रत्येक थेंब किती वेळ धरून ठेवू शकता?"

गोठा बांधताना

गोठा बांधताना मी केलेल्या चुका तुम्ही परत करू नका

गोठा म्हणजे फक्त जनावरं बांधायची जागा नाही. तो पूर्ण व्यवस्थापनाचा पाया असतो. जनावरांचे आरोग्य, दूध उत्पादन, प्रजनन, खाद्याचा खर्च, मजुरी, साफसफाई, पाण्याचे नियोजन आणि शेतकऱ्याची मानसिक शांतता या सगळ्या गोष्टी गोठ्यावर अवलंबून असतात. चुकीचा गोठा रोज त्रास देतो. योग्य गोठा रोज मदत करतो.

सर्वात पहिली गोष्ट म्हणजे गोठ्याची जागा. शक्यतो जागा नैसर्गिकरित्या उंच असावी. नसल्यास किमान दीड ते दोन फूट मुरूम, कॅटरट किंवा योग्य भराव टाकून जागा उंच करावी. गोठ्यात पाणी साचता कामा नये. चिखल, ओलावा आणि दुर्गंधी हे बहुतांश आजारांचे मूळ असतात.

गोठ्याची दिशा शक्यतो पूर्व-पश्चिम ठेवा. त्यामुळे उन्हाळ्यात थेट ऊन कमी बसते आणि गोठा तुलनेने थंड राहतो. हवा खेळती राहण्यासाठी दोन्ही बाजू शक्यतो खुल्या ठेवा. सेंटरचा भाग साधारण पंधरा फूट रुंद आणि चौदा ते पंधरा फूट उंच ठेवा. दोन्ही बाजूला पुन्हा पंधरा-पंधरा फूट जागा ठेवा. म्हणजे तीन पाखांचा गोठा तयार होतो. दोन्ही बाजूची उंची आठ-आठ फूट ठेवली तरी चालते. अशा रचनेमुळे गरम हवा वर जाते आणि नैसर्गिक वायुवीजन चांगले राहते.

पत्रे बसवताना प्रत्येक कोपऱ्यात पनाळी लावा. छतावरील सर्व पाणी एकत्र करून अंडरग्राऊंड टँकमध्ये सोडा. तेच पाणी नंतर ओव्हरहेड टँकमध्ये भरून वापरता येते. पाण्याचे योग्य नियोजन केल्यास मोठा खर्च वाचतो.

गोठ्यात शक्यतो सिमेंटचा वापर कमी करा. पूर्ण सिमेंटचा गोठा दिसायला स्वच्छ वाटतो पण जनावरांच्या पायांवर ताण येतो, घसरण होते आणि नैसर्गिक वातावरण राहत नाही. जर गोमूत्र संकलन करायचे असेल तर दोन्ही बाजूच्या पंधरा फूट भागाला हलका उतार देऊन सिमेंट करा आणि कोपऱ्यात

नाली ठेवा. पण माझा अनुभव असा आहे की मातीच्या गोठ्यात शेण आणि गोमूत्र जमिनीत मुरते, दुर्गंधी कमी राहते आणि जनावरं अधिक आरामात राहतात.

गोठ्यातले बाहेरचे शेड पूर्णपणे रोज साफ करण्याची गरज नसते. काही शेण तिथेच राहू द्या. हळूहळू त्याची मऊ थर तयार होते. नंतर वाळलेल्या शेणावर जनावरं आरामात बसतात. सतत कठीण जमिनीवर उभे राहण्यापेक्षा हे त्यांना अधिक नैसर्गिक वाटते.

प्रत्येक गायीला किमान अडीचशे स्क्वेअर फूट मोकळी जागा मिळाली पाहिजे. कायम बांधून ठेवलेली गाय आणि मोकळेपणाने फिरणारी गाय यात खूप फरक असतो. चालणे, बसणे, उठणे, सामाजिक वर्तन करणे या सगळ्यासाठी जागा आवश्यक असते.

जनावरांचे गट वेगळे ठेवा. दुधाच्या गाई वेगळ्या, ड्राय गाई आणि वळू एकत्र, लहान वासरे वेगळी, वयात आलेल्या कालवडी वेगळ्या आणि गोऱ्हे पूर्ण वेगळे. प्रत्येक गटाच्या गरजा वेगळ्या असतात. कालवडींना वेगळा खुराक देता येतो. गाभण गाईंना कमी ताण मिळतो. गोऱ्ह्यांची मारामारी नियंत्रित करता येते.

लहान वासरांसाठी सुरक्षित आणि कोरडी जागा ठेवा. शक्य असेल तर आईजवळ संपर्क राहू द्या. आई गाईला वासराला चाटता आलं पाहिजे. पण सतत दूध पिण्याची मुभा नसावी.

दूध काढायची जागा मुख्य गोठ्याजवळ पण स्वतंत्र ठेवा. ती शांत, स्वच्छ आणि घसरणार नाही अशी असावी. गाईंना आणि वासरांना सहज नेता येईल असा स्वतंत्र मार्ग ठेवा. काही गाई वासरू दिसल्याशिवाय दूध पूर्ण सोडत नाहीत, त्यामुळे वासरांना जवळ उभे करण्याची व्यवस्था असावी.

दूध साठवायची जागा गोठ्यापासून थोडी वेगळी ठेवा. धूळ, माश्या, शेणाचा वास किंवा ओलावा तिकडे पोहोचता कामा नये. दूध काढल्याबरोबर थंड जागेत ठेवण्याची व्यवस्था असावी.

चारा ठेवायची जागा गोठ्यापासून खूप दूर ठेवू नका. रोजचा सर्वात मोठा वेळ चारा आणण्यात जातो. ट्रॅक्टर किंवा टीएमआर सहज फिरू शकेल अशा अंतरावर साठवणूक ठेवा. हिरवा चारा, सुका चारा आणि सायलेज वेगळे ठेवा. पावसाचे पाणी आत जाणार नाही याची काळजी घ्या.

गव्हाण शक्यतो सिमेंटची बनवू नका. चारा अडकतो, कुजतो आणि बुरशी तयार होते. तीच पुढे जनावरांच्या पोटात जाते. गव्हाण अशी असावी की पूर्ण साफ करता आली पाहिजे. फार उंच गव्हाण करू नका. गाय नैसर्गिकरित्या खाली मान घालून चरते.

जनावरांना दिवसातून दोन वेळा पाणी देणे पुरेसे नाही. त्यांना कायमस्वरूपी स्वच्छ पाणी उपलब्ध असले पाहिजे. दूध देणाऱ्या गाई दिवसातून अनेक वेळा पाणी पितात. पाणी कमी म्हणजे भूक कमी, दूध कमी आणि ताण जास्त.

गोठ्यात जागोजागी मिठाचे खडे ठेवा. जनावरांना खनिजांची गरज सतत असते. अंग घासण्यासाठी मोठे ब्रश ठेवा किंवा मोठी झाडं असू द्या. जनावरं शरीर घासतात, खाजवतात आणि त्यातून त्यांचा ताण कमी होतो.

गोठ्यात नवीन किंवा आजारी जनावरांसाठी स्वतंत्र क्वारंटाईन जागा ठेवा. तसेच प्रसूतीसाठी स्वतंत्र शांत जागा असावी. गाभण गाईला शेवटच्या काळात शांतता आणि सुरक्षितता फार महत्त्वाची असते.

गोठा बनवताना फक्त आजचा खर्च पाहू नका. पुढची वीस वर्षं विचारात घ्या. रोज कमी श्रम, कमी औषध, कमी ताण आणि जास्त निरोगी जनावरं मिळत असतील तर तोच खरा चांगला गोठा.

रेशीम शेती-देखावा आणि वास्तव

थोड्या दिवसांपूर्वी मी पैठण तालुक्यातील देवगाव येथील शहादेव ढाकणे यांची स्टोरी आणि व्हिडिओ कव्हर केला होता. रेशीम शेतीवर त्यांनी तब्बल 55 लाखांचे घर बांधले आहे. अनेकांनी तो व्हिडिओ पाहिला. काहींना प्रेरणा मिळाली, काहींना आश्चर्य वाटले, तर काहींना रेशीम शेती म्हणजे पटकन श्रीमंत होण्याचा मार्ग वाटू लागला. पण प्रत्यक्ष वास्तव वेगळे आहे.

रेशीम शेती ही फक्त पांढऱ्या कोषांचे फोटो, यूट्यूब व्हिडिओ किंवा सोशल मीडियावरील आकडे नाहीत. ती अत्यंत शिस्तबद्ध, संवेदनशील आणि सतत लक्ष मागणारी शेती आहे. आणि म्हणूनच काही लोक यात खूप यशस्वी होतात, तर अनेक जण काही महिन्यांतच बाहेर पडतात.

शहादेव ढाकणे यांच्या शेडमध्ये गेल्यावर एक गोष्ट लगेच जाणवते. स्वच्छता. त्यानंतर लक्षात येते नियोजन. आणि मग दिसते शिस्त. प्रत्येक वस्तूची जागा ठरलेली. प्रत्येक कामाची वेळ ठरलेली. कोणताही गोंधळ नाही, ढिलाई नाही, निष्काळजीपणा नाही. रेशीम शेतीमध्ये यशस्वी होण्यासाठी लागणाऱ्या या मूलभूत गोष्टी आहेत.

लोकांना शेवटी दिसते ते 55 लाखांचे घर. पण त्या घरामागे रोजची झोप कमी करून केलेले काम दिसत नाही. सतत केलेले निरीक्षण दिसत नाही. प्रत्येक बॅचसोबत घेतलेली काळजी दिसत नाही. वर्षानुवर्षे तयार झालेली कामाची सवय दिसत नाही.

रेशीम अळी ही अत्यंत संवेदनशील असते. तापमान, आर्द्रता, हवा, स्वच्छता, खाद्य, वेळ या प्रत्येक गोष्टीचा तिच्यावर परिणाम होतो. एक दिवस साफसफाई ढासळली, खाद्य वेळेवर मिळाले नाही, तापमान बिघडले किंवा रोग नियंत्रणात चूक झाली तर पूर्ण बॅच हातातून जाऊ शकते. “उद्या करू” हा शब्द इथे चालत नाही.

आज सोशल मीडियावर रेशीम शेतीचे फक्त उत्पन्न दाखवले जाते. "एका बॅचमध्ये लाखोंचा नफा", "महिन्याला मोठे उत्पन्न", "रेशीम म्हणजे सोन्याची खाण" असे व्हिडिओ लोक पाहतात. पण त्या मागचा रोजचा ताण, रात्रभर जागरण, सतत साफसफाई, रोगांचा धोका, हवामानाचा परिणाम आणि मानसिक दबाव याबद्दल फार कमी लोक बोलतात.

रेशीम शेतीमध्ये लोक फेल होण्याचे मुख्य कारण म्हणजे त्यांना या गोष्टी कंट्रोल करता येत नाहीत. सुरुवातीला उत्साह असतो. नवीन शेड उभी राहते. ट्रे येतात. अळ्या येतात. फोटो आणि व्हिडिओ होतात. पण काही दिवसांनी वास्तव सुरू होते. रोज वेळेवर उठावे लागते. सतत निरीक्षण करावे लागते. स्वच्छता कायम ठेवावी लागते. प्रत्येक छोट्या बदलावर लक्ष ठेवावे लागते.

हा धंदा "चालू दे" पद्धतीने होत नाही.

रेशीम शेती ही साइड बिझनेस नाही. ती स्वतः उभे राहून करायची शेती आहे. स्वतःच्या उपस्थितीशिवाय हा धंदा टिकत नाही. अनेक जण मजुरांच्या भरोशावर रेशीम शेती सुरू करतात आणि तिथेच चुकतात. मजूर काम करू शकतो, पण मालकासारखे निरीक्षण करू शकत नाही.

अळीच्या हालचालीतला बदल, खाद्य खाण्याचा वेग, रोगाची सुरुवात, तापमानातील फरक, आर्द्रतेचा परिणाम हे अनुभवाने लक्षात येते. हे फक्त पैसे टाकून होत नाही. हा धंदा स्वतः त्या वातावरणात राहून समजून घ्यावा लागतो.

खरं सांगायचं तर रेशीम शेती ही शेतीपेक्षा जास्त व्यवस्थापन आहे. आणि व्यवस्थापन म्हणजे मोठे इंग्रजी शब्द नाहीत. वेळ पाळणे, स्वच्छता ठेवणे, नोंदी ठेवणे, चुका स्वीकारणे, सातत्य ठेवणे आणि रोज त्याच दर्जाचे काम करणे. हे जमले तर रेशीम शेती चांगले उत्पन्न देते. नाहीतर ती खूप पटकन माणसाला बाहेर फेकते.

आज अनेक जण यूट्यूबवर व्हिडिओ पाहून लगेच रेशीम शेतीत उतरतात. पण कोणत्याही धंद्यात यश मिळवण्यासाठी जी मूलभूत तत्त्वे लागतात तीच इथे

लागतात. शिस्त, सातत्य, संयम, प्रत्यक्ष उपस्थिती आणि चिकाटी. रेशीम काही जादू नाही आणि अपवादही नाही.

शहादेव ढाकणे यांच्यासारखे लोक यशस्वी होतात कारण त्यांनी फक्त रेशीम अळी वाढवली नाही, तर स्वतःमध्ये काही सवयी विकसित केल्या. त्यांनी हा धंदा लॉटरी म्हणून पाहिला नाही. त्यांनी तो एक शिस्तबद्ध व्यवसाय म्हणून उभा केला. आणि हाच भाग लोकांना दिसत नाही.

लोकांना कोष दिसतात. घर दिसते. उत्पन्न दिसते. पण त्यामागची वर्षानुवर्षांची शिस्त दिसत नाही.

शेतीमध्ये असो किंवा कोणत्याही व्यवसायात, पैसा आधी शिस्तीकडे जातो आणि मग खिशात येतो. हे ज्याला समजते तो टिकतो. बाकी लोक काही दिवस ट्रेंड म्हणून धंदा करतात आणि नंतर म्हणतात, “यात काही फायदा नाही.”

प्रत्यक्षात धंदा वाईट नसतो. अनेक वेळा आपली तयारी अपुरी असते.

कार्बन क्रेडिट

आजकाल एक नवीन शब्द खूप फिरतो आहे. कार्बन क्रेडिट.

ऐकायला भारी. बोलायला भारी. प्रेझेंटेशनमध्ये तर अजून भारी. पण शेतकऱ्यांनी थोडं थांबून विचार करायची गरज आहे की हा प्रकार नेमका आहे तरी काय?

साध्या भाषेत सांगायचं तर मोठमोठ्या कंपन्या वर्षानुवर्षे प्रदूषण करतात. कारखाने चालवतात, कोळसा जाळतात, नद्या खराब करतात, डोंगर फोडतात, हजारो टन धूर हवेत सोडतात. आणि मग अचानक एक दिवस त्यांना पर्यावरणाची आठवण येते. मग त्या म्हणतात, "आम्ही कार्बन न्यूट्रल आहोत. आम्ही झाडे लावली. आम्ही कार्बन ऑफसेट केला."

म्हणजे एका बाजूला घाण करायची आणि दुसऱ्या बाजूला झाडाचा फोटो काढून स्वतःला हिरो दाखवायचं.

ही गोष्ट थोडी अशी आहे की रोज गावात कचरा टाकायचा आणि वर्षातून एकदा झाडू घेऊन फोटो काढायचा.

खरं पर्यावरण वाचवणं वेगळं असतं.

ते शांतपणे होतं.

माती जिवंत ठेवणं, पाणी अडवणं, झाडं टिकवणं, रसायन कमी करणं, जैवविविधता वाढवणं, स्थानिक बियाणं जपणं. यात कॅमेरा कमी आणि घाम जास्त असतो.

पण कार्बन क्रेडिटच्या बाजारात अनेकदा उलट असतं.

इथे रिपोर्ट जास्त, वास्तव कमी.

इथे कागदावर जंगलं तयार होतात.

इथे ड्रोन उडतात, सॅटेलाइट फिरतात, इंग्रजी करार होतात, पण शेवटी शेतकऱ्याच्या हातात काय येतं हा प्रश्न कुणी विचारत नाही.

आता थोडं गणित बघू.

समजा एका एकरात तुम्ही चांगली झाड लागवड केली. काही लोक सांगतात की त्यातून वर्षाला तीन ते पाच टन कार्बन साठू शकतो. मग तो कार्बन बाजारात विकला जातो. एका टनाला साधारण काहीशे ते हजार-बाराशे रुपये दर मिळतो असे धरले तर एका एकरातून वर्षाला साधारण दीड हजार ते सहा हजार रुपयांपर्यंत रक्कम मिळू शकते.

आता हे ऐकून काही लोकांना वाटेल की बस, आता झाडे लावा आणि कार्बन विकून पैसे कमवा.

पण थांबा.

त्या पैशातूनः मोजमाप, व्हेरिफिकेशन, कन्सल्टंट, एजन्सी, कंपनी, सर्टिफिकेट, मॉनिटरिंग, डेटा, सगळ्यांचे हिस्से जातात.

शेवटी ज्याच्या जमिनीवर झाड उभं आहे त्याच्याकडे किती उरतं?

आणखी मोठा प्रश्न म्हणजे या करारांमध्ये काय लिहिलेलं असतं?

उद्या तुम्हाला झाड तोडायचं असेल तर? पीक पद्धती बदलायची असेल तर? जमीन विकायची असेल तर? आग लागली तर? दुष्काळ पडला तर? कार्बन कमी झाला तर?

शेतकरी इंग्रजी करारावर सही करतो आणि पुढे त्यालाच आपल्या जमिनीवर बंधनं येतात.

हे सगळं ऐकायला आधुनिक वाटतं. पण यामध्ये एक धोकादायक गोष्ट लपलेली आहे.

जमिनीवरचा नियंत्रणाचा खेळ.

आज डेटा घेतला जातो आहे.

उद्या सॅटेलाइटने मोजमाप होईल.

परवा तुमच्या जमिनीवर किती कार्बन आहे याचे डिजिटल मालकी हक्क तयार होतील.

आणि मग शेतकरी स्वतःच्या जमिनीत मालक कमी आणि व्यवस्थापक जास्त उरेल.

म्हणून मी एक गोष्ट स्पष्ट सांगतो.

शेतकऱ्यांनी झाडे कार्बन क्रेडिटसाठी लावू नयेत.

झाडे आपल्या मातीसाठी लावावीत.

माती जिवंत राहावी म्हणून लावा.

पाणी धरून ठेवण्यासाठी लावा.

जनावरांच्या चाऱ्यासाठी लावा.

जळणासाठी लावा.

फळांसाठी लावा.

पक्ष्यांसाठी लावा.

उन्ह कमी करण्यासाठी लावा.

पुढच्या पिढीसाठी लावा.

कार्बन क्रेडिट मिळाले तर बोनस समजा.

पण झाडाचे मूल्य फक्त कार्बनमध्ये मोजू नका.

एका झाडाची किंमत बाजार सांगू शकत नाही.

ते झाड तुमच्या शेतात तापमान कमी करतं.

माती मोकळी करतं.

पाणी धरून ठेवतं.

गायीला चारा देतं.

मधमाशी आणतं.

वारा थांबवतं.

संकटात लाकूड देतं.

हे कोणत्या कार्बन मार्केटमध्ये मोजणार?

आज जगात मोठा दिखावा चालू आहे.

मोठ्या कंपन्या आधी पृथ्वी खराब करतात आणि नंतर “ग्रीन” नावाचा मेकअप लावतात.

त्यांच्या जाहिराती बघितल्या तर वाटेल उद्या पृथ्वी वाचणारच आहे. पण प्रत्यक्षात प्रदूषण कमी होतंय का?

हा खरा प्रश्न आहे.

खरं पर्यावरण काम हे शेतकरी वर्षानुवर्षे करत आला आहे.

कुणी कार्बन क्रेडिट सांगितलं नव्हतं तेव्हाही गावात वड, पिंपळ, चिंच, बांबू, शेवगा, हादगा, बाभूळ लावली जात होती.

कारण लोकांना माती कळत होती.

जीवन कळत होतं.

आज झाडाकडेही बाजाराच्या नजरेने बघितलं जातं.

“यातून किती क्रेडिट मिळेल?”

हा प्रश्न विचारण्यापेक्षा “यामुळे माझी जमीन किती मजबूत होईल?” हा प्रश्न जास्त महत्त्वाचा आहे.

कारण शेवटी कार्बन क्रेडिट संपेल.

पॉलिसी बदलेल.

मार्केट पडेल.

कंपन्या गायब होतील.

पण चांगली माती आणि मजबूत झाडं तुमच्या पिढ्या वाचवतील.

बायोचार

बायोचार. गेल्या काही वर्षांत हा शब्द फार फॅशनमध्ये आला. कुणी म्हणतं जमिनीचं सोनं आहे, कुणी म्हणतं कार्बन साठवणूक आहे, कुणी म्हणतं एकदा टाकलं की उत्पादन दुप्पट होतं. पण प्रत्यक्षात बायोचार म्हणजे काय, तो कसा काम करतो, कुठे उपयोगी आहे, कुठे फसवणूक आहे, आणि लहान शेतकऱ्याने याकडे कसं बघावं हे स्पष्ट समजून घेतलं पाहिजे.

सोप्या भाषेत सांगायचं तर बायोचार म्हणजे ऑक्सिजन कमी असताना जाळून तयार केलेला कोळसा. पण हा साधा जळणाचा कोळसा नाही. शेतीसाठी वापरायचा स्थिर कार्बन आहे. लाकूड, ऊसाचा कचरा, तांदळाची टरफलं, मक्याचे खुंट, नारळाच्या करवंट्या, बांबू, शेण, पाला-पाचोळा यापासून तो तयार होऊ शकतो.

आमच्या शेतामध्ये आम्ही अ‍ॅग्रोफॉरेस्ट्री मॉडेल राबवत आहोत. हादग्याची लागवड करून त्यावर भाजीपाला घेतो. त्याच हादग्याच्या फुलांची विक्री होते आणि शेवटी उरलेल्या जैविक वस्तूपासून बायोचार तयार होतो. म्हणजे एकाच झांडाचा वापर अनेक स्तरांमध्ये. आधार, भाजीपाला, फुलांमधून उत्पन्न आणि शेवटी जमिनीसाठी माध्यम. हेच खरं सर्क्युलर मॉडेल आहे.

पण इथे एक अत्यंत महत्त्वाचा गैरसमज समजून घ्यायला हवा.

लोक म्हणतात बायोचार टाकल्यावर जमिनीचा ऑरगॅनिक कार्बन वाढतो. हे पूर्णपणे तसंच नाही. कारण बायोचारमधला कार्बन हा मुख्यतः अ‍ॅरोमॅटिक कार्बन असतो. तो सामान्य सेंद्रिय कर्बासारखा वागत नाही. म्हणजेच तुम्ही बायोचार टाकला म्हणून जमिनीत जिवंत सेंद्रिय पदार्थ वाढले, असा निष्कर्ष काढणं चुकीचं आहे.

बायोचार हे खत नाही. अन्न नाही. तो एक संरचना आहे.

सोप्या भाषेत सांगायचं तर बायोचार म्हणजे किड्यांचं हॉस्टेल.

त्याच्या आत लाखो सूक्ष्म छिद्रं असतात. त्या छिद्रांमध्ये सूक्ष्मजीव राहतात, पाणी धरलं जातं, पोषकद्रव्ये टिकून राहतात. म्हणजेच बायोचार स्वतः फार काही करत नाही, पण इतर गोष्टींना टिकून राहायला जागा देतो.

म्हणून बायोचारकडे “जमिनीला जिवंत करणारा चमत्कार” म्हणून नाही तर “जमिनीतील जीवनासाठी निवासव्यवस्था” म्हणून बघितलं पाहिजे.

इथेच पहिला गैरसमज सुरू होतो.

लोकांना वाटतं राख म्हणजे बायोचार. चुकीचं. राखेत मुख्यतः खनिज उरतात. कार्बन उरत नाही. बायोचारमध्ये कार्बन टिकलेला असतो.

दुसरा गैरसमज म्हणजे कोळसा म्हणजे बायोचार. प्रत्येक कोळसा बायोचार नसतो. काही कोळसे जमिनीत घातले तर उलट नुकसान होऊ शकतं.

तिसरा गैरसमज म्हणजे बायोचार टाकला की लगेच चमत्कार होतो. नाही. बायोचार खत नाही. तो स्पंजसारखा माध्यम आहे.

जमिनीमध्ये बायोचार काय करतो?

त्याच्या आतल्या सूक्ष्म छिद्रांमुळे पाणी, सूक्ष्मजीव आणि पोषकद्रव्ये धरून ठेवण्यास मदत होते. म्हणजे जमिनीत खत दिलं तर ते लगेच वाहून न जाता थोडं जास्त काळ उपलब्ध राहतं. पाण्याची धारणक्षमता वाढू शकते. विशेषतः हलकी, वालुकामय, थकलेली जमीन असेल तर फायदा दिसतो.

पण काळी भारी जमीन असेल, आधीपासून भरपूर सेंद्रिय कर्ब असेल, नियमित शेणखत वापरत असाल तर बायोचारमुळे फार मोठा फरक जाणवेलच असं नाही.

हे वास्तव आहे.

आजकाल काही लोक बायोचार असा विकतात जणू तो शेतीतील अंतिम उपाय आहे. “एकदा टाका आणि 20 वर्षं विसरा”, “उत्पादन दुप्पट”, “पाणी अर्धं”, “रासायनिक खत बंद”. अशा जाहिराती पाहिल्या की सावध व्हा.

कारण बायोचार एक साधन आहे. संपूर्ण शेती व्यवस्था नाही.

तुमच्या जमिनीत सेंद्रिय पदार्थच नाहीत, जीवाणू नाहीत, पाणी व्यवस्थापन चुकीचं आहे, सतत रासायनिक ताण आहे आणि वर फक्त बायोचार टाकून चमत्कार अपेक्षित असेल तर ते होणार नाही.

आता महत्त्वाचा मुद्दा.

कच्चा बायोचार थेट जमिनीत टाकणे अनेकदा चुकीचं ठरतं.

कारण नवीन बायोचार सुरुवातीला जमिनीतील नत्र आणि पोषकद्रव्ये स्वतःमध्ये खेचून घेतो. त्यामुळे काही वेळा पिकं पिवळी पडतात. लोक म्हणतात बायोचार खराब आहे. प्रत्यक्षात त्याला "चार्ज" केलेलं नसतं.

बायोचार आधी जिवंत करावा लागतो.

कसा?

शेणखत, जीवामृत, गोमूत्र, गांडूळखत, कंपोस्ट चहा, स्लरी किंवा सेंद्रिय द्रवांमध्ये काही दिवस भिजवून ठेवायचा. म्हणजे त्याच्या छिद्रांमध्ये आधी सूक्ष्मजीव आणि पोषकद्रव्ये भरली जातात. मग तो जमिनीत उपयोगी पडतो.

हा भाग अनेक व्यापारी मुद्दाम सांगत नाहीत.

कारण त्यांना पोती विकायची असतात.

बायोचार तयार करण्याच्या पद्धती अनेक आहेत.

सर्वात साधी पद्धत म्हणजे खड्ड्यात किंवा ड्रममध्ये ऑक्सिजन कमी ठेवून जाळणे. पण इथेही विज्ञान समजून घ्यावं लागतं.

पूर्ण जाळलं तर राख होते.

अर्धवट जळलं तर धूर आणि प्रदूषण वाढतं.

योग्य तापमानात नियंत्रित जळण झालं तर चांगला बायोचार तयार होतो.

खरं तर भारतात शेतकरी आधीपासून याचं काही ना काही रूप वापरत होते. पूर्वी जळालेल्या चुलीची काळी माती, राख-कोळसा मिसळलेले शेणखत,

जळालेल्या अवशेषांचा वापर हे सगळं नवीन नाही. फक्त आता त्याला इंग्रजी नाव मिळालं.

आणखी एक वास्तव.

बायोचार बनवण्यासाठी जर तुम्ही मुद्दाम झाडं तोडून लाकूड जाळणार असाल तर त्याचा पर्यावरणीय अर्थच संपतो. शेतीतील कचरा, छाटणीतील फांद्या, ऊसाचे पाचट, बांबू अवशेष, करवंट्या, जैविक उरलेला माल वापरला तर अर्थ आहे.

आज कार्बन क्रेडिटच्या नावाखाली बायोचारचा मोठा बाजार तयार होत आहे. कंपन्या सांगतात की “तुम्ही कार्बन जमिनीत बंदिस्त करत आहात.” काही प्रमाणात ते खरं आहे. पण पुन्हा प्रश्न तोच.

शेतकऱ्याला प्रत्यक्ष फायदा किती?

जर बायोचार बनवण्यासाठी मशीन, इंधन, वाहतूक, प्रक्रिया यावर जास्त खर्च होत असेल आणि उत्पन्नात फारसा फरक पडत नसेल तर ते फक्त कॉन्फरन्समध्ये चांगलं दिसणारं मॉडेल उरतं.

शेतकरी भावनेवर नाही तर गणितावर जगतो.

तुम्ही एक रुपया खर्च करून सहा रुपये कमवत असाल तर मॉडेल टिकतं.

शंभर रुपये खर्च करून शंभर पाच रुपये मिळवणार असाल तर तो उद्योग नाही, थकवा आहे.

कुठे बायोचार उपयोगी पडू शकतो?

भाजीपाला बेडमध्ये

रोपवाटिकेत

कुंड्यांमध्ये

पाण्याची कमतरता असलेल्या भागात

हलकी जमीन सुधारण्यासाठी

गांडूळखत आणि कंपोस्टसोबत

फळबागांमध्ये सेंद्रिय व्यवस्थापनासाठी

कुठे फार अपेक्षा ठेवू नयेत?

फक्त बायोचार टाकून उत्पादन चमत्कारिक वाढेल

रासायनिक खत पूर्ण बंद होतील

कोरडवाहू भागात पाणीच लागणार नाही

प्रत्येक जमिनीत सारखाच परिणाम होईल

हे सगळं अतिशयोक्ती आहे.

माझ्या मते लहान शेतकऱ्याने बायोचारकडे "जमिनीची दीर्घकालीन संरचना सुधारण्यासाठी वापरायचं माध्यम" म्हणून बघावं. मुख्य उपाय म्हणून नाही.

जर स्वतःच्या शेतातील कचऱ्यापासून कमी खर्चात तयार होत असेल, कंपोस्टसोबत वापरत असाल, आणि हळूहळू जमिनीतील जैविक क्रिया सुधारत असतील तर उत्तम.

पण बाहेरून महाग पोती विकत घेऊन, मोठमोठ्या दाव्यांवर विश्वास ठेवून, कर्ज काढून बायोचार टाकणं म्हणजे पुन्हा एकदा शेतीला फॅशनच्या हवाली करणं आहे.

शेतीमध्ये कोणतीही गोष्ट जादू नसते.

माती जिवंत असेल, सेंद्रिय पदार्थ असतील, सूक्ष्मजीव जिवंत असतील, पाणी योग्य असेल, खर्च नियंत्रणात असेल तर बायोचार उपयोगी पडतो.

बाकी फक्त काळा रंग पाहून जमीन सुपीक होत नाही.

पाण्याचे नियोजन

शेतीसाठी पाण्याचे नियोजन म्हणजे फक्त ठिबक किंवा स्प्रिंकलर बसवणे नाही. भविष्यात शेतात पाणी टिकून राहावे, जमिनीतील ओलावा वाढावा, भूजल पुन्हा भरले जावे आणि कमी पाण्यात जास्त उत्पादन मिळावे यासाठी संपूर्ण शेताची रचना बदलावी लागते. पुढच्या काळात पाण्यावरूनच शेती टिकणार की संपणार हे ठरणार आहे. त्यामुळे “किती पाणी आहे” यापेक्षा “आपण पाणी किती टिकवतो” हे जास्त महत्त्वाचे ठरणार आहे.

आज बऱ्याच शेतकऱ्यांकडे बोअर आहेत, विहिरी आहेत, नदी जवळ आहे. पण पाणी असूनही शेती कोरडी पडते. कारण आपण जमिनीत पाणी मुरवत नाही, वातावरणात आर्द्रता टिकवत नाही आणि पाण्याचा वापर झाडाच्या गरजेपेक्षा जास्त करतो.

शेतीतील पाण्याचे तीन मुख्य स्रोत असतात.

१) जमिनीतील पाणी

२) वातावरणातील आर्द्रता

३) सेंद्रिय पदार्थांमधील ओलावा

बहुतेक शेतकरी फक्त पहिल्या गोष्टीवर काम करतात.

खरंतर झाड फक्त मुळांमधूनच पाणी घेत नाही. झाडाच्या पानांवर सूक्ष्म रंध्रे असतात ज्यांना स्टोमाटा म्हणतात. वातावरणात आर्द्रता जास्त असेल तर झाडाची ट्रान्सपिरेशन कमी होते म्हणजे झाड कमी पाणी गमावते. काही प्रमाणात पानांमधून ओलावा शोषला देखील जातो. म्हणूनच दमट हवेमध्ये झाडे ताजी दिसतात आणि कोरड्या वाऱ्यात पटकन मरगळतात.

याच संकल्पनेवर मनोहर खके यांची “एअर इरिगेशन” कल्पना आधारित आहे. ही काही जादू नाही आणि पूर्णपणे नवीनही नाही. स्प्रिंकलर आणि मायक्रो स्प्रिंकलर अनेक वर्षांपासून आहेत. पण त्यांचा उपयोग फक्त जमिनीला पाणी

देण्यासाठी न करता वातावरणातील आर्द्रता वाढवण्यासाठी करणे, हा मुख्य मुद्दा आहे.

फळबागेत मायक्रो स्प्रिंकलर वापरल्यास झाडाभोवती सूक्ष्म पाण्याचे कण हवेमध्ये पसरतात. त्यामुळे स्थानिक आर्द्रता वाढते. तापमान कमी होते. पानांचे तापमान खाली येते. झाडाचा ताण कमी होतो. ट्रान्सपिरेशन कमी झाल्यामुळे पाण्याची गरज कमी पडते.

उन्हाळ्यात दुपारी आंबा, डाळिंब, मोसंबी, द्राक्ष, नारळ, चिकू या पिकांमध्ये झाडे मोठ्या प्रमाणावर पाणी गमावतात. जर त्या वेळी सूक्ष्म धुरासारखा फवारा दिला तर आसपासचे तापमान काही अंशांनी कमी होऊ शकते. त्यामुळे झाड वाचते, फुलगळ कमी होते आणि फळांची गुणवत्ता सुधारू शकते.

यामागे विज्ञान स्पष्ट आहे.

पाण्याचे सूक्ष्म कण हवेत उडाल्यावर त्यांचे बाष्पीभवन होते. बाष्पीभवनासाठी उष्णता लागते. ती उष्णता वातावरणातून घेतली जाते. त्यामुळे परिसर थंड होतो. यालाच evaporative cooling म्हणतात. ग्रीनहाऊसमध्ये फॉगर्स आणि मिस्टर्स याच कारणासाठी वापरले जातात.

पण इथे एक गोष्ट स्पष्ट समजून घेतली पाहिजे.

“झाड हवेतून पूर्ण पाणी घेते” असे म्हणणे वैज्ञानिकदृष्ट्या चुकीचे आहे. झाडाचे मुख्य पाणी शोषण मुळांमधूनच होते. वातावरणातील आर्द्रता झाडाचा ताण कमी करू शकते, पाण्याची बचत करू शकते, पण ती सिंचनाची पूर्ण जागा घेऊ शकत नाही. सोशल मीडियावर काही लोक अतिशयोक्ती करतात की फक्त धुके दिले की झाड जगते. हे अर्धसत्य आहे.

पाण्याचे नियोजन करताना खालील गोष्टी जास्त महत्त्वाच्या आहेत.

सर्वात पहिले म्हणजे जमिनीमध्ये सेंद्रिय कर्ब वाढवणे.

जमिनीत ऑर्गेनिक कार्बन वाढला की पाणी धरून ठेवण्याची क्षमता प्रचंड वाढते. एक टक्का सेंद्रिय कर्ब वाढला तरी लाखो लिटर पाणी अतिरिक्त धरले

जाऊ शकते. शेणखत, कंपोस्ट, पिकांचे अवशेष, मल्चिंग, हिरवळीचे खत, जैविक पदार्थ हे फक्त खत नाहीत तर “पाण्याची बॅटरी” आहेत.

दुसरी गोष्ट म्हणजे मल्चिंग.

उघडी जमीन म्हणजे पाण्याचा शत्रू. उन्हामुळे जमिनीतील ओलावा थेट उडून जातो. जर गवत, पेंढा, पानांचा थर, ऊसाचे पाचट, झाडांची छाटणी यांचा थर जमिनीवर ठेवला तर बाष्पीभवन मोठ्या प्रमाणात कमी होते. अनेक वेळा ३० ते ५० टक्के पाणी वाचू शकते.

तिसरी गोष्ट म्हणजे पावसाचे पाणी जमिनीत मुरवणे.

शेततळे, कंटूर बंडिंग, compartment bunding, recharge pit, recharge trench, farm pond overflow recharge, बोअर रिचार्ज हे भविष्यात अत्यावश्यक होणार आहे. पाणी अडवले नाही तर पुढे कितीही खोल बोअर घेतले तरी उपयोग नाही.

चौथी गोष्ट म्हणजे झाडांची रचना.

एकाच उघड्या पिकाऐवजी ॲग्रोफॉरेस्ट्री मॉडेलमध्ये सूक्ष्म हवामान तयार होते. मोठी झाडे वारा कमी करतात. जमिनीतील आर्द्रता टिकवतात. सावलीमुळे तापमान कमी राहते. त्यामुळे पाण्याची गरज कमी होते. जंगलात रोज कोणी पाणी घालत नाही तरी तिथे ओलावा टिकतो कारण तिथे संपूर्ण ecological cycle काम करत असते.

पाचवी गोष्ट म्हणजे सिंचनाची वेळ.

दुपारच्या उन्हात दिलेले पाणी मोठ्या प्रमाणावर वाया जाते. सकाळी लवकर किंवा संध्याकाळी सिंचन केल्यास पाण्याचा उपयोग जास्त होतो.

सहावी गोष्ट म्हणजे पिकांची निवड.

आपल्या भागात किती पाऊस पडतो, किती भूजल उपलब्ध आहे आणि किती तापमान असते यानुसार पीक निवडले पाहिजे. जिथे पाणी नाही तिथे ऊस आणि केळी लावून नंतर सरकारला दोष देण्यात अर्थ नाही.

भविष्यातील शेतीमध्ये फक्त "जास्त पाणी" हा उपाय चालणार नाही. "कमी पाण्यात जास्त जैविक कार्यक्षमता" हा विचार करावा लागेल.

मनोहर खके यांची एअर इरिगेशन संकल्पना याच दिशेने विचार करायला भाग पाडते. वातावरणातील आर्द्रता, सूक्ष्म हवामान, पानांचे तापमान, ट्रान्सपिरेशन, मायक्रोक्लायमेट या गोष्टींकडे भारतीय शेतीत फार कमी लक्ष दिले गेले आहे.

पण याचबरोबर जमिनीतील सेंद्रिय पदार्थ, पावसाचे पाणी मुरवणे, मल्चिंग, झाडांची विविधता, भूजल पुनर्भरण आणि योग्य सिंचन व्यवस्थापन हे देखील तितकेच महत्त्वाचे आहे.

पुढच्या काळात पाणी हे खतापेक्षा जास्त महाग होणार आहे. ज्याने आपल्या शेतात पाण्याचा प्रत्येक थेंब जमिनीत आणि वातावरणात टिकवला तोच शेतकरी टिकणार.

परवडणारी शेती म्हणजे काय?

आजची शेती तोट्यात जाण्याचे मुख्य कारण म्हणजे उत्पादन कमी नाही. खर्च जास्त आहे. शेतकरी पिक घेतो, पण त्याआधीच बाजार, बियाणे कंपनी, औषध कंपनी, खत कंपनी, मजुरी, वीज, ट्रान्सपोर्ट आणि दलाल यांच्याकडे पैसे गहाण ठेवतो. शेवटी शेतात पीक उभे असते पण हातात पैसा राहत नाही. त्यामुळे "जास्त उत्पादन" हा उपाय नाही. "कमी खर्च + स्थिर उत्पन्न + स्वतःवर नियंत्रण" हा खरा उपाय आहे.

परवडणारी शेती म्हणजे काय?

जिथे शेतकरी बाहेरून कमी वस्तू विकत घेतो, स्वतःच्या शेतातील साधनसंपत्ती वापरतो, जोखीम विभागतो आणि बाजाराच्या दयेवर पूर्ण अवलंबून राहत नाही, ती परवडणारी शेती.

सर्वात मोठी चूक म्हणजे मोनोक्रॉपिंग.

एकाच पिकावर घर चालवणे म्हणजे एका वायरवर संपूर्ण घर टांगल्यासारखे आहे. ऊस पडला तर संपले. कांदा पडला तर संपले. टोमॅटो पडला तर संपले. त्यामुळे मिश्र पद्धती महत्त्वाची.

उदाहरणः एकाच शेतात

भाजीपाला + कडधान्य + फळझाडे + पशुपालन + कुक्कुटपालन + चारा

असे मॉडेल असेल तर एका गोष्टीत नुकसान झाले तरी दुसरी गोष्ट घर चालवते.

शेतात "कॅश फ्लो" असला पाहिजे.

फक्त वर्षातून एकदाच पैसा येणारी शेती धोकादायक असते.

दररोज, दर आठवड्याला किंवा दर महिन्याला पैसे येतील अशी व्यवस्था आवश्यक आहे.

उदाहरणः दूध > रोज पैसा

अंडी > रोज पैसा

भाजीपाला > आठवड्याला पैसा

धान्य > हंगामी पैसा

फळबाग > दीर्घकालीन पैसा

ही लेयरिंग शेतीला टिकवते.

बाहेरून खरेदी कमी करा.

आज शेतकरी सर्व काही विकत घेतो: बियाणे, रोपे, खते, औषधे, खाद्य, कंपोस्ट, टॉनिक.

हेच कर्जाचे मूळ आहे.

शक्य ते स्वतः तयार करा:

स्वतःचे बियाणे

शेणखत

जीवामृत किंवा कुजवलेले सेंद्रिय द्रव

मल्चिंगसाठी शेतातील कचरा

जनावरांसाठी स्वतःचा चारा

झाडांची पाने, शेतीतील जैविक कचरा

“पूजवा नाही, कुजवा” हे लक्षात घ्या.

शेतातील कचरा जाळू नका. तोच भविष्यातील खत आहे.

पाणी हे उत्पादनापेक्षा महत्त्वाचे आहे.

शेतात पाणी साठवणूक, ड्रेनेज आणि मातीतील ओलावा व्यवस्थापन नसल्यास कितीही तंत्रज्ञान वापरले तरी फायदा मर्यादित राहतो.

सेंद्रिय पदार्थ वाढवा

मल्चिंग करा

पाण्याचा वेग कमी करा

शेततळे, चर, बंडिंग करा

ड्रिपचा वापर करा पण आंधळेपणाने नाही

जमिनीला स्पंज बनवा

माती जिवंत ठेवा.

फक्त एनपीके म्हणजे शेती नाही.

मातीमध्ये सेंद्रिय कर्ब, सूक्ष्मजीव, गांडुळे, ओलावा आणि हवा आवश्यक आहे. माती मरली की खर्च वाढतो. मग खत वाढवा, औषध वाढवा, पाणी वाढवा असे चक्र सुरू होते.

शेतीत "दिसणे" आणि "नफा" वेगळे असतात.

मोठे पॉलीहाऊस, महागडी यंत्रे, चमकदार व्हिडिओ, सोशल मीडियावरील यशोगाथा पाहून निर्णय घेऊ नका. अनेक मॉडेल कर्जावर उभे असतात. काही लोक शेतीपेक्षा युट्युबवर जास्त कमवतात.

लहान शेतकऱ्याने विशेषतः:

कमी गुंतवणूक

जलद फिरणारा पैसा

स्थानिक बाजार

थेट विक्री

कमी मजुरीवर चालणारे मॉडेल

यावर भर द्यावा.

ट्रान्सपोर्ट हा लहान शेतकऱ्याचा मोठा शत्रू आहे.

दहा किलो भाजी घेऊन 40 किलोमीटर बाजारात जाण्यात अर्थ नाही. शक्य असल्यास:

गावात विक्री

सोसायटी विक्री

ग्राहक गट

व्हॉट्सअॅप ऑर्डर

थेट दूध/भाजी पुरवठा

हे मॉडेल जास्त फायदेशीर ठरतात.

यांत्रिकीकरण अंधाधुंद नको.

ट्रॅक्टर, रोटाव्हेटर, महागडी उपकरणे फक्त प्रतिष्ठेसाठी घेऊ नका. वापर कमी असेल तर भाड्याने घेणे फायदेशीर असते.

शेतीत “उत्पन्न” पेक्षा “नेट नफा” महत्त्वाचा आहे.

एक एकरातून 3 लाख उलाढाल करून 2.8 लाख खर्च करणे निरुपयोगी आहे.

त्यापेक्षा 80 हजार उलाढाल आणि 50 हजार निव्वळ नफा चांगला.

ऍग्रोफॉरेस्ट्री हा पुढचा मार्ग असू शकतो.

झाडे + भाजीपाला + जनावरे + वेली

असे बहुस्तरीय मॉडेल भविष्यात महत्त्वाचे ठरतील. झाडे म्हणजे फक्त लाकूड नाही. ती सावली, सेंद्रिय पदार्थ, चारा, सूक्ष्म हवामान आणि दीर्घकालीन सुरक्षा देतात.

परवडणारी शेती म्हणजे:

कमी खर्च

अनेक उत्पन्न स्रोत

स्थानिक संसाधने

कमी कर्ज

कमी अवलंबित्व

जास्त निरीक्षण

जास्त नियोजन

आणि संयम

शेतीत सर्वात महाग वस्तू खत किंवा औषध नाही.

सर्वात महाग असते चुकीचा निर्णय.

जदाम टेक्नॉलॉजी म्हणजे काय?

कोरियातील यंग सांग चो यांची नैसर्गिक शेती क्रांती

आज शेतीमध्ये दोन टोकाचे प्रकार दिसतात. एकीकडे रासायनिक शेतीमध्ये खर्च वाढत चालला आहे. दुसरीकडे "ऑर्गॅनिक" नावाखाली महागडी उत्पादने, बाटल्या, टॉनिक, पावडर आणि मार्केटिंगचा खेळ सुरू आहे. अशा परिस्थितीत कोरियातील यंग सांग चो यांनी विकसित केलेली "जदाम टेक्नॉलॉजी" जगभर चर्चेत आली.

जदाम म्हणजे साधेपणा, कमी खर्च आणि स्थानिक संसाधनांचा वापर.

"JADAM" या शब्दाचा अर्थच आहे "People who resemble nature" म्हणजे निसर्गासारखे जगणारे लोक.

यंग सांग चो यांनी ही पद्धत विकसित करताना एक स्पष्ट भूमिका घेतली.

शेती श्रीमंत लोकांसाठी नसते. शेतकरी जर महागडी उत्पादने विकत घेऊन शेती करत असेल तर तो कायम कंपन्यांवर अवलंबून राहणार. खरी शेती तीच जी शेतकरी स्वतःच्या शेतात उपलब्ध साधनांमधून करू शकतो.

त्यामुळे जदाम टेक्नॉलॉजीची काही मुख्य तत्त्वे आहेत:

१) शक्य तितका कमी खर्च

२) स्थानिक संसाधनांचा वापर

३) सूक्ष्मजीवांचा नैसर्गिक वापर

४) रसायनांवर कमी अवलंबित्व

५) शेतकरी स्वावलंबन

६) माती जिवंत ठेवणे

जदाम आणि नैसर्गिक शेती

बऱ्याच लोकांना वाटते जदाम म्हणजे फक्त जीवामृतसारखे काहीतरी. पण जदाम ही पूर्ण विचारसरणी आहे.

मातीमध्ये आधीपासून अब्जावधी सूक्ष्मजीव असतात. त्यांना योग्य वातावरण दिले तर तेच वनस्पतीला अन्न उपलब्ध करून देतात. जंगलात कोणी युरिया टाकत नाही, तरी झाडे वाढतात. कारण तिथे सेंद्रिय पदार्थ, सूक्ष्मजीव आणि नैसर्गिक चक्र व्यवस्थित काम करत असते.

जदामचा मुख्य उद्देश हा आहे की शेतातील जैविक चक्र पुन्हा सक्रिय करणे.

जदाम मायक्रोबियल सोल्यूशन (JMS)

जदाममधील सर्वात प्रसिद्ध गोष्ट म्हणजे JMS म्हणजे Jadam Microbial Solution.

हे मूलतः सूक्ष्मजीवांचे द्रावण आहे.

हे तयार करण्यासाठी साधारणतः खालील गोष्टी वापरतात:

१) जंगलातील किंवा निरोगी माती

२) उकडलेले बटाटे किंवा स्टार्च स्रोत

३) समुद्री मीठ

४) पाणी

या मिश्रणामध्ये स्थानिक सूक्ष्मजीव वाढवले जातात आणि नंतर ते जमिनीत किंवा पिकांवर वापरले जातात.

यामागचा उद्देश असा की स्थानिक वातावरणात जगणारे सूक्ष्मजीवच त्या भागासाठी सर्वात उपयुक्त असतात. बाहेरून महागडी बाटली आणण्याची गरज नाही.

जदाम लिक्विड फर्टिलायझर (JLF)

जदाममध्ये विविध प्रकारचे द्रव खत तयार केले जाते.

उदाहरणार्थ:

१) हिरव्या पानांपासून नत्रयुक्त द्रव

२) फळांपासून पोटॅशयुक्त द्रव

३) मासे किंवा प्राणिजन्य पदार्थांपासून प्रथिनयुक्त द्रव

४) समुद्री वनस्पतींपासून सूक्ष्म अन्नद्रव्ये

हे सगळे स्थानिक पातळीवर कमी खर्चात बनवले जाते.

महत्त्वाची गोष्ट म्हणजे जदाममध्ये साखर, गूळ किंवा महागड्या वस्तूंचा वापर कमी ठेवला जातो. कारण यंग सांग चो यांच्या मते शेतकरी जर प्रत्येक गोष्ट विकत घेणार असेल तर नैसर्गिक शेतीही महाग होईल.

जदाम वेटिंग एजंट

जदाममध्ये नैसर्गिक वेटिंग एजंटची संकल्पना खूप प्रसिद्ध आहे.

हे साधारण नैसर्गिक साबणासारखे असते. याचा उपयोग फवारणी पानांवर व्यवस्थित पसरावी यासाठी केला जातो.

बऱ्याच वेळा औषध चांगले असते पण ते पानांवर टिकत नाही. त्यामुळे परिणाम कमी दिसतो. जदाममध्ये हेही स्थानिक पातळीवर बनवण्यावर भर दिला जातो.

जदाम सल्फर

जदाम सल्फर हे बुरशीजन्य रोगांसाठी प्रसिद्ध झाले.

हे कमी खर्चात तयार होणारे सल्फर बेस्ड द्रावण आहे. द्राक्ष, भाजीपाला, फळबाग यामध्ये अनेक शेतकरी त्याचा वापर करतात.

पण इथे एक गोष्ट स्पष्ट समजून घ्यावी लागते.

“नैसर्गिक” म्हणजे १००% निरुपद्रवी असे नसते.

चुकीचे प्रमाण, चुकीची वेळ किंवा अती वापर केल्यास जदामचे द्रावणही नुकसान करू शकते. सोशल मीडियावर काही लोक जदामला जादू म्हणून दाखवतात, पण प्रत्यक्षात निरीक्षण, अनुभव आणि समज आवश्यक असते.

जदाम आणि रासायनिक शेती

जदाम टेक्नॉलॉजी पूर्णपणे रासायनिक शेतीविरोधी नाही. ती मुख्यतः खर्च कमी करण्यावर आणि मातीचे आरोग्य सुधारण्यावर भर देते.

यंग सांग चो यांचा मुद्दा असा आहे की शेतकरी कंपन्यांच्या कर्जात अडकू नये.

आज बियाणे बाहेरून, खत बाहेरून, औषध बाहेरून, टॉनिक बाहेरून, सल्ला बाहेरून. शेवटी शेतकरी स्वतः काय करतो?

जदाम हा प्रश्न विचारते.

जदामचे फायदे

१) खर्च खूप कमी होऊ शकतो

२) स्थानिक संसाधनांचा वापर वाढतो

३) मातीतील जीवसृष्टी सक्रिय होऊ शकते

४) रासायनिक अवलंबित्व कमी होऊ शकते

५) लहान शेतकऱ्यांसाठी उपयुक्त मॉडेल ठरू शकते

६) स्वतः प्रयोग करण्याची सवय लागते

जदामच्या मर्यादा

पण जदाम म्हणजे सर्व समस्यांवर अंतिम उपाय नाही.

१) प्रत्येक ठिकाणी सारखे परिणाम मिळतीलच असे नाही

२) हवामान, माती, पाणी यावर परिणाम बदलतो

३) चुकीची माहिती खूप पसरलेली आहे

४) काही लोक अतिशयोक्ती करतात

५) मोठ्या प्रमाणावर सातत्य राखणे कठीण जाऊ शकते

६) त्वरित परिणाम अपेक्षित असतील तर निराशा येऊ शकते

सर्वात मोठी समस्या म्हणजे “फॉर्म्युला कॉपी” मानसिकता.

एका युट्यूब व्हिडिओमध्ये काय पाहिले ते जसाच्या तसा वापरले की परिणाम मिळतीलच असे नाही. जदाममध्ये निरीक्षण आणि स्थानिक परिस्थितीनुसार बदल महत्त्वाचे आहेत.

भारतीय शेतीमध्ये जदाम

भारतात जदामची लोकप्रियता वाढत आहे कारण खर्चाचा प्रश्न गंभीर झाला आहे.

विशेषतः:

भाजीपाला, फळबाग, नैसर्गिक शेती, लहान शेतकरी, बहुपिक पद्धती, अग्रोफॉरेस्ट्री यामध्ये जदाम संकल्पना उपयोगी पडू शकते.

तुमच्या शेतात आधीपासून उपलब्ध असलेले:

गवत, पाला, शेण, स्थानिक माती, झाडांची पाने, जैविक कचरा याचा उपयोग करून उत्पादन व्यवस्था तयार करता येते.

हीच जदामची ताकद आहे.

जदाम आणि व्यवसायीकरण

आज "ऑर्गॅनिक" क्षेत्रामध्ये मोठा व्यवसाय तयार झाला आहे.

लोक नैसर्गिक शेती शिकवतात पण लाखोंचे इनपुट विकतात.

यंग सांग चो यांनी याच गोष्टीला विरोध केला.

त्यांचा मुख्य संदेश असा आहे:

"जर नैसर्गिक शेती महाग असेल तर ती खरी नैसर्गिक शेती नाही."

हा विचार खूप महत्त्वाचा आहे.

कारण आज अनेक शेतकरी रासायनिक शेती सोडून पुन्हा बाटल्यांच्या गुलामगिरीत अडकत आहेत.

निष्कर्ष

जदाम टेक्नॉलॉजी म्हणजे फक्त एखादे खत किंवा औषध नाही. ती शेतकऱ्याला स्वावलंबनाकडे नेणारी विचारसरणी आहे.

ही पद्धत वापरताना अंधश्रद्धा किंवा आंधळा विरोध दोन्ही चुकीचे आहेत.

माती समजून घ्या.

सूक्ष्मजीव समजून घ्या.

स्थानिक संसाधने वापरा.

खर्च कमी करा.

स्वतः निरीक्षण करा.

शेतीमध्ये कोणतीही जादू नसते.

निसर्गाशी जुळवून घेतलेली प्रणाली असते.

यंग सांग चो यांनी जगाला दिलेली खरी शिकवण हीच आहे.

मित्र बुरशी

शेतीमध्ये "मित्र बुरशी" हा विषय गेल्या काही वर्षांत खूप चर्चेत आला. बाजारात हजारो बाटल्या, पावडर, कल्चर, जैविक औषधे विकली जात आहेत. पण वास्तव असे आहे की बहुतेक शेतकऱ्यांना मायकोरायझा, ट्रायकोडर्मा, मेटारायझियम, ब्यूव्हेरिया या गोष्टी नेमक्या काय आहेत, कशा काम करतात, कुठे उपयोगी पडतात आणि कुठे फसवणूक होते हे स्पष्ट माहीत नसते.

काही जण तर या बुरशींना जादूची औषधे समजतात. "एकदा टाकले की जमीन जिवंत होते", "रासायनिक खताची गरज संपते", "सगळे रोग थांबतात" असे दावे केले जातात. प्रत्यक्षात या गोष्टींचे विज्ञान वेगळे आहे. योग्य वापर केला तर फायदा होतो. चुकीचा वापर केला तर पैसे वाया जातात.

सर्वप्रथम एक गोष्ट समजून घ्या.

निसर्गामध्ये बुरशी म्हणजे नेहमी वाईट नसते. काही बुरशी रोग करतात, पण काही बुरशी झाडांची मदत करतात. अशा उपयोगी बुरशींना आपण "मित्र बुरशी" म्हणतो.

या मित्र बुरशी मुख्यतः ४ प्रकारे काम करतात:

१) मुळांची वाढ वाढवणे

२) अन्नद्रव्ये उपलब्ध करून देणे

३) रोगकारक बुरशींशी लढणे

४) किडींवर नियंत्रण ठेवणे

आता प्रत्येक प्रकार सविस्तर समजून घेऊ.

मायकोरायझा म्हणजे काय?

Mycorrhiza

"मायको" म्हणजे बुरशी आणि "रायझा" म्हणजे मुळे.

ही बुरशी झाडांच्या मुळांशी मैत्री करते.

झाड मुळांमधून या बुरशीला साखर देते आणि बदल्यात बुरशी जमिनीतून पाणी व अन्नद्रव्ये आणून झाडाला देते. म्हणजे ही एक प्रकारची भागीदारी आहे.

विशेषतः फॉस्फरस उपलब्ध करून देण्यात मायकोरायझा खूप महत्त्वाची असते.

आपल्या जमिनीत फॉस्फरस असतो पण झाडाला उपलब्ध नसतो.

मायकोरायझा त्या फॉस्फरसपर्यंत पोहोचते.

मायकोरायझाचे फायदे

१) मुळांचे क्षेत्र अनेक पट वाढते

२) पाण्याचा वापर कार्यक्षम होतो

३) दुष्काळ सहनशक्ती वाढते

४) सूक्ष्म अन्नद्रव्ये उपलब्ध होतात

५) रोपांची सुरुवातीची वाढ चांगली होते

६) काही प्रमाणात क्षारयुक्त जमिनीत मदत होते

७) फळझाडे आणि वृक्षांमध्ये मोठा उपयोग होतो

कुठल्या पिकात उपयोगी?

आंबा, डाळिंब, मोसंबी, नारळ, सुपारी, द्राक्ष, बांबू, सागवान, भाजीपाला, ऊस अशा अनेक पिकात उपयोग होतो.

पण एक महत्त्वाचा मुद्दाः

ब्रॅसिका कुळातील पिकांमध्ये मायकोरायझा फार प्रभावी नसते.

उदा. मोहरी, कोबी, फ्लॉवर.

कारण त्या पिकांची मुळांची रचना वेगळी असते.

मायकोरायझा वापरताना होणाऱ्या चुका

१) रासायनिक बुरशीनाशकासोबत मिसळणे

कॉपर, कार्बेन्डाझिम, मॅन्कोझेब यांसारखी औषधे या जिवंत बुरशीला मारू शकतात.

२) उन्हात ठेवणे

ही जिवंत संस्कृती असते. उन्हात किंवा गरम ठिकाणी ठेवल्यास ती मरते.

३) कोरड्या जमिनीत वापरणे

थोडा ओलावा आवश्यक असतो.

४) बनावट प्रॉडक्ट

बाजारात अनेक पावडर फक्त टॅल्कम असतात. आत जिवंत कल्चरच नसते.

५) याला खत समजणे

हे खत नाही. हे सहाय्यक जैविक तंत्रज्ञान आहे.

ट्रायकोडर्मा म्हणजे काय?

Trichoderma

ट्रायकोडर्मा ही एक अशी मित्र बुरशी आहे जी मुख्यतः रोगकारक बुरशींशी लढते.

जमिनीत अनेक घातक बुरशी असतातः फ्युजेरियम, पिथियम, रायझोक्टोनिया, स्क्लेरोशियम इत्यादी.

या बुरशी मुळे कुजवतात, मर रोग करतात, रोपे मरतात.

ट्रायकोडर्मा या रोगकारक बुरशींवर अनेक प्रकारे हल्ला करतेः

१) त्यांच्यावर वाढून त्यांना खाते

२) त्यांची वाढ थांबवणारे रसायन तयार करते

३) मुळाभोवती जागा व्यापते

४) रोगकारकांना अन्न मिळू देत नाही

म्हणजे ही बुरशी जमिनीतील “बॉडीगार्ड” सारखी काम करते.

ट्रायकोडर्माचे फायदे

१) डॅम्पिंग ऑफ कमी होतो

२) मुळे सडणे कमी होते

३) रोपांची ताकद वाढते

४) सेंद्रिय पदार्थ कुजवण्यास मदत

५) काही प्रमाणात वाढ प्रवर्तक हार्मोन्स तयार होतात

ट्रायकोडर्मा कुठे वापरतात?

१) बीजप्रक्रिया

२) रोपांची मुळे बुडवणे

३) शेणखतामध्ये वाढवून वापरणे

४) ड्रिपने देणे

५) कंपोस्टमध्ये मिसळणे

पण वास्तव काय?

शेतकरी ट्रायकोडर्मा टाकतात आणि दुसऱ्या दिवशी रासायनिक बुरशीनाशक फवारतात. मग ट्रायकोडर्मा जिवंतच राहत नाही.

एकीकडे "जैविक" आणि दुसरीकडे "स्ट्राँग फंगिसाइड" चालू असेल तर दोन्ही एकत्र फार वेळ टिकत नाहीत.

मेटारायझियम म्हणजे काय?

Metarhizium

ही बुरशी किडींवर काम करते. विशेषतः जमिनीत राहणाऱ्या किडींवर.

ही बुरशी किडीच्या शरीरावर चिकटते, आत प्रवेश करते आणि किडीला मारते.

किडीच्या शरीरातून पुन्हा नवीन बीजाणू तयार होतात आणि इतर किडींवर हल्ला होतो.

कोणत्या किडींवर उपयोग?

१) वाळवी

२) पांढरी अळी

३) काही भुंगे

४) मुळाजवळील अळ्या

पण इथेही वास्तव समजून घ्या.

हे "इन्स्टंट नॉकडाऊन" औषध नाही.

रासायनिक औषधासारखे दोन तासात किडी पडणार नाहीत.

ही प्रक्रिया हळू असते.

आर्द्रता, तापमान, सेंद्रिय पदार्थ यावर परिणाम अवलंबून असतो.

म्हणूनच अनेक शेतकरी म्हणतात "काही उपयोग झाला नाही".

प्रत्यक्षात त्यांनी योग्य वातावरणच दिलेले नसते.

ब्यूव्हेरिया म्हणजे काय?

Beauveria bassiana

ब्यूव्हेरिया हीसुद्धा किडींवर काम करणारी मित्र बुरशी आहे.

ही विशेषतः खालील किडींवर वापरली जाते:

१) पांढरी माशी

२) थ्रिप्स

३) मिलीबग

४) अळी वर्गातील काही किडी

ही किडीच्या शरीरावर वाढते आणि आत जाऊन किडीचा मृत्यू करते.

आर्द्र वातावरणात तिचा परिणाम चांगला दिसतो.

दुपारच्या कडक उन्हात फवारणी केल्यास परिणाम कमी होतो.

मित्र बुरशींचा वापर करताना महत्त्वाचे नियम

१) जिवंत संस्कृती आहे हे लक्षात ठेवा

ही युरिया किंवा डीएपी नाही.

२) सूर्यप्रकाश टाळा

सावलीत साठवा.

३) क्लोरीनयुक्त पाणी टाळा

जास्त क्लोरीन सूक्ष्मजीव मारू शकते.

४) सेंद्रिय पदार्थ आवश्यक

जमिनीत सेंद्रिय पदार्थ नसतील तर सूक्ष्मजीव टिकत नाहीत.

५) सतत विषारी औषधांचा वापर कमी करा

प्रत्येक आठवड्याला स्ट्राँग फंगिसाइड वापरून मित्र बुरशी जिवंत राहत नाही.

६) परिणाम दिसायला वेळ लागतो

हे निसर्गावर आधारित तंत्र आहे. इंस्टंट रिझल्ट नाही.

७) एक्सपायरी तपासा

जुने कल्चर अनेकदा मृत असतात.

८) CFU महत्त्वाचे असते

जास्त CFU म्हणजे जास्त जिवंत बीजाणू.

जमिनीमध्ये मित्र बुरशी टिकत का नाही?

हा फार मोठा प्रश्न आहे.

आज बहुतेक जमिनीमध्ये:

१) सेंद्रिय कार्बन कमी

२) सतत रासायनिक मीठ

३) जास्त नांगरणी

४) बुरशीनाशकांचा अतिरेक

५) तापमान वाढ

६) ओलाव्याचा अभाव

अशा परिस्थितीत मित्र बुरशी टिकणे कठीण जाते.

म्हणून फक्त बाटली टाकून शेती बदलत नाही.

पूर्ण इकोसिस्टम बदलावी लागते.

मल्चिंग, सेंद्रिय पदार्थ, विविध पिके, कमी विषारी रसायने, जमिनीतील जीवसृष्टी यावर काम करावे लागते.

सगळ्यात मोठी फसवणूक कुठे होते?

१) “एकच प्रॉडक्ट सर्व रोग संपवेल”

खोटे.

२) “रासायनिक खत पूर्ण बंद करा”

व्यवहारात सर्वत्र शक्य नाही.

३) “जमीन १५ दिवसात जिवंत”

अवैज्ञानिक दावा.

४) “जास्त डोस म्हणजे जास्त फायदा”

नेहमीच खरे नाही.

५) “जैविक म्हणजे पूर्ण सुरक्षित”

चुकीचा वापर नुकसान करू शकतो.

स्वतः मित्र बुरशी तयार करता येतात का?

हो. काही प्रमाणात करता येतात.

पण शुद्धता टिकवणे कठीण आहे.

घरी बनवताना अनेकदा कंटॅमिनेशन होते. चुकीची बुरशी वाढते.

म्हणून योग्य प्रशिक्षण आणि स्वच्छता आवश्यक आहे.

भविष्यातील शेतीमध्ये मित्र बुरशींचे महत्त्व

भविष्यात रासायनिक शेतीचा खर्च वाढत जाणार आहे.

जमिनीतील सेंद्रिय कार्बन कमी होत आहे.

पाण्याची समस्या वाढत आहे.

अशा परिस्थितीत सूक्ष्मजीव आधारित शेतीचे महत्त्व वाढणार हे निश्चित आहे.

पण त्याकडे "जादू" म्हणून नाही तर "जैविक व्यवस्थापन" म्हणून पाहावे लागेल.

मित्र बुरशी म्हणजे शेतीतील कामगार आहेत.

त्यांना जगण्यासाठी अन्न, ओलावा आणि योग्य वातावरण लागते.

आपण जमीन पूर्णपणे विषारी ठेवायची आणि नंतर बाटलीतून जीव टाकून चमत्कार अपेक्षित ठेवायचा, हे चालणार नाही.

शेवटी एकच गोष्ट.

निसर्गामध्ये एकही जीव एकटा काम करत नाही.

जमीन, बुरशी, जीवाणू, गांडूळ, झाडे, पाणी, सेंद्रिय पदार्थ हे सगळे एकमेकांशी जोडलेले आहेत.

शेती फक्त NPK वर चालत नाही.

शेती जमिनीतील अदृश्य जीवसृष्टीवर चालते.

कंपॅनियन क्रॉप, इंटरक्रॉपिंग आणि ट्रॅप क्रॉप

आजची शेती एका विचित्र वळणावर येऊन उभी आहे.

एकच पीक. एकच खत. एकच औषध. आणि एकच बाजार.

संपूर्ण शेतभर एकच पीक लावायचे आणि मग कीड आली की पूर्ण शेत धोक्यात. बाजार पडला की संपूर्ण हंगाम वाया. पाऊस चुकला की सगळे गणित कोसळते.

पण निसर्ग असे कधीच करत नाही.

जंगलात एकच झाड नसते. तिथे मोठी झाडे असतात, वेली असतात, झुडपे असतात, फुले असतात, गवत असते, बुरशी असते, कीटक असतात, पक्षी असतात. प्रत्येक जीव दुसऱ्या जीवाशी जोडलेला असतो.

म्हणून जंगल स्वतः टिकते.

शेतीमध्ये हाच विचार वापरणाऱ्या पद्धतींना कंपॅनियन क्रॉपिंग, इंटरक्रॉपिंग, ट्रॅप क्रॉप, मल्टी लेयर फार्मिंग अशी वेगवेगळी नावे दिली गेली आहेत.

पण या सगळ्यांचा साधा अर्थ असा आहे.

“एकमेकांना मदत करणारी शेती.”

कंपॅनियन क्रॉप म्हणजे काय?

दोन अशी पिके एकत्र घेणे की जी एकमेकांना फायदा करतील.

एक पीक दुसऱ्याला सावली देते.

एक पीक नत्र वाढवते.

एक पीक कीटक गोंधळात टाकते.

एक पीक ओलावा टिकवते.

म्हणजें एक पीक दुसऱ्याचा साथीदार बनते.

टोमॅटो + तुळस

टोमॅटोसोबत तुळस लावण्याची पद्धत जगभर प्रसिद्ध आहे.

तुळशीचा वास काही किडींना त्रासदायक वाटू शकतो. शिवाय तुळशीची फुले मधमाशा आकर्षित करतात. परागीकरण वाढते.

टोमॅटो + झेंडू

झेंडू हा फक्त शोभेचा फूल नाही.

भाजीपाल्यात झेंडू लावल्याने काही निमॅटोड कमी होण्यास मदत होते. काही किडी झेंडूकडे आकर्षित होतात.

म्हणून टोमॅटोमध्ये झेंडू मोठ्या प्रमाणावर वापरला जातो.

कोबी + झेंडू

कोबीवर अनेक प्रकारच्या अळ्या आणि किडी येतात.

झेंडू लावल्याने काही किडींचा गोंधळ उडतो. उपयुक्त कीटक वाढतात.

भेंडी + चवळी

भेंडी वर वाढते.

चवळी जमिनीवर पसरते.

चवळीमुळे तण कमी होतात. जमीन झाकली जाते. ओलावा टिकतो.

मिरची + कांदा

कांद्याचा तीव्र वास काही रसशोषक किडींना कमी आकर्षित करू शकतो.

शिवाय दोन पिकांचे उत्पन्न मिळते.

काकडी + मका

मका उंच वाढतो आणि वाऱ्याचा अडथळा तयार करतो.

काकडीच्या वेलीला काही प्रमाणात आधार मिळतो.

दोडका + हादगा

ही खूप सुंदर आणि व्यावहारिक पद्धत आहे.

हादगा नैसर्गिक ट्रेलीस म्हणून वापरता येतो. शिवाय हादग्याचा पाला, फुले आणि जैविक वस्तुमान उपयोगी पडते.

कारले + शेवगा

शेवगा जलद वाढतो. हलकी सावली देतो.

कारल्याच्या वेलीला आधार मिळू शकतो.

इंटरक्रॉपिंग म्हणजे काय?

एकाच वेळी दोन किंवा अधिक पिके ठराविक नियोजनाने घेणे म्हणजे इंटरक्रॉपिंग.

हे फक्त मिश्रपीक नाही.

यामध्ये हंगाम, पाण्याची गरज, मुळांची खोली, प्रकाश आणि वाढीचा कालावधी यांचा विचार केला जातो.

सोयाबीन + तूर

हे सर्वात यशस्वी खरीप मॉडेल आहे.

सोयाबीन लवकर येते.

तूर उशिरा येते.

सोयाबीन निघाल्यावर तुरीला पूर्ण जागा मिळते.

ज्वारी + हरभरा

महाराष्ट्रातील अनेक भागात ही जुनी पद्धत आहे.

रब्बी ज्वारी आणि हरभरा एकत्र घेतले जातात.

जोखीम कमी होते.

मका + वाल

मका आधार देतो.

वाल नत्रचक्र सुधारतो.

ही पारंपरिक पद्धत अनेक ठिकाणी वापरली जात होती.

मका + चवळी

चवळी जमीन झाकते.

तण कमी होतात. ओलावा टिकतो.

कापूस + मूग

मूग कमी कालावधीचा.

कापूस मोठ्या कालावधीचा.

मूगमुळे सुरुवातीला उत्पन्न मिळते.

कापूस + उडीद

उडीद जमिनीतील जैविक क्रिया सुधारण्यास मदत करतो.

बाजरी + मूग

कोरडवाहू भागासाठी चांगले मॉडेल.

तीळ + मूग

दोन्ही कमी पाण्यावर चालणारी खरीप पिके.

गहू + हरभरा

दोन्ही रब्बी हंगामातील.

हरभऱ्यामुळे जमिनीचे आरोग्य सुधारण्यास मदत होते.

कांदा + मेथी

मेथी लवकर तयार होते.

कांद्याला जागा मिळते.

कांदा + कोथिंबीर

कोथिंबिरीमुळे सुरुवातीला रोख उत्पन्न मिळते.

आंबा + हळद

आंब्याच्या हलक्या सावलीत हळद चांगली येऊ शकते.

डाळिंब + कांदा

अतिरिक्त रोख उत्पन्नासाठी चांगले मॉडेल.

नारळ + केळी + अननस

हे मल्टी लेयर फार्मिंगचे उत्कृष्ट उदाहरण आहे.

नारळ वर.

केळी मधे.

अननस खाली.

एकाच जमिनीतून तीन उत्पन्न.

ट्रॅप क्रॉप म्हणजे काय?

मुख्य पिकाचे संरक्षण करण्यासाठी असे पीक लावणे ज्याकडे कीड जास्त आकर्षित होते, त्याला ट्रॅप क्रॉप म्हणतात.

म्हणजे किडीला सापळा दाखवणे.

टोमॅटो + झेंडू

काही फळ पोखरणाऱ्या अळ्या झेंडूकडे जास्त आकर्षित होतात.

म्हणून झेंडू ट्रॅप क्रॉप म्हणून वापरला जातो.

कोबी + मोहरी

डायमंड बॅक मॉथ आधी मोहरीवर बसतो.

म्हणून मोहरी ट्रॅप क्रॉप म्हणून उपयोगी ठरते.

कापूस + भेंडी

काही रसशोषक किडी आधी भेंडीवर दिसतात.

म्हणून शेतकरी निरीक्षण करू शकतो.

मिरची + मका

मका संरक्षक भिंत तयार करतो.

काही किडींची हालचाल कमी होते.

उसामध्ये सूर्यफूल

सूर्यफूल उपयुक्त कीटक आकर्षित करते. काही किडी स्वतःकडे खेचते.

ट्रॅप क्रॉपमध्ये एक मोठी चूक अनेक जण करतात.

ट्रॅप क्रॉप लावतात पण त्यावरील कीड नियंत्रण करत नाहीत.

मग तीच कीड पुढे मुख्य पिकावर जाते.

म्हणून ट्रॅप क्रॉप म्हणजे फक्त फोटो काढण्याचा विषय नाही. त्याचे व्यवस्थापन करावे लागते.

जमीन झाकणारी पिके

भोपळा

रताळे

चवळी

मूग

ही पिके जमिनीवर पसरतात.

तण कमी करतात.

ओलावा टिकवतात.

जमिनीचे तापमान कमी ठेवतात.

नत्र वाढवणारी पिके

मूग

उडीद

तूर

हरभरा

वाल

चवळी

ही शेंगवर्गीय पिके जमिनीतील नत्रचक्र सुधारण्यास मदत करतात.

परागीकरण वाढवणारी पिके

झेंडू

सूर्यफूल

तुळस

धने

शेपू

बडीशेप

ही फुले मधमाशा आणि उपयुक्त कीटक आकर्षित करतात.

अ‍ॅग्रोफॉरेस्ट्री आणि बहुपिकीय शेती

भविष्य फक्त पिकांचे नाही तर संपूर्ण परिसंस्थेचे आहे.

झाडे + भाजीपाला + चारा + जनावरे + सूक्ष्मजीव + पाणी व्यवस्थापन

हे सगळे एकत्र आले की खरी शाश्वत शेती तयार होते.

हादगा आधारित मॉडेल

हादगा आधार देतो.

पाला जनावरांना मिळतो.

फुले विकता येतात.

खाली भाजीपाला घेता येतो.

शेवगा आधारित मॉडेल

शेवगा जलद वाढतो.

पाला, शेंगा, फुले, बिया सर्व उपयोगी.

बांबू आधारित मॉडेल

वारा अडवण्यासाठी आणि दीर्घकालीन उत्पन्नासाठी.

इंटरक्रॉपिंगचे फायदे

एका जमिनीतून अनेक उत्पन्न मिळते.

एक पीक फेल झाले तरी दुसरे वाचते.

पाण्याची बचत होते.

तण कमी होतात.

जमिनीतील सेंद्रिय कर्ब वाढतो.

सूक्ष्मजीव वाढतात.

औषधांचा खर्च कमी होतो.

परागीकरण वाढते.

शेती अधिक स्थिर बनते.

पण एक गोष्ट लक्षात ठेवावी.

इंटरक्रॉपिंग म्हणजे फक्त दोन पिके एकत्र लावणे नाही.

हंगाम जुळला पाहिजे.

पाण्याची गरज जुळली पाहिजे.

प्रकाश व्यवस्थापन योग्य पाहिजे.

बाजारपेठ समजली पाहिजे.

आज सोशल मीडियावर अनेक गोष्टी फॅशन म्हणून सांगितल्या जातात.

पण प्रत्येक मॉडेल प्रत्येक भागात चालेलच असे नाही.

स्थानिक हवामान, पाणी, जमीन आणि बाजार यानुसार बदल करावे लागतात.

भविष्याची शेती एकाच पिकाची नसणार आहे.

ती बहुपिकीय असेल.

जैवविविध असेल.

झाडांवर आधारित असेल.

कमी पाण्यात चालणारी असेल.

कारण शेती फक्त उत्पादन नाही.

ती एक जिवंत परिसंस्था आहे.

ऑरगॅनिक सर्टिफिकेट

शेतकरी, बाजारपेठ, निर्यात आणि प्रामाणिकपणाचा खरा प्रश्न

आज “ऑरगॅनिक” हा शब्द बाजारात सोन्यासारखा विकला जातो. शहरात ग्राहक जास्त पैसे देऊन ऑरगॅनिक भाजी, धान्य, फळे, मसाले, डाळी विकत घेतो. पॅकेटवर हिरवा लोगो दिसला की ग्राहकाला वाटते हा माल सुरक्षित आहे, विषमुक्त आहे.

दुसरीकडे अनेक शेतकरी असा प्रश्न विचारतात:

“आपण प्रामाणिकपणे सेंद्रिय शेती करतो, पण ते सिद्ध कसे करायचे?”

इथे ऑरगॅनिक सर्टिफिकेटची गरज निर्माण होते.

पण या विषयात खूप गैरसमज आहेत.

काहींना वाटते सर्टिफिकेट घेतले म्हणजे लगेच दुप्पट भाव मिळेल.

काहींना वाटते सर्टिफिकेट म्हणजे फसवणूक.

काहींना वाटते ऑरगॅनिक म्हणजे फक्त महागडी उत्पादने वापरणे.

प्रत्यक्ष वास्तव या तिन्ही गोष्टींपेक्षा वेगळे आहे.

ऑरगॅनिक सर्टिफिकेट म्हणजे काय?

तुम्ही ठराविक नियम पाळून रसायनमुक्त किंवा कमी रसायन वापरून शेती करत आहात याची अधिकृत पडताळणी म्हणजे ऑरगॅनिक सर्टिफिकेट.

यामध्ये:

- माती व्यवस्थापन
- बियाणे
- खते
- कीड व्यवस्थापन
- साठवणूक

• प्रक्रिया

• वाहतूक

• विक्री

सगळ्या गोष्टींची तपासणी केली जाते.

म्हणजे फक्त फवारणी बंद केली म्हणून ऑरगॅनिक होत नाही. पूर्ण सिस्टीम तपासली जाते.

भारतामध्ये मुख्यतः कोणकोणती सर्टिफिकेट आहेत?

भारतामध्ये मुख्यतः दोन प्रकार जास्त वापरले जातात.

१) PGS इंडिया

Participatory Guarantee System.

ही लहान शेतकऱ्यांसाठी बनवलेली कमी खर्चाची प्रणाली आहे. यात शेतकरी गट तयार करतात. एकमेकांच्या शेताची तपासणी करतात. स्थानिक पातळीवर पडताळणी होते.

ही प्रणाली मुख्यतः:

• थेट ग्राहक विक्री

• स्थानिक बाजार

• शेतकरी बाजार

• घरपोच भाजी मॉडेल

• छोट्या ब्रँडसाठी

उपयुक्त असते.

यात खर्च कमी असतो.

पण याची मोठी मर्यादा म्हणजे बहुतेक आंतरराष्ट्रीय बाजारपेठा PGS स्वीकारत नाहीत.

२) NPOP

National Programme for Organic Production.

ही भारत सरकारची अधिकृत थर्ड पार्टी सर्टिफिकेशन प्रणाली आहे. APEDA या संस्थेमार्फत ती नियंत्रित केली जाते.

जर तुम्हाला:

- परदेशात माल पाठवायचा असेल
- मोठ्या कंपनीला माल द्यायचा असेल
- प्रोसेसिंग उद्योगात जायचे असेल
- सुपरमार्केटमध्ये विक्री करायची असेल

तर NPOP महत्त्वाचे ठरते.

यात बाहेरील निरीक्षक तपासणी करतो.

फक्त भारतातलेच नाही तर बाहेरचे कोणकोणते सर्टिफिकेट असतात?

जर निर्यात करायची असेल तर काही देशांचे वेगळे नियम असतात.

उदा.

- USDA Organic (अमेरिका)
- EU Organic (युरोप)
- JAS Organic (जपान)

भारतातील काही मान्यताप्राप्त संस्था या मानकांनुसारही प्रमाणन करून देतात.

म्हणजे फक्त “ऑरगॅनिक” हा एक शब्द नसतो. प्रत्येक देशाचे नियम वेगळे असू शकतात.

ऑरगॅनिक सर्टिफिकेटची प्रक्रिया कशी चालते?

१) अर्ज

सुरुवातीला सर्टिफिकेशन एजन्सीकडे अर्ज करावा लागतो.

उदा.

- ECOCERT
- INDOCERT
- Control Union
- OneCert

यासारख्या संस्था काम करतात.

२) शेताची माहिती

यानंतर शेताची संपूर्ण माहिती द्यावी लागते.

- सातबारा
- आधार
- क्षेत्रफळ
- पीक पद्धती
- सिंचन
- शेजारील शेती
- पाण्याचा स्रोत
- मागील पिकांचा इतिहास

सगळे द्यावे लागते.

३) फार्म मॅप

शेताचा नकाशा तयार करावा लागतो.

कोणत्या भागात कोणते पीक आहे, कुठे साठवणूक आहे, कुठून रस्ता जातो, शेजारी कोणती शेती आहे हे दाखवावे लागते.

४) कन्वर्जन पिरियड

हा सर्वात महत्त्वाचा भाग आहे.

अनेकांना वाटते अर्ज केला आणि लगेच ऑरगॅनिक सर्टिफिकेट मिळाले.

प्रत्यक्षात तसे नसते.

जर आधी रासायनिक शेती होत असेल तर २ ते ३ वर्षांचा “कन्वर्जन पिरियड” लागू शकतो.

या काळात तुम्हाला सातत्याने सेंद्रिय पद्धती वापरत असल्याचे दाखवावे लागते.

पहिल्याच दिवशी “१००% ऑरगॅनिक” असा शिक्का मिळत नाही.

५) रेकॉर्ड ठेवणे

ही सर्वात कठीण गोष्ट आहे.

अनेक शेतकरी शेती चांगली करतात पण नोंदी ठेवत नाहीत.

पण सर्टिफिकेशनमध्ये प्रत्येक गोष्ट लिहावी लागते.

उदा.

- कोणते बियाणे वापरले
- कोणते खत वापरले
- जीवामृत कधी दिले
- फवारणी कधी केली
- किती उत्पादन आले
- कुठे विकले

सगळ्याची नोंद.

ऑरगॅनिक शेतीत अर्धे काम शेतीचे असते आणि अर्धे रजिस्टरचे.

६) तपासणी

निरीक्षक शेतावर येतो.

तो पाहतो:

• प्रत्यक्षात काय चालते

• कुठली उत्पादने वापरली जातात

• शेजारच्या शेतातून दूषितीकरण होऊ शकते का

• स्टोरेज वेगळे आहे का

• नोंदी आणि प्रत्यक्ष काम जुळते का

काही वेळा माती किंवा उत्पादन नमुनेही घेतले जाऊ शकतात.

७) प्रमाणपत्र

सगळे योग्य असल्यास प्रमाणपत्र दिले जाते.

पण काम इथे संपत नाही.

दरवर्षी नूतनीकरण आणि तपासणी असते.

निर्यात करायची असेल तर काय लागते?

परदेशात माल पाठवायचा असेल तर फक्त शेत ऑरगॅनिक असणे पुरेसे नसते.

पूर्ण ट्रेसिबिलिटी लागते.

म्हणजे:

हा माल कुठल्या शेतातून आला?

कधी काढला?

कुठे पॅक झाला?

कसा साठवला?

सगळ्याची नोंद.

प्रत्येक खेपेसाठी Transaction Certificate लागते.

कारण बाहेरच्या बाजारपेठेत नियम खूप कडक असतात.

खर्च किती येतो?

PGS मध्ये खर्च कमी असतो.

गटाने काम केल्यास अजून कमी होतो.

पण NPOP मध्ये:

• तपासणी शुल्क

• एजन्सी फी

• प्रवास खर्च

• वार्षिक नूतनीकरण

• कागदपत्रे

• रेकॉर्ड व्यवस्थापन

यावर खर्च येतो.

लहान शेतकऱ्यासाठी १५ हजार ते ५० हजार रुपये सहज लागू शकतात.

मोठ्या प्रकल्पात खर्च लाखात जातो.

म्हणून अनेक वेळा गट किंवा FPO मार्फत काम करणे फायद्याचे ठरते.

ऑरगॅनिक शेतीत सर्वात मोठी चूक

अनेक शेतकरी आधी सर्टिफिकेट घेतात आणि नंतर बाजार शोधतात.

हे उलटे आहे.

सगळ्यात आधी बाजारपेठ ठरली पाहिजे.

कारण सर्टिफिकेट म्हणजे जास्त भावाची हमी नाही.

ग्राहक तयार नसेल, ब्रँड नसेल, विश्वास नसेल तर माल सामान्य दरानेच विकला जाऊ शकतो.

दुसरी मोठी चूक म्हणजे बाहेरून महागडी ऑरगॅनिक उत्पादने विकत घेणे.

ऑरगॅनिक म्हणजे खर्च कमी करण्याची पद्धत होती.

पण आता काही लोकांनी ती महागड्या बाटल्यांची शेती बनवली आहे.

कंपनी बदलली, पण अवलंबित्व बदलले नाही.

आता सर्वात महत्त्वाचा मुद्दा

प्रत्यक्षात इमानदारीने किती लोक सर्टिफिकेट घेतात आणि “मॅनेज” करून किती घेतात हा प्रश्न लोक विचारतात.

आणि तो पूर्णपणे चुकीचा प्रश्न नाही.

कारण ज्या देशामध्ये काही लोक घरबसल्या वाहन परवाने मिळवतात, जिथे अनेक कागदी प्रक्रिया “सेटिंग”वर चालतात, त्या देशात सर्टिफिकेशन प्रक्रियेमध्येही गैरप्रकार होत नाहीत असे म्हणणे अवास्तव ठरेल.

याचा अर्थ सगळेच खोटे आहेत असा नाही.

अनेक संस्था प्रामाणिक आहेत.

अनेक निरीक्षक प्रामाणिक आहेत.

अनेक शेतकरी अत्यंत प्रामाणिकपणे काम करतात.

पण दुसरी बाजूही अस्तित्वात आहे.

काही ठिकाणी:

- शेत व्यवस्थित न पाहताही तपासणी होते
- कागद नंतर भरले जातात
- एजंट सगळे तयार करून देतात
- प्रत्यक्ष शेती आणि कागद वेगळे असतात

हे वास्तव पूर्णपणे नाकारता येत नाही.

म्हणून सर्टिफिकेट म्हणजे अंतिम सत्य नाही.

ते एक साधन आहे.

एक प्रणाली आहे.

एक पडताळणीची पद्धत आहे.

पण शेवटी शेती कागदावर होत नाही. ती जमिनीत होते.

खरी ऑरगॅनिक शेती लोगोमध्ये दिसत नाही. ती मातीमध्ये दिसते.

शेतकरी जमिनीशी प्रामाणिक आहे का?

तो ग्राहकाला फसवत नाही ना?

तो फक्त जास्त भावासाठी “ऑरगॅनिक” शब्द वापरत नाही ना?

ही जास्त मोठी गोष्ट आहे.

कारण शेवटी कोणतीही संस्था २४ तास शेतात उभी राहू शकत नाही.

निर्णय शेतकरी घेतो.

तो जमिनीला विष देणार की जीव देणार.

आणि तिथे कोणतेही सर्टिफिकेट कामाला येत नाही.

तिथे फक्त नियत कामाला येते.

सानेन शेळीपालन

काही वर्षांपूर्वी भारतात सानेन या परदेशी शेळीची मोठी चर्चा सुरू झाली. “जास्त दूध देणारी शेळी” म्हणून अनेकांनी तिच्याकडे पाहिले. काही फार्मवर खरोखर चांगले उत्पादन दिसले. सोशल मीडियावर व्हिडिओ व्हायरल झाले. अनेकांनी मोठी गुंतवणूक करून सानेन शेळीपालन सुरू केले.

मी स्वतः सानेन फार्मवर जाऊन व्हिडिओ बनवला आहे. त्यामुळे फक्त ऐकीव नाही तर प्रत्यक्ष दिसलेले काही मुद्दे मांडणे महत्त्वाचे वाटते.

सानेन शेळीमध्ये क्षमता नक्कीच आहे. पण भारतातील परिस्थितीत काही गंभीर अडचणीही स्पष्टपणे दिसायला लागल्या आहेत. हा विषय भावनेतून नाही तर व्यवस्थापन आणि व्यवहाराच्या दृष्टिकोनातून समजून घेतला पाहिजे.

सुरुवातीला उत्पादन चांगले का दिसले?

जेव्हा सुरुवातीला चांगल्या जनुकांच्या लाईन्स बाहेरून आल्या तेव्हा काही फार्मवर दूध उत्पादन खरोखर प्रभावी होते. व्यवस्थित खाद्य, नियंत्रित व्यवस्थापन आणि निवडक प्रजनन यामुळे परिणाम चांगले मिळाले.

पण नंतर मुख्य समस्या सुरू झाली ती म्हणजे जनुकीय मर्यादा.

नवीन इम्पोर्ट कमी झाले किंवा बंद झाले. मग त्याच रक्ताच्या प्राण्यांमध्ये पैदास सुरू राहिली. अनेक ठिकाणी नियोजनबद्ध ब्रीडिंगपेक्षा उपलब्ध बोकड वापरून पैदास झाली. यामुळे इनब्रीडिंगचे परिणाम दिसायला लागले.

आज काही फार्मवर खालील समस्या दिसतात :

- दूध उत्पादनात घट
- कमजोर पिल्ले
- वाढ कमी होणे
- रोगप्रतिकारक शक्ती कमी होणे
- रिपीट ब्रीडिंग

• पाय व सांध्यांचे प्रश्न

• उष्णता सहन न होणे

हे सर्व फार्ममध्येच घडते असे नाही. पण हा प्रश्न पूर्णपणे नाकारता येत नाही.

भारतीय हवामान ही मोठी मर्यादा

सानेन ही मूळतः थंड हवामानातील जात आहे. महाराष्ट्रासारख्या भागात एप्रिल-मे महिन्यातील उष्णता आणि आर्द्रता तिच्यावर परिणाम करू शकते.

त्यामुळे अनेक फार्ममध्ये :

• फॉगर्स

• फॅन्स

• कूलिंग सिस्टीम

• विशेष शेड

• उच्च दर्जाचे संतुलित खाद्य

यावर अतिरिक्त खर्च करावा लागतो.

म्हणजे फक्त “दूध किती” हे बघून व्यवसायाचे गणित लागत नाही. “त्या दुधासाठी किती खर्च येतो” हे जास्त महत्त्वाचे असते.

सगळ्यात दुर्लक्षित मुद्दा : बाजारपेठ

बकरीचे दूध हा अजूनही भारतात मर्यादित बाजार आहे.

लोक अनेकदा सांगतात :

“बकरीचे दूध १०० ते १५० रुपये लिटर जाते.”

पण प्रत्यक्ष प्रश्न असा असतो :

दररोज नियमित ग्राहक किती आहेत?

गाय आणि म्हशीच्या दुधासारखी स्थिर संकलन व्यवस्था बहुतांश भागात उपलब्ध नाही. त्यामुळे अनेक शेतकऱ्यांना खालील समस्या येतात :

• रोजची विक्री अनिश्चित

• मर्यादित ग्राहक वर्ग

• वाहतूक खर्च

• थंड साखळी नसणे

• कमी प्रमाणामुळे प्रोसेसिंग अवघड जाणे

काही फार्म स्वतः ब्रँडिंग करून, साबण, चीज किंवा प्रोसेसिंग करून टिकण्याचा प्रयत्न करतात. पण त्यासाठी स्वतंत्र मार्केटिंग कौशल्य लागते.

फक्त शेळी चांगली आहे म्हणून व्यवसाय चालत नाही.

लोकल शेळ्यांचे महत्त्व इथे समजते

उस्मानाबादी, बीटल, सोयत किंवा इतर स्थानिक प्रकार यांची काही महत्त्वाची वैशिष्ट्ये आहेत :

• उष्णता सहनशक्ती तुलनेने चांगली

• स्थानिक रोगांशी जुळवून घेण्याची क्षमता

• उपलब्ध खाद्यावर टिकण्याची क्षमता

• व्यवस्थापन खर्च तुलनेने कमी

• मटणासाठी कायम मागणी

याचा अर्थ स्थानिक जाती “जास्त दूध” देतीलच असे नाही. पण अनेक वेळा त्या व्यवहारात टिकाऊ ठरतात.

भारतीय परिस्थितीत “टिकाव” हा उत्पादनाइतकाच महत्त्वाचा मुद्दा आहे.

आज शेळीपालनात खरा प्रश्न काय आहे?

समस्या सानेनमध्येच आहे असे नाही. मुख्य समस्या म्हणजे :

• फक्त सोशल मीडियावर आधारित निर्णय

• बाजारपेठेचा अभ्यास न करणे

- जनुक व्यवस्थापनाकडे दुर्लक्ष
- खाद्य खर्चाचे चुकीचे गणित
- वैद्यकीय खर्च कमी समजणे
- उत्पादन आणि नफा यातला फरक न समजणे

एखादी शेळी ५ लिटर दूध देते म्हणजे व्यवसाय नफ्यात आहे असे होत नाही.

जर त्या दुधासाठी रोज महाग खाद्य, कूलिंग आणि औषधे लागत असतील तर अंतिम नफा कमी होऊ शकतो.

मग सानेन घ्यावी की नाही?

हा निर्णय “ट्रेंड” बघून घेण्याचा विषय नाही.

जर :

- तुमच्याकडे बाजार असेल
- व्यवस्थापन क्षमता असेल
- चांगले जनुक उपलब्ध असतील
- तापमान नियंत्रण शक्य असेल
- वैज्ञानिक प्रजनन करता येत असेल

तर सानेनवर काम होऊ शकते.

पण फक्त “जास्त दूध” या एका कारणासाठी मोठी गुंतवणूक करणे धोकादायक ठरू शकते.

विशेषतः नवशिक्या लोकांनी आधी स्थानिक परिस्थिती समजून घेतली पाहिजे.

भारतीय शेळीपालनाचा पाया अजूनही स्थानिक जाती आणि मटण बाजारावरच उभा आहे. हे वास्तव स्वीकारणे महत्त्वाचे आहे.

गायींमध्ये एम्ब्रियो ट्रान्सफर टेक्निक

गेल्या काही वर्षांमध्ये भारतीय दुग्धव्यवसाय आणि गोपालनामध्ये मोठे बदल झाले आहेत. आधी चांगली गाय मिळवण्यासाठी वर्षानुवर्षे निवड, पैदास आणि नशिबावर अवलंबून राहावे लागायचे. आता विज्ञानामुळे एका उच्च प्रतीच्या गायीपासून कमी वेळेत अनेक उत्कृष्ट वासरे तयार करणे शक्य झाले आहे. हीच पद्धत म्हणजे "एम्ब्रियो ट्रान्सफर टेक्निक" किंवा ETT.

ही टेक्निक काय आहे, कशी केली जाते, तिचे फायदे-तोटे काय आहेत, भारतीय गायींमध्ये तिची वास्तविक परिस्थिती काय आहे, खर्च किती येतो आणि छोट्या शेतकऱ्यांनी याकडे कसे पाहावे याबद्दल सविस्तर माहिती पाहू.

एम्ब्रियो ट्रान्सफर म्हणजे नेमकं काय?

सोप्या भाषेत सांगायचं तर, एका उच्च जनुकीय क्षमतेच्या गायीपासून तयार झालेला गर्भ (Embryo) दुसऱ्या सामान्य गायीच्या गर्भाशयात ठेवणे म्हणजे एम्ब्रियो ट्रान्सफर.

म्हणजेच,

एक गाय "जनुकीय आई" असते आणि दुसरी गाय "गर्भ धारण करणारी आई" असते.

उदाहरणार्थ:

जर तुमच्याकडे 20 लिटर दूध देणारी उत्कृष्ट गीर किंवा साहीवाल गाय असेल, तर नैसर्गिक पद्धतीने ती वर्षाला जास्तीत जास्त एकच वासरू देईल. पण एम्ब्रियो ट्रान्सफरमुळे त्याच गायीपासून एका वर्षात 8 ते 20 पर्यंत एम्ब्रियो घेता येऊ शकतात.

ही प्रक्रिया कशी चालते?

1) डोनर गाय निवड

सर्वप्रथम उत्कृष्ट जनुकीय क्षमता असलेली गाय निवडली जाते.

ही गाय:

जास्त दूध देणारी

निरोगी

प्रजननक्षम

चांगल्या वंशावळीची

रोगमुक्त असावी लागते.

भारतात सामान्यतः गीर, साहीवाल, थारपारकर, रेड सिंधी यांसारख्या जातींमध्ये ही प्रक्रिया केली जाते.

2) सुपर ओव्ह्युलेशन

सामान्य गाय एका हीटमध्ये एकच अंडे तयार करते. पण ET मध्ये हार्मोन्स देऊन एकावेळी अनेक अंडी तयार केली जातात. याला Super Ovulation म्हणतात.

FSH सारखी हार्मोन्स इंजेक्शनद्वारे दिली जातात.

3) कृत्रिम रेतन (AI)

गाय हीटमध्ये आल्यानंतर उत्कृष्ट बैलाचे वीर्य वापरून कृत्रिम रेतन केले जाते.

साधारणतः 2 ते 3 वेळा AI केली जाते.

4) एम्ब्रियो फ्लशिंग

AI झाल्यानंतर साधारण 7 व्या दिवशी गर्भाशयातून विशेष द्रव वापरून एम्ब्रियो बाहेर काढले जातात. याला Embryo Flushing म्हणतात.

सर्व एम्ब्रियो चांगल्या दर्जाचे असतीलच असे नाही.

काही:

Grade A

काही Grade B

तर काही खराब असू शकतात.

5) रिसिपियंट गायमध्ये ट्रान्सफर

चांगल्या दर्जाचा एम्ब्रियो दुसऱ्या निरोगी गायीच्या गर्भाशयात ठेवला जातो.

ही गाय एम्ब्रियो वाढवून पूर्ण वासरू जन्माला घालते.

वासराचे जनुक मात्र डोनर गाय आणि बैलाचेच असतात.

भारतात ET चे महत्त्व का वाढत आहे?

1) देशी गायींचे संवर्धन

भारतातील मूळ जाती वेगाने कमी होत आहेत. ET मुळे उत्कृष्ट देशी गायींचा प्रसार जलद करता येतो.

2) जलद जनुकीय सुधारणा

पूर्वी चांगल्या रक्ताची लाईन वाढवायला 20 वर्षे लागायची. आता 5 वर्षांत मोठा बदल शक्य आहे.

3) दुर्मिळ जनुकांचे जतन

उच्च दर्जाच्या गायी वृद्ध झाल्या किंवा अपघातात मृत्यू झाला तरी त्यांचे एम्ब्रियो जतन करता येतात.

4) जास्त नफा

उच्च जनुकीय क्षमता असलेली वासरे महाग विकली जातात.

आज अनेक ET वासरे लाखोंमध्ये विकली जात आहेत.

5) निर्यात क्षमता

भारतीय गीर आणि साहीवाल जातींना जगभर मागणी आहे. ब्राझीलमध्ये भारतीय गीरवर मोठे काम झाले आहे.

भारतीय परिस्थितीतील वास्तव

सोशल मीडियावर ET बद्दल खूप गाजावाजा केला जातो. पण प्रत्यक्षात गोष्ट एवढी सोपी नाही.

1) प्रत्येक गाय योग्य नसते

20 लिटर दूध देणारी गाय म्हणजे ती ET साठी योग्यच असेल असे नाही.

2) यशाचा दर मर्यादित असतो

प्रत्येक फ्लशमध्ये एम्ब्रियो मिळतीलच असे नाही.

प्रत्येक एम्ब्रियो टिकेलच असे नाही.

प्रत्येक ट्रान्सफर प्रेग्नन्सीत बदलेलच असे नाही.

साधारणतः:

60 ते 70% फ्लशिंग यशस्वी

40 ते 60% प्रेग्नन्सी

यापेक्षा कमी-जास्त परिणाम असू शकतात.

3) खर्च मोठा आहे

हार्मोन्स, AI, फ्लशिंग, तज्ञ डॉक्टर, लॅब, रिसिपियंट गायी, व्यवस्थापन यामुळे खर्च खूप वाढतो.

एका सायकलला:

50 हजार ते 2 लाखांपर्यंत खर्च जाऊ शकतो.

4) व्यवस्थापन अत्यंत महत्त्वाचे

फक्त टेक्निक करून उपयोग नाही.

पोषण

खनिजे

उष्णतेचे व्यवस्थापन

रोग नियंत्रण

हीट सायकल सिंक्रोनायझेशन

स्ट्रेस कमी ठेवणे

हे सर्व अत्यंत महत्त्वाचे आहे.

ET आणि IVF यात फरक काय?

अनेक लोक ET आणि IVF एकच समजतात पण फरक आहे.

ET मध्ये:

गायीच्या शरीरातच फलन होते.

नंतर एम्ब्रियो बाहेर घेतले जातात.

IVF मध्ये:

अंडी बाहेर काढली जातात.

लॅबमध्ये फलन केले जाते.

नंतर एम्ब्रियो तयार होतो.

IVF अधिक आधुनिक पण अधिक खर्चिक आहे.

भारतात कोण काम करत आहे?

भारतामध्ये:

NDDB

BAIF

ICAR

राज्य पशुसंवर्धन विभाग

खाजगी IVF कंपन्या

या क्षेत्रात काम करत आहेत.

अनेक राज्यांमध्ये गीर, साहीवाल आणि म्हशींवर मोठ्या प्रमाणात काम सुरू आहे.

लहान शेतकऱ्यांनी काय करावे?

इथे वास्तव समजून घेणे महत्त्वाचे आहे.

जर तुमच्याकडे:

चांगला चारा

उत्तम व्यवस्थापन

जनावरांचे आरोग्य नियंत्रण

दुग्धव्यवसायाचा अनुभव

मार्केट

आर्थिक क्षमता

नसेल तर फक्त ET करून काही होणार नाही.

अनेक लोक फक्त "हायटेक" शब्द ऐकून लाखो रुपये खर्च करतात आणि नंतर अडचणीत येतात.

खरी गोष्ट म्हणजे:

सामान्य पण निरोगी गाय + चांगले व्यवस्थापन

हे अनेकदा "हायटेक" पण खराब व्यवस्थापनापेक्षा जास्त फायदेशीर असते.

ET मध्ये भविष्यात काय होऊ शकते?

पुढील काही वर्षांत:

Sexed Semen

Genomic Testing

IVF

Embryo Freezing

Precision Breeding

यांचा वापर मोठ्या प्रमाणात वाढेल.

भारतातील दुग्धव्यवसाय अधिक वैज्ञानिक होईल.

पण त्याचबरोबर एक धोका देखील आहे.

जर सगळेजण फक्त "जास्त दूध" याच निकषावर निवड करू लागले तर:

रोगप्रतिकारक क्षमता

उष्णता सहनशक्ती

स्थानिक वातावरणाशी जुळवून घेण्याची ताकद

कमी होऊ शकते.

म्हणूनच देशी गायींचे मूळ गुण जपणे अत्यंत आवश्यक आहे.

निष्कर्ष

एम्ब्रियो ट्रान्सफर ही खूप प्रभावी आणि भविष्यात महत्त्वाची ठरणारी टेक्नॉलॉजी आहे. पण ती जादू नाही.

फक्त टेक्नॉलॉजीने शेती किंवा पशुपालन यशस्वी होत नाही. व्यवस्थापन, पोषण, निवड, बाजारपेठ आणि शेतकऱ्याची समज हे अजूनही सर्वात महत्त्वाचे घटक आहेत.

उत्कृष्ट गाय तयार करणे म्हणजे फक्त जास्त दूध नव्हे.

तर:

दीर्घ आयुष्य

कमी आजार

चांगली प्रजनन क्षमता

कमी खर्च

स्थानिक वातावरणाशी जुळवून घेण्याची ताकद

हे सुद्धा तितकेच महत्त्वाचे आहे.

भविष्य विज्ञानाचे आहे. पण विज्ञान वापरताना वास्तव समजून वापरणे त्याहून महत्त्वाचे आहे.

फार्म ऑटोमेशन

फार्म ऑटोमेशन म्हणजे शेतीतील कामे मशीन, सेन्सर, कंट्रोल सिस्टम, मोबाईल आणि डेटा वापरून कमी मनुष्यबळात, कमी चुका आणि जास्त अचूकतेने करणे.

आजच्या काळात हे फक्त मोठ्या श्रीमंत शेतकऱ्यांचे खेळणे राहिलेले नाही. मजूर टंचाई, पाण्याची समस्या, वाढता खर्च आणि वेळेची कमतरता यामुळे ऑटोमेशन हळूहळू गरज बनत आहे.

पण सुरुवातीलाच एक गोष्ट स्पष्ट समजून घेतली पाहिजे.

ऑटोमेशन म्हणजे फक्त ड्रोन, रोबोट किंवा AI नाही.

साधा ऑटोमॅटिक मोटर स्टार्टर, टाइमर बेस्ड सिंचन, फ्लोट वाल्व, मिल्किंग मशीन, फर्टिगेशन युनिट, CCTV हे सुद्धा ऑटोमेशनच आहे.

शेतीत ऑटोमेशनची गरज का निर्माण झाली?

१) मजूर टंचाई

विशेषतः भाजीपाला, डेअरी, फळबाग, पोल्ट्री आणि ग्रीनहाऊस शेतीमध्ये सतत कामगार लागतात. पण कायमस्वरूपी कुशल मजूर मिळणे कठीण होत चालले आहे.

२) मजुरी खर्च वाढला

अनेक पिकांमध्ये मजुरी हा सर्वात मोठा खर्च बनतो.

३) वेळेवर काम महत्त्वाचे झाले

सिंचन, फवारणी, खत व्यवस्थापन, दूध काढणे यामध्ये उशीर झाला तर थेट उत्पादनावर परिणाम होतो.

४) अचूक शेतीची गरज

जास्त पाणी, जास्त खत किंवा चुकीची फवारणी यामुळे खर्च वाढतो आणि माती खराब होते. ऑटोमेशनमुळे आवश्यक तेवढेच इनपुट देता येते.

५) मोठ्या शेताचे व्यवस्थापन

१० एकरपर्यंत शेतकरी स्वतः नियंत्रण ठेवू शकतो. पण क्षेत्र वाढले, डेअरी जोडली, प्रक्रिया उद्योग जोडला की डेटा आणि ऑटोमेशन महत्त्वाचे बनते.

ऑटोमेशनचे प्रमुख प्रकार

सिंचन ऑटोमेशन

भारतात सर्वात practical आणि फायदेशीर प्रकार.

- मोबाईलवरून मोटर सुरू-बंद
- ऑटोमॅटिक स्टार्टर
- ड्रिप ऑटोमेशन
- टाइमर बेस्ड सिंचन
- मातीतील ओलावा सेन्सर
- फर्टिगेशन कंट्रोल

यामुळे पाणी, वीज आणि वेळ वाचतो.

डेअरी ऑटोमेशन

- मिल्किंग मशीन
- फीड मिक्सर
- ऑटो वॉटर सिस्टम
- गोठा फॅन आणि फॉगर्स
- RFID टॅगिंग
- हीट डिटेक्शन

विशेषतः मध्यम आणि मोठ्या डेअरीमध्ये उपयुक्त.

ग्रीनहाऊस / पॉलीहाऊस ऑटोमेशन

- तापमान नियंत्रण

• आर्द्रता नियंत्रण

• फॉगिंग

• व्हेंटिलेशन

• ऑटो शेडनेट

• EC आणि pH नियंत्रण

कंट्रोल्ड फार्मिंगमध्ये ऑटोमेशन जवळपास आवश्यकच असते.

ड्रोन आणि प्रिसिजन फार्मिंग

• फवारणी ड्रोन

• रोग निरीक्षण

• NDVI मॅपिंग

• खत व्यवस्थापन

मोठ्या क्षेत्रात किंवा सेवा व्यवसाय म्हणून जास्त फायदेशीर.

CCTV आणि सुरक्षा

• वन्य प्राणी नियंत्रण

• पंप चोरी रोखणे

• शेतावर दूरस्थ निगराणी

• मोबाईल अलर्ट

विशेषतः एकाकी शेतांसाठी उपयुक्त.

फार्म मॅनेजमेंट सॉफ्टवेअर

• खर्च नोंदी

• उत्पादन डेटा

• औषध आणि फवारणी रेकॉर्ड

• दूध उत्पादन

• सिंचन माहिती

• कामगार व्यवस्थापन

मोठ्या व्यवसायात डेटा म्हणजेच नियंत्रण.

किती क्षेत्रावर ऑटोमेशन योग्य?

हे फक्त क्षेत्रावर ठरत नाही.

पिकाचा प्रकार, मजूर गरज, पाण्याची उपलब्धता, डेअरी आहे का, व्यवस्थापन किती गुंतागुंतीचे आहे यावर अवलंबून असते.

१ ते ५ एकर

पूर्ण रोबोटिक्सचा अर्थ नसतो.

पण खालील गोष्टी अत्यंत उपयोगी ठरू शकतात:

• ऑटोमॅटिक स्टार्टर

• ड्रिप सिंचन

• टाइमर

• CCTV

• बेसिक फर्टिगेशन

५ ते २० एकर

इथे सेमी-ऑटोमेशन उपयोगी होऊ लागते.

• मल्टीझोन सिंचन

• सेन्सर बेस्ड सिंचन

• फर्टिगेशन कंट्रोल

• डेटा व्यवस्थापन

२० एकरपेक्षा जास्त

इथे उत्पादनापेक्षा व्यवस्थापन मोठे आव्हान बनते.

- ड्रोन
- GPS आधारित यंत्रे
- केंद्रीकृत सिंचन नियंत्रण
- डिजिटल मॉनिटरिंग

डेअरीमध्ये

५-१० जनावरे

बेसिक उपकरणे पुरेशी.

२०-५० जनावरे

मिल्किंग मशीन, फीड सिस्टम, वातावरण नियंत्रण फायदेशीर होऊ लागते.

५० पेक्षा जास्त

ऑटोमेशनचा आर्थिक फायदा स्पष्ट दिसू लागतो.

ऑटोमेशनचे खरे फायदे

१) मजूर अवलंबित्व कमी होते

२) पाणी बचत होते

३) खत आणि औषधांचा अपव्यय कमी होतो

४) वेळेवर काम होते

५) अचूकता वाढते

६) उत्पादनात सातत्य येते

७) डेटा मिळतो

८) मोठे क्षेत्र सांभाळणे सोपे होते

९) २४ तास नियंत्रण शक्य होते

पण समस्या आणि मर्यादा देखील आहेत

१) सुरुवातीचा खर्च

२) ग्रामीण भागात सर्व्हिसची समस्या

३) सेन्सर आणि इलेक्ट्रॉनिक्स खराब होणे

४) वीज आणि नेटवर्कवर अवलंबित्व

५) तांत्रिक ज्ञानाची गरज

६) चुकीचे ऑटोमेशन नुकसान करू शकते

उदाहरणार्थ, माती न समजता फक्त सेन्सरवर सिंचन चालवले तर पिकाचे नुकसान होऊ शकते.

भारतातील वास्तव

भारतामध्ये "पूर्ण रोबोटिक शेती" अजून मर्यादित आहे. सोशल मीडियावर दिसणारे अनेक मॉडेल practical नसतात.

भारतात सर्वात जास्त फायदेशीर ठरत आहेत:

• सिंचन ऑटोमेशन

• डेअरी ऑटोमेशन

• कमी मजूर लागणारी उपकरणे

• डेटा आधारित व्यवस्थापन

म्हणजेच "लो-कॉस्ट practical automation".

भविष्य काय आहे?

पुढील काही वर्षांत खालील गोष्टी सामान्य होतील:

• AI आधारित रोग ओळख

• ड्रोन फवारणी

• मोबाईलवर पूर्ण फार्म कंट्रोल

• चालकाविना यंत्रे

• ऑटो वीडिंग मशीन

• अचूक खत व्यवस्थापन

पण भारतीय परिस्थितीत यशस्वी होणारे मॉडेल हे कमी खर्चातील, टिकाऊ आणि स्थानिक परिस्थितीला अनुरूप ऑटोमेशन असेल.

शेवटी महत्त्वाचा मुद्दा

प्रत्येक नवीन मशीन घेणे म्हणजे प्रगती नाही.

जिथे मजूर खर्च वाचतो, वेळ वाचतो, उत्पादन सुधारते आणि नियंत्रण वाढते तिथेच ऑटोमेशन उपयोगी आहे.

कधी कधी साधा ऑटोमॅटिक स्टार्टर हा लाखोंच्या ड्रोनपेक्षा जास्त फायदेशीर ठरतो.

मुरघास : भविष्याची गरज

आजही अनेक शेतकरी "हिरवा चारा आहे तोपर्यंत ठीक" या पद्धतीने पशुपालन करतात. पावसाळ्यात चारा भरपूर असतो, थंडीमध्ये काही प्रमाणात टिकतो, पण उन्हाळा आला की खरी परीक्षा सुरू होते. मग कडबा, ऊस पाचट, विकतचा चारा, महाग feed आणि शेवटी दूध कमी. हे चक्र दरवर्षी चालूच राहते.

पण जगभरातील मोठे डेअरी फार्म अनेक वर्षांपासून एक गोष्ट करतात. चारा "उगवला तेव्हा वापरा" एवढ्यावर न थांबता "उगवला तेव्हा साठवा" ही पद्धत वापरतात. त्यालाच आपण मुरघास किंवा Silage म्हणतो.

मुरघास म्हणजे हिरवा चारा ऑक्सिजनशिवाय बंद अवस्थेत आंबवून टिकवून ठेवलेले पशुखाद्य. साध्या भाषेत सांगायचे तर हिरवा चारा खराब न होता महिनोन्महिने टिकवण्याची शास्त्रीय पद्धत.

हे फक्त मोठ्या डेअरीवाल्यांचे काम आहे असा गैरसमज आहे. प्रत्यक्षात लहान शेतकऱ्यालाच याची जास्त गरज आहे. कारण मोठा शेतकरी चारा विकत घेऊ शकतो, लहान शेतकरी नाही.

सगळ्यात महत्त्वाची गोष्ट म्हणजे मुरघास म्हणजे फक्त "मका कापून खड्ड्यात टाकणे" नाही. त्यामागे संपूर्ण विज्ञान आहे. चुकीची वेळ, चुकीची आर्द्रता, हवा राहणे, पाणी जाणे, खराब compaction यामुळे लाखोंचे नुकसान होऊ शकते.

मुरघास कशाचा बनवू शकतो?

भारतामध्ये सर्वात जास्त मका मुरघास लोकप्रिय आहे. कारण मक्यामध्ये ऊर्जा आणि स्टार्च भरपूर असतो. दूध वाढीसाठी तो उत्तम मानला जातो. पण "मका म्हणजेच मुरघास" असे नाही.

ज्वारीचा मुरघास महाराष्ट्रासाठी खूप व्यवहार्य आहे. विशेषतः कोरडवाहू भागात. कमी पाण्यात चांगले उत्पादन येते. काही भागात बाजरी वापरतात.

Cowpea किंवा चवळी प्रथिनांसाठी मिक्स करतात. नेपियर, ओट्स, सोयाबीन fodder, ऊस टॉप, काही प्रमाणात पाचट सुद्धा वापरले जाते.

पण प्रत्येक चारा तसाच भरून चालत नाही. त्यात Dry Matter, साखर, फायबर, आर्द्रता याचा मोठा संबंध असतो.

सर्वात उत्तम कोणता?

जर फक्त दूध उत्पादन, ऊर्जा, palatability आणि digestibility बघितली तर मका मुरघास अजूनही नंबर 1 आहे.

पण प्रत्येक भागासाठी तो व्यवहार्य असेलच असे नाही. जिथे पाणी कमी आहे तिथे ज्वारी जास्त practical आहे. काही ठिकाणी मका + Cowpea मिश्रण उत्तम परिणाम देते कारण ऊर्जेसोबत प्रथिने मिळतात.

म्हणजे “सर्वांसाठी एकच फॉर्म्युला” असे शेतीत कधीच नसते.

मुरघासासाठी पिकाची योग्य अवस्था कोणती?

इथेच सर्वात मोठ्या चुका होतात.

लोक खूप लहान हिरवा मका कापतात. कारण दिसायला हिरवा आणि रसाळ असतो. पण त्यात पाणी जास्त असते. अशा चाऱ्यातून आंबूस पाणी बाहेर पडते आणि nutrients वाहून जातात.

तर काही लोक खूप जुना, कडक चारा भरतात. मग digestibility कमी होते.

मक्यामध्ये Milk to Dough stage सर्वोत्तम मानली जाते. म्हणजे दाणे तयार झालेले असतात पण पूर्ण कठीण नसतात.

ज्वारीमध्ये 50% flowering ते soft dough stage योग्य.

चारा किती बारीक चिरावा?

साधारण 1 ते 2 सेंटीमीटर.

खूप मोठा असेल तर compaction होत नाही. हवा राहते. बुरशी येते.

खूप बारीक असेल तर काही वेळा rumen function वर परिणाम होऊ शकतो.

मुरघासातील सर्वात मोठा शत्रू कोण?

हवा.

बस्स. एवढे लक्षात ठेवा.

मुरघास हा ऑक्सिजनरहित fermentation process आहे. आत हवा राहिली की fungus, heating, spoilage सुरू होते.

म्हणून compaction म्हणजे जीव आहे.

लोक लाखोंची मशीन घेतात पण व्यवस्थित दाबत नाहीत. मग वरचा थर काळा पडतो, गरम होतो, कुजका वास येतो आणि ते जनावरांना टाकावे लागते.

मुरघास करण्याच्या पद्धती

सगळ्यात जुनी आणि स्वस्त पद्धत म्हणजे Pit Silage.

जमिनीत खड्डा किंवा trench बनवायचा. प्लास्टिक टाकायचे. चारा भरायचा. प्रत्येक layer व्यवस्थित दाबायचा. पूर्ण भरल्यावर airtight बंद करायचा.

मोठ्या शेतकऱ्यांसाठी ही अजूनही सर्वात economical पद्धत आहे.

पण drainage चुकीचा असेल तर पावसाचे पाणी आत जाते आणि पूर्ण नुकसान होऊ शकते.

दुसरी पद्धत म्हणजे Bunker Silage.

ही आधुनिक pit system आहे. कॉंक्रीटच्या भिंती असतात. मोठे डेअरी फार्म वापरतात. ट्रॅक्टरने compaction चांगले होते. Handling सोपे होते.

पण गुंतवणूक मोठी लागते.

आजकाल महाराष्ट्रात सर्वात वेगाने वाढणारी पद्धत म्हणजे Silage Bags.

500 किलो, 1 टन, 5 टन bags.

यामध्ये transport सोपा होतो. विक्री करणे सोपे होते. Contamination कमी होते. लहान शेतकऱ्याला सुद्धा manageable आहे.

पण bag ची quality खराब असेल, puncture झाले, उंदीर लागले तर नुकसान होते.

1 टन bag ला साधारण 35 ते 45 cubic feet जागा लागू शकते. Density वर अवलंबून असते.

5 टन bags साठी loader, packing system आणि handling वेगळ्या स्तरावर लागते.

पुढच्या काळात मोठा व्यवसाय कोणता वाढेल माहिती आहे?

Custom Silage Packing.

जसे harvesting contractor असतात तसे silage contractor वाढतील.

Baler म्हणजे काय?

हे अजून भारतात फार common नाही पण future इथेच आहे.

Round bale किंवा square bale बनवले जातात. Plastic wrapping करून airtight केले जाते.

Transport खूप सोपा. Export quality handling शक्य.

पण मशीन महाग. Wrapping खर्च वेगळा. त्यामुळे अजून छोटे शेतकरी दूर आहेत.

पण मोठ्या commercial dairy मध्ये हे वाढणार आहे.

मुरघासात बॅक्टेरिया टाकणे गरजेचे आहे का?

हा आजकाल marketing चा मोठा विषय झाला आहे.

खरे काय?

Natural fermentation स्वतः होते. म्हणजे bacteria नसतील तर मुरघास होणार नाही असे नाही.

योग्य stage, योग्य आर्द्रता, चांगले compaction आणि airtight sealing असेल तर inoculant शिवाय उत्कृष्ट मुरघास तयार होतो.

मग commercial bacteria कशासाठी?

Consistency वाढवण्यासाठी.

विशेषतः मोठ्या dairy मध्ये हजारो टन silage असते. तिथे nutrient loss कमी ठेवण्यासाठी Lactobacillus based inoculants वापरले जातात.

लहान शेतकऱ्याने लगेच बाटल्या विकत घेण्यापेक्षा basic science समजून घ्यावे.

Molasses किंवा गूळ वापरावा का?

काही चाऱ्यात sugar कमी असते. तिथे fermentation improve करण्यासाठी वापरतात.

पण मक्यामध्ये बहुतेक वेळा गरज नसते.

युरिया वापरतात का?

हो. काही ठिकाणी वापरतात.

पण चुकीचे प्रमाण धोकादायक असू शकते. त्यामुळे फक्त "व्हिडिओमध्ये पाहिले म्हणून" वापरू नये.

मुरघास चांगला झाला आहे हे कसे ओळखावे?

रंग हिरवट पिवळा किंवा हलका तपकिरी.

वास आंबूस पण pleasant. लोणच्यासारखा.

जर काळा, चिकट, गरम, कुजका वास असेल तर spoilage झालेले असू शकते.

pH साधारण 3.8 ते 4.5 चांगला मानला जातो.

मुरघासाचे फायदे काय?

सगळ्यात मोठा फायदा म्हणजे चाऱ्यात सातत्य.

जनावरांच्या पोटाला रोज वेगळे खाद्य नको असते. अचानक बदल दूध आणि आरोग्यावर परिणाम करतात.

मुरघासामुळे:

वर्षभर चारा उपलब्ध राहतो

उन्हाळ्यात आधार मिळतो

दुधातील fluctuation कमी होते

हिरवा चारा वाया जात नाही

मोठ्या फार्ममध्ये मजूर कमी लागतात

ration balancing सोपे होते

drought management होते

पण तोटे नाहीत का?

नक्की आहेत.

सुरुवातीला setup खर्च येतो.

चूक झाली तर मोठे नुकसान होते.

Plastic waste हा पुढे गंभीर प्रश्न होणार आहे.

Pit मध्ये पाणी गेले तर पूर्ण silage खराब होऊ शकतो.

आणि सर्वात महत्त्वाचे म्हणजे pit उघडल्यानंतर रोज feeding सुरू ठेवावे लागते. कमी वापर असेल तर exposed भाग गरम होतो.

म्हणूनच अनेक लोक unnecessarily मोठे pit करतात आणि नंतर spoilage वाढते.

Storage system नेहमी daily consumption नुसार ठरवला पाहिजे.

एका दुधाळ गाईला साधारण 15 ते 25 किलो मुरघास दररोज लागू शकतो.

25 गायी असतील तर दिवसाला 400 ते 600 किलो consumption जाऊ शकते.

म्हणजे महिन्याला 12 ते 18 टन.

यावरूनच pit, bag, bunker size ठरवावे.

साठवण क्षमता कशी मोजतात?

Compaction वर खूप अवलंबून असते.

साधारण density 550 ते 750 किलो प्रति cubic meter धरतात.

10 × 10 × 10 फूट pit साधारण 15 ते 20 टन capacity देऊ शकतो.

भविष्य काय आहे?

भारतात grazing कमी होत आहे. पाणी समस्या वाढत आहे. मजूर कमी होत आहेत. Commercial dairy वाढत आहे.

म्हणून मुरघास हा आता “optional” विषय राहणार नाही.

पुढच्या काळात:

fortified silage

probiotic silage

silage trading

custom baling

mechanized feeding

IoT moisture monitoring

silage testing labs

हे सगळे स्वतंत्र व्यवसाय बनतील.

शेवटी एक गोष्ट लक्षात ठेवा.

मुरघास म्हणजे फक्त चारा साठवण नाही. तो पशुपालनातील “planning” आहे.

ज्याच्याकडे वर्षभर खाद्याची व्यवस्था आहे तोच पशुपालक टिकणार. बाकी लोक दरवर्षी उन्हाळा आला की feed dealer च्या दारात उभे राहणार.

बांधावरची शेती

शेतीचा बांध म्हणजे फक्त दोन शेतांमधली रेषा नाही. योग्य पद्धतीने विकसित केला तर तो शेताचा सुरक्षा रक्षक, पाणी अडवणारा बफर, माती वाचवणारी भिंत, वारा नियंत्रक, जैवविविधतेचा पट्टा आणि कायम उत्पन्न देणारी मालमत्ता बनू शकतो.

आज बहुतेक शेतकरी मुख्य पिकावर लक्ष देतात पण बांधाकडे दुर्लक्ष करतात. प्रत्यक्षात शेतातील सर्वात कमी वापरली जाणारी जागा म्हणजे बांध. आणि भविष्यात सर्वात जास्त महत्त्वाची ठरणारी जागाही तीच असू शकते.

कारण हवामान बदलत आहे. वाऱ्याचा वेग वाढतो आहे. पाण्याचे चक्र बदलत आहे. तापमान वाढत आहे. माती वाहून जाणे वाढत आहे. अशा काळात फक्त पीक घेणे पुरेसे राहणार नाही. शेताभोवती एक जिवंत संरक्षण प्रणाली उभी करावी लागेल.

माझ्या मते आदर्श बांध असा असावा की तो एकाच वेळी:

- सीमा स्पष्ट करेल
- शेजाऱ्याचे अतिक्रमण थांबवेल
- जनावरांना रोखेल
- चोरट्या हालचाली कमी करेल
- वेस्ट विंड बॅरियर बनेल
- माती वाहून जाणे थांबवेल
- पाणी अडवेल
- जैवविविधता वाढवेल
- फळ, लाकूड, चारा, औषधी मूल्य देईल
- आणि भविष्यात मालमत्ता बनेल

यासाठी "मल्टिलेयर लिव्हिंग बाउंडरी" सर्वात प्रभावी मॉडेल ठरू शकते.

सगळ्यात बाहेर करवंद, अगावे आणि काही ठिकाणी निवडुंग.

ही फक्त झाडे नाहीत. हे नैसर्गिक सुरक्षा कवच आहे.

करवंदाचे फायदे:

- काटेरी असल्यामुळे जनावरे आत घुसत नाहीत
- शेजारी बांध सरकवणे कठीण होते
- दाट वाढ झाल्यावर नैसर्गिक कंपाउंड तयार होते
- कमी पाण्यात टिकते
- फळांचे उत्पन्न मिळते
- पक्षी येतात
- जैवविविधता वाढते

अगावे लगेच संरक्षण तयार करते. त्याची रचना अशी असते की जनावरे सहज आत शिरत नाहीत.

यामुळे भविष्यात काटेरी तार, सिमेंट कंपाउंड किंवा सततच्या दुरुस्तीचा खर्च कमी होतो.

या जिवंत कुंपणाच्या आत ८ ते १० फुटांचा सर्व्हिस रोड.

हा भाग अत्यंत महत्त्वाचा आहे.

अनेकांना वाटते ही जागा वाया जाते. पण प्रत्यक्षात हा रस्ता पुढील ३० वर्षांची शेती सुलभ करतो.

- ट्रॅक्टर फिरवणे सोपे होते
- फवारणी यंत्रे सहज जातात
- ड्रिप आणि पाइपलाइन दुरुस्ती शक्य होते
- फळ तोडणी सुलभ होते
- जनावरांची हालचाल होते

• अग्निरोधक पट्टा तयार होतो

• भविष्यातील फार्म ऑटोमेशनसाठी जागा तयार राहते

यानंतर फळझाडे आणि ॲग्रोफॉरेस्ट्री पट्टा.

इथे दिशेनुसार झाडे निवडणे महत्त्वाचे.

पश्चिम बाजू

ही बाजू सर्वात महत्त्वाची.

कारण पश्चिमेकडून गरम वारे येतात. हे वारे फक्त पानं हलवत नाहीत. ते मातीतील ओलावा खेचतात, पिकावर ताण आणतात आणि बाष्पीभवन वाढवतात.

म्हणून पश्चिमेला:

• करवंद

• करंज

• कडुनिंब

• अर्जुन

• बांबू योग्य अंतरावर

• नारळ

• जांभूळ

• चिंच

यांसारखी झाडे प्रभावी वारा फिल्टर तयार करतात.

यामुळे:

• शेतातील तापमान कमी राहते

• ओलावा जास्त टिकतो

• पिकाचा ताण कमी होतो

• स्प्रे ड्रिफ्ट कमी होते

• माती उडणे कमी होते

दक्षिण बाजू

इथे सतत सूर्यप्रकाश असल्यामुळे जास्त पसरट झाडे टाळावीत.

• नारळ

• सुपारी

• शेवगा

• खजूर

• लिंबू

• सीताफळ

यांसारखी उंच पण कमी सावली देणारी झाडे योग्य ठरतात.

पूर्व बाजू

सकाळचा सूर्य सौम्य असल्यामुळे इथे फळझाडांचा पट्टा उत्तम चालतो.

• पेरू

• डाळिंब

• आवळा

• चिकू

• अंजीर

• लिंबू

उत्तर बाजू

इथे मोठी झाडे तुलनेने सुरक्षित.

• जांभूळ

• चिंच

• आंबा अंतर ठेवून

• कडुनिंब

• अर्जुन

बांधाच्या खाली वेटिव्हर किंवा गवताचा पट्टा.

ही अत्यंत दुर्लक्षित पण महत्त्वाची गोष्ट आहे.

कारण:

• पावसाचे पाणी थांबते

• माती वाहून जात नाही

• बांध मजबूत राहतो

• पाण्याचा वेग कमी होतो

• ओलावा टिकतो

म्हणजे बांध फक्त सीमा राहत नाही. तो पाणी साठवणूक आणि मृदा संरक्षण यंत्रणा बनतो.

या संपूर्ण मॉडेलचा सर्वात मोठा फायदा म्हणजे "कमी देखभाल".

एकदा झाडे स्थिरावली की:

• कमी पाणी

• कमी खत

• कमी फवारणी

• कमी दुरुस्ती

• कमी खर्च

आणि तरीही:

• फळ

• लाकूड

- चारा
- बायोमास
- पर्यावरणीय फायदा
- संरक्षण

सतत मिळत राहते.

भविष्यातील शेतीमध्ये फक्त एकरी उत्पादन महत्त्वाचे राहणार नाही. ज्या शेतकऱ्याने स्वतःच्या शेताभोवती जिवंत संरक्षण प्रणाली उभी केली असेल तोच हवामान बदल, पाणी टंचाई आणि वाढते खर्च यामध्ये टिकेल.

आणि त्या संरक्षणाची सुरुवात बहुतेक वेळा बांधापासूनच होते.

डिस्टंट फार्मिंग करता येते का?

आज बरीच शहरी लोकं विचारतात, "आम्ही शहरात राहतो, आठवड्यातून एकदाच गावी जाऊ शकतो. अशावेळी शेती करता येईल का?"

उत्तर आहे, हो, करता येते. पण प्रत्येक प्रकारची शेती करता येत नाही.

सर्वप्रथम एक गोष्ट समजून घ्या. शेती म्हणजे रोज दिवसभर शेतात उभं राहणं नव्हे. अनेक पिकांमध्ये प्रत्यक्ष कामाचे दिवस खूप कमी असतात. नांगरणी, रोटाव्हेटर, पेरणी, खते, फवारणी, सिंचन आणि काढणी अशी काही महत्त्वाची कामे असतात. उरलेल्या काळात पीक स्वतः वाढत असते.

आज ड्रिप सिंचन, ऑटोमेशन, मोबाईलवरून मोटार सुरू-बंद करण्याची व्यवस्था, सेन्सर्स आणि इतर तंत्रज्ञानामुळे अनेक गोष्टी दूर बसून नियंत्रित करता येतात. त्यामुळे पूर्वीपेक्षा डिस्टंट फार्मिंग अधिक व्यवहार्य झाले आहे.

पण डिस्टंट फार्मिंगचा पाया तंत्रज्ञान नाही, तर सिस्टम आहे.

सर्वात महत्त्वाचा मुद्दा म्हणजे सुरक्षा. तुमची फॅक्टरी, दुकान किंवा ऑफिस असेल तर ते उघडे टाकून देता का? मग शेत मात्र अनेक जण पूर्णपणे उघडे का ठेवतात?

माझ्या मते डिस्टंट फार्मिंग करायचे असेल तर सर्वप्रथम मजबूत कुंपण, व्यवस्थित गेट आणि नियंत्रित प्रवेश असणे आवश्यक आहे. कुंपण हा खर्च नसून गुंतवणूक आहे. जनावरे, चोरी, अतिक्रमण आणि अनावश्यक त्रास मोठ्या प्रमाणात कमी होतो.

त्यानंतर दुसरा महत्त्वाचा मुद्दा म्हणजे मजुरांवर अवलंबित्व कमी असणे.

अनेक जण कापूस, भाजीपाला किंवा इतर पिकांचा विचार करतात. पण कापूससारख्या पिकांमध्ये वेचणीसाठी मोठ्या प्रमाणावर मजूर लागतात. भाजीपाल्यात तर जवळजवळ रोजच निर्णय घ्यावे लागतात. तोडणी,

वर्गीकरण, विक्री, रोग-किडीचे व्यवस्थापन, बाजारभाव यामुळे सतत उपस्थिती आवश्यक असते.

म्हणून डिस्टंट फार्मिंगसाठी अशी पिके अधिक योग्य असतात ज्यामध्ये यांत्रिकीकरण शक्य आहे आणि काढणीसाठी मजुरांची गरज कमी पडते.

उदाहरणार्थ:

गहू

तूर

हरभरा

सोयाबीन

मका

काही प्रमाणात ऊस

ही पिके तुलनेने कमी देखरेखीमध्ये व्यवस्थापित करता येतात. आज गहू, मका आणि अनेक ठिकाणी तूरसुद्धा हार्वेस्टरने काढली जाते. त्यामुळे मजूर शोधण्याची डोकेदुखी कमी होते.

फळबागाही डिस्टंट फार्मिंगसाठी योग्य ठरू शकतात. पण त्यासाठी ड्रिप, ऑटोमेशन आणि चांगली सुरक्षा व्यवस्था आवश्यक आहे. तसेच फुलोरा, फळधारणा, रोग-किडीचा हंगाम आणि काढणीच्या काळात नियमित भेटी आवश्यक असतात. त्या काळात दुर्लक्ष झाले तर नुकसान होऊ शकते.

दुसरीकडे काही गोष्टी डिस्टंट फार्मिंगसाठी योग्य नाहीत.

भाजीपाला उत्पादन, दुग्धव्यवसाय, शेळीपालन, कुक्कुटपालन

इतर कोणतेही लाईव्हस्टॉक फार्मिंग

कारण झाडे काही दिवस तुमची वाट पाहू शकतात, पण जनावरे वाट पाहत नाहीत. त्यांना दररोज खाद्य, पाणी, आरोग्य तपासणी आणि व्यवस्थापन

लागते. आजारी जनावर, खाद्याची कमतरता किंवा इतर समस्या मोबाईलवरून सोडवता येत नाहीत. त्यामुळे अशा व्यवसायांमध्ये स्वतःची किंवा विश्वासू व्यवस्थापकाची सतत उपस्थिती आवश्यक असते.

काही जण चंदनासारख्या झाडांचे उदाहरण देतात. पण चंदन डिस्टंट फार्मिंगसाठी आदर्श उदाहरण नाही. कारण त्यामध्ये चोरीचा धोका मोठा असतो. झाड वाढायला अनेक वर्षे लागतात आणि शेवटी सर्वात मौल्यवान भाग मुळांमध्ये असतो. त्यामुळे सतत सुरक्षा आवश्यक असते.

डिस्टंट फार्मिंगचा खरा अर्थ "शहरात बसून शेती करणे" नाही. खरा अर्थ आहे अशी शेती व्यवस्था उभी करणे जी कमी मानवी हस्तक्षेपात चालू शकते.

ज्या शेतीमध्ये रोज मजूर लागतात, दररोज उत्पादन काढावे लागते, सतत देखरेख आवश्यक असते किंवा प्रत्येक छोट्या निर्णयासाठी शेतात जावे लागते, ती डिस्टंट फार्मिंगसाठी योग्य नाही.

म्हणून डिस्टंट फार्मिंगचा विचार करत असाल तर एकच प्रश्न विचारा:

"मी दोन आठवडे शेतात गेलो नाही तरी ही शेती व्यवस्थित चालेल का?"

जर उत्तर हो असेल, तर ती प्रणाली डिस्टंट फार्मिंगसाठी योग्य आहे. जर उत्तर नाही असेल, तर तुम्ही अजूनही स्वतःच्या उपस्थितीवर अवलंबून आहात.

शेतीमध्ये तंत्रज्ञान मदत करू शकते, ऑटोमेशन मदत करू शकते, हार्वेस्टर मदत करू शकतो. पण शेवटी यशस्वी डिस्टंट फार्मिंगचे तीनच आधारस्तंभ आहेत: मजबूत कुंपण, योग्य पीक निवड आणि कमीत कमी मजुरांवर अवलंबून असलेली शेती व्यवस्था.

शेतीला इन्कम टॅक्स लावावा का?

अलीकडे काही शहरी प्रेक्षकांनी एक प्रश्न उपस्थित केला, "शेतीला इन्कम टॅक्स लावावा का?" हा प्रश्न समोर आला की अनेक शेतकरी लगेच म्हणतात, "शेतकरी आधीच मोडलेला आहे, अजून कंबरडा मोडायचा आहे का?" पण या चर्चेमध्ये अनेकदा भावनांना जास्त महत्त्व दिले जाते आणि वास्तवाकडे दुर्लक्ष केले जाते.

सर्वप्रथम एक गोष्ट समजून घेतली पाहिजे. शेतीला इन्कम टॅक्स लावणे आणि प्रत्येक शेतकऱ्याला इन्कम टॅक्स भरावा लागणे या दोन पूर्णपणे वेगळ्या गोष्टी आहेत.

भारतामध्ये आजही करोडो लोक इन्कम टॅक्स भरत नाहीत. कारण ते करचुकवेगिरी करतात म्हणून नाही, तर त्यांचे उत्पन्नच करपात्र मर्यादेपेक्षा कमी असते. आपल्या आसपास पाहिले तर किराणा दुकानदार, छोटे व्यावसायिक, सेवा देणारे लोक, हातमजूर, स्वयंरोजगार करणारे लाखो लोक आणि मोठ्या प्रमाणावर नोकरी करणारे कर्मचारी देखील करपात्र मर्यादेपेक्षा कमी उत्पन्नामुळे इन्कम टॅक्स भरत नाहीत. ते कायद्याच्या बाहेर नाहीत, पण कर भरण्याच्या मर्यादेबाहेर आहेत.

मग जर आपण स्वतःच म्हणत असू की बहुसंख्य शेतकऱ्यांना शेतीतून पुरेसे उत्पन्न मिळत नाही, अनेक शेतकरी तोट्यात आहेत, अनेकांना जगणे कठीण झाले आहे, तर शेतीला इन्कम टॅक्स लागू झाला तरी बहुसंख्य शेतकरी करपात्र मर्यादेबाहेरच राहतील. म्हणजे त्यांना प्रत्यक्षात टॅक्स भरावा लागणार नाही.

खरा प्रश्न "टॅक्स लागू आहे का?" हा नसून "करपात्र उत्पन्न किती आहे?" हा आहे. कारण टॅक्स हा नफ्यावर लागतो, तोट्यावर नाही.

उलटपक्षी, जर एखाद्या शेतकऱ्याचे उत्पन्न इतके मोठे असेल की तो करपात्र मर्यादित येत असेल, तर त्या उत्पन्नाची पारदर्शक नोंद असणे, आर्थिक हिशोब ठेवणे आणि आवश्यक असल्यास कर भरणे यावर चर्चा होऊ शकते. पण हा विषय सामान्य शेतकऱ्यांपेक्षा अत्यंत उच्च उत्पन्न असलेल्या लोकांबद्दल जास्त आहे.

शेती उत्पन्नावर करव्यवस्था आली तर त्याचा एक महत्त्वाचा फायदा म्हणजे उत्पन्नाची अधिकृत नोंद तयार होईल. आज शेतीबाबतची एक मोठी समस्या म्हणजे प्रत्यक्ष उत्पन्नाचा विश्वासार्ह डेटा उपलब्ध नाही. प्रत्येकजण तोट्यात असल्याचा दावा करतो, तर दुसरीकडे काही लोक शेतीतून लाखो आणि कोट्यवधी रुपयांची कमाई करत आहेत. वास्तविक चित्र काय आहे हे अनेकदा स्पष्ट होत नाही. उत्पन्नाची अधिकृत नोंद असेल तर वास्तव समोर येईल.

यामुळे सरकारी योजनांचे लक्ष्यीकरण देखील अधिक अचूक होऊ शकते. आज दोन एकर जमीन असलेला शेतकरी आणि दोनशे एकर जमीन असलेला शेतकरी अनेक सरकारी योजनांमध्ये एकाच गटात दिसतो. प्रत्यक्ष गरज आणि उत्पन्न याऐवजी फक्त जमीन हा निकष वापरला जातो. उत्पन्नाची माहिती उपलब्ध झाली तर खरोखर गरजू शेतकऱ्यांपर्यंत मदत अधिक प्रभावीपणे पोहोचू शकते.

आणखी एक मुद्दा म्हणजे शेतीच्या नावाखाली इतर उत्पन्न लपवण्याचे प्रकार कमी होऊ शकतात. हा विषय संवेदनशील असला तरी वस्तुस्थिती अशी आहे की काही मोजक्या लोकांनी शेती उत्पन्नावरील करसवलतीचा वापर करून इतर स्रोतांचे उत्पन्न दाखवल्याची प्रकरणे वेळोवेळी समोर आली आहेत. पारदर्शक व्यवस्था असल्यास अशा प्रकारांवर अधिक नियंत्रण ठेवता येईल.

शेतकऱ्यांच्या दृष्टीने देखील यामध्ये काही फायदे असू शकतात. आज व्यापारी, उद्योगपती किंवा व्यावसायिक यांच्याकडे बॅलन्स शीट, नफा-तोटा पत्रक आणि आर्थिक नोंदी असतात. त्यामुळे त्यांना कर्ज, गुंतवणूक किंवा भागीदारी मिळवणे तुलनेने सोपे जाते. अनेक शेतकऱ्यांकडे मात्र व्यवस्थित आर्थिक नोंदी नसतात. अधिकृत उत्पन्न नोंदी असल्यास बँका, गुंतवणूकदार आणि आर्थिक संस्था यांच्यासमोर शेतकरी अधिक सक्षमपणे उभा राहू शकतो.

तथापि, जर शेती उत्पन्नावर कर लावायचाच असेल तर त्याच वेळी उद्योग आणि व्यवसायांप्रमाणे खर्च वजावटीची संपूर्ण व्यवस्था देखील असली पाहिजे. बियाणे, खते, सिंचन, वीज, यंत्रसामग्री, मजुरी, पशुपालन, वाहतूक, साठवणूक आणि इतर उत्पादन खर्च वजा करूनच निव्वळ नफा काढला गेला पाहिजे. उद्योगांना जे नियम लागू आहेत तेच शेतीलाही लागू झाले पाहिजेत. फक्त कर आणि कोणतीही वजावट नाही, अशी व्यवस्था योग्य ठरणार नाही.

पण या संपूर्ण चर्चेमध्ये एक मूलभूत प्रश्न विचारला पाहिजे. शेतकऱ्यांना सर्वाधिक नुकसान नेमके कशामुळे झाले आहे? इन्कम टॅक्समुळे की चुकीच्या बाजारव्यवस्थेमुळे? दलालांच्या लांब साखळीमुळे? साठवणुकीच्या अभावामुळे? हवामानाच्या वाढत्या जोखमीमुळे? वाढत्या उत्पादन खर्चामुळे? चुकीच्या पीक नियोजनामुळे? की शेतमालाला न मिळणाऱ्या योग्य दरामुळे?

आज भारतीय शेतीसमोरची सर्वात मोठी समस्या टॅक्स नाही. सर्वात मोठी समस्या म्हणजे नफा नसणे.

ज्या दिवशी भारतातील बहुसंख्य शेतकरी अभिमानाने म्हणतील की आमचा नफा इतका आहे की आम्ही इन्कम टॅक्स भरायला तयार आहोत, त्या

दिवशी भारतीय शेतीची खरी प्रगती झाली असे म्हणता येईल. कारण कर हा संपत्तीचा परिणाम असतो, गरिबीचा नाही.

म्हणून "शेतीला इन्कम टॅक्स" हा शब्द ऐकताच घाबरण्याची गरज नाही. जर खरोखरच बहुसंख्य शेतकरी कमी उत्पन्नात किंवा तोट्यात असतील, तर ते करपात्र मर्यादेबाहेरच राहतील. आणि जर मोठ्या प्रमाणावर शेतकरी करपात्र उत्पन्न कमवत असतील, तर तो भारतीय शेतीच्या यशाचा विषय असेल.

त्यामुळे चर्चा टॅक्सच्या भीतीवर नव्हे, तर शेती फायदेशीर कशी होईल यावर व्हायला हवी. कारण खरा प्रश्न टॅक्स नाही, तर उत्पन्न आहे. जर उत्पन्नच नसेल तर टॅक्स कशावर लागणार? आणि जर उत्पन्न इतके जास्त असेल की टॅक्स लागतो आहे, तर मग आपण शेती कायम तोट्यात आहे असे कितपत म्हणू शकतो?

शेवटी एवढेच.

जर शेतीला इन्कम टॅक्स लागणार असेल तर त्याची भीती वाटण्यापेक्षा भारतातील शेतकरी इतका नफा कमावतो आहे की तो कराच्या कक्षेत येतो आहे, याचा आनंद व्हायला हवा.

मी शेतीसाठी काय करू शकतो?

माझ्याकडे शेती नाही, शेतकरी दाखला पण नाही, पण मी शेतीसाठी काय करू शकतो?

हा प्रश्न आज अनेक शहरातील तरुण, व्यावसायिक, उद्योजक आणि निवृत्त लोक विचारताना दिसतात. त्यांना शेतीची आवड असते, शेतकऱ्यांसाठी काहीतरी करायचे असते, पण स्वतःकडे जमीन नसते.

सर्वांनी शेतकरीच झाले पाहिजे असे नाही. खरं तर शेतीची सर्वात मोठी समस्या उत्पादन नसून बाजारपेठ, प्रक्रिया, साठवणूक, वाहतूक, माहिती आणि ग्राहकांशी संपर्क ही आहे. या क्षेत्रांमध्ये लाखो लोकांची गरज आहे.

अलीकडे एका शेतकऱ्यांशी चर्चा करताना एक चांगली कल्पना समोर आली. समजा तुमच्या सोसायटीमध्ये २० कुटुंबे आहेत. त्या २० कुटुंबांना वर्षभर किती धान्य, भाजीपाला, फळे, दूध, तूप, डाळी लागतात याचा हिशोब काढा. त्यानुसार एक किंवा दोन शेतकरी शोधा. त्यांना सांगा की आम्हाला विषमुक्त, दर्जेदार माल हवा आहे. त्याबदल्यात आम्ही तुम्हाला बाजारभावापेक्षा चांगला दर देऊ. मग थेट शेतकऱ्याकडून सोसायटीमध्ये माल आणा. मध्ये दलाल, कमिशन एजंट, अनेक व्यापारी काढून टाका.

यामुळे ग्राहकाला चांगले अन्न मिळेल आणि शेतकऱ्याला खात्रीशीर बाजारपेठ मिळेल.

पण एवढेच नाही. शेतीसाठी काम करण्याचे अजून अनेक मार्ग आहेत.

१. शेतकऱ्यांचा विक्री प्रतिनिधी बना

अनेक शेतकरी उत्कृष्ट उत्पादन करतात पण विक्री जमत नाही. तुम्ही शहरात राहत असाल तर ५ ते १० शेतकऱ्यांचा माल विकण्याची जबाबदारी घेऊ शकता.

तुम्ही स्वतः एक किलो टोमॅटोही पिकवणार नाही, पण दर महिन्याला लाखो रुपयांचा शेतमाल विकू शकता.

२. लॉजिस्टिक्स नेटवर्क तयार करा

आजही अनेक शेतकऱ्यांचा माल बाजारात पोहोचण्यापूर्वी खराब होतो. एखादा ट्रक, पिकअप किंवा डिलिव्हरी नेटवर्क तयार करून शेतकरी आणि ग्राहक यांना जोडणे हेही शेतीसाठी मोठे योगदान आहे.

३. शेतकऱ्यांसाठी ब्रँड तयार करा

शहरात लोक ब्रँड विकत घेतात. शेतकरी उत्पादन विकतो.

दोघांना जोडण्याचे काम करा.

एखाद्या गावातील जांभूळ, आंबे, तूर, गूळ, तूप, हळद यांना स्वतंत्र ब्रँड तयार करून दिला तर त्या उत्पादनाला दुप्पट किंमत मिळू शकते.

४. शेतकरी उत्पादक कंपन्यांना मदत करा

अनेक FPO आणि शेतकरी गटांकडे चांगले उत्पादन असते पण अकाउंटिंग, मार्केटिंग, वेबसाईट, सोशल मीडिया, पॅकेजिंग यामध्ये अडचणी असतात.

तुमच्याकडे हे कौशल्य असेल तर तुम्ही त्यांच्यासाठी खूप मौल्यवान ठरू शकता.

५. प्रक्रिया उद्योग सुरू करा

टोमॅटो सॉस, फळांचा रस, जॅम, लोणची, सुकवलेली भाजी, मसाले, तूप, पनीर, गूळ पावडर अशा हजारो गोष्टी शेतातून येतात.

कच्चा माल शेतकरी तयार करतो. मूल्यवर्धन तुम्ही करू शकता.

६. शेतकऱ्यांसाठी गुंतवणूकदार बना

काही शेतकरी अत्यंत हुशार असतात पण त्यांच्याकडे भांडवल नसते.

ड्रिप, सोलर पंप, पॉलीहाऊस, कोल्ड स्टोरेज, प्रक्रिया युनिट यासाठी भागीदारीच्या मॉडेलवर गुंतवणूक करता येऊ शकते.

७. माहितीचे माध्यम बना

आज लाखो शेतकरी चांगली कामे करत आहेत पण त्यांची माहिती बाहेर येत नाही.

व्हिडिओ बनवणे, लेख लिहिणे, पॉडकास्ट करणे, सोशल मीडिया वापरणे यामुळे चांगल्या कल्पना हजारो लोकांपर्यंत पोहोचू शकतात.

८. शेतमाल खरेदीत प्रामाणिक ग्राहक बना

काही ग्राहक ५० रुपयांची कॉफी पितात पण भाजीवाल्याशी २ रुपये कमी करण्यासाठी वाद घालतात.

योग्य गुणवत्तेच्या मालाला योग्य किंमत देणे हीसुद्धा शेतीची सेवा आहे.

९. शेती पर्यटन आणि शिक्षण

शहरातील मुलांना अन्न कुठून येते हेच माहिती नसते.

शेतभेटी, फार्म टूर, कृषी शिक्षण कार्यक्रम आयोजित करून लोकांना शेतीशी जोडता येते.

१०. स्थानिक अन्न साखळी उभी करा

तुमच्या शहराच्या ५० किलोमीटर परिसरातील शेतकरी शोधा. त्यांच्या उत्पादनासाठी स्थानिक बाजारपेठ तयार करा.

जितके अन्न कमी अंतर प्रवास करेल तितका शेतकऱ्याचा फायदा वाढतो.

११. शेतकऱ्यांसाठी तंत्रज्ञान विकसित करा

सॉफ्टवेअर, मोबाइल ॲप, AI, ड्रोन, ऑटोमेशन, सेन्सर्स, डेटा ॲनालिटिक्स अशा क्षेत्रात काम करणाऱ्यांसाठी शेतीमध्ये अजून प्रचंड संधी आहेत.

१२. शेतकरी दत्तक घ्या

एखाद्या गरीब विद्यार्थ्याला दत्तक घेण्यासारखेच एखादा शेतकरी किंवा शेतकरी गट दत्तक घ्या.

त्यांचा माल नियमित खरेदी करा, ग्राहक शोधून द्या, पॅकेजिंगमध्ये मदत करा, आर्थिक नियोजन करून द्या.

कधीकधी पैशांपेक्षा बाजारपेठ जास्त महत्त्वाची असते.

१३. शहरातील रिकाम्या जागांमध्ये अन्न उत्पादन

सामुदायिक बागा, टेरेस गार्डन, सोसायटी गार्डन तयार करून लोकांना अन्न उत्पादनाची जाणीव करून देता येते.

यातून मोठे उत्पादन होणार नाही, पण अन्नाचे महत्त्व नक्की समजेल.

१४. शेतकऱ्यांच्या मुलांसाठी संधी निर्माण करा

इंटर्नशिप, प्रशिक्षण, कौशल्य विकास, उद्योग भेटी यामुळे ग्रामीण तरुणांना नवीन दिशा मिळू शकते.

१५. सर्वात महत्त्वाचे: शेतकऱ्याला ग्राहक द्या

शेतकऱ्याला मोफत सल्ला देणारे हजारो लोक आहेत.

पण नियमित ग्राहक देणारे फार कमी आहेत.

तुम्ही जर एका शेतकऱ्याला ५० कायमस्वरूपी ग्राहक मिळवून दिले, तर कदाचित त्याचे आयुष्य बदलू शकते.

शेतीची मदत करणे म्हणजे स्वतः शेतात जाऊन घाम गाळणेच असे नाही. अन्न साखळीतील प्रत्येक घटक महत्त्वाचा असतो. कोणी उत्पादन करतो, कोणी वाहतूक करतो, कोणी प्रक्रिया करतो, कोणी विक्री करतो, कोणी ग्राहकांपर्यंत पोहोचवतो.

शेतीला आज सर्वात जास्त गरज आहे ती आणखी शेतकऱ्यांची नाही, तर शेतकरी आणि ग्राहक यांच्यामधील अंतर कमी करणाऱ्या लोकांची.

तुमच्याकडे जमीन नसली तरी चालेल. जर तुम्ही एखाद्या शेतकऱ्याचे उत्पन्न वाढवू शकत असाल, त्याला बाजारपेठ मिळवून देऊ शकत असाल किंवा ग्राहकांचा विश्वास मिळवून देऊ शकत असाल, तर तुम्हीही शेतीच करत आहात. फक्त तुमचे शेत मातीमध्ये नसून व्यवस्थापन, विक्री, तंत्रज्ञान किंवा समाजामध्ये आहे

www.ingramcontent.com/pod-product-compliance
Lightning Source LLC
LaVergne TN
LVHW101443200926
848483LV00001B/38